海洋功能性资源技术丛书

海藻酸的功能与应用

FUNCTIONS AND APPLICATIONS OF ALGINATE

秦益民　主编

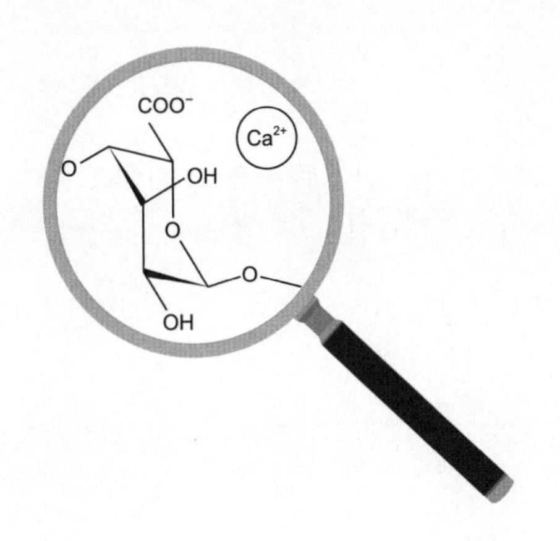

中国轻工业出版社

图书在版编目（CIP）数据

海藻酸的功能与应用 / 秦益民主编. —北京：中国轻工业出版社，2023. 10

（海洋功能性资源技术丛书）

ISBN 978-7-5184-4431-1

Ⅰ.①海…　Ⅱ.①秦…　Ⅲ.①海藻-海洋开发-产业发展-研究-中国　Ⅳ.①P74

中国国家版本馆CIP数据核字（2023）第083601号

责任编辑：贺　娜　白　洁　　责任终审：许春英　　整体设计：锋尚设计
策划编辑：江　娟　　责任校对：朱燕春　　责任监印：张　可

出版发行：中国轻工业出版社（北京东长安街6号，邮编：100740）
印　　刷：艺堂印刷（天津）有限公司
经　　销：各地新华书店
版　　次：2023年10月第1版第1次印刷
开　　本：710×1000　1/16　印张：20.5
字　　数：360千字
书　　号：ISBN 978-7-5184-4431-1　定价：98.00元
邮购电话：010-65241695
发行电话：010-85119835　传真：85113293
网　　址：http://www.chlip.com.cn
Email：club@chlip.com.cn

230060K7X101ZBW

《海洋功能性资源技术丛书》编委会

《海藻酸的功能与应用》编写人员

主　　编　秦益民

副 主 编　刘洪武　李可昌　安丰欣　张　健

　　　　　姜进举　赵丽丽　张德蒙　申培丽

参编人员　王晓梅　孙占一　邱　霞　刘书英

　　　　　刘秀娟　张宗亮　李圆圆　黑雅各

　　　　　张玉伟　陈　华　刘　健　邓云龙

　　　　　郝玉娜　尚宪明　胡贤志　李双鹏

　　　　　范素琴　尹宗美　代增英　刘海燕

　　　　　董　健　法西琴　王璐璐　李群飞

　　　　　马海燕　陈鑫炳　赵宏涛　张鹏鹏

　　　　　张梦雪　王东鑫　张宗培　徐　超

　　　　　朱长俊　王　盼　马金娟　石少娟

序 | Preface

海洋覆盖地球 71% 的面积，水量占地球总水量的 97%，既是生命的摇篮、风雨的故乡、五洲的通道，也是一个重要的资源宝库。辽阔富饶的海洋中生活着形形色色的海洋动物，养育了种类繁多、千姿百态的海洋植物，是人类社会的一大自然财富。随着现代科学技术的发展，人类对海洋的认识逐步深入，一个蓝色海洋经济时代已经来临。

海洋中丰富的生物资源为现代海洋生物产业提供了重要的资源保障，其中海藻生物资源每年为世界经济的发展提供 3000 多万 t 原料，产生价值 150 多亿美元的海藻生物制品。在各种海洋生物制品中，海藻酸是一颗耀眼的明珠。自 1881 年英国化学家 E.C.Stanford 发现海藻酸以来，经过 100 多年的创新发展，现代海藻酸生物产业已经形成从海藻养殖、海藻加工到海藻酸综合利用的完整产业链，产生巨大的经济和社会效益。

我国海藻酸产业开始于 20 世纪 50 年代，在著名藻类植物学家曾呈奎先生等老一辈海藻科技工作者的领导下，山东省青岛市轻工业局、青岛实业酒精厂、中国科学院海洋研究所等单位为海藻酸产业的发展奠定了基础，系统解决了从海藻中提取海藻酸的关键技术问题。经过半个多世纪的发展，我国海藻酸产业日益完善。

然而，我们也应该清醒地认识到，在高档次的海藻酸盐原料以及下游高附加值产品开发方面，我国海藻酸产业与世界发达国家还存在一定差距。

为提高海藻养殖及加工行业的附加值，开拓海藻制品应用，研发绿色健康产品，2015 年，国家科学技术部批准成立海藻活性物质国家重点实验室；立足于农业现代化，为解决海藻类肥料的重大科学问题，2018 年，国家农业农村部批准成立海藻类肥料重点实验室。以上两个重点实验室依托单位均为青岛明月海藻集团有限公司。目前，围绕海藻活性物质国家重点实验室，已建成国家级海藻生物产业技术集成与创新公共服务平台，形成基础研究、技术开发、工程应用、产业孵化四位一体的创新创业体系，在海藻酸及海藻活性物质的研究开发中起关键作用，已经成为我国乃至全球海洋生物领域发展的一个重要平台。

在我国企业向国际一流综合性海藻加工企业迈进的过程中，很高兴中国轻工业出版社即将出版《海藻酸的功能与应用》。

《海藻酸的功能与应用》一书在介绍海藻生物资源的基础上，全面阐述了海藻酸的来源、制备技术、化学结构、性能和应用，结合海藻酸及其衍生制品领域的发展历史和最新研究成果，系统总结了海藻酸、海藻酸寡糖、海藻酸丙二醇酯、氧化海藻酸等海藻酸类生物制品在食品、医疗卫生、生物技术、纺织工业、美容护肤、废水处理、生物刺激剂等领域中的应用，将为海藻酸产业的进一步发展提供一个重要的信息平台，使广大读者充分了解海藻酸的特殊性能，并把它结合到自己的应用领域，为我国海藻酸产业发展提供动力。

21 世纪是海洋世纪，蓝色海洋将为困扰人类健康的糖尿病、心血管疾病、癌症、慢性消化系统疾病等疾患提供全新的解决方案。海藻制品生产企业应继续加大科研力度和产品开发投入，利用海藻活性物质国家重点实验室平台，在政府的领导下，通过与高校、科研院所、生产企业、供应商、用户等的深入合作，围绕海洋生物资源的深度开发和综合利用，推出高质量、系列化、国际领先的健康新产品。

张国防
青岛明月海藻集团有限公司董事长
2023 年 4 月 30 日

前言 | Foreword

海藻酸又称褐藻胶、褐藻酸、海带胶，是从海洋大型褐藻中提取的一种天然高分子材料。作为高分子羧酸，海藻酸及其与各种金属离子结合形成的海藻酸盐具有凝胶、增稠、乳化、成膜等功能特性，在食品、医疗卫生、生物技术、纺织工业、美容护肤、废水处理、生物刺激剂等诸多领域有广泛应用，是日常生活中应用最多的高分子材料之一。尽管如此，与纤维素、甲壳素、壳聚糖、胶原蛋白、卡拉胶、琼胶等天然高分子材料相比，海藻酸及其各种衍生制品的独特性能还没有得到广泛认可，其主要应用还局限于食品、印染等领域。也就是说，海藻酸的应用潜力还没有得到充分发掘。

当前，随着人们对健康及健康产品的日益重视，具有可持续发展特性的天然高分子材料在人们的日常生活中变得越来越重要。作为一种从海洋生物中提取的天然高分子材料，海藻酸及其衍生制品正在得到越来越多的关注，它们具有优良的生物相容性和生物可降解性，对人体无毒、无刺激，是一种绿色高分子材料。其独特的性能在制作健康食品、仿形食品、黏合剂、生物黏附剂、缓控释片、医用敷料、牙模材料、饲料黏结剂、宠物食品黏结剂、面膜、化妆品增稠稳定剂、印花糊料、水处理剂、电焊条、造纸添加剂、生物刺激剂等产品中有重要的应用价值。

经过 20 世纪 60 年代以来半个多世纪的创新发展，目前我国海藻酸产量已经处于全球领先地位，成为海藻酸生产大国。同时在海藻酸原料以及高附加值下游产品的开发方面也开展了大量研究，已经形成从海藻养殖、海藻酸提取、海藻酸衍生物制备到终端产品生产和应用的完整产业链，使海藻酸生物产业成为海洋生物产业中的一个成功案例。

为了进一步开发应用海藻酸这种独特的海洋生物材料，促进我国从海藻酸生产大国向海藻酸生物产业强国迈进，我们编写了《海藻酸的功能与应用》一书，向读者全面介绍海藻酸及海藻酸衍生物的来源、化学结构和理化性能，系统总结其在食品、医疗卫生、生物技术、纺织工业、美容护肤、废水处理、生物刺激剂等领域中的应用，通过总结和分析海藻酸、海藻酸寡糖、海藻酸丙二醇酯、氧化海藻酸等海藻酸类生物制品的制备工艺、产品结构、性能和应用，促进海藻酸产业更快、更好地发展。

本书共15章，由嘉兴学院秦益民教授担任主编，执笔36万字，刘洪武、李可昌、安丰欣、张健、姜进举、赵丽丽、张德蒙、申培丽任副主编，王晓梅、孙占一、邱霞、刘书英、刘秀娟、张宗亮、李圆圆、黑雅各、张玉伟、陈华、刘健、邓云龙、郝玉娜、尚宪明、胡贤志、李双鹏、范素琴、尹宗美、代增英、刘海燕、董健、法西琴、王璐璐、李群飞、马海燕、陈鑫炳、赵宏涛、张鹏鹏、张梦雪、王东鑫、张宗培、徐超、朱长俊、王盼、马金娟、石少娟参与了本书的编写工作。

在本书的编写过程中，得到青岛明月海藻集团有限公司海藻活性物质国家重点实验室、国家农业农村部海藻类肥料重点实验室的大力支持。

本书可供海洋生物、化工、生物材料、食品、医疗卫生、生物技术、纺织工业、美容护肤、废水处理、生物刺激剂等相关行业从事生产、科研、产品开发、市场营销的工程技术人员以及大专院校和科研院所相关专业的师生阅读、参考。

由于海藻酸及其衍生制品涉及的应用领域广泛、内容深邃，而我们的学识有限，故疏漏之处在所难免，敬请读者批评指正。

编者

2023年4月30日

目录 | Contents

第一章　海藻与海藻酸

第一节　引言

海藻是生长在海洋环境中的藻类植物，根据生存方式可分为底栖藻和浮游藻，根据形状大小可分为微藻和大藻。目前一般将存在于海洋中的大型藻类植物称为海藻，而将漂浮在海水中的微藻统称为浮游植物。大型海藻主要包括褐藻门、红藻门、绿藻门，其中常见的褐藻门海藻主要有海带、裙带菜、巨藻、马尾藻、泡叶藻等，红藻门海藻主要有紫菜、石花菜、江蓠、麒麟菜、卡帕藻等，绿藻门海藻主要有石莼、浒苔等。

褐藻是海藻中进化水平较高的种类，有类似根、茎、叶的分化，其细胞壁可分为两层，内层主要由纤维素组成，外层主要由海藻酸盐组成。褐藻是体型最大的海藻，藻体的颜色因其所含各种色素的比例不同而有较大变化，有黄褐色、深褐色等不同外观色泽。

褐藻有重要的生态和经济价值，其在全球海洋中分布广泛、资源丰富。由巨藻形成的海底森林是海洋中最庞大、最有活力的生态体系之一，著名生物学家达尔文把海底的巨藻森林比作海洋中的热带雨林，它们的生长速度是植物中最快的，每天最多能生长 30~60cm。巨藻也是世界上最长的生物体，其长度可达 300m 以上。

世界各地褐藻门的许多种类被人类社会利用，是一种重要的经济海藻，其中可食用的有海带、裙带菜、羊栖菜、南极公牛藻等。这些褐藻含有多种生物活性物质，如干海带表面白霜的主要成分甘露醇，是一种天然无糖甜味剂、天然降压和利尿剂。海带等褐藻表面的黏液中含有的岩藻多糖具有优良的保健功效（秦益民，2020）。在中国，褐藻作为药用植物的历史已有上千年，其中《本草纲目》中记载了海带、昆布和羊栖菜主治瘿瘤、结气、瘘症等疾患。

海藻酸是海带、巨藻等褐藻类海藻植物的主要结构成分。褐藻类海藻的细胞壁由纤维素的微纤丝构成网状结构，内含果胶、木糖、甘露糖、地衣酸、海藻酸等多糖，为细胞提供保护作用。图 1-1 显示褐藻的显微结构，在藻体细胞壁中海藻酸主要以海藻酸钙、海藻酸镁、海藻酸钾等形式存在，在藻体表层主要以钙盐形式存在，而在藻体内部肉质部分主要以钾、钠、镁盐等形式存在。作为褐藻植物的重要组成部分，海藻酸占海藻干重的比例可以达到 40%，其含量在不同种类的褐藻、同一棵褐藻的不同部位以及不同季节和养殖区域均有较大变化。

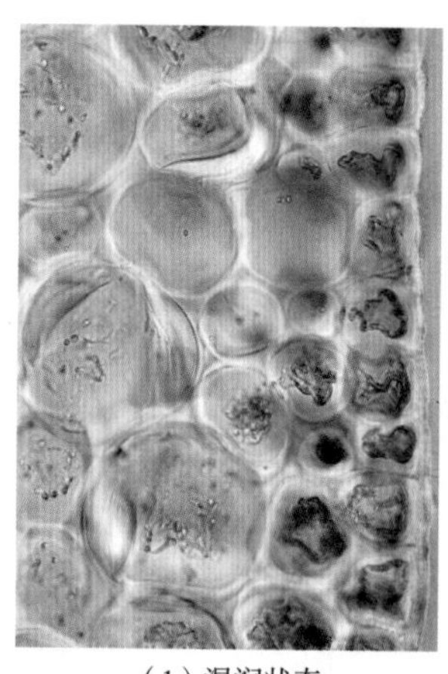

（1）湿润状态

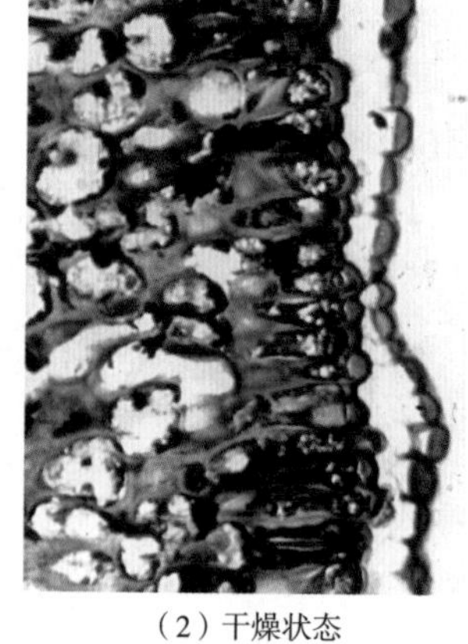

（2）干燥状态

图 1-1　褐藻的显微结构

第二节　海藻的种类和分布

根据 AlgaeBase 的动态统计，全球已知的海藻有 11000 种，其中红藻 7500 种、褐藻 2000 种、绿藻 1500 种（AlgaeBase，2017）。赵淑江总结了全球有记录的红藻、褐藻、绿藻门藻类分别有 4400、1700、910 种（赵淑江，2014）。中国沿海已有记录的海藻中隶属于红藻门的有 40 科 169 属 607 种、褐藻门的有 24 科 62 属 298 种、绿藻门的有 21 科 48 属 211 种，约占全球总数的 1/8（黄冰心，2014；黄冰心，2015；丁兰平，2011；丁兰平，2015），主要分布在广东、福建、浙江等东海沿岸、南海北区和南区的诸群岛沿岸、黄海西岸等海区。

在各种海藻中，褐藻主要生长在寒温带水域，在北大西洋的挪威、爱尔兰、英国、冰岛、加拿大，以及南太平洋的智利、秘鲁、澳大利亚等地有丰富的野生资源。图 1-2 显示出海藻的分类示意图，其中有经济价值的包括褐藻、红藻、绿藻 3 个门类中的 100 余种。目前已经被广泛利用的海藻有：

（1）褐藻门的海带属、巨藻属、翅藻属、裙带菜属。

（2）红藻门的江蓠属、石花菜属、麒麟菜属、沙菜属、角叉菜属、杉菜属、紫菜属、叉红藻属、育叶藻属和伊谷草属。

（3）绿藻门的石莼属、浒苔属和厥藻属。

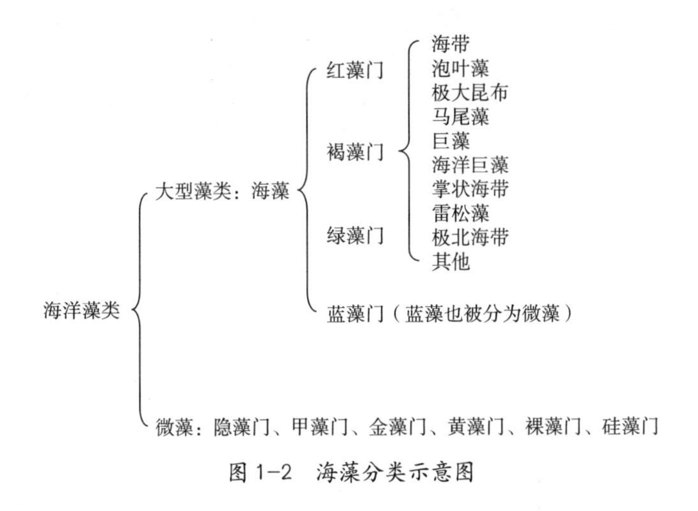

图 1-2　海藻分类示意图

亚洲是经济类海藻的主要生产地区，其中规模较大的生产国是中国、印度尼西亚、菲律宾、日本、韩国、朝鲜。世界上其他一些国家，如智利、秘鲁、挪威、法国、美国、俄罗斯、爱尔兰、南非、墨西哥、越南、冰岛、加拿大、澳大利亚等也有丰富的可利用海藻生物资源。

除了作为海洋蔬菜直接食用，海藻的主要用途是作为提取海藻酸、卡拉胶、琼胶等海藻胶的原料。早在 1658 年，日本人用热水从石花菜等红藻中提取出了具有凝胶性能的琼胶。爱尔兰等欧洲国家也在很早以前就利用角叉菜等红藻提取卡拉胶，用作食品增稠剂。海藻酸是 1881 年由英国化学家 Stanford 首先从褐藻中提取的，1929 年在美国实现商业化生产后用作增稠剂和胶凝剂。随着商业化应用的日益扩大，从褐藻和红藻中提取海藻酸、卡拉胶和琼胶的海藻生物产业日渐发展壮大，成为蓝色海洋经济中一个特色鲜明的产业。

海藻酸可以从许多种类的褐藻中提取，世界各地使用最多的是海带（*Saccharina japonica*）、极北海带（*Laminaria hyperborea*）、掌状海带（*Laminaria digitata*）、雷松藻 LN（*Lessonia nigrescens*）、雷松藻 LF（*Lessonia flavicans*）、

巨藻（*Macrocystis pyrifera*）、泡叶藻（*Ascophyllum nodosum*）、极大昆布（*Ecklonia muxima*）、南极公牛藻（*Durvillaea antarctica*）、马尾藻（Sargassum）等。作为工业用原料，这些海藻的藻体大、产量高、资源丰富、容易采集。图 1-3 显示几种主要经济褐藻的外形示意图。

图 1-3　几种主要经济褐藻的外形示意图

褐藻很多生长在水温较冷的海域，如北大西洋的挪威、爱尔兰、英国、法国、冰岛、加拿大，南太平洋的智利、秘鲁、澳大利亚，西北太平洋的中国、日本、俄罗斯、韩国，印度洋的南非等。

极北海带生长在爱尔兰西海岸，在英国北端的赫布里底群岛和奥克尼群岛也有。在挪威西海岸，极北海带形成密集的海底森林，有 1~2m 高。极北海带在法国布列塔尼海边也大量生长。

泡叶藻主要生长在北半球的冷水海域。用于提取海藻酸的泡叶藻主要来源于爱尔兰西海岸、英国赫布里底群岛、冰岛、挪威西海岸、加拿大新不伦瑞克省和新斯科舍省。

巨藻在美国加利福尼亚州的蒙特利半岛到墨西哥的下加利福尼亚半岛之间

的海床上有丰富的野生资源。这种海藻对水温十分敏感，在平静的深海、温度为15℃以下的水中生长良好，但是不能耐受20℃以上的水温。它们紧紧生长在石礁上，在海水中形成壮观的海底森林。除了美国和墨西哥，智利北部和阿根廷南部也有一定的巨藻资源。

雷松藻主要分布在智利的北海岸，其中雷松藻LN、雷松藻LF和雷松藻LT（*L. trabeculata*）被用于提取海藻酸。雷松藻LN生长在岩石海岸区，可以在波浪大的水中生长。雷松藻LF生长在浅海区，受风暴影响较大，藻体有坚硬的固着器。图1-4显示智利海域的雷松藻。

（1）自然生长状态

（2）作者与干燥的雷松藻

图1-4 智利海域的雷松藻

掌状海带在挪威的浅海区大量生长，在法国布里塔尼亚地区也有大量野生资源。

极大昆布在北半球和南半球都可以见到，但目前仅在南非有采集，一部分用于出口，一部分用于国内生产海藻肥的原料。

南极公牛藻生长在南半球，主要分布在澳大利亚的塔斯马尼亚岛附近，在智利也有丰富的野生资源。

马尾藻只在海水温暖的地区与赤道水温地区发现。与其他褐藻相比，其海藻酸含量低，质量也比较差。目前很少用马尾藻做提取海藻酸的原料。

海带是提取海藻碘、甘露醇、海藻酸等众多海藻活性物质的原料。海带的种类很多，全世界约有50多种，其中亚洲地区约有20多种。海带属于亚寒带藻种，自然生长地位于西北太平洋沿岸冷水区，包括俄罗斯太平洋沿岸、日本和朝鲜北部沿海等低温海域。海带的藻体褐色、革质，明显分为固着器、柄部和叶状体，藻体呈长带状，一般长 2~6m，宽 20~40cm。中国于 20 世纪 50 年代开始推广海带的大规模人工养殖，已经把海带养殖从山东半岛推进到浙江、福建、广东等地沿海。借助于国内巨大的消费市场，中国已成为全球最大的海带养殖国，占全球养殖总量的一半以上。

第三节　海藻生物资源

全球各地分布着丰富的野生海藻资源，其中褐藻在寒温带海域占优势，红藻分布于几乎所有的纬度区，绿藻在热带海域的进化程度最高。表 1-1 显示全球主要野生海藻生产国及地区产量（FAO，2020）。

表 1-1　全球主要野生海藻生产国及地区产量　　单位：t（鲜重）

生产国及地区	产量	
	2017 年	2018 年
智利	415463	247025
中国	203490	183490
挪威	164820	169409
日本	69800	76200
印度尼西亚	46919	44383
法国	39072	40758
爱尔兰	29500	29500
秘鲁	27779	38592
印度	22635	22635
冰岛	21313	19000
加拿大	12864	11497
俄罗斯	9272	8042

续表

生产国及地区	产量	
	2017 年	2018 年
墨西哥	8657	6750
韩国	8172	8501
摩洛哥	6908	14828
南非	6328	10809
美国	4228	12428
西班牙	3415	3255
葡萄牙	2857	1848
新西兰	2462	801
澳大利亚	1923	1923
意大利	1200	1200
马达加斯加	800	800
坦桑尼亚	660	600
菲律宾	352	346
中国台湾地区	102	359
爱沙尼亚	36	—
全球总量	1111026	954979

从生产海藻酸的角度看，全球各地褐藻的品种虽然比较多、产量也比较大，但是适用于工业化生产海藻酸的褐藻并不很多。尤其是随着海藻酸工业规模的不断扩大，野生海藻资源基本得到最大限度的开发，其发展潜力正在逐渐下降。出于保护海洋环境的需要，一些国家对野生海藻的收割进行限制和保护，如加拿大政府明确限制野生海藻的采集。挪威海域的极北海带虽然有大量的野生资源，当地海藻酸加工企业为了获得长期利益、保证资源供应，采取隔 5 年收割的方法保持其可持续正常生长。为了维护海洋生态平衡，野生海藻既需要进行定期收割，又不能过度开采，目前其产量整体呈现稳中有降趋势。表 1-2 是 1999—2009 年用于提取海藻酸盐的褐藻的收获量（Bixler，2011）。

表 1-2　1999—2009 年用于提取海藻酸盐的褐藻的收获量

褐藻种类	主要的收获国	提取的海藻酸盐 G/M 范围	1999 年收获量 /t（干重）	2009 年收获量 /t（干重）
极北海带、掌状海带	法国、爱尔兰、英国、挪威	中 / 高 G	5000	30500
雷松藻 LN	智利、秘鲁	中 / 高 G	7000	27000
海带	中国、日本	中 G	13000	20000
巨藻	美国、墨西哥、智利	低 G	35000	5000
南极公牛藻	澳大利亚	低 G	4500	4500
雷松藻 LF	智利、秘鲁	高 G	3000	4000
极大昆布	南非	中 G	3000	2000
泡叶藻	法国、加拿大、爱尔兰、英国	低 G	13500	2000
总量			84000	95000

注：G—古洛糖醛酸，M—甘露糖醛酸。

当海藻酸等海藻生物产业的规模不断扩大，工业需求量超过野生海藻产量时，海藻养殖成为提供海藻生物资源的必然选择。目前全球海藻养殖产量远大于野生海藻的捕获量，其中的养殖品种主要为海带、麒麟菜、江蓠、紫菜、裙带菜、卡帕藻等。2018 年水生藻类的养殖总产量为 3238.62 万 t，其中主要的养殖国包括中国（1850.57 万 t，57.1%）、印度尼西亚（932.03 万 t，28.8%）、韩国（171.05 万 t，5.3%）、菲律宾（147.83 万 t，4.6%）、朝鲜（55.3 万 t，1.7%）、日本（38.98 万 t，1.2%）、马来西亚（17.41 万 t，0.54%）、坦桑尼亚（10.32 万 t，0.32%）、智利（2.07 万 t，0.064%）、越南（1.93 万 t，0.060%）、所罗门群岛（0.55 万 t，0.017%）、马达加斯加（0.53 万 t，0.016%）、印度（0.53 万 t，0.016%）、俄罗斯（0.45 万 t，0.014%）以及其他国家（2.1 万 t，0.065%）。表 1-3 显示 2000—2018 年全球主要水生藻类养殖国的年产量（FAO，2020）。

表 1-3　2000—2018 年全球主要水生藻类养殖国的年产量　单位：万 t（鲜重）

年份	中国	印度尼西亚	韩国	菲律宾	朝鲜	日本	全球总量
2000	822.76	20.52	37.45	70.7	40.10	52.86	1059.56

续表

年份	中国	印度尼西亚	韩国	菲律宾	朝鲜	日本	全球总量
2005	1077.41	91.06	62.12	133.86	44.43	50.77	1483.13
2010	1217.97	391.50	90.17	180.13	44.53	43.28	2017.43
2015	1553.79	1126.93	119.71	156.64	49.10	40.02	3106.38
2016	1642.74	1105.03	135.13	140.45	55.30	39.12	3165.05
2017	1746.17	1054.76	176.15	141.53	55.30	40.78	3261.29
2018	1850.57	932.03	171.05	147.83	55.30	38.98	3238.62

全球各地主要有10种海藻被规模化养殖，包括褐藻类的海带（*Saccharina japonica*）、裙带菜（*Undaria pinnatifida*）、羊栖菜（*Sargassum fusiforme*），红藻类的麒麟菜（*Eucheuma* spp.）、紫菜（*Porphyra* spp.）、卡帕藻（*Kappaphycus alvarezii*）和江蓠（*Gracilaria* spp.）以及绿藻类的条浒苔（*Enteromorpha clathrata*）、礁膜（*Monostroma nitidum*）和蕨藻（*Caulerpa* spp.）。

海带是养殖量最大的一个品种，是提取碘、海藻酸盐、甘露醇、岩藻多糖等众多海藻活性物质的原料，也是生产海藻肥的一种主要原料。2018年全球海带产量1144.83万t，约占全球海藻养殖量的35.3%，其次是麒麟菜923.75万t，占28.57%，其他主要的养殖海藻分别为江蓠345.48万t，占10.7%；裙带菜232.04万t，占7.2%；紫菜201.78万t，占6.2%；卡帕藻159.73万t，占4.9%。表1-4显示2000—2018年全球主要水生藻类的养殖产量（FAO，2020）。

表1-4 2000—2018年全球主要水生藻类的养殖产量 单位：万t（鲜重）

年份	海带	麒麟菜	江蓠	裙带菜	紫菜	卡帕藻
2000	538.09	21.53	5.55	31.11	42.49	64.95
2005	569.91	98.69	93.32	243.97	70.31	128.35
2010	652.56	347.95	165.71	150.51	104.07	188.42
2015	1030.27	1018.98	376.70	221.56	110.99	175.18
2016	1066.26	977.59	424.89	206.35	131.29	152.45
2017	1117.45	957.80	417.42	234.17	173.31	154.52
2018	1144.83	923.75	345.48	232.04	201.78	159.73

海带属于亚寒带藻种，自然生长地位于西北太平洋沿岸冷水区。我国最早在大连星海湾一带进行人工养殖（丁立孝，2016）。中华人民共和国成立后的1952年，大连成立了“旅大水产养殖场”，并开始海带的海面浮筏人工养殖。之后在曾呈奎院士等科研人员的领导下，海带养殖技术在国内沿海由北向南推广，从山东半岛到整个山东海域以及后来一直养殖到福建沿海，使我国成为全球最大的海带养殖生产大国，产量占全球海藻养殖总量的50%以上。表1-5为2016年全国各地区海带及其他主要海藻的养殖产量（杜冰青，2018），图1-5显示海带人工养殖照片。

表1-5 2016年全国各地区不同海藻的养殖产量　　单位：t（干重）

地区	海藻总量	海带	裙带菜	紫菜	江蓠	麒麟菜	羊栖菜	苔菜
福建	979472	693533	723	66440	173233		5511	
山东	673036	533439	43961	972	51996		4000	
辽宁	325559	218704	106855					
广东	79099	4719	1029	7257	55501	2000	225	
浙江	53202	10363		32178	635		9255	371
海南	30093				11814	3114		
江苏	28801	300	4	28405				
合计	2169262	1461058	152572	135252	293179	5114	18991	371

图1-5　海带人工养殖照片

第四节　褐藻生物产业概况

自 1811 年法国人科特瓦发现碘之后，褐藻加工行业经历了碘、甘露醇、海藻酸“老三样”产品的提取以及岩藻多糖、岩藻黄素、褐藻多酚“新三样”海藻活性物质的制备和应用。海藻酸是主要的褐藻提取物，其在褐藻植物中以钙、镁、钠盐的形式存在于细胞壁中。海藻酸的钙盐不溶于水，其钠盐是水溶性的。从褐藻中提取海藻酸的关键是将褐藻细胞壁中的海藻酸盐转化为钠盐后溶解于水，然后过滤除去海藻渣，再从水溶液中将海藻酸回收（Stanford, 1881）。图 1-6 为海藻酸盐提取和海藻综合利用示意图。

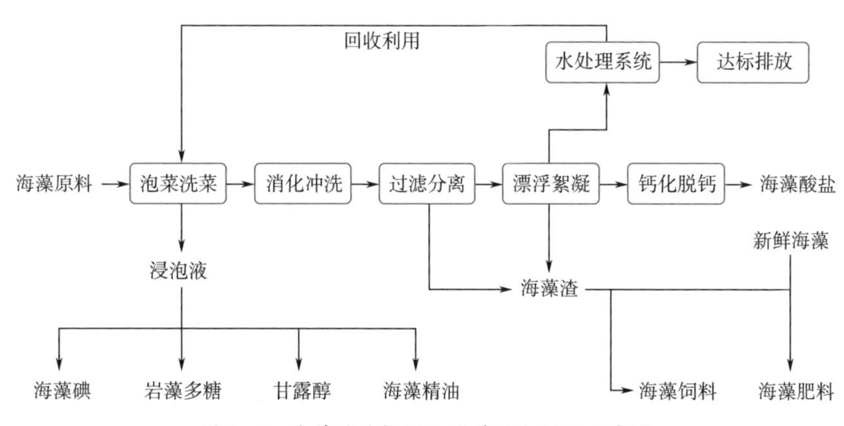

图 1-6　海藻酸盐提取和海藻综合利用示意图

在生产工艺上，自 1929 年最早开始商业化生产海藻酸后的近一百年中，世界各国基本上仍用纯碱消化工艺，即首先用碱溶液使海藻中的海藻酸溶解于水，然后通过两种方法从水溶液中回收提取海藻酸，其中第一种方法是在提取液中加入酸，使溶解于水中的海藻酸钠转化成海藻酸后从水中分离。第二种方法在提取液中加入钙盐使海藻酸钠转化成海藻酸钙后析出，再用酸溶液处理后得到海藻酸（Clark，1936）。以上得到的海藻酸可以通过两种方法转化成海藻酸钠，其中第一种方法是在海藻酸中加入酒精后，再加入烧碱将海藻酸转化为海藻酸钠，这种方法被称为液相转化法。第二种方法是将得到的海藻酸去除水分后直接与碳酸钠在捏合反应器中生成海藻酸钠，这种方法被称为固相转化法。液相转化法得到的产品纯度高、气味小，适用于食品和医药行业；固相转化法得到的产品色泽较深、杂质含量高，但生产成本低，适用于印染行业。

从生产的角度看，不同种类的褐藻在提取海藻酸时的收率有很大差异。有些褐藻的海藻酸含量达40%以上，另一些则低于15%。产品质量也有所不同，有些褐藻中提取的海藻酸分子质量大、黏度高，而另一些褐藻中提取的海藻酸分子质量小、黏度低。为了获得较好的海藻酸盐产品并且使产品规格及品种齐全，满足不同应用领域的需求，生产厂家一般使用多种褐藻作为生产原料。

第二次世界大战后，海藻酸加工业得到迅速发展，在全球海藻生物产业中占有重要地位，成为海藻加工业的代表性产业。目前，全球海藻酸加工企业主要分布在中国、美国、日本、挪威、法国等国家。表1-6显示世界各地的海藻酸盐生产情况。

表1-6 世界各地的海藻酸盐生产情况

公司	总产量/t	占比/%	食品、医药级/t	其他/t
中国 （其中明月集团）	42000 （16000）	78.9 （30.1）	15000 （9000）	27000 （7000）
美国杜邦营养 （原FMC）	5800	10.9	4300	1500
日本喜美克	2800	5.3	2300	500
法国JRS （原DANISCO）	1500	2.8	1500	0
法国ALGIA （原嘉吉）	800	1.5	600	200
其他	300	0.6	200	100
合计	53200	100.00	23900	29300

第五节 我国海藻酸产业的发展历史

我国对褐藻生物资源的综合利用始于1952年。当时我国昆布类海藻极少，海带的人工养殖处于起步阶段，年产量只有20多t，很难进行工业化开发利用。中国科学院海洋研究所经过调查后发现我国北方和南方均有丰富的马尾藻资源，1953年提出了从马尾藻提取海藻酸的方法。在研究其提取条件的同时，配合医院需要，用马尾藻海藻酸盐试配了牙科弹性印模料，经医院证实可以使用。在当时物资十分紧缺的情况下，满足了医药行业对海藻酸盐的需求

（秦益民，2008）。

1954 年在山东省青岛市轻工业局、青岛实业酒精厂、中国科学院海洋研究所等单位的协作下，进行了从马尾藻提取海藻酸的中型试验，获得的海藻酸半成品供青岛印染厂进行印花浆试验，印花效果良好。在此过程中系统解决了一些提取前和提取过程中的关键技术问题，确定了从马尾藻提取海藻酸的提取条件及其含量和黏度的季节变化规律。结果表明，我国北方产的海蒿子无论在产量或所含海藻酸的质、量和生产工艺上都完全符合其作为提取海藻酸工业原料的要求。

1954—1956 年进行了马尾藻提取海藻酸的应用试验后，1957 年初正式在青岛实业酒精厂进行生产，所得产品仍主要供给青岛印染厂用作印花浆，并且在青岛的几家棉纺厂进行了浆纱试验。1958 年广东省也进行了从马尾藻提取海藻酸的研究，并试验了海藻酸在天然橡胶和火柴生产中的应用研究。

20 世纪 50 年代末，我国著名藻类植物学家曾呈奎院士等率先在世界上创立了海带筏式栽培技术，开创了人工大规模栽培海藻的先河。此后，随着我国人工养殖海带产量的逐年增加，高等院校和科研机构开始采用海带进行提取海藻酸、甘露醇、碘等产品的综合研究。生产单位也开始改用海带作为生产海藻酸的原料。

1959 年人工养殖海带取得大丰收，年产量达 3 万 t，促进了海带的综合利用和研究。到 1960 年初，以海带为原料提取海藻酸、甘露醇、碘等产品的分离条件和各步骤中的产率等方面的研究进入成熟阶段，有了完整的生产流程。

1965 年水产部下达任务并组织山东省青岛市的生产和科研单位共同研究用海带制碘的工艺条件。1968 年后，由于制碘任务紧迫，以制碘为中心的海带综合利用厂在沿海各地相继建立，作为副产品的海藻酸的年产量也相应大幅度增加。

改革开放以来，全国各地广泛开展了海藻资源的综合利用研究，除了用海藻生产海藻酸、卡拉胶、琼胶、甘露醇和碘，还将这些产品应用于药品、食品、饲料、肥料的生产，使我国很快发展成为全球最大的海藻酸生产国。海藻酸生物产业也成为伴随我国海带养殖业发展起来的一个特色鲜明的海洋生物产业。

目前我国海藻酸加工生产企业均分布于沿海一带，主要集中在山东、江苏等地，其中山东省的海藻酸钠产量约占全国总产量的 85% 以上。我国海藻酸盐年生产能力约为 4.2 万 t，占世界总生产能力的 78.9%，但是大部分产品属于附加值较低的工业级产品，食品和医药级产品的生产能力约为 15000t，占总产量的 35.7%。相比之下，美国、日本、法国等国企业生产的食品和医药级产品一般占总产量的 70% 以上，具有较高的附加值。

第六节　海藻酸与海藻酸盐生物制品

海藻酸以及海藻酸的衍生产品统称为褐藻胶，工业上最常用的褐藻胶为水溶性的海藻酸钠。作为一种高分子羧酸，海藻酸可以衍生出一大批相关产品，包括以下几类。

（1）海藻酸与碱金属离子或铵基构成的水溶性盐类，如海藻酸钠、海藻酸钾、海藻酸铵等；

（2）与多价金属离子构成的水不溶性盐类，如海藻酸钙、海藻酸铝、海藻酸锌、海藻酸铜等；

（3）海藻酸的有机衍生物，如海藻酸丙二醇酯、海藻酸三乙醇胺、海藻酸二丁胺、氧化海藻酸等。

海藻酸也可以通过化学、物理、生物改性技术的应用，制备具有不同分子质量和化学结构的衍生物。图 1-7 为以褐藻为原料制备海藻酸系列产品的示意图。

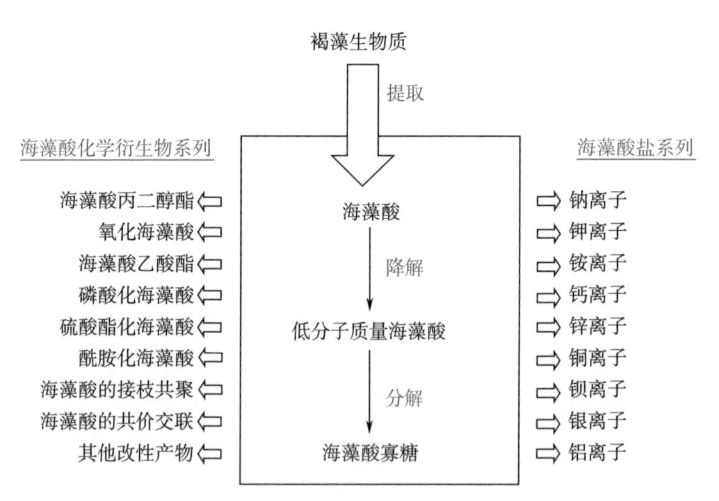

图 1-7　以褐藻为原料制备海藻酸系列产品示意图

作为一种天然高分子材料，海藻酸由甘露糖醛酸（Mannuronic acid，简称 M）和古洛糖醛酸（Guluronic acid，简称 G）两种糖醛酸单体聚合而成（Grasdalen，

1970；Grasdalen，1981）。不同种类的褐藻中提取出的海藻酸中两种单体的比例不同，对产品的理化性能有重要影响。高 G 含量的海藻酸盐形成的凝胶强度高、易碎，有较好的热稳定性；高 M 海藻酸盐形成的凝胶比较柔软、热稳定性差，但是有弹性、冻融稳定性比较好。海带中提取出的海藻酸的 M 含量高，极北海带、雷松藻中提取出的海藻酸的 G 含量较高（Smidsrod，1972；郑瑞津，2003；纪明侯，1981）。

第七节　海藻酸及其衍生物的应用

经过近百年的发展，海藻酸及其衍生物已经成为一种重要的工业原料，以其独特的性能在食品、医疗卫生、生物技术、纺织工业、美容护肤、废水处理、生物刺激剂等领域得到广泛应用，可用于制作冰淇淋、饮料、仿形食品、凝胶食品、黏合剂、生物黏附剂、缓控释片、医用敷料、牙模材料、饲料黏结剂、宠物食品黏结剂、面膜、化妆品增稠稳定剂、印花糊料、水处理剂、电焊条、造纸添加剂、叶面肥等各类产品（Andres，1987；McDowell，1960；McDowell，1975；Teli，1986；王孝华，2007；钱风云，2003；秦益民，2008）。

在食品行业，作为一种膳食纤维，海藻酸盐对预防结肠癌、心血管疾病、肥胖症以及铅、镉等重金属离子在体内的积累具有辅助治疗作用，在日本被誉为“保健长寿食品”，在美国被称为奇妙的食品添加剂。海藻酸盐以其独特的理化性质能改善食品的性质和结构，具有低热、无毒、易膨化、柔韧度高的特点，将其添加到食品中可发挥凝胶、增稠、乳化、悬浮、稳定和防止食品干燥的功能。海藻酸盐最主要的作用是凝胶化，即通过与钙离子的相互作用形成可食用凝胶，使其成为一种优良的食品配料，不仅可以改善食品质构、提高质量、增加花色品种，还可以降低成本、提高企业经济效益。在生产面包等面食、糕点时，加入 0.1%~1% 的海藻酸钠可以防止成品老化和干燥、减少落屑、改善口感；在酸乳中加入 0.25%~2% 的海藻酸丙二醇酯可以保持和改善其凝乳形状，防止高温消毒过程中出现黏度下降的情况；在啤酒中加入少量的海藻酸丙二醇酯可使泡沫稳定（詹晓北，2003；周家华，2001；秦益民，2019；秦益民，2021）。

在医疗卫生领域，应用海藻酸钠制备的三维多孔海绵体可替代受损的组织和器官，用作细胞或组织移植的载体。海藻酸钠是一种具有控释功能的辅料，在口服药物中加入海藻酸钠可延长药物释放时间，减慢吸收、延长疗效、减轻副反应。作为一种天然植物性创伤修复材料，以海藻酸钠为原料制作的凝胶、海绵、纤维和非织造布材料可用于保护创面，治疗烧、烫伤以及慢性溃疡伤口。口服海藻酸钠对 γ 射线致小鼠口腔黏膜的损伤有明显保护作用，用海藻酸钠制成的注射液具有增加血容量、维持血压的作用，可维持手术前后循环的稳定。制药行业用海藻酸钠制片，其性能优于明胶、淀粉，是一种较理想的黏合剂，也可用于制备肠溶胶囊。在医疗领域，海藻酸钠还可用作牙科印模材料、止血剂材料、亲水性软膏基质等（谢平，1997；李红兵，2006）。

作为一种增稠剂，海藻酸钠在低浓度时就有较高的黏度，具有稳定性好、透光率强、无异味等特点。利用海藻酸钠与钙离子、铁离子等形成凝胶沉淀及其较强的吸附性，海藻酸盐可用作水净化剂。用海藻酸钠制备的印花糊料具有易着色、得色率高、色泽鲜艳、织物手感柔软等特点，是棉织物活性染料印花最常用的糊料（刘永强，2000）。海藻酸钠还可用作酒类的澄清剂和人造蜇皮的原料，以及牙膏、洗发剂、整发剂等的配料。

第八节　小结

海藻酸是从褐藻中提取的高分子羧酸。从生产的角度看，经过近百年的发展，其提取工艺设备和生产技术已趋标准化，海藻酸的质量趋于稳定，产品已经向高质量、多品种、广应用方向发展。在应用研究中，海藻酸生物制品的主要应用领域已经从传统的纺织印染和食品配料逐渐转移到功能性食品、医疗卫生等领域，有效提高了产品的附加值。

参考文献

[1] AlgaeBase. World-wide electronic publication[OL]. Galway: National University of Ireland，2023[08-24]. http://www. algaebase. org.

[2] Andres C. Expanding applications for alginate technologies[J]. Food Process，1987，48（2）: 30-32.

[3] Bixler H J，Porse H. A decade of change in the seaweed hydrocolloids industry[J]. J Appl Phycol，2011，23: 321-335.

[4] Clark D E，Green H C. Alginic acid and process of making same[P]. US Patent 2，036，922，1936.

[5] FAO. The State of World Fisheries and Aquaculture[M]. Rome: FAO，2020.

[6] Grasdalen H，Larsen B，Smidsrod O. A. P. M. R. study of the composition and

sequence of uronate residues in alginates[J]. Carbohydr Res，1970，68: 23-31.
[7] Grasdalen H，Larsen B，Smidsrod O. ^{13}C-NMR studies of monomeric composition and sequence in alginate[J]. Carbohydr Res，1981，89: 179-191.
[8] McDowell R H. Applications of alginates[J]. Rev Pure Appl Chem，1960，10: 1-19.
[9] McDowell R H. New developments in the chemistry of alginates and their use in food[J]. Chem Ind，1975: 391-395.
[10] Smidsrod O，Haug A. Dependence upon the gel-sol state of the ion-exchange properties of alginates[J]. Acta Chem Scand，1972，26: 2063-2074.
[11] Smidsrod O，Haug A，Whittington S G. The molecular basis for some physical properties of polyuronides[J]. Acta Chem Scand，1972，26: 2563-2564.
[12] Stanford E. C. Improvements in the manufacture of useful products from seaweeds[P]. British Patent 142，1881.
[13] Teli M D，Chiplunkar V. Role of thickeners in final performance of reactive prints[J]. Textile Dyer Printer，1986，19（6）: 13-19.
[14] 赵淑江. 海洋藻类生态学[M]. 北京：海洋出版社，2014.
[15] 黄冰心，丁兰平，栾日孝，等. 中国海洋褐藻门新分类系统[J]. 广西科学，2015，22（2）：189-200.
[16] 丁兰平，黄冰心，王宏伟. 中国海洋红藻门新分类系统[J]. 广西科学，2015，22（2）：164-188.
[17] 丁兰平，黄冰心，栾日孝. 中国海洋绿藻门新分类系统[J]. 广西科学，2015，22（2）：201-210.
[18] 黄冰心，丁兰平. 中国海洋蓝藻门新分类系统[J]. 广西科学，2014，21（6）：580-586.
[19] 丁兰平，黄冰心，谢艳齐. 中国大型海藻的研究现状及其存在问题[J]. 生物多样性，2011，19（6）：798-804.
[20] 丁立孝，林成彬. 海带的奥妙[M]. 日照：山东洁晶集团股份有限公司，2016.
[21] 杜冰青，于宁，杜逢超. 鲁闽海藻产业发展对比分析及山东省海藻产业发展研究[J]. 中国渔业经济，2018，36（2）：71-77.
[22] 郑瑞津，吕志华，于广利，等. 褐藻胶M/G比值测定方法的比较[J]. 中国海洋药物，2003，96（6）：35-37.
[23] 纪明侯，曹文达，韩丽君. 褐藻酸中糖醛酸组分的测定[J]. 海洋与湖沼，1981，12（3）：240-248.
[24] 王孝华. 海藻酸钠的提取及应用[J]. 重庆工学院学报（自然科学版），2007，21（5）：124-128.
[25] 钱风云，傅得贤，欧阳藩. 海带多糖生物功能研究进展[J]. 中国海洋药物，2003，91（1）：55-59.
[26] 詹晓北. 食品胶的生产、性能与应用[M]. 北京：中国轻工业出版社，

2003.
[27] 周家华，崔英德，杨辉，等. 食品添加剂[M]. 北京：化学工业出版社，2001.
[28] 谢平. 海藻酸及其盐的食用和药用价值[J]. 开封医专学报，1997，16（4）：28-31.
[29] 李红兵. 海藻酸作为活性药物和新型药用敷料的开发[J]. 海洋技术，2006，25（2）：59-62.
[30] 刘永强，宋心远. 海藻酸钠的改性及印花性能探讨[J]. 染整技术，2000，22（1）：38-41.
[31] 秦益民，刘洪武，李可昌，等. 海藻酸[M]. 北京：中国轻工业出版社，2008.
[32] 秦益民. 海洋功能性食品配料：褐藻多糖的功能和应用[M]. 北京：中国轻工业出版社，2019.
[33] 秦益民，张全斌，梁惠，等. 岩藻多糖的功能与应用[M]. 北京：中国轻工业出版社，2020.
[34] 秦益民. 海藻源膳食纤维[M]. 北京：中国轻工业出版社，2021.
[35] 秦益民. 海洋源生物刺激剂[M]. 北京：中国轻工业出版社，2022.

第二章　海藻酸的提取

第一节　引言

在研究从苏格兰海岸的海藻中提取碘的过程中，英国化学家 E. C. Stanford 对开发海藻副产品及其应用产生了兴趣。他用 2% 碳酸钠水溶液处理狭叶海带（*Laminaria stenophylla*）后用酸使产物沉淀，分离出一种黏性的胶状物质。他把用稀碱溶液提取出的物质命名为“Algin”，加酸生成的凝胶命名为“Alginic acid”，即海藻酸（Stanford，1881）。图 2-1 为英国化学家 E. C. Stanford。

图 2-1　英国化学家 E. C. Stanford

英国有丰富的海藻资源并最先对海藻酸进行开发应用。在 1881 年 E. C. Stanford 发现海藻酸之后，英国先后成立了多家相关公司进行商业化开发

（Rehm，2018），如 1885 年成立的 British Algin Company Ltd.、1908 年成立的 Blandola Ltd. 以及 1909 年成立的 Liverpool Borax Ltd.。国际上第一家对海藻酸进行规模化开发的是 1929 年由 F.C.Thornley 在美国圣迭戈建立的 Kelco 公司。1934 年，Cefoil Ltd. 在英国成立并致力于从海藻中提取海藻酸后制备用于伪装网和其他军事用途的纤维产品。此后伦敦大学学院化学系的 C.W.Bonniksen 用海藻酸制备玻璃纸类的产品，并为此成立了名为 The Kintyre 的工厂。到 1939 年，他们以海藻酸为原料成功制备了玻璃纸（Woodward，1951）。随着第二次世界大战的来临，在政府的指导下英国成立了更多提取海藻酸的工厂，产品主要用于生产伪装用纺织品。The Kintyre 工厂于 1942 年关闭，其生产转移到新成立的工厂。在战后的 1945 年，Cefoil Ltd. 更名为 Alginate Industries Ltd.，与美国的 Kelco 公司分别于 1972 和 1979 年被美国 Merck 公司兼并，成为当时全球最大的海藻酸盐生产企业。在海藻资源丰富的挪威、法国、日本、中国等地也相继成立了很多海藻酸生产企业，从褐藻提取海藻酸成为海藻生物产业的一个重要基础产业。目前全球海藻酸的生产主要集中在中国、美国、英国、日本、挪威、智利、法国等国的 15 家工厂（Hallmann，2007）。到 2009 年全球海藻酸盐市场约为 26500t，市场价值约为 3.18 亿美元（Bixler，2011）。

我国对海藻酸的规模化生产发展于 20 世纪 60 年代，当时利用制碘后残留的海带提取褐藻胶可代替淀粉用于纺织企业的浆纱，从而缓解粮食短缺。青岛是我国纺织工业的一个主要生产基地，1965 年青岛市分管生产的郭士毅副市长提出建厂生产褐藻胶，安排青岛海洋渔业公司水产品加工厂二车间建立了褐藻胶小型试验生产装置。1966 年，青岛市第一海水养殖场开始用海带试验生产褐藻胶，试验成功后生产的褐藻胶供应青岛棉纺织厂。山东胶南县在 1968 年到青岛海洋化工厂考察学习后在县城铁山路建成胶南海洋化工厂，1998 年改制后成为青岛明月海藻集团有限公司，是目前全球主要的海藻酸生物制品生产企业。

第二节　海藻酸的来源

海藻酸是海带、巨藻等褐藻类海藻的主要成分。褐藻细胞的细胞壁由纤维素的微纤丝构成网状结构，内含海藻酸、蛋白质、多酚、岩藻多糖、果胶、木糖、甘露醇、地衣酸、碘等生物质成分，为细胞提供保护作用。图 2-2 显示褐藻细胞壁的结构成分。

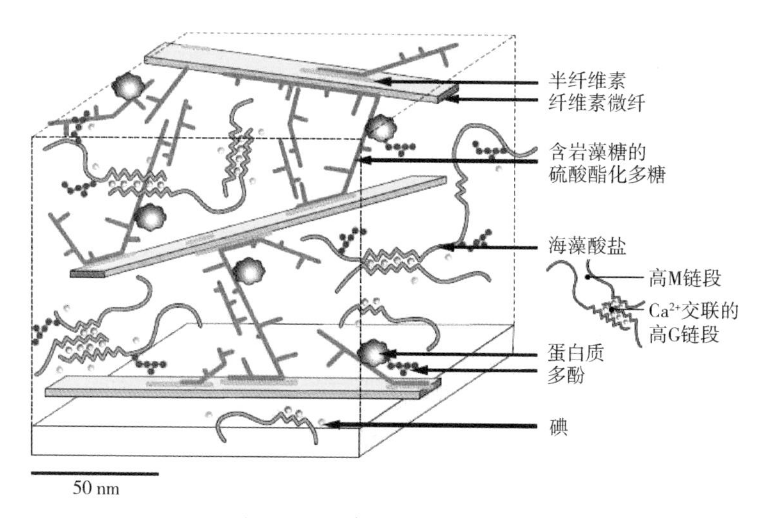

图 2-2　褐藻细胞壁的结构成分

一些种类的细菌中也有海藻酸。根据文献报道（Hay，2010；Remminghorst，2006；Rehm，1997），细菌中海藻酸的生物合成过程可分为四个阶段：

（1）甘露糖醛酸的合成。

（2）甘露糖醛酸的聚合。

（3）聚甘露糖醛酸的修饰。

（4）聚合物通过细胞外膜的输出。

在第三个阶段，聚甘露糖醛酸 2 和 3 号位上的羟基可以被转乙酰酶乙酰化（Franklin，2004），然后被差向异构酶转化成古洛糖醛酸（Franklin，1994）。最后海藻酸通过跨膜孔蛋白从细胞中释放。

在褐藻的细胞壁中，海藻酸主要以海藻酸钙、海藻酸镁、海藻酸钾、海藻酸钠等形式存在，其中藻体表层主要以钙盐形式存在，而在藻体内部肉质部分主要以钾、钠、镁盐等形式存在（纪明侯，1997；陈正霖，1989）。海藻酸的含量与褐藻的种类和生长环境相关，基于其起到强化褐藻生物体的作用，一些生长在风浪大的海洋环境中的褐藻中海藻酸的含量更高。对于同一种褐藻，海藻酸的含量呈区域性和季节性变化，例如在海带中，我国以青岛和大连产海带的海藻酸含量为最高，一年中以 4 月份的含量最高。除了海藻酸，褐藻中还含有蛋白质、纤维素、矿物质等种类繁多的生物质成分。表 2-1 以巨藻为例显示褐藻中各种组分的含量。

表 2-1 巨藻中各种组分的含量

成分	含量	成分	含量
水分	10%~11%	镓	0.001%
灰分	33%~35%	铜	0.003%
蛋白质	5%~6%	铬	0.0003%
粗纤维（纤维素）	6%~7%	锰	0.0001%
脂肪	1%~1.2%	银	0.0001%
海藻酸和其他碳水化合物	39.8%~45%	钒	0.0001%
钾	9.5%	铅	0.0001%
钠	5.5%	氯	11%
钙	2.0%	硫	1.0%
锶	0.7%	氮	0.9%
镁	0.7%	磷	0.29%
铁	0.08%	碘	0.13%
铝	0.025%	硼	0.008%
锂	0.01%	溴	0.0002%

自 1929 年在美国加利福尼亚州最早商业化生产海藻酸至今，生长在世界各地的多种褐藻成为海藻酸加工行业的原料（McHugh，2003；Bixler，2011）。但是尽管全球有 1500~2000 种含有海藻酸的褐藻（Algaebase，2017），用于生产海藻酸的褐藻主要为生长在 24 个国家的 38 种，其中主要是海带目和墨角藻目的褐藻（Zemke-White，1999；White，2015；McHugh，2003；Bixler，2011）。目前商业化生产海藻酸的原料主要为海带、巨藻、极北海带、掌状海带、雷松藻、泡叶藻、昆布等种类的褐藻。这些褐藻主要分布在水温较低、浅水的岩石海岸。表 2-2 显示用于提取海藻酸的各种褐藻及其海藻酸盐含量（Peteiro，2018）。

表 2-2 用于提取海藻酸的各种褐藻及其海藻酸盐含量

褐藻种类	产地	海藻酸盐含量 /%（干基）
巨藻（*Macrocystis pyrifera*）	墨西哥	26%~37%（Hernandez-Carmona，1985）
	智利	18%~45%（Westermeier，2012）

续表

褐藻种类	产地	海藻酸盐含量 /%（干基）
掌状海带（*Laminaria digitata*）	英国	18%~26%（Black，1950）
	丹麦	16%~36%（Manns，2017）
极北海带（*Laminaria hyperborea*）	英国	14%~21%（Black，1950）
海带（*Saccharina japonica*）	中国	15%~20%（Minghou，1984）
	日本	17%~25%（Honya，1993）
糖海藻（*Saccharina latissima*）	丹麦	16%~34%（Manns，2017）
雷松藻 LT（*Lessonia trabeculata*）	智利	13%~29%（Chandia，2001）
昆布（*Ecklonia arborea*）	墨西哥	24%~28%（Hernandez-Carmona，1985）
海洋巨藻（*Durvillaea potatorum*）	澳大利亚	55%（Lorbeer，2017）
	新西兰	45%（Panikkar，1996）
泡叶藻（*Ascophyllum nodosum*）	俄罗斯	12%~16%（Obluchinskaya，2002）

除了中国大量使用人工栽培的海带作为生产海藻酸的原料，全球其他各地均以野生海藻作为提取海藻酸的主要原料。野生海藻的收获传统上是以手工方式进行的，随着生产需求的增加，美国加利福尼亚州、挪威、法国等地分别发展出了机械化收获海藻的技术，但是在智利、秘鲁、爱尔兰、英国、南非、新西兰、澳大利亚等国家，野生海藻的收获依然是通过手工获取的（Vasquez，2016；Kirkman，1997；Anderson，1989）。手工收获野生海藻的方法涉及切割以及随后收集漂浮到海滩上的海藻，例如在欧洲的一些地区，泡叶藻和掌状海带是在退潮时的海滩或在 1m 以内的海水中用小刀割断后收获的。澳大利亚和新西兰的海洋巨藻以及智利的雷松藻是在潮水把海藻冲到海滩上后收获的（Schiel，1990）。在挪威，收获泡叶藻时用的是平底的、由桨轮或水柱驱动的船，船上配备了具有吸收功能的切割机。图 2-3 显示泡叶藻的收获场景。

图 2-4 显示海洋中巨藻形成的森林似的种群。当生长在岩层上的巨藻成熟后，海面上漂浮着一层厚密的海藻。收割的时候，先把表面稠密层割去，让阳光透过海水照到还没有成熟的海藻上，这样有助于它们的生长。海藻的收割实际上是整块修剪海藻的苗床，收割用的刀片在水面下 1m 左右的地方割断海藻

后使其浮出海面，然后用输送带把海藻收集到船上。在美国的加利福尼亚州南部、墨西哥的下加利福尼亚州等地有专门的机械化设备用于收获巨藻（Guiry，1991）。

（1）捕捞　（2）收割　（3）机械化收获

图 2-3　泡叶藻的收获场景

图 2-4　巨藻

图 2-5 显示挪威和法国沿海野生海藻的收获场景。在挪威，极北海带是用拖捞的方法用拖船从海底捞取的。在法国，掌状海带是用安装了液压臂的船把

海藻卷绕在铁钩上后获取的。

（2）法国海域捕捞掌状海带

（1）挪威海域捕捞极北海带

（3）野生褐藻群落

图 2-5　挪威和法国沿海野生海藻的收获场景

挪威是全球野生海藻资源最丰富的国家。20 世纪 50~60 年代完成的调查显示，挪威沿海潮下带的野生褐藻资源至少有 1500 万 t，其中至少 1000 万 t 是极北海带。挪威人在海岸边或船上手工收获海藻时，一般用一根上面有刀片和网的长杆，就如在森林里采集浆果一样（Efstathiou，2019）。在当地两种主要褐藻中，掌状海带比较容易切割，而极北海带的个体更大，更容易通过机械化收集。20 世纪 60 年代早期，挪威开发出了收获海藻的拖捞装置，这种挂在船后的拖网一开始也安装了刀片，收获后把海藻的固着器留在海底，上面的部分被捞起。到 20 世纪 70 年代，这种装置更新成目前使用的方法，即不用刀片，而是把整棵海藻从海底拉起（Vea，2011）。这个过程中长度小于 20cm 的海藻不受影响，可以在海底继续生长繁殖。

图 2-6 显示收获海藻的拖捞装置和作业现场。这种装置每次可以捞起 2t 海藻，每次在 0.5~2min 完成，每条船的容量为 30~150t，其作业深度在 2~20m。当地生产海藻酸盐的 FMC 公司拥有 11 条这样的船，在挪威南部的罗加兰郡到中部的斯提兰迪那哥地区内收集海藻，每年的捕获量为 13 万 t~18 万 t。

世界各地的研究显示，人工收获野生海藻对其自然生长及生态平衡有一定影响（Davoult，2011；Lorentsen，2010；Vasquez，2012）。如图 2-7 所示，在海岸带生态环境中，海藻与陆地上的森林一样为各种海洋生物提供栖息场所及食物来源（Steneck，2002；Chapman，1995）。基于海藻重要的生态价值，近年来各国政府对野生海藻的收获采取了越来越严格的控制，例如一些国家为了保护生态环境，对野生海藻的收获设置配额，同一个地区的两次收获之间有法定的时间差，对常年生海藻的收获局限在其生物体的上部，以及禁止收获具有重要生态价值的海藻等（Vea，2011；Frangoudes，2011）。除了人工采集，野生海藻资源也受自然和人类活动的多种因素影响，例如全球气候变暖带来海水温度上升及 pH 降低，导致近年来野生海藻群落数量下降（Wernberg，2011；Filbee-Dexter，2016）。

（1）拖捞装置

（2）作业现场

图 2-6　收获海藻的拖捞装置和作业现场

（1）自然生长状态

（2）漂浮到海滩

图 2-7　野生褐藻

在亚洲，商业化生产海藻酸的原料主要是人工栽培的海带、裙带菜等褐藻，其栽培技术早在20世纪60年代已经在中国、日本、韩国等地实现规模化应用（Chen，2009）。到2016年，亚洲地区人工栽培的海带产量已经达到90万t干重（FAO，2016），其中大部分作为海洋蔬菜食用，小部分用于提取海藻酸。欧洲和美洲目前也开始海藻的人工栽培，在为海藻加工行业提供原料的同时，也帮助保护了野生海藻资源（Peteiro，2016；Chopin，2013）。由于野生海藻的资源有限，随着工业及食品行业对海藻需求量的不断扩大，人工栽培的褐藻成为海藻酸加工行业的一个主要原料来源（Rebours，2014）。

除了褐藻，一些种类的细菌也含有海藻酸。Linker等在1964年最早发现海藻酸可以通过细菌生产。在分析从囊性纤维化患者的唾液中分离出的假单胞菌微生物时，他们发现它在培养基上形成非常大的黏液状的菌落，含有与海藻酸相似的多糖类物质（Linker，1964）。到1966年，他们报道了从这种细菌中分离出的海藻酸是乙酰化的（Linker，1966）。同年，Gorin等报道了从棕色固氮菌（*Azotobacter vinelandii*）中生产出的海藻酸（Gorin，1966）。1981年，Govan等从荧光假单胞菌（*Pseudomonas fluorescens*）、恶臭假单胞菌（*Pseudomonas putida*）、门多萨假单胞菌（*Pseudomonas mendocina*）等多种细菌中提取出了海藻酸（Govan，1981）。目前，从细菌中提取海藻酸已经成为生产海藻酸的一个有效途径。表2-3显示从细菌中提取出的海藻酸的M/G比率。

表2-3 从细菌中提取出的海藻酸的M/G比率

细菌种类	M/G
铜绿假单胞菌（*Pseudomonas aeruginosa*）	70/30（Fata，2015）
荧光假单胞菌	（60~73）/（27~40）（Sugawara，2009；Gacesa，1988；Conti，1994）
棕色固氮菌	（6~75）/（25~94）（Sugawara，2009；Gacesa，1988）
恶臭假单胞菌	（63~78）/（22~37）（Gacesa，1988；Conti，1994）
门多萨假单胞菌	74/26（Govan，1981）

第三节　海藻酸的提取方法

一、提取海藻酸的主要工艺参数

海藻酸可以与金属离子结合形成海藻酸盐，目前工业生产中的主要产品是水溶性的海藻酸钠。在从褐藻中提取海藻酸钠的工艺中，降解导致的分子质量下降是需要控制的一个关键工艺参数。席国喜等对海藻酸钠进行热解动力学的研究表明，当温度 >60℃时，海藻酸钠水溶液或含水的海藻酸钠的降解速率明显加快，而温度 <60℃时，海藻酸钠的结构稳定，不易降解（席国喜，2000）。因此，整个提取工艺的温度应保持在 60℃以下。除温度外，溶液酸碱性也会影响海藻酸钠的降解和提取率。大量研究显示，在弱酸或中性条件下海藻酸钠的结构较稳定，降解速率较慢；而在过酸或过碱条件下，海藻酸钠分子内的糖苷键很不稳定，容易断裂，降解速率明显加快。在强酸条件下海藻酸钠溶液还会出现胶凝现象，其结构不稳定且发生降解形成小分子，产率和黏度都较低。此外，常用的脱色剂会造成海藻酸钠的结构不稳定，其长链中部分结构发生氧化降解，导致提取得到的海藻酸钠的相对分子质量减小、纯度下降、提取率降低（马成浩，2004；寇伟蛟，2009；王孝华，2007；黄攀丽，2017）。

二、预处理

褐藻生物质含有多种色素和蛋白质、氨基酸、多酚等成分，为了改善海藻酸钠的色泽、提高产品质量，提取海藻酸钠前一般会对褐藻原料进行预处理。目前，实验室和工业化提取海藻酸钠时大多采用 2% 的甲醛水溶液使褐藻中的色素固定在纤维素上，避免其进入提取液（Fenoradosoa，2010；Camacho，2012）。但是这样的脱色处理过程中使用的溶剂及其排放会对环境造成一定危害。因此，Rioux 等和 Lorbeer 等采用乙醇等无害有机溶剂对原料进行预处理，去除褐藻中的色素，提高海藻酸钠的质量（Rioux，2007；Lorbeer，2015）。Sellimi 等在室温下将褐藻在体积比为 7∶6∶3 的丙酮 - 甲醇 - 氯仿混合溶液中浸泡 24h 脱除色素，最终提取得到纯度较高的海藻酸钠（Sellimi，2015）。侯振建等用次氯酸钠和双氧水对海藻酸钠进行漂白，有效去除了产品中的有色成分（侯振建，2001）。

三、生产方法

经过近百年的发展演变，工业上开发出了很多种从褐藻提取海藻酸钠的方法，目前典型的提取方法有三种，即酸凝 - 酸化法、钙凝 - 酸化法、钙凝 - 离子交换法（高晓玲，1999；王孝华，2007；赵淑璋，1989；张善明，2002；王孝华，2005；侯振建，1997；马成浩，2004；安丰欣，1998；梁振江，1999；梁振江，1996），此外还有酶解法、超滤法、反应挤出法。下面简单介绍这几种提取方法的工艺流程。

1. 酸凝－酸化法

该提取方法的提取过程如下：

（1）浸泡　加 10 倍于海藻质量的水，常温下浸泡 4h。浸泡结束后取出海藻，用水洗涤直至洗涤液为无色。

（2）消化　将切碎的海藻加入一定浓度、一定体积的 Na_2CO_3 水溶液进行消化，使海藻中不溶性的海藻酸盐转化成水溶性的海藻酸钠后溶解进入提取液。

（3）过滤　消化后海藻变成黏稠的糊状，需要加入水将糊状流体稀释后过滤。

（4）酸凝　将过滤后的料液加水稀释后缓慢加入稀盐酸至开始有絮凝状沉淀，调节 pH 为 1~2 后海藻酸即凝聚成酸凝块。去清液，留下酸凝块。

（5）中和　常温下边搅拌边加入一定浓度的碳酸钠溶液溶解酸凝块，至 pH 为 7.5 时中和完成。

（6）析出海藻酸钠　在中和后的溶液中加入一定量浓度为 95%（体积分数）的乙醇，析出海藻酸钠白色沉淀物。

（7）最后经过滤、干燥、粉碎得到海藻酸钠粉末。

以上描述的工艺流程中，酸凝沉降速度很慢，需要 8~12h，并且胶状沉淀的颗粒很小，不容易过滤。生产的中间产物海藻酸不稳定、易降解，因此得到的产品收率和黏度都比较低。

2. 钙凝－酸化法

钙凝 - 酸化法提取过程包括浸泡、切碎、消化、稀释、过滤、洗涤、钙析、盐酸脱钙、碱溶、乙醇沉淀、过滤、烘干、粉碎、成品，其中很多步骤与酸凝 - 酸化法相同，只有以下 2 步不同：

（1）钙析　将滤液用盐酸调节至 pH 6~7，加入一定量浓度为 10% 的 $CaCl_2$ 溶液进行钙析。

（2）盐酸脱钙　将钙凝得到的海藻酸钙水洗除去残留的无机盐后，用一定体积的 10% 左右的稀盐酸酸化 30min，使其转化为海藻酸凝块，去清液后留下酸凝块。

在此工艺中钙析的速度比较快，沉淀颗粒也比较大。但在脱钙过程中，由于采用盐酸洗脱的方式，中间产物海藻酸不稳定、易降解，得到的产品收率和黏度都不是很高。

3. 钙凝－离子交换法

钙凝-离子交换法提取过程包括浸泡、切碎、消化、稀释、过滤、洗涤、钙析、离子交换脱钙、乙醇沉淀、过滤、烘干、粉碎、成品，其中大部分步骤与钙凝-酸化法相同，只是采用离子交换脱钙，即将钙析后的产品过滤后加入一定量浓度为 15% 的 NaCl 水溶液脱钙，其反应方程式如下：

$$Ca(C_5H_7O_4COO)_2+2NaCl=\!=\!=2NaC_5H_7O_4COO+CaCl_2$$

该方法利用离子交换生成海藻酸钠，由于盐析作用而不溶于交换液中，仍为絮状凝胶，最后经过滤、干燥、粉碎得到成品海藻酸钠。工艺中钙析的速度比较快，沉淀颗粒也比较大。由于避免了酸性条件下的降解，海藻酸钠的黏度可以达到 2840mPa · s，远高于目前国际上工业产品的黏度（150~1000mPa · s），而且产品的均匀性好，储存过程中黏度稳定。

4. 酶解法

酶解法是近年来开发的用于提取海藻酸钠的新工艺。该法与钙凝-酸化法基本相同，只是在消化步骤前用纤维素酶处理海藻破坏其细胞壁，促进海藻酸钠的溶出以提高得率（宋彦显，2015）。杨红霞等优化了酶解法提取海藻酸钠的工艺，其最佳酶解条件为：缓冲溶液 55mL、pH 5.0、反应温度 45℃、反应时间 18h、纤维素酶用量 90U/g（杨红霞，2007）。杜冰以纤维素酶提取法为对照，设计了用海藻酸裂解酶和纤维素酶组成的复合酶提取海藻酸钠的方法（杜冰，2015）。结果显示当两种酶用量为 2∶1 时，溶液黏度最大、提取率最高。但是由于酶解法提取海藻酸钠的成本高、能耗大、提取周期长且条件苛刻，目前尚未实现大规模工业化生产。

杨晓雪以海带裙边为原料，在比较传统热水浸提法的基础上，研究了复合酶法高效提取海带中海藻酸钠和岩藻多糖的工艺，并对其进行组成和品质分析，其中的复合酶即纤维素酶、果胶酶、木聚糖酶、α-淀粉酶和酸性蛋白酶，添加比例为 18∶11∶11∶1∶5，最佳酶解条件是复合酶添加量 480U/g、酶解温度 59℃、pH4.5、时间 10h、液固比 30mL/g（杨晓雪，2017）。

5. 超滤法

超滤法将膜分离技术应用于海藻酸钠提取，以降低能耗、去除杂质、提高产品质量。袁秋萍等在酸凝-酸化法的基础上用超滤法得到海藻酸钠，其工艺流程与酸凝-酸化法基本一致，只是在最后用碳酸钠中和得到海藻酸钠溶液后用截留相对分子质量为3000的乙酸纤维素超滤膜将溶液中的海藻酸钠分离，随后用醇沉淀得到海藻酸钠产品（袁秋萍，2005）。结果显示用膜分离技术分离后可得到高纯度、较好色泽以及高黏度的海藻酸钠。但是由于海藻酸钠自身具有良好的增稠性和成膜性等特点，用膜分离技术时极易因膜通量衰减和分离特性的不可逆变化对超滤膜产生严重污染，影响膜分离技术的可行性，且提高了经济成本（吴春金，2007；曾淦宁，2010）。

6. 反应挤出法

Vauchel 等（Vauchel，2008）研究了把褐藻与 Na_2CO_3 在螺杆中混合后挤出的提取方法，可以有效降低 Na_2CO_3 的消耗量，缩短提取时间，降低工艺用水。表 2-4 比较了常规碱法提取和反应挤出提取工艺的各项指标。图 2-8 为在反应挤出法中用于加工海藻的螺杆的示意图。

表 2-4　常规碱法提取和反应挤出提取工艺的比较

提取方法	得率 /%	Na_2CO_3 消耗量 /（kg/kg 干海藻）	用水量 /（L/kg 干海藻）	提取时间 / min	海藻酸纯度 /%
常规碱法	33 ± 2	0.5	25	60	97 ± 1
反应挤出法	39 ± 2	0.2	10	5	96 ± 1

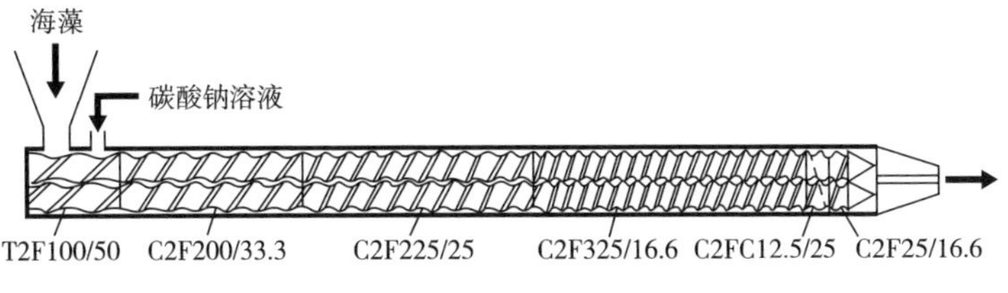

图 2-8　反应挤出法中用于加工海藻的螺杆示意图

第四节　影响产品质量的因素

海藻酸是从褐藻生物质中提取得到的，其产品质量首先受褐藻生物质原料的影响。除了褐藻的种类和季节变化，生产过程中褐藻的储存对海藻酸的黏度也有较大影响。表 2-5 显示在其他条件相同的情况下，马尾藻储存时间对海藻酸钠黏度的影响。

表 2-5　马尾藻储存时间对海藻酸钠黏度的影响

储存时间 /d	产品黏度 /（mPa · s）
0（新鲜）	500~750
10	500~650
20	400~550
30	350~400
60	200~300
90	150~250
120	100~200
150	60~150
180	30~100

在海藻酸的提取过程中，欧美一些国家的厂家提倡用稀酸浸泡海藻以去掉无机盐类，并使藻体内的海藻酸盐转化成海藻酸后便于进一步提取。研究结果表明，酸处理有利于海藻酸的提取，但是随着处理时间的延长，所得产品的黏度逐渐降低、色泽也变深，表明酸处理对海藻酸的提取是利少弊多。表 2-6 显示酸凝时间对海藻酸钠黏度的影响。

表 2-6　酸凝时间对海藻酸钠黏度的影响

酸凝时间 /h	产品黏度 /（mPa · s）
1.5	620~750
2.0	500~700
2.5	420~630
3.0	350~460
4.0	200~300

Hernandez-Carmona 等研究了两种预处理方法对提取海藻酸的影响，其中，第一种在酸预处理前首先用甲醛进行预处理；第二种用不同的酸进行预处理。结果显示，甲醛预处理可以有效提高海藻酸的白度，酸处理可以提高产率但对分子质量有负面影响。用强酸和弱酸进行预处理后得到的海藻酸的黏度分

别为 168mPa · s 和 623mPa · s。该研究得出的最佳预处理条件为：用 0.1% 甲醛水溶液浸泡过夜后在搅拌下用 pH4 的盐酸处理 15min 后开始提取（Hernandez-Carmona，1999）。

Vauchel 等的研究显示碱性提取液与海藻酸钠的接触时间对其分子质量有重要影响。如表 2-7 所示，当提取时间从 1h 增加到 4h 后，提取出的海藻酸钠的平均分子质量从 91902u 下降到 16154u（Vauchel，2008）。

表 2-7 碱性条件下提取时间对海藻酸钠含量和分子质量的影响

提取时间 /h	海藻酸钠含量 /（g/L）	平均分子质量和分布 /u
1	1.32	91902（90586~92715）
1.5	3.67	84119（81958~86281）
2	4.07	69414（65917~73045）
2.5	4.19	47814（45020~50626）
3	4.30	35718（34386~37065）
3.5	4.28	21178（20311~22035）
4	4.29	16154（13764~18556）

Hernandez-Carmona 等研究了温度和时间对碱法提取海藻酸钠产率和品质的影响。结果显示温度提高有利于提高得率，在处理 3.5h 后，70℃和 90℃下的提取率分别为 19.4% 和 21.9%。与此相反，海藻酸钠的黏度随着温度的升高而下降，尤其是在 90℃下提取得到的海藻酸钠的黏度随着提取时间的延长而迅速下降，在开始的 2h 内每延长 1h 黏度下降 154mPa · s（Hernandez-Carmona，1999）。

McHugh 等研究了海藻酸提取过程中的三个工艺步骤。对于沉淀过程中氯化钙的用量，结果显示每一份海藻酸盐用 2.2 份氯化钙时的过滤速度最快，为 97.9L/min，其中的过滤面积为 1.32m^2。关于用 5% 的次氯酸钠水溶液对海藻酸钙进行漂白，该研究比较了在每克海藻酸钠用 0~0.77mL 次氯酸钠范围内的 7 组比例，对于 300~500mPa · s 中等黏度的海藻酸钠，每克海藻酸钠用 0.4mL 次氯酸钠的外观好，其黏度比对照组低 20%（McHugh，2001）。

Hernandez-Carmona 等对海藻酸提取过程中的最后三个步骤进行了研究。为了在干燥后得到中性的海藻酸钠，在水 / 乙醇介质中把海藻酸转化成海藻酸钠时，应该把 pH 控制在 9，过高的 pH 会使海藻酸钠在干燥过程中降解。在用 50、60、70、80℃进行干燥时发现，为了使含水率低于 12%，烘干温度 80℃时需要 1.5h、50℃时需要 3h，最佳的烘干条件为 60℃下干燥 2.5h。对于低黏度的海藻酸钠，干燥温度对黏度的影响较小，而高黏度的海藻酸钠在 60~80℃下干燥时黏度可以下降 40%~54%。在最后一个加工步骤中，研究显示磨粉过程对海藻酸钠的黏度没有明显影响（Hernandez-Carmona，2002）。

第五节　从褐藻中提取海藻酸钠的加工过程

图 2-9 为从褐藻提取海藻酸钠的一个典型工艺流程图。总的来说，工业上以褐藻为原料提取海藻酸钠的过程包括 17 道工序，具体为浸泡切碎、水洗、消化、稀释、粗滤、发泡、漂浮、精滤、钙化、脱钙、压榨脱水、中和、捏合、造粒、烘干、粉碎与混配、包装。

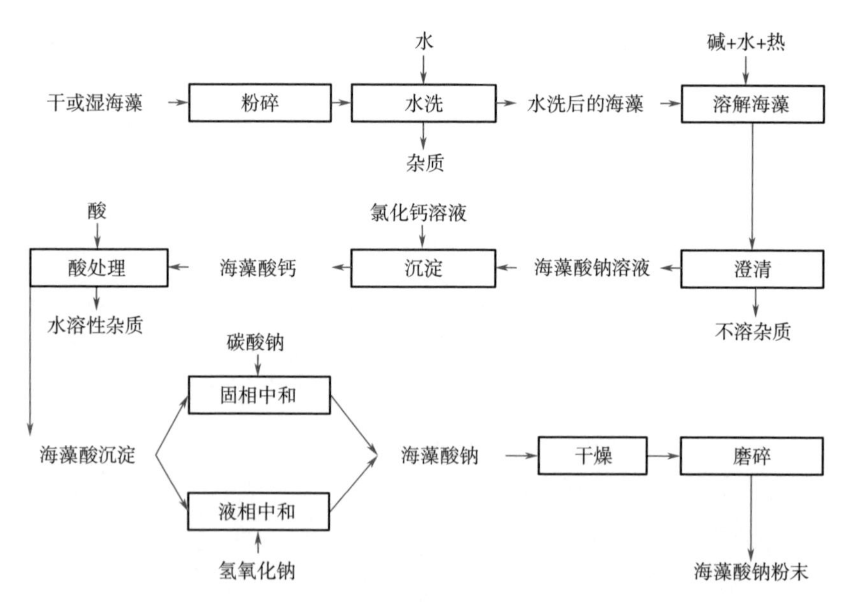

图 2-9　以褐藻为原料提取海藻酸钠的典型工艺流程图

一、浸泡切碎

浸泡的目的是将海藻软化，同时可将海藻表面的碘、甘露醇等可溶性成分用水泡出，以进行这两种物质的提取。切碎的目的是便于洗料和消化处理。

二、水洗

水洗的目的是洗去海藻中的糖胶和表面的泥沙等杂质，使后道提取工序更容易进行。

三、消化

海藻中的海藻酸主要以海藻酸钙和部分镁、铁、铝等金属盐形式存在。加入纯碱可使藻体细胞壁膨胀破坏，同时碳酸钠溶液将不溶性的海藻酸钙以及海藻酸镁、海藻酸铁、海藻酸铝等转化为可溶性的钠盐。消化过程的化学反应式如下（以钙盐为例）：

$$[(C_5H_7O_4COO)_2Ca]_n + nNa_2CO_3 \longrightarrow 2[C_5H_7O_4COONa]_n + nCaCO_3 \downarrow$$

四、稀释

稀释的目的是使消化后流动性差的高黏度海藻酸钠浆糊通过水的稀释和进一步溶解成为均匀、流动性好、低黏度的胶液，使后道过滤和澄清过程更容易进行。

五、粗滤

粗滤的目的是去除胶液中较大的固体颗粒，便于漂浮处理。

六、发泡

根据空气在水中的溶解度随压力增加而增大的工作原理，采用溶气发泡和离心发泡两种方式。

七、漂浮

将乳化后的胶液放入漂浮罐中，胶液中的小气泡附着在细小残渣表面，利用浮力带动其浮到胶液表层，同时相对密度较大的泥沙沉至罐底，达到澄清分离的目的。

八、精滤

漂浮后得到的清胶液还含有少量微小的悬浮残渣或不溶物，必须进一步过滤才能符合产品的要求。

九、钙化

精滤后的胶液含海藻酸钠约 0.15%，加入氯化钙溶液可使水溶性的海藻酸钠转变为水不溶性的海藻酸钙凝胶而浓缩析出，这个过程称“钙化”。钙化反应是一个可逆反应：

$$2C_5H_7O_4COONa + CaCl_2 \rightleftharpoons (C_5H_7O_4COO)_2Ca + 2NaCl$$

十、脱钙

用盐酸与海藻酸钙反应，使其转化为海藻酸，这一反应过程称为脱钙，其反应式如下：

$$(C_5H_7O_4COO)_2Ca+2HCl \longrightarrow 2C_5H_7O_4COOH+CaCl_2$$

十一、压榨脱水

含有大量水分的海藻酸凝胶，在脱水不充分时会造成后道干燥工序的费用提高和干燥时间的延长，引起产品黏度下降等弊病。工业上必须采用机械方法尽可能地把水去除。此工序得到的海藻酸中间品，既可以作为海藻酸成品的原料，也可以转入下一步进行中和后生产海藻酸钠，还可以作为生产海藻酸丙二醇酯的原料。

十二、中和

把海藻酸与 Na_2CO_3 或 NaOH 反应后可以得到海藻酸钠，工业上可以采用以下两种方法生产工业级和食品级海藻酸钠。

（1）工业级海藻酸钠是通过加碱中和海藻酸，使其转化为海藻酸钠，反应式为：

$$2C_5H_7O_4COOH+Na_2CO_3 \longrightarrow 2C_5H_7O_4COONa+H_2O+CO_2\uparrow$$

（2）食品级海藻酸钠是以酒精为介质，用 NaOH 中和海藻酸，使其转化为海藻酸钠，反应式为：

$$2C_5H_7O_4COOH+NaOH \longrightarrow 2C_5H_7O_4COONa+H_2O$$

在此反应过程中，酒精还起到脱水和精制的作用。

十三、捏合

为进一步加强两种物料接触和相互作用而使反应趋于完全程度，应将混合好的物料进行捏合。

十四、造粒

造粒的目的一方面是改变成品的表面特性，使其从纤维状变为颗粒状。另一方面可进一步提高捏合转化效果，有利于提高产品的稳定性。

十五、烘干

中和转化好的湿海藻胶含水量约为 68%，此物料必须进行干燥，使水分降至 15% 以下，以利于产品的长期保藏。

十六、粉碎与混配

将烘干后的半成品通过粉碎与混配达到要求的性能指标，满足不同用户的需要。

十七、包装

经除铁器除铁后包装。

第六节　海藻酸提取过程中产生的海藻渣

在对褐藻进行加工提取海藻酸钠的过程中，作为主副产品利用的主要有海藻酸、碘、甘露醇等产品，而海藻中含有的其他一些物质，如果胶、木糖、地衣酸、纤维素、蛋白质等在生产过程中分离出来后成为废渣（甘纯玑，1994）。表 2-8 显示这些废渣中的粗蛋白和粗纤维含量。

表 2-8　提取海藻酸过程中产生的海藻废渣中粗蛋白和粗纤维的含量

样品	粗蛋白 /%	粗纤维 /%
消化后的海带根	13.8	74.7
消化后的海带茎	3.9	45.7
消化后的海带渣	19.8	52.4
放置风化后的海带渣	21.8	71.6
海带漂浮渣	18.9	57.7

从表 2-8 可以看出，消化后的海带渣和鼓泡漂浮分离后的细渣中不但粗纤维含量高，其粗蛋白含量也高达 20% 左右。进一步分析显示，海藻渣中生物必需的微量元素分别达到下列水平：铜 3.21mg/kg、锌 10.43mg/kg、锰 17.10mg/kg、铁 140.90mg/kg、钙 0.43%、镁 0.24%、钾 0.055% 和磷 0.030%。这些物质的存在使海藻渣成为一种很好的饲料和肥料资源（陈悦，2003）。由于海藻酸生产过程中使用壳聚糖作为絮凝剂，加上海藻酸提取后产生的海藻渣还残留一部分海藻酸，使海藻渣同时含有对重金属离子有很好吸附性能的蛋白质、壳聚糖和海藻酸，可用于吸附各类重金属离子。

第七节　小结

海藻酸是褐藻类植物的重要组成部分。经过 100 多年的发展，以褐藻为原料提取海藻酸的生产工艺已经成熟并在世界各地应用于规模化生产，使海藻酸及其各种衍生制品成为海藻生物产业的一个重要产品，并为其在食品、医疗卫生、生物技术、纺织工业、美容护肤、废水处理、生物刺激剂等领域中的应用奠定了基础。

参考文献

[1] Algaebase. World-wide electronic publication. Galway: National University of Ireland[OL]，2023[08-24]. http://www. algaebase. org，2017.

[2] Anderson R J，Simons R H，Jarman N G. Commercial seaweeds in southern Africa: a review of utilization and research[J]. S Afr J Mar Sci，1989，8（1）: 277-299.

[3] Bixler H J，Porse H. A decade of change in the seaweed hydrocolloids industry[J]. J Appl Phycol，2011，23（3）: 321-335.

[4] Black W A P. The seasonal variation in weight and chemical composition of the common British Laminariaceae[J]. J Mar Biol Assoc UK，1950，29: 45-72.

[5] Camacho O，Hernendez-Carmona G. Phenology and alginates of two Sargassum species from the Caribbean coast of Colombia[J]. Ciencias Marinas，2012，38（2）: 381-393.

[6] Chandia N. Alginic acids in Lessonia trabeculata: characterization by formic acid hydrolysis and FT-IR spectroscopy[J]. Carbohydr Polym，2001，46（1）: 81-87.

[7] Chapman A R O. Functional ecology of fucoid algae: twenty-three years of progress[J]. Phycologia，1995，34（1）: 1-32.

[8] Chen J. Laminaria japonica. In: Crespi V，New M（eds）Cultured Aquatic Species Information Programme[M]. Rome: FAO Fisheries and Aquaculture Department，2009.

[9] Chopin T，Robinson S，Reid G，et al. Prospects for integrated multi-trophic aquaculture（IMTA）in the open ocean[J]. Bull Aquacul Assoc Canada，2013，111（2）:28-35.

[10] Conti E，Flaibani A，O'Regan M，et al. Alginate from *Pseudomonas fluorescens* and *P. putida*: production and properties[J]. Microbiology，1994，140: 1125-1132.

[11] Davoult D，Engel C R，Arzel P，et al. Environmental factors and commercial harvesting: exploring possible links behind the decline of the kelp *Laminaria digitata* in Brittany，France[J]. Cahiers de Biologie Marine，2011，52（4）: 429-434.

[12] Efstathiou S，Myskja B K. Appreciation through use: how industrial technology articulates an ecology of values around Norwegian seaweed[J]. Philos Technol，2019，32: 405-424.

[13] FAO. The State of World Fisheries and Aquaculture: Contributing to Food Security and Nutrition for All[M]. Rome: FAO，2016.

[14] Fata Moradali M，Donati I，Sims I M，et al. Alginate polymerization and modification are linked in *Pseudomonas aeruginosa*[J]. MBio，2015，6: 1-17.

[15] Fenoradosoa T A，Ali G，Delattre C，et al. Extraction and characterization

of an alginate from the brown seaweed *Sargassum turbinarioides*[J]. Journal of Applied Phycology，2010，22（22）: 131-137.

[16] Filbee-Dexter K，Feehan C J，Scheibling R E. Large-scale degradation of a kelp ecosystem in an ocean warming hotspot[J]. Mar Ecol Prog Ser，2016，543: 141-152.

[17] Frangoudes K. Seaweeds fisheries management in France，Japan，Chile and Norway[J]. Cahiers de Biologie Marine，2011，52（4）: 517-525.

[18] Franklin M J，Chitnis C E，Gacesa P，et al. *Pseudomonas aeruginosa* AlgG is a polymer level alginate C5-mannuronan epimerase[J]. J Bacteriol，1994，176: 1821-1830.

[19] Franklin M J，Douthit S A，McClure M A. Evidence that the algI/algJ gene cassette，required for O acetylation of *Pseudomonas aeruginosa* alginate，evolved by lateral gene transfer[J]. J Bacteriol，2004，186: 4759-4773.

[20] Gacesa P. Alginates[J]. Carbohydr Polym，1988，8: 161-182.

[21] Gorin P，Spencer J. Exocellular alginic acid from *Azotobacter vinelandii*[J]. Can J Chem，1966，44（9）: 993-998.

[22] Govan J R，Fyfe J A，Jarman T R. Isolation of alginate-producing mutants of *Pseudomonas fluorescens*，*Pseudomonas putida* and *Pseudomonas mendocina*[J]. J Gen Microbiol，1981，125（1）:217-220.

[23] Guiry M D，Blunden G. Seaweeds Resources in Europe: Uses and Potential[M]. West Sussex: Wiley，1991: 259-308.

[24] Hallmann A. Algal transgenics and biotechnology[J]. Transgenic Plant J，2007，1（1）: 81-98.

[25] Hay I D，Rehman Z U，Ghafoor A，et al. Bacterial biosynthesis of alginates[J]. J Chem Tech Biotechnol，2010，85: 752-759.

[26] Hernandez-Carmona G. Variacion estacional del contenido de alginatos en tres espe cies de feofitas de Baja California Sur[J]. Invest Marinas CICIMAR，1985，2: 29-45.

[27] Hernandez-Carmona G，McHugh D J，Arvizu-Higuera D L，et al. Pilot plant scale extraction of alginate from *Macrocystis pyrifera*. 1. Effect of pre-extraction treatments on yield and quality of alginate[J]. Journal of Applied Phycology，1999，10: 507-513.

[28] Hernandez-Carmona G，McHugh D J，Lopez-Gutierrez F，et al. Pilot plant scale extraction of alginates from *Macrocystis pyrifera*. 2. Studies on extraction conditions and methods of separating the alkaline-insoluble residue[J]. Journal of Applied Phycology，1999，11: 493-502.

[29] Hernandez-Carmona G，McHugh D J，Arvizu-Higuera D L，et al. Pilot plant scale extraction of alginates from *Macrocystis pyrifera*. 4. Conversion of alginic acid to sodium alginate，drying and milling[J]. Journal of Applied Phycology，

2002，14: 445-451.

［30］Honya M，Kinoshita T，Ishikawa M，et al. Monthly determination of alginate，M/G ratio，mannitol，and minerals in cultivated *Laminaria japonica*[J]. Nippon Suisan Gakk，1993，59（2）: 295-299.

［31］Kirkman H，Kendrick G A. Ecological significance and commercial harvesting of drifting and beach-cast macroalgae and sea grasses in Australia: a review[J]. J Appl Phycol，1997，9（4）: 311-326.

［32］Linker A，Jones R S. A polysaccharide resembling alginic acid from a *Pseudomonas* microorganism[J]. Nature，1964，204: 187-188.

［33］Linker A，Jones R S. A new polysaccharide resembling alginic acid isolated from *Pseudomonads*[J]. J Biol Chem，1966，241（16）: 3845-3851.

［34］Lorbeer A J，Lahnstein J，Bulone V，et al. Multiple-response optimization of the acidic treatment of the brown alga *Ecklonia radiate* for the sequential extraction of fucoidan and alginate[J]. Bioresource Technology，2015，197: 302-309.

［35］Lorbeer A J，Charoensiddhi S，Lahnstein J，et al. Sequential extraction and characterization of fucoidans and alginates from *Ecklonia radiata*，Macrocystis pyrifera，Durvillaea potatorum，and Seirococcus axillaris[J]. J Appl Phycol，2017，29: 1515-1526.

［36］Lorentsen S H，Sjotun K，Gremillet D. Multi-trophic consequences of kelp harvest[J]. Biol Conserv，2010，143（9）: 2054-2062.

［37］Manns D，Nielsen M M，Bruhn A，et al. Compositional variations of brown seaweeds *Laminaria digitata* and *Saccharina latissima* in Danish waters[J]. J Appl Phycol，2017，29: 1493-1506.

［38］McHugh D J. A Guide to the Seaweed Industry[M]. Rome: FAO，2003.

［39］McHugh D J，Hernandez-Carmona G，Arvizu-Higuera D L，et al. Pilot plant scale extraction of alginates from *Macrocystis pyrifera* 3. Precipitation，bleaching and conversion of calcium alginate to alginic Acid[J]. Journal of Applied Phycology，2001，13: 471-479.

［40］Minghou J，Yujun W，Zuhong X，et al. Studies on the M:G ratios in alginate. In: 11th International Seaweed Symposium[M]. Dordrecht: Dr W Junk Publishers，1984: 554-556.

［41］Obluchinskaya E D，Voskoboinikov G M，Galynkin V A. Contents of alginic acid and fucoidan in Fucus algae of the Barents Sea[J]. Appl Biochem Microbiol，2002，38（2）: 186-188.

［42］Panikkar R，Brasch D J. Composition and block structure of alginates from New Zealand brown seaweeds[J]. Carbohydr Res，1996，293（1）: 119-132.

［43］Peteiro C. Alginate production from marine macroalgae，with emphasis on kelp farming. Rehm B H A，Moradali M F（eds），Alginates and Their Biomedical

Applications，Springer Series in Biomaterials Science and Engineering 11[M]. Singapore: Springer Nature Singapore Pte Ltd，2018.

[44] Pcteiro C，Sanchez N，Martinez B. Mariculture of the Asian kelp *Undaria pinnatifida* and the native kelp *Saccharina lattisima* along the Atlantic coast of southern Europe: an overview[J]. Algal Res，2016，15:9-23.

[45] Rebours C，Marinho-Soriano E，Zertuche-Gonzalez J，et al. Seaweeds: an opportunity for wealth and sustainable livelihood for coastal communities[J]. J Appl Phycol，2014，26（5）:1939-1951.

[46] Rehm B H A，Valla S. Bacterial alginates: biosynthesis and applications[J]. Appl Microbiol Biotechnol，1997，48: 281-288.

[47] Rehm B H A，Moradali M F. Alginates and Their Biomedical Applications[M]. Singapore: Springer，2018.

[48] Remminghorst U，Rehm B H. Bacterial alginates: from biosynthesis to applications[J]. Biotechnol Lett，2006，28: 1701-1712.

[49] Rioux L E，Turgeon S L，Beaulieu M. Characterization of polysaccharides extracted from brown seaweeds[J]. Carbohydrate Polymers，2007，69（3）:530-537.

[50] Schiel D R，Nelson W A. The harvesting of macroalgae in New Zealand[J]. Hydrobiologia，1990，204（205）: 25-33.

[51] Sellimi S，Younes I，Ayed H B，et al. Structural，physicochemical and antioxidant properties of sodium alginate isolated from a Tunisian brown seaweed[J]. International Journal of Biological Macromolecules，2015，72: 1358-1367.

[52] Stanford E C C. Improvements in the manufacture of useful products from seaweeds[P]. British Patent，142，1881.

[53] Steneck R S，Graham M H，Bourque B J，et al. Kelp forest ecosystems: biodiversity，stability，resilience and future[J]. Environ Conserv，2002，29（4）: 436-459.

[54] Sugawara E，Nikaido H. Alginates: biology and applications[J]. Antimicrob Agents Chemother，2009，13: 7250-7257.

[55] Vasquez J A. The brown seaweeds fishery in Chile. In: Mikkola H（ed）Fisheries and Aquaculture in the Modern World[M]. Rijeka: InTechOpen，2016: 123-141.

[56] Vasquez J A，Piaget N，Vega J M A. The Lessonia nigrescens fishery in northern Chile: “how you harvest is more important than how much you harvest” [J]. J Appl Phycol，2012，24（3）: 417-426.

[57] Vauchel P，Kaas R，Arhaliass A，et al. A new process for extracting alginates from *Laminaria digitata*: reactive extrusion[J]. Food Bioprocess Technol，2008，1: 297-300.

[58] Vauchel P，Arhaliass A，Legrand J，et al. Decrease in dynamic viscosity and average molecular weight of alginate from *Laminaria digitata* during alkaline extraction[J]. J Phycol，2008，44: 313-317.

[59] Vea J，Ask E. Creating a sustainable commercial harvest of *Laminaria hyperborea* in Norway[J]. Journal of Applied Phycology，2011，23: 489-494.

[60] Wernberg T，Russell B D，Thomsen M S，et al. Seaweed communities in retreat from ocean warming[J]. Curr Biol，2011，21: 1828-1832.

[61] Westermeier R，Murua P，Patino D J，et al. Variations of chemical composition and energy content in natural and genetically defined cultivars of Macrocystis from Chile[J]. J Appl Phycol，2012，24: 1191-1201.

[62] White W L. World seaweed utilization. In: Tiwari B K，Troy D J（eds）Seaweed Sustainability: Food and Non-food Applications[M]. Oxford: Academic Press，2015: 7-25.

[63] Woodward F. The Scottish seaweed research association[J]. J Mar Biol Assoc UK，1951，29（3）: 719-725.

[64] Zemke-White W L，Ohno M. World seaweed utilization: an end-of-century summary[J]. J Appl Phycol，1999，11: 369-376.

[65] 纪明侯. 海藻化学[M]. 北京：科学出版社，1997.

[66] 陈正霖. 褐藻胶[M]. 青岛: 青岛海洋大学出版社，1989.

[67] 席国喜，田圣军，成庆堂，等. 海藻酸钠的热分解研究[J]. 化学世界，2000，41（5）：254-258.

[68] 马成浩，彭奇均. 海藻酸钠生产工艺降解情况研究[J]. 中国食品添加剂，2004，2：17-19.

[69] 寇伟蛟，刘军海. 海藻酸钠提取工艺的研究进展[J]. 化工科技市场，2009，32（3）：14-16.

[70] 王孝华. 海藻酸钠的提取及应用[J]. 重庆工学院学报：自然科学版，2007，21（9）：124-128.

[71] 黄攀丽，沈晓骏，陈京环，等. 海藻酸钠的提取与功能化改性研究进展[J]. 林产化学与工业，2017，37（4）：13-22.

[72] 侯振建，王峰，刘婉乔. 马尾藻海藻酸钠漂白的研究[J]. 海洋科学，2001，25（5）：10-11.

[73] 高晓玲，廖映. 从海藻中提取海藻酸钠条件的研究[J]. 四川教育学院学报，1999，15（7）：104-105.

[74] 赵淑璋. 海藻酸钠的制备及应用[J]. 武汉化工，1989，（1）：11-14.

[75] 张善明，刘强，张善垒. 从海带中提取高黏度海藻酸钠[J]. 食品加工，2002，23（3）：86-87.

[76] 王孝华，聂明，王虹. 海藻酸钠提取的新研究[J]. 食品工业科技，2005，26（11）：146-148.

[77] 侯振建，刘婉乔. 从马尾藻中提取高黏度海藻酸钠[J]. 食品科学，1997，

18（9）：47-48.
[78] 安丰欣，王长云. 甲壳胺对褐藻胶胶液的絮凝作用及其在漂浮工艺中的应用研究[J]. 海洋湖沼通报，1998，（4）：43-47.
[79] 梁振江，奚干卿，王红心. 影响褐藻酸钠黏度因素的研究[J]. 海南师范学院学报，1999，12（1）：57-61.
[80] 梁振江，奚干卿. 马尾藻制取褐藻酸钠[J]. 海南师范学院学报，1996，9（1）：69-73.
[81] 宋彦显，闵玉涛，张秦，等. 海带中海藻酸钠的提取及纯化工艺优化[J]. 食品科技，2015，40（6）：289-293.
[82] 杨红霞，李博，窦明. 酶解法提取海藻酸钠研究[J]. 安徽农业科学，2007，35（12）：3661-3662.
[83] 杜冰. 复合酶法提取海藻酸钠及静电纺丝研究[D]. 无锡：江南大学学位论文，2015.
[84] 杨晓雪. 海带多糖综合提取纯化工艺的研究[D]. 泰安：山东农业大学硕士论文，2017.
[85] 袁秋萍，朱小兰. 海藻酸钠提取新工艺研究[J]. 食品研究与开发，2005，26（5）：98-100.
[86] 吴春金，李磊，焦真，等. 耐污染超滤膜的研究进展及其在环境工程中的应用展望[J]. 水处理技术，2007，33（7）：1-5.
[87] 曾淦宁，沈江南，洪凯，等. 荷电耐污染超滤膜分离、纯化海藻酸钠的研究[J]. 海洋通报，2010，29（1）：96-100.
[88] 甘纯玑，施木田，彭时尧. 海藻工业废料的组成及其利用价值[J]. 天然产物研究与开发，1994，6（2）：88-91.
[89] 陈悦，席与玲，李志萍. 海带藻渣处理中絮凝条件的研究[J]. 青岛大学学报，2003，16（1）：20-23.

第三章　海藻酸的化学结构

第一节　引言

在1881年英国化学家E. C. Stanford对海藻酸的最早研究中，因产品不纯，错误地认为这种物质是一种含氮化合物（Stanford，1881；Stanford，1883）。数年后的1896年，Krefting从挪威海域的褐藻中提取出了与Stanford在1881年得到的胶状物质相似的物质，经过化学分析证明其是一种不含氮的化合物（Krefting，1896）。1928年，美国科学家W. Nelson和L. H. Cretcher在宾夕法尼亚州科学院的第四届年会上做了“天然酸性多糖”的报告，显示海藻酸是从褐藻（*Laminaria agardhii*）、巨藻（*Macrocystis pyrifera*）等中分离出来的一种具有独特化学结构的聚糖醛酸。他们注意到海藻酸的一部分很容易水解，而另一部分耐水解（Nelson，1929）。

1926—1930年，世界各地的很多研究团队分析了海藻酸的化学组成，认为糖醛酸及其衍生物是海藻酸的组成单位（Atsuki，1926；Miawa，1930；Schmidt，1926；Hirst，1939；Nelson，1929；Nelson，1930；Nelson，1932；Bird，1931）。1929年，Nelson等通过研究显示海藻酸是由一种或多种醛糖酸组成的高分子，其分子结构中含有D-甘露糖醛酸（Nelson，1929）。一年后，他们通过对海藻酸的水解，分离出了D-甘露糖醛酸的晶体内酯（Nelson，1930；Nelson，1932）。Schoeffel等在1933年也对甘露糖醛酸进行了研究（Schoeffel，1933）。到1945年，随着X射线技术的应用，*β*-D-甘露糖醛酸被确认是海藻酸的主要组成部分（Astbury，1945）。图3-1显示甘露糖醛酸的

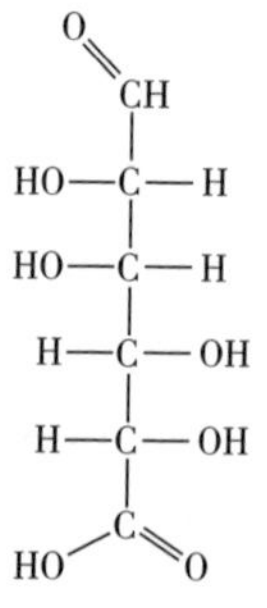

图3-1　甘露糖醛酸的化学结构

化学结构。

1955 年，Fischer 等首次揭示了海藻酸高分子中的另一个重要组成部分——古洛糖醛酸（Fischer，1955）。他们把海藻酸水解后对水解产物进行纸上层析，发现海藻酸中有两种同分异构体。除了长久以来已经知道的甘露糖醛酸（Mannuronic acid，简称 M），他们发现海藻酸中还存在着古洛糖醛酸（Guluronic acid，简称 G），而且其含量相当高。

在分析过程中，Fischer 等首先将海藻酸用 95%H_2SO_4 在 3℃下水解 14h，然后用冰水稀释至 0.5mol/L 硫酸，放沸水浴中水解 6h，冷却后以 $CaCO_3$ 中和，通过阳离子交换树脂，减压浓缩使流出液浓缩至糖浆。然后用吡啶 - 乙酸乙酯 - 乙酸 - 水（5 ∶ 5 ∶ 1 ∶ 3）混合溶液进行纸上层析，确定水解产物中有 D- 甘露糖醛酸和 L- 古洛糖醛酸两个斑点。然后取一定量水解液吸附于纤维素粉末上，60℃烘干，使糖醛酸内酯化后磨细，与另外纤维素粉末混合装柱。用吡啶 - 乙酸乙酯 - 水（11 ∶ 40 ∶ 6）混合溶液洗脱，以部分收集器收集，通过纸上层析法确定各糖醛酸的分布情况。最后合并各收集液，将各收集液减压浓缩至干，分别得到 D- 甘露糖醛酸内酯和 L- 古洛糖醛酸内酯结晶，二者的融点分别为 191~192℃和 141~142℃。红外线吸收带表明，前者为 *β*-D- 甘露糖醛酸 -3，6- 内酯，后者为 *α*-L- 古洛糖醛酸 -3，6- 内酯（Fischer，1955）。图 3-2 显示海藻酸中两种单体的化学结构。

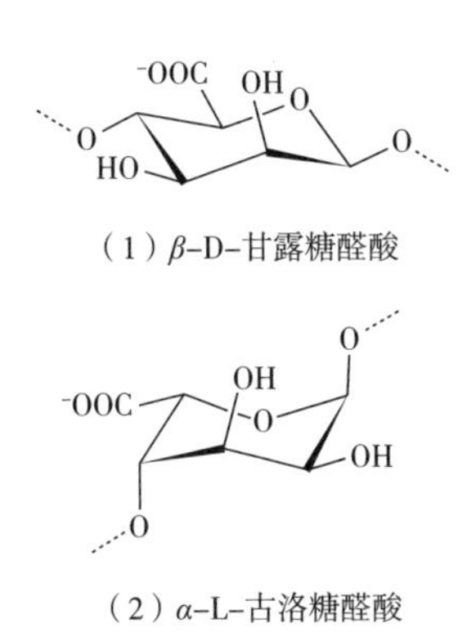

图 3–2　*β*-D- 甘露糖醛酸和 *α*-L- 古洛糖醛酸的化学结构

作为一种海洋生物，海藻的生物结构与其生存的环境有关，其化学组成也随生存环境的变化有很大变化。研究表明，海藻酸中的 *β*-D- 甘露糖醛酸和 *α*-L- 古洛糖醛酸的含量是褐藻类植物调节其自身结构的一个重要途径（Valla，

1996）。当褐藻长大老化时，其所含的海藻酸中的 α-L-古洛糖醛酸含量增大，同时海藻生物体的结构变硬。平静的海域中生长的海藻结构刚硬，其所含海藻酸的 α-L-古洛糖醛酸含量高。相反，风浪大的海水里生长的海藻的结构柔软，所含海藻酸的 β-D-甘露糖醛酸含量高。表 3-1 显示从不同褐藻提取的海藻酸中 α-L-古洛糖醛酸和 β-D-甘露糖醛酸之间（G/M）的比例（纪明侯,1997；纪明侯，1981；郑瑞津，2003）。

表 3-1 从不同褐藻提取的海藻酸中 α-L-古洛糖醛酸和 β-D-甘露糖醛酸（G/M）之间的比例

褐藻种类	G/M 比例
长囊水云（*Ectocarpus siliculosus*）	2.5
黑顶藻（*Sphacelaria bipinnata*）	1.66
网地藻（*Dictyota dichotoma*）	1.66
蕨状网翼藻（*Dictyopteris polypodioides*）	1.66
孔雀尾藻（*Taonia atomaria*）	1.43
须状囊叶藻（*Cystoseria barbata*）	1.43
囊藻（*Colpomenia sinuosa*）	1.25
线叶马尾藻（*Sargassum linifolium*）	1.25
线形网地藻（*Dictyota linearis*）	1.11
粉团扇藻（*Padina pavonica*）	1.0
绳藻（*Chorda filum*）	0.91
海树藻（*Halidrys siliquosa*）	0.91
墨角藻（*Fucus vesiculosus*）	0.77
地中海囊叶藻（*Cystoseria mediterranea*）	0.77
沟鹿角菜（*Pelvetia canaliculata*）	0.67
极北海带（*Laminaria hyperborea*）	0.63
囊叶藻（*Cystoseria abrotanifolia*）	0.53
泡叶藻（*Ascophyllum nodosum*）	0.38
宽托墨角藻（*Fucus spiralis*）	0.38
齿缘墨角藻（*Fucus serratus*）	0.37
罗氏海条藻（*Himarthalia lorea*）	0.37
掌状海带（*Laminaria digitata*）	0.32

第二节　海藻酸的高分子结构

从前面的介绍中可以看出，海藻酸是由 G 和 M 两种单体组成的共聚高分子。作为一种共聚物，G 和 M 单体在海藻酸大分子中可以有 4 种排列方式，即：①无规共聚物：两种单体结构单元的排列次序无规律性；②交替共聚物：两种单体结构单元交替排列；③嵌段共聚物：两种结构单元各自排列成段又相互连接；④支链型接枝共聚物：即在一种聚合物链上接另一聚合物链为支链，主链和支链可以是均聚物，也可以是共聚物。

从褐藻中提取的海藻酸均为直链高分子，即 G 和 M 单体以直线连接，组成线形的海藻酸大分子结构，其中海藻酸的 G 和 M 单体以三种方式进行组合，即 GG、MM 和 GM（Annison，1983；Atkins，1973）。Haug 等把海藻酸用酸进行部分水解后分离出了三种低分子质量的链段，即完全由 G 单体组成的 GG 链段、完全由 M 单体组成的 MM 链段和由 MG 单体交替组成的混合链段（Haug，1962；Haug，1966；Haug，1967；Haug，1974）。图 3-3 显示 GG、MM 和 GM/MG 链段的立体结构。图 3-4 是挪威海藻研究院的著名海藻酸化学家 Arne Haug 与助手。

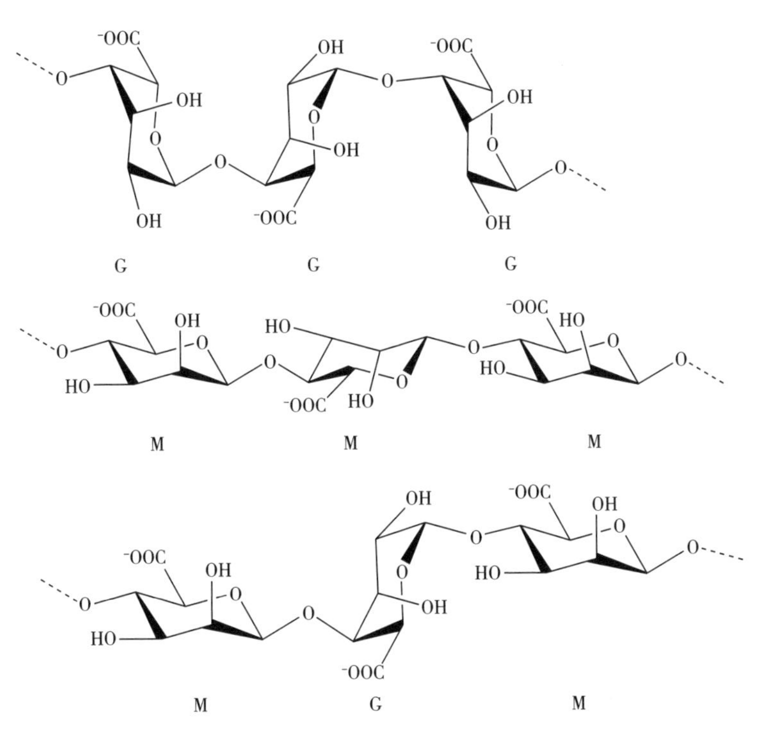

图 3-3　GG、MM 和 GM/MG 链段的立体结构

图 3-4　挪威海藻研究院的著名海藻酸化学家 Arne Haug（左）与助手

GG、MM 和 MG/GM 链段有很不相同的立体结构。作为同分异构体，D- 甘露糖醛酸和 L- 古洛糖醛酸的差别在于 C5 的—OH 基团位置的不同，当其成环后的构象，尤其是进一步聚合成链后的空间结构有很大差别。当相邻的两个 G 单体以 1α-4α 两个直立键相键合，形成的链结构如“脊柱”状。当相邻的两个 M 单体以 1e-4e 两个平状键相键合，形成的链结构如“带”状（Grasdalen，1970；Grasdalen，1981；Grasdalen，1983）。

作为一种高分子材料，海藻酸的性能受 G 和 M 含量的影响，同时，GG、MM 和 MG/GM 链段的含量对其性能也有很大的影响。表 3-2 显示商业用褐藻中提取的海藻酸的 G、M、GG、MM 和 MG/GM 的含量（Moe，1995）。

表 3-2　商业用褐藻中提取的海藻酸的 G、M、GG、MM 和 MG/GM 的含量

褐藻种类	F_G	F_M	F_{GG}	F_{MM}	$F_{MG/GM}$
海带	35%	65%	18%	48%	17%
掌状海带	41%	59%	25%	43%	16%
极北海带的叶子	55%	45%	38%	28%	17%
极北海带的菌柄	68%	32%	56%	20%	12%
极北海带的皮层	75%	25%	66%	16%	9%
巨藻	39%	61%	16%	38%	23%
泡叶藻的新生组织	10%	90%	4%	84%	6%
泡叶藻的枯老组织	36%	64%	16%	44%	20%
雷松藻 LN	38%	62%	19%	43%	19%
极大昆布	45%	55%	22%	32%	32%
南极公牛藻	29%	71%	15%	57%	14%

注：F—含量。

从褐藻中提取的海藻酸是由不同组成的 M 和 G 单体形成的高分子共聚物，完全由 M 单体组成的海藻酸均聚物可以从细菌中提取。同时，通过酶转换反应，M 单体可以被转换成 G 单体，为海藻酸的改性提供了一个有效途径。

作为一种天然高分子材料，海藻酸的分子质量取决于很多因素，如海藻的种类、提取条件、后处理条件等。工业上通常把海藻酸分为低黏度、中黏度和高黏度品种，其相对分子质量和聚合度分布如表 3-3 所示。

表 3-3　商业用海藻酸的相对分子质量和聚合度

品种	相对分子质量	聚合度
低黏度	12000~80000	60~400
中黏度	80000~120000	400~600
高黏度	120000~190000	600~1000

数据来源：Kelco公司海藻酸简介，第四版。

与其他高分子材料相似，海藻酸的相对分子质量可以通过不同的测试方法测定，最常用的方法建立在内在黏性和光散射的测定。海藻酸的相对分子质量可以用重均相对分子质量（M_w）或数均相对分子质量（M_n）表示，二者之间的比例 M_w/M_n 为海藻酸高分子的多分散性指数，其变化范围在 1.4~6.0。

第三节　海藻酸的凝胶结构

海藻酸钠水溶液在与二价金属离子接触后迅速发生离子交换，生成具有热不可逆性的凝胶，并且把大量水分锁定在凝胶结构中。这种形成水凝胶的能力是海藻酸的一个主要特性，利用其凝胶特性，海藻酸及其盐可用于制作仿生食品、医用材料、面膜、废水处理剂、保鲜膜等各种下游产品。

工业上制备凝胶时最常用的原料是海藻酸的钠盐，而交链剂则为钙离子。海藻酸钠水溶液的交链和凝胶化主要通过古洛糖醛酸中的钠离子与二价阳离子交换而成（Smidsrod，1972）。如图 3-5 所示，二价钙离子与两个海藻酸单体中的羧酸基结合，形成分子间的交链结构。在与 G 结合时，钙离子被包围在两个 G 单体之间形成的空穴结构中，形成稳定的盐键。由于 M 的结构呈扁平状，其与钙离子形成的盐键不稳定，M 含量高的海藻酸的成胶能力比 G 含量高的海藻酸差。

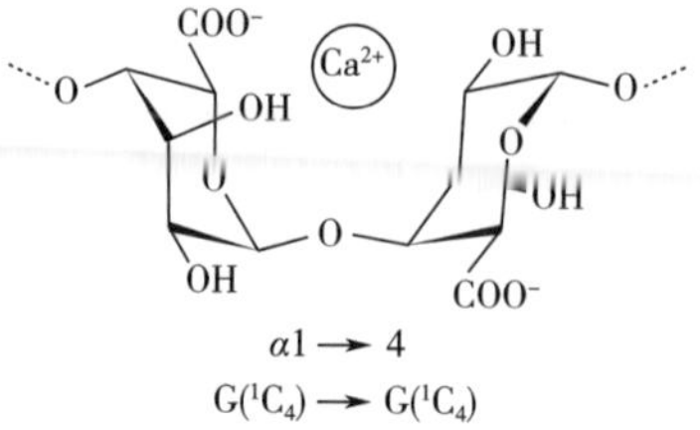

$\alpha 1 \rightarrow 4$

$G(^1C_4) \rightarrow G(^1C_4)$

图 3-5　钙离子与羧酸基团形成的盐键的立体结构

G 和 M 两种单体与钙离子的结合力有很大的区别，形成的凝胶的性质也有很大区别。高 G 型海藻酸盐形成的凝胶硬度大但易碎，高 M 型海藻酸盐形成的凝胶则相反，柔韧性好但硬度低。通过调整两种单体的比例可以生产不同强度的凝胶（Morris，1980；Penman，1972；詹晓北，2003）。

在凝胶的形成过程中，当含有大量 G 和 M 单体的海藻酸大分子与钙离子接触后，钙离子与两条海藻酸分子链相连。通过盐键的形成，钙离子有助于把溶液中的分子聚集在一起。GG 链段为钙离子提供了良好的空间结构，形成稳定的盐键，其中两个相邻 GG 链段之间的钙离子如包装在“盒子”里的“蛋”，形成如图 3-6 所示的“蛋盒”结构（Grant，1973；Rees，1969）。

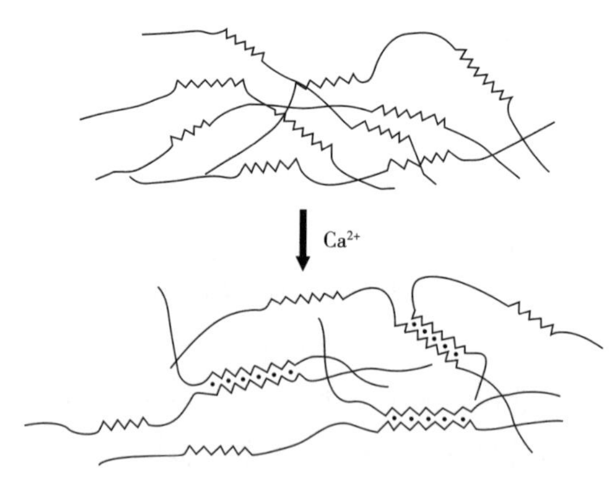

图 3-6　海藻酸与钙离子结合形成的“蛋盒”结构（Egg-box Structure）

在制备海藻酸凝胶的过程中，凝胶的形成速度取决于钙离子的扩散速度。在一项对海藻酸钙纤维的研究中，Thomas 等研究了钙离子在海藻酸钠水溶液中的扩散速度。他们的结果显示，海藻酸钠形成凝胶的时间与海藻酸钠的浓度、纤维的直径、溶液中钙离子的浓度密切相关，而与海藻酸本身的 G 和 M 含量无关（Thomas，1995）。成胶时间可以通过下面的公式计算：

$$T=ER^2/4DC+ER/2KC$$

式中 T——成胶时间，s

R——纤维的直径，m

E——理想气体常数，kmol/m^3

D——扩散速率，m^2/s

C——钙离子浓度，kmol/m^3

K——传质系数，m/s

实验结果显示，当纤维直径从0.65mm增加到3.0mm后，成胶时间从200s增加到3500s。对于直径为100μm的丝条，形成凝胶需要的时间约为5s。

图3-7显示高G和高M海藻酸分子链及其凝胶态结构。GG链段与钙离子等二价金属离子形成的“蛋盒”结构使海藻酸大分子之间形成稳定的交联结构，其中G单体的含量越高，凝胶的交联度越高，因此以高G海藻酸制备的水凝胶的强度高，而高M海藻酸形成的凝胶的柔性好。

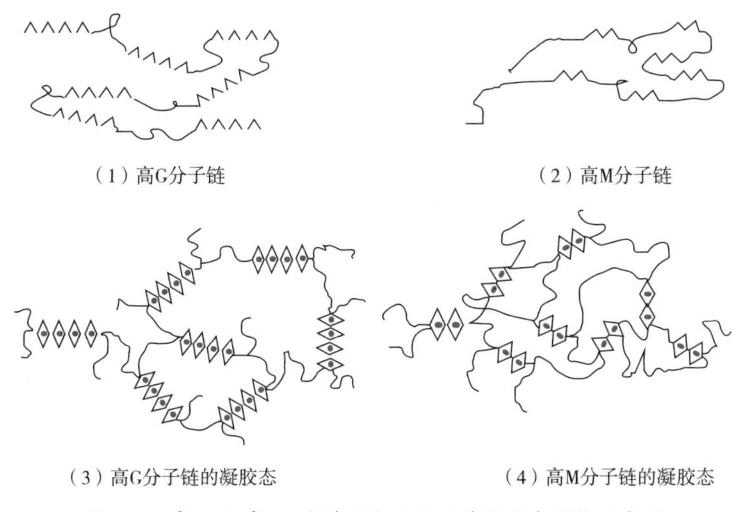

图3-7 高G和高M海藻酸分子链及其凝胶态结构示意图

第四节 海藻酸的结构表征

一、G/M含量的定量分析方法

海藻酸的性能受其分子结构的影响，与其组成中G和M的含量有密切关系，其中G/M含量的比例是海藻酸的一个重要的化学指标。G/M含量可以通过化学法、气相色谱法、核磁共振法、酶解法等方法测定（Martinsen，1991）。

1. 化学法

首先对样品进行水解。精确称取50mg海藻酸钠，置于15mL玻璃试管中，在冰水浴中加入0.5mL浓度为80%的H_2SO_4，室温水解18h后在冰水浴中加入6.5mL蒸馏水，封管后沸水中加热水解5h，冷却，将水解液转移至小烧杯中，加稍过量的Ca_2CO_3中和，抽滤，洗涤，水解液通过阳离子交换树脂除去溶液中的Ca^{2+}，洗脱液浓缩后冷冻干燥、低温保存，待用。

在分离糖醛酸时，将阴离子树脂以浓度为2mol/L的乙酸溶液淋洗转换为乙酸型，在水解后的样品中滴加0.1mol/L的NaOH溶液调节pH为8，静置0.5h使样品中的内酯全部转化为糖醛酸盐。水解液上柱后用1L 0.5mol/L的乙酸溶液以0.3mL/min的流速洗脱，收集洗脱液。洗脱液用苯酚-硫酸法显色，于485nm测吸光度，以洗脱液管数对吸光度作图，可以得到M和G不同的峰值。

2. 气相色谱法

称取水解后的冻干粉末4mg溶于1mL水中，加入78μL浓度为0.5mol/L的Na_2CO_3溶液，30℃下保持45min。然后加入4%的$NaBH_4$溶液0.5mL，室温放置1.5h。滴加25%的乙酸溶液除去多余的硼氢化钠后，溶液通过阳离子交换柱，得到的洗脱液在45℃真空蒸干。加甲醇蒸干，除去硼酸盐。85℃真空加热2h，使糖醛酸转变为内酯。残渣溶于1mL吡啶中，加入1mL正丙胺，55℃加热30min。溶液冷却再加热至55℃，用N_2吹干。残渣分别加入0.5mL吡啶和乙酸酐，95℃加热1h后制得糖醛酸的衍生物。对衍生物进行气相色谱分析，可以得到M和G不同的峰值。

3. 核磁共振法

Grasdalen用核磁共振法（NMR）分析了海藻酸的化学结构（Grasdalen，1983）。与其他方法相比，NMR可以很方便地测定海藻酸中的G、M、GG、MM、GM等单体的含量。图3-8显示海藻酸中不同链段的^1H NMR峰值。图3-9显示含不同M含量海藻酸的^1H NMR图谱。

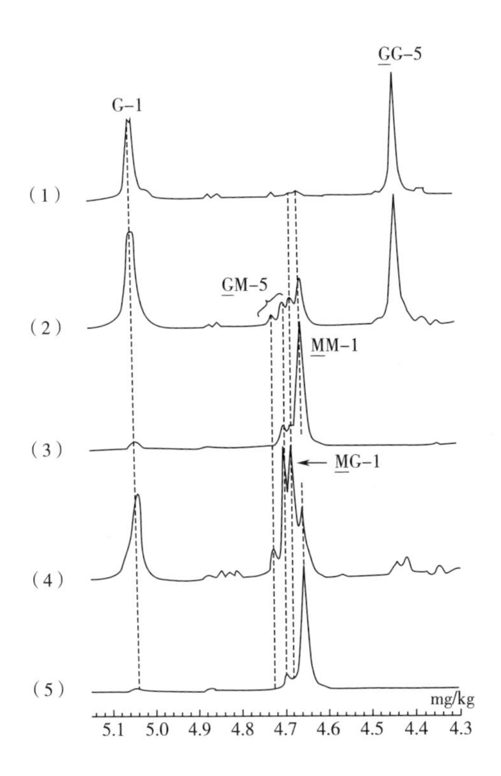

图 3-8　不同海藻酸链段的 ^{1}H NMR 峰值

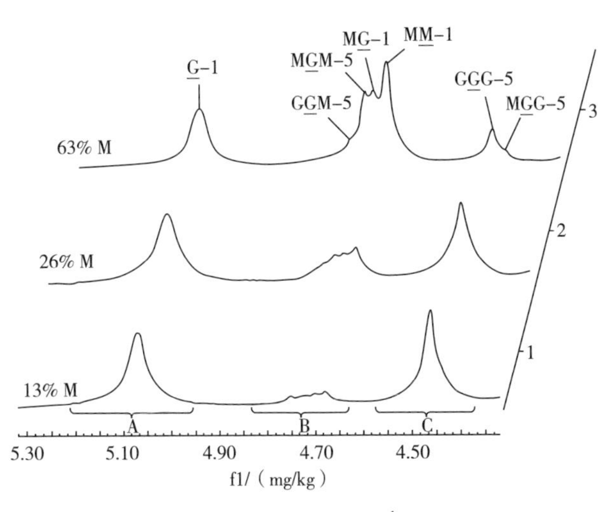

图 3-9　不同 M 含量海藻酸的 ^{1}H NMR 图谱
f1—组分1

4. 酶解法

Ostgaard 的研究显示在用海藻酸裂解酶对海藻酸进行处理时，其分子链的每次断裂都会在非还原端产生一个不饱和单元（Ostgaard，1993），在 230nm 处有很强的吸收峰（Nakada，1967）。应用甘露糖醛酸裂解酶（从 *Haliotis tuberculata* 中获取）和古洛糖醛酸裂解酶［从肺炎克雷伯菌（*Klebsiella pneumoniae*）中获取］对海藻酸进行降解，可以定量检测其中的两种糖醛酸含量。

二、X射线衍射分析

通过对海藻酸样品的 X 射线衍射分析，Atkins 等发现 β-D- 甘露糖醛酸和 α-L- 古洛糖醛酸的轴向长度分别为 10.35×10^{-10}m 和 8.72×10^{-10}m，两者在长度上的差别反映出其立体结构的不同。MM 链段呈现一种扁平的立体结构，其链结构比较舒展，而 GG 链段呈现一种脊柱状结构，其轴向长度比 MM 链段短（Atkins，1973）。

三、红外光谱

图 3-10 和图 3-11 显示 α-L- 古洛糖醛酸不同含量的两种海藻酸样品的红外光谱图，表 3-4 总结了各种吸收峰的波数（Sartori，1997）。

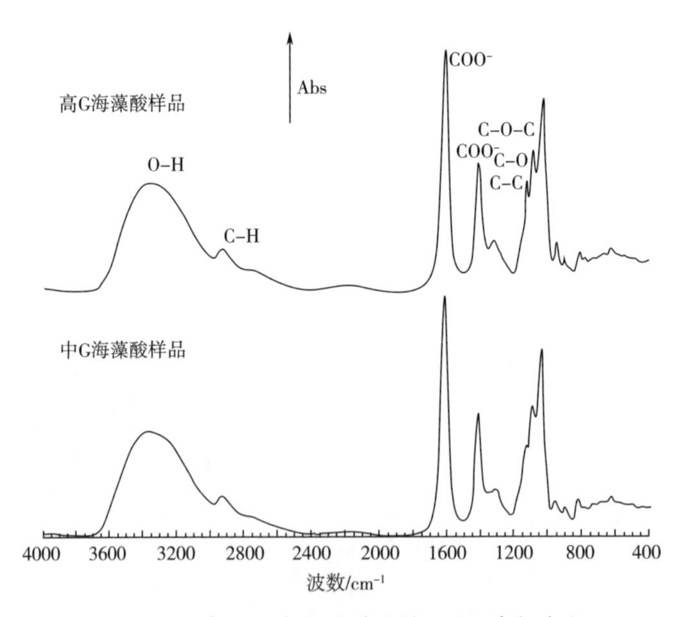

图 3–10　高 G 和中 G 海藻酸样品的红外光谱图

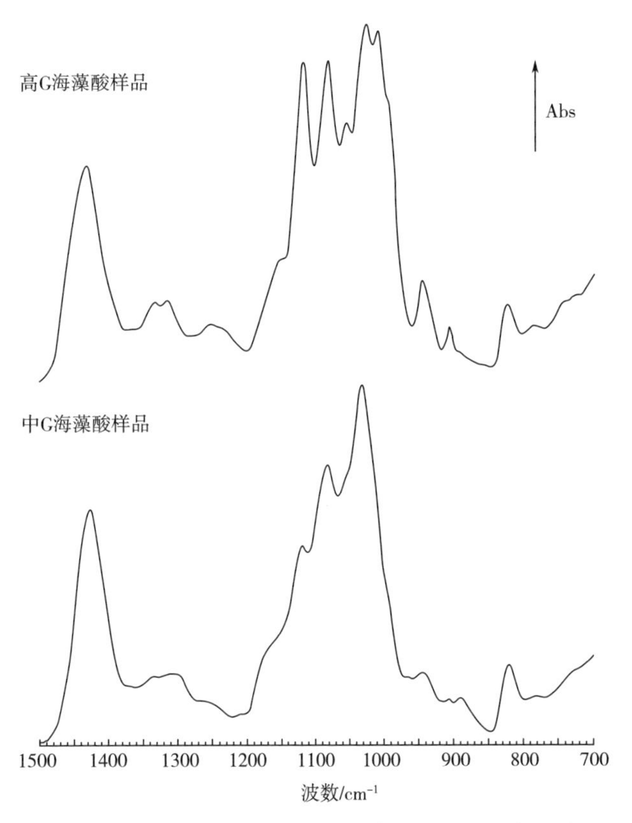

图 3-11　高 G 和中 G 海藻酸样品在指纹区的红外光谱图

表 3-4　海藻酸各种吸收峰的波数

波数 /cm^{-1}	对应的化学基团
3360~3380	O—H 伸缩振动
3250	O—H 伸缩振动
2930~2932	C—H 伸缩振动
2750	C—H 伸缩振动
1608~1611	COO^- 伸缩振动
1413~1414	COO^- 伸缩振动
1317	C—O 伸缩振动
1294	C—O 伸缩振动
1176	C—O 伸缩振动、C—C 伸缩振动、C—C—C 弯曲振动

续表

波数 /cm^{-1}	对应的化学基团
1124~1126	C—O 伸缩振动、C—C 伸缩振动
1087~1088	C—O 伸缩振动、C—O—C 伸缩振动
1059	O—H 弯曲振动
947~950	C—O 伸缩振动、C—C—H 伸缩振动
892	C—C 伸缩振动、C—C—H 弯曲振动、C—O 弯曲振动
781	C—O 内旋转、C—C—O 弯曲振动、C—C—H 弯曲振动

四、特性黏度和相对分子质量测定

与其他高分子材料相同，海藻酸钠的相对分子质量可以通过其稀溶液的黏度测定。由于海藻酸钠分子中带负电的羧酸基团的静电排斥作用，海藻酸钠分子在水溶液中呈现刚性直链结构。从溶液的黏度测定可以看出，链的刚性为MG<MM<GG。

黏度法测定高分子的相对分子质量的基本公式为 Mark-Houwink-Sakurada 公式，即：

$$[\eta]=k M^{a}$$

式中　[η]——特性黏度

M——黏均相对分子质量

a——黏度系数

k——黏度常数

在对海藻酸钠水溶液的黏度研究中发现，k 和 a 系数均反映出其刚性链段的性质，其中 a 系数为 0.73~1.31。G/M 含量高时系数相对低，而 GG 含量高时系数增大。

在测试黏均相对分子质量时，首先将精制过的海藻酸钠样品放在 P_2O_5 干燥器中干燥 4d 至恒重。准确称量，用 0.1mol/L 浓度的 NaCl 作溶剂配制成溶液，相对分子质量 <20000 的样品配制 1% 溶液，20000~40000 的配制 0.5% 溶液，40000 以上的用 0.25% 溶液为测定起始浓度。溶液通过玻璃漏斗过滤后用 Ubbelohde 黏度计在 25℃下测定溶液的相对黏度（η_r），然后用 η_{sp}/C 作图（η_{sp} 指特性黏度，C 指浓度），求得特性黏度 [η]，引用 Donnan 经验公式，聚合度（DP）=58[η]，算

出平均聚合度，再由相对分子质量（M_W）=216 × DP 计算出黏均相对分子质量，其中 216 为海藻酸钠单糖的相对分子质量加上一个结晶水的相对分子质量。

第五节　小结

海藻酸是一种具有独特化学结构的天然高分子羧酸，其应用性能取决于相对分子质量及其分布、甘露糖醛酸和古洛糖醛酸含量等化学结构参数。海藻酸与多价金属离子结合后形成凝胶的特性在功能性食品、生物医用材料等领域有重要的应用价值。

参考文献

[1] Annison G，Cheetham N W H，Couperwhite I. Determination of the uronic acid composition of alginates by high-performance liquid chromatography[J]. J Chromatogr，1983，204: 137-143.

[2] Astbury W. Structure of alginic acid[J]. Nature，1945，155: 667-668.

[3] Atkins E D T，Nieduszynski I A，Mackie W，et al. Structural components of alginic acid. 1. Crystalline structure of poly-β-D-mannuronic acid. Results of x-ray diffraction and polarized infrared studies[J]. Biopolymers，1973，12: 1865-1878.

[4] Atkins E D T，Nieduszynski I A，Mackie W，et al. Structural components of alginic acid. 2. Crystalline structure of poly-α-L-guluronic acid. Results of x-ray diffraction and polarized infrared studies[J]. Biopolymers，1973，12: 1879-1887.

[5] Atsuki K，Tomoda Y. Studies on seaweeds of Japan I. The chemical constituents of *Laminaria*[J]. J Soc Chem Ind Japan，1926，29: 509-517.

[6] Bird G M，Haas P. On the nature of the cell wall constituents of *Laminaria* spp. Mannuronic acid[J]. Biochem J，1931，25（2）: 403.

[7] Fischer F，Dorfel H. Die polyuronsauren der braunalgen（Kohlenhydrate der Algen I）[J]. Hoppe-Seyler’s Zeitschrift fur physiologische Chemie，1955，302（1-2）: 186-203.

[8] Grant G T，Morris E R，Rees D A，et al. Biological interactions between polysaccharides and divalent cations: the egg-box model[J]. FEBS Lett，1973，32: 195-198.

[9] Grasdalen H，Larsen B，Smidsrod O. A. P. M. R. study of the composition and sequence of uronate residues in alginates[J]. Carbohydr Res，1970，68: 23-31.

[10] Grasdalen H，Larsen B，Smidsrod O. ^{13}C-NMR studies of monomeric

composition and sequence in alginate[J]. Carbohydr Res, 1981, 89: 179-191.

[11] Grasdalen H. High field ^{1}H-nmr spectroscopy of alginate: Sequential structure and linkage conformation[J]. Carbohydrate Res, 1983, 118: 255-260.

[12] Haug A, Larsen B, Smidsrod O. A study of the constitution of alginic acid by partial acid hydrolysis[J]. Acta Chem Scand, 1966, 20: 183-190.

[13] Haug A, Larsen B, Smidsrod O. Uronic acid sequence in alginate from different sources[J]. Carbohydr Res, 1974, 32: 217-225.

[14] Haug A, Larsen B. Quantitative determination of the uronic acid composition of alginates[J]. Acta Chem Scand, 1962, 16: 1908-1918.

[15] Haug A, Larsen B, Smidsrod O. Studies on the sequence of uronic acid residues in alginic acid[J]. Acta Chem Scand, 1967, 21: 691-704.

[16] Haug A, Myklestad S, Larsen B, et al. Correlation between chemical structure and physical properties of alginates[J]. Acta Chem Scand, 1967, 21: 768-778.

[17] Hirst E L, Jones J K N, Jones W O. The structure of alginic acid, Part I[J]. J Chem Soc, 1939: 1880-1885.

[18] Hirst E, Jones J, Jones W O. Structure of alginic acid[J]. Nature, 1939, 143: 857.

[19] Krefting A. An improved method of treating seaweed to obtain valuable products there from[P]. Br Patent 11538, 1896.

[20] Martinsen A, Skjak-Braek G, Smidsrod O, et al. Comparison of different methods for determination of molecular weight and molecular weight distribution of alginates[J]. Carbohydrate Polym, 1991, 15: 171-193.

[21] Miawa T. Alginic acid[J]. J Chem Soc Japan, 1930, 51: 738-745.

[22] Moe S, Draget K, Skjak-Braek G, et al. Alginates, in: Food Polysaccharides and Their Applications (Stephen A M, Ed.) [M]. New York: Marcel Dekker, 1995: 245-286.

[23] Morris E R, Rees D A, Thom D. Characteristics of alginate composition and block-structure by circular dichroism[J]. Carbohydr Res, 1980, 81: 305-314.

[24] Nakada H I, Sweeny R S. Alginic acid degradation by eliminases from abalone hepatopancreas[J]. J Biol Chem, 1967, 10: 845-851.

[25] Nelson W L, Cretcher L H. The alginic acid from *Macrocystis pyrifera*[J]. J Am Chem Soc, 1929, 51 (6) : 1914-1922.

[26] Nelson W L, Cretcher L H. The isolation and identification of D-mannuronic acid lactone from the *Macrocystis pyrifera*[J]. J Am Chem Soc, 1930, 52 (5): 2130-2134.

[27] Nelson W L, Cretcher L H. The properties of D-mannuronic acid lactone[J]. J Am Chem Soc, 1932, 54 (8) : 3409-3412.

[28] Ostgaard K. Determination of alginate composition by a simple enzymatic

assay[J]. Hydrobiologia，1993，260/261: 513-520.

[29] Penman A，Sanderson G R. A method for the determination of uronic acid sequence in alginates[J]. Carbohydr Res，1972，25: 280.

[30] Rees D A. Structure，conformation and mechanism in the formation of polysaccharide gels and networks[J]. Adv Carbohydr Chem Biochem，1969，24: 303-304.

[31] Sartori C，Finch D S，Ralph B，et al. Determination of the cation content of alginate thin films by FTIR spectroscopy[J]. Polymer，1997，38（1）: 43-51.

[32] Schmidt E，Vocke F. Zur Kenntnis der Poly-glykuronsauren[J]. Chem Ber，1926，59: 1585-1588.

[33] Schoeffel E，Link K P. Isolation of α-and β，D-Mannuronic acid[J]. J Biol Chem，1933，100（2）: 397-405.

[34] Smidsrod O，Haug A. Dependence upon the gel-sol state of the ion-exchange properties of alginates[J]. Acta Chem Scand，1972，26: 2063-2074.

[35] Smidsrod O，Haug A，Whittington S G. The molecular basis for some physical properties of polyuronides[J]. Acta Chem Scand，1972，26: 2563-2564.

[36] Stanford E C C. Improvements in the manufacture of useful products from seaweeds[P]. British Patent，142，1881.

[37] Stanford E C C. New substance obtained from some of the commoner species of marine algae，Algin[J]. Chem News，1883，47: 254-257.

[38] Thomas A，Gilson C D，Ahmed T. Gelling of alginate fibers[J]. J Chem Tech Biotechnol，1995，64: 73-77.

[39] Valla S，Ertesvag H，Skjak-Braek G. Genetics and biosynthesis of alginates[J]. Carbohydrate Eur，1996，14: 14-18.

[40] 纪明侯. 海藻化学[M]. 北京：科学出版社，1997.

[41] 纪明侯，曹文达，韩丽君. 褐藻酸中糖醛酸组分的测定[J]. 海洋与湖沼，1981，12（3）：240-248.

[42] 郑瑞津，吕志华，于广利，等. 褐藻胶M/G比值测定方法的比较[J]. 中国海洋药物，2003，96（6）：35-37.

[43] 詹晓北. 食品胶的生产、性能与应用[M]. 北京：中国轻工业出版社，2003.

第四章　海藻酸及其衍生制品的理化特性

第一节　引言

海藻酸是一种高分子羧酸，可与金属离子结合后形成各种海藻酸盐。除了海藻酸本身，工业上有实用价值的海藻酸衍生物主要有海藻酸钠、海藻酸钾、海藻酸铵、海藻酸铵-钙混合盐以及海藻酸丙二醇酯等。海藻酸及其衍生制品是一类具有特殊理化性质和生物活性的天然高分子材料，在食品、医疗卫生、生物技术、纺织工业、美容护肤、废水处理、生物刺激剂等领域有广泛应用（Clare，1993；詹晓北，2003；Onsoyen，1992）。

历史上，英国化学家 Stanford 在 1881 年获得了海藻酸的发明专利（Stanford，1881）并在 1883 年对其应用进行详细的报道（Stanford，1883）。1885 年的伦敦万国发明展览会展出了许多海藻酸的金属盐类及其加工制品，引起工业界的极大兴趣，海藻酸盐产业随后在英国兴起并推广到美国、挪威、法国、苏联、日本、中国等国，成为海藻生物产业的一个代表性产品（Lesser，1947；Woodward，1951；Steiner，1951）。

本章介绍海藻酸及其衍生制品的物理和化学特性。

第二节　海藻酸及其衍生制品的物理性质

工业上，海藻酸的主要应用是作为一种水溶性高分子材料。商业用海藻酸类产品主要为水溶性的海藻酸钠、海藻酸铵，以及经过化学改性后得到的海藻酸丙二醇酯。表 4-1 和表 4-2 分别显示几种主要的海藻酸类产品的物理性质及溶解在蒸馏水中的性能。

表 4-1 几种主要海藻酸类产品的物理性质

性能指标	海藻酸	海藻酸钠	海藻酸铵	海藻酸丙二醇酯
含水量 /%	7	13	13	13
灰分 /%	2	23	2	10
颜色	白色	象牙色	褐色	奶油色
密度 /（g/cm^3）	—	1.59	1.73	1.46
松密度 /（kg/m^3）	—	54.62	56.62	33.71
变暗温度 /℃	160	150	140	155
碳化温度 /℃	250	340	200	220
灰化温度 /℃	450	480	320	400

表 4-2 几种主要海藻酸类产品溶解在蒸馏水中的性能（固体含量 1%）

性能指标	海藻酸	海藻酸钠	海藻酸铵	海藻酸丙二醇酯
溶解热 /（cal/g）	0.090	0.080	0.045	0.090
折光率（20℃）	—	1.3343	1.3347	1.3343
pH	2.9	7.5	5.5	4.3
表面张力 /（mN/m）	53	62	62	58
冰点降低 /℃	0.010	0.035	0.060	0.030

注：1cal=4.184J。

作为亲水性多糖，粉末状的海藻酸盐能从大气中吸收水分，其平衡含水量与相对温湿度有关。由于吸湿性高，储藏时应放在干燥阴凉的地方。

海藻酸盐在室温下干燥储藏时有较好的稳定性（马成浩，2004）。表 4-3 显示几种主要海藻酸类产品的粉末在室温下存储一年后黏度的变化。从表中可以看出：①高黏度海藻酸盐比低黏度海藻酸盐的黏度下降更快；②海藻酸铵比海藻酸钠、海藻酸钾、海藻酸丙二醇酯更不稳定。

表 4-3　几种主要海藻酸类产品的粉末在室温下存储一年后黏度的变化

产品	1% 溶液的黏度 /（mPa · s）	
	开始存储时	一年后
海藻酸铵	1400	650
海藻酸钾	300	275
海藻酸丙二醇酯	150	107
海藻酸丙二醇酯	420	253
海藻酸钠	37	35
海藻酸钠	260	210
海藻酸钠	580	460
海藻酸钠	1200	590

数据来源：青岛明月海藻集团有限公司技术中心。

表 4-4 显示不同黏度的海藻酸钠粉末在不同的温度下存储一年后黏度的变化。从表中可以看出，低黏度海藻酸钠的黏度基本上没有变化，表明其有很好的稳定性。中黏度产品在 0℃下存储时黏度基本不变，但是当温度升高到 35℃时黏度有很大的下降。高黏度海藻酸钠在不同的温度下存储都有较大的黏度下降，温度越高，其稳定性越差。

表 4-4　不同黏度的海藻酸钠粉末在不同的温度下存储一年后黏度的变化

黏度等级	起始黏度 /（mPa · s）（1% 溶液）	储藏温度 /℃	1 年后的黏度 /（mPa · s）（1% 溶液）
低黏度	42	0	40
		25	39
		35	34
中黏度	470	0	450
		25	410
		35	240
高黏度	1300	0	1200
		25	580
		35	260

数据来源：青岛明月海藻集团有限公司技术中心。

第三节　海藻酸钠溶液的流变性能

海藻酸微溶于水，不溶于大部分有机溶剂。工业上最常用的海藻酸类产品为海藻酸的钠盐。作为一种亲水性胶体，海藻酸钠易溶于水，溶解后形成黏稠的溶液。利用其增稠、稳定性能，海藻酸钠已经广泛应用在食品和饮料增稠剂、稳定剂，印花色浆，油田助剂等领域（郑洪河，1997；骆强，1992）。

海藻酸钠粉末遇水后变湿，由于微粒的水合作用使其表面具有黏性，然后微粒迅速黏合在一起形成团块。在剪切作用下，团块完全水化并最后溶解。如果水中含有其他与海藻酸钠竞争水合的化合物，则海藻酸钠难溶解于水。糖、淀粉、蛋白质等物质可以降低海藻酸钠的水合速率，延长溶解时间。单价阳离子的盐（如 NaCl）在浓度高于 0.5% 时也有类似的作用。

海藻酸钠水溶液是一种典型的高分子电解质溶液，浓度较小时电离度大，分子链上电荷密度增大、链段间的斥力增加。在溶液中加入电解质可以使其电离度下降、斥力减小，引起分子链卷曲、黏度下降。

海藻酸钠溶液的流变性受多种因素的影响，其中物理因素包括温度、切变速度、聚合物颗粒的大小、浓度以及与蒸馏水互溶溶剂的存在，化学因素包括溶液的 pH，多价螯合物、一价盐、多价阳离子和季铵盐化合物的存在（韩祖彬，2017；Rodriguez-Rivero，2014；Fu，2011；Storz，2010；Zhang，2001；Vold，2006）。作为一种高分子材料，海藻酸钠的相对分子质量对其溶液的流变性也有很大影响。

一、相对分子质量对溶液黏度的影响

相对分子质量对高分子溶液黏度有重要影响，相对分子质量愈大，高分子链与溶剂间的接触表面也愈大，表现出的特性黏度也大。对于高分子浓溶液，随着相对分子质量的增加，分子间的缠结密度增加，溶液黏度也随之增加。

图 4-1 显示青岛明月海藻集团生产的 4 种不同相对分子质量的海藻酸钠在不同浓度下的流变性能。海藻酸钠的相对分子质量对溶液黏度有很大影响。相同浓度下，随着相对分子质量的增加，溶液黏度成倍增加。工业上使用海藻酸钠作为增稠剂时，使用高相对分子质量海藻酸钠可以在低浓度下达到很好的增稠效果，从而节省原料用量。

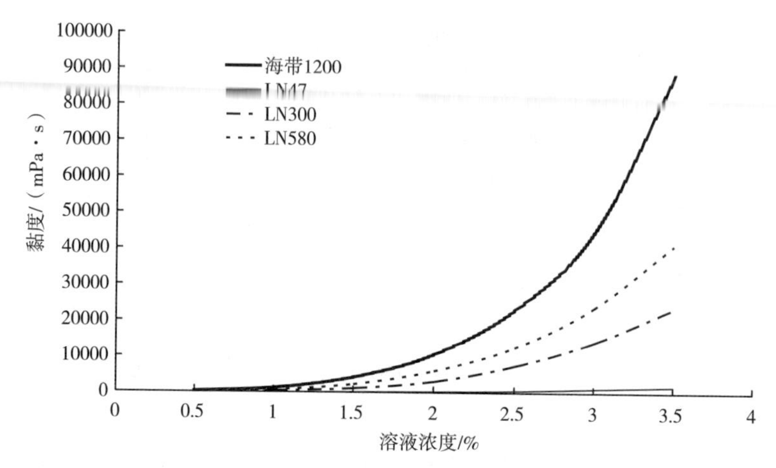

图 4-1　不同相对分子质量的海藻酸钠在不同浓度下的流变性能

二、溶液浓度对黏度的影响

研究证明，海藻酸钠水溶液的黏度与溶液浓度成指数关系，与分子本身的相对分子质量及刚性也密切相关。浓度很低时，水溶液中的海藻酸钠分子可以充分舒展，而浓度增大时，大分子之间开始缠结，使黏度增加。海藻酸钠溶液黏度与浓度的依赖性关系与聚合物溶液临界交叠浓度的理论是一致的，如果把黏度与浓度的对数，lgη 和 lg$c$ 画成线，则在浓度达到一定值时二者开始遵从线性关系，这时的浓度为聚合物开始相互穿插交叠的浓度，即临界浓度 c^*。低于临界浓度 c^* 时，海藻酸钠分子在溶液中是分离的，表现出低黏度；高于临界浓度 c^* 时，海藻酸钠大分子互相穿插，分子间范德华力及氢键作用等导致海藻酸钠溶液黏度急剧增大，继续增大溶液浓度最终形成网络结构的凝胶。由于海藻酸钠分子链有很高的电荷密度，在水中高度伸展，其溶液的临界交叠浓度 c^* 非常小。文献资料显示，海藻酸钠溶液临界交叠浓度低于 2g/100mL。

图 4-2 显示不同浓度海藻酸钠溶液的流变性能。可以看出，浓度为 0.5% 的海藻酸钠水溶液的流变性能接近牛顿型流体。溶液浓度提高后，海藻酸钠水溶液表现出明显的非牛顿型流体特征，其黏度随切变速率增加有很大的下降。

三、温度对溶液黏度的影响

溶液温度对高分子溶液的黏度有很大影响。温度升高时，分子间的缠结密度下降，导致黏度下降。对于海藻酸钠溶液，温度每升高 5.5℃，黏度下降约 12%。如果温度不是长时期持续下去，这种黏度的下降是可逆的。图 4-3 显示温度对海藻酸钠溶液黏度的影响。可以看出，加热海藻酸钠溶液后导致热解聚作用，使溶液黏度下降。随着温度的升高，海藻酸钠溶液的黏度有很大的下降。海藻酸钠的相对分子质量越大，黏度随温度的下降越大。

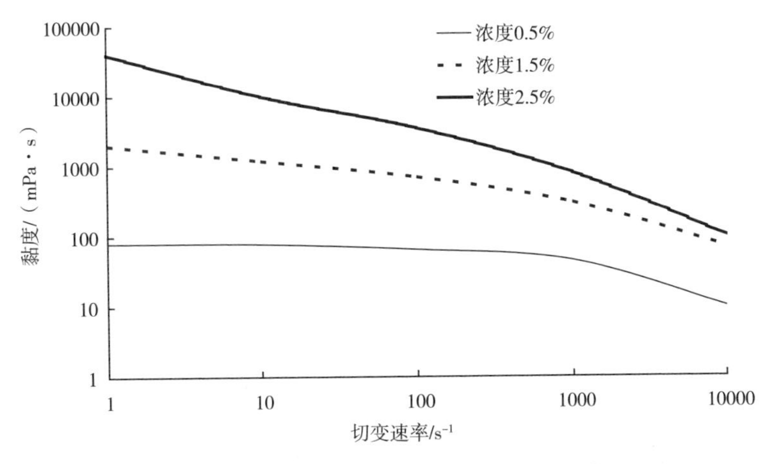

图 4-2　不同浓度海藻酸钠溶液的流变性能

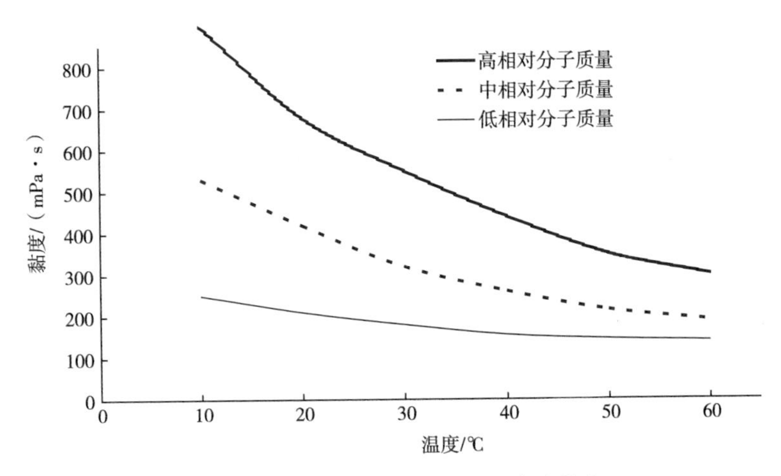

图 4-3　温度对海藻酸钠溶液黏度的影响

四、切变速率对溶液黏度的影响

海藻酸钠溶液的流变性质很大程度上依赖于溶液中海藻酸钠的浓度。高浓度海藻酸钠溶液在切变速率为 10~10000s^{-1} 的大范围内显假塑性，而 0.5% 的海藻酸钠稀溶液在低切变速率（1~100s^{-1}）时显牛顿流变性，只是在高切变速率（1000~10000s^{-1}）时显假塑性。

由于海藻酸钠的相对分子质量很高并且分子具有刚性结构，即使在低浓度的情况下，海藻酸钠溶液也具有非常高的表观黏度。如图 4-2 所示，浓度为 2.5% 的海藻酸钠溶液在大范围的切变速率下具有切变稀化性，而浓度为 1% 或更低的海藻酸钠溶液在切变速率低于 100s^{-1} 时，其黏度几乎是恒定的。

五、外加盐对海藻酸钠溶液黏度的影响

由于海藻酸钠分子结构中含有羧酸基团，是一种高分子电解质，在没有外加盐或外加盐浓度很小时，其分子链固定的反离子量很小，由于电荷间的排斥作用，分子链在溶液中呈高度的线性伸展状态。盐浓度较高时，分子链在溶液中表现为中性高分子在溶剂中的行为，分子链可以自由扭曲，导致体系黏度减小。

在海藻酸钠水溶液中加入 NaCl 后，溶液黏度随 NaCl 浓度的增加不断降低，其变化趋势也由剧烈趋于平缓。产生这种现象的原因归之于聚合物分子链伸展情形的改变，在外加盐影响下，高分子从舒展状态趋向卷曲，减少了分子间的缠结，使黏度下降。

六、pH对海藻酸钠溶液的影响

海藻酸钠溶液在 pH5.0~11.0 时是稳定的。由于海藻酸本身不溶于水，而海藻酸钠是水溶性的，过高的酸性使溶液中的海藻酸钠转换成海藻酸析出（王宗乾，2019）。实际应用中，含有微量钙的海藻酸钠直到 pH 为 3.0~4.0 时黏度不增加。如果钙离子完全被多价螯合剂螯合，低相对分子质量的海藻酸钠在 pH 低至 3.0 时还是稳定的。

七、溶剂对海藻酸钠溶液的影响

在海藻酸钠水溶液中添加非水溶剂，或增加能与水相混溶的溶剂的量（如乙醇、乙二醇或丙酮）会提高溶液的黏度，并最终导致海藻酸钠的沉淀。表 4-5 显示 1% 海藻酸钠溶液中可以含有的有机溶剂量。

表 4-5　1% 海藻酸钠溶液中可以含有的有机溶剂量

有机溶剂	最高量	有机溶剂	最高量
甲醇	20%	丙醇	10%
乙醇	20%	甘油	70%
异丙醇	10%	乙二醇	70%
丁醇	10%	丙二醇	40%

数据来源：Kelco公司海藻酸简介，第四版。

八、海藻酸钠与其他高分子材料的共混溶性

海藻酸钠溶液可以与多种物质混溶，包括增稠剂、合成树脂、胶乳、糖、油、脂肪、蜡、颜料、各种表面活性剂和碱金属溶液。不混溶性一般是由于海藻酸盐和二价阳离子（镁除外）或其他重金属离子、季铵盐正离子发生反应的结果，或者是由于存在引起碱降解和酸沉淀的化学药品。在很多情况下，不混溶性可以采用使金属离子与多价螯合剂结合或控制溶液 pH 的方法避免。

九、海藻酸钠溶液的液晶现象

形成溶致液晶体系的化合物除溶剂外，通常要求分子具有双亲性质，即分子一端具有亲水性，另一端具有疏水性。溶致性液晶的形成主要依赖于双亲分子的相互作用、极性基团间的静电力和疏水基团间的范德华力。当双亲化合物的固体与水混合时，在水分子的作用下，水侵入固体晶格中，分布在亲水基的双层之间形成夹心结构（田晓红，2002；周世海，2003）。海藻酸钠分子结构中含有大量的—OH 和—COONa 亲水基团，当水侵入固体晶格中分布在亲水基的双层之间后形成夹心结构。溶剂的侵入破坏了晶体的取向有序性，使其具有液体的流动性，随着水的加入转变为液晶相。

第四节　海藻酸盐的成胶性能

一、凝胶的基本原理

水溶性的海藻酸钠在与多价阳离子（镁除外）反应后在大分子间形成交联键。当多价阳离子含量增加时，海藻酸钠溶液变得越来越黏稠，最后形成冻胶并产生沉淀物。海藻酸盐凝胶可以通过挤压海藻酸钠溶液进入多价阳离子，如 Ca^{2+}、Sr^{2+} 或 Ba^{2+} 等溶液后制备。单价阳离子和 Mg^{2+} 不能形成凝胶，Ba^{2+} 和 Sr^{2+} 形成的凝胶比 Ca^{2+} 形成的凝胶性能更强。其他多价阳离子，如 Pb^{2+}、Cu^{2+}、Cd^{2+}、Co^{2+}、Ni^{2+}、Zn^{2+} 和 Mn^{2+} 等也可以形成海藻酸盐凝胶，但因具有毒性，其应用受限（Haug，1967；Smidsrod，1972）。

水溶性的海藻酸钠在与钙离子接触后迅速形成凝胶，使其成为一种应用极为广泛的食品配料。当海藻酸钠高分子在钙离子作用下交联而失去流动性后，水分子的流动受到抑制，形成含水量极高的凝胶。与卡拉胶、琼胶、明胶等其他食品胶不同的是，海藻酸盐凝胶是热不可逆的，具有很好的稳定性。

镁离子之外的二价或多价金属离子都可以与海藻酸钠水溶液反应后形成凝

胶，其中钙离子是最常用的胶凝剂。由于钙离子与海藻酸的反应速度很快，钙离子加入海藻酸盐体系的方法对最后得到的凝胶的性质有很大影响。如果钙离子加得太快，产生的凝胶是小片状和间断的凝胶结构。钙离子加入的速度能通过缓慢溶解的钙盐或者由加入多价螯合剂，如加焦磷酸四钠盐或六偏磷酸钠控制。

二、海藻酸盐凝胶的制备方法

工业上形成海藻酸盐凝胶的基本方法包括以下几种。

1. 渗析 / 扩散法（Dialysis/Diffusion）

渗析 / 扩散法作为最常使用的方法，使用时海藻酸钠水溶液在与外来的钙离子接触后形成凝胶。这样形成的凝胶一般是不均匀的，因为与钙离子接触早的一部分海藻酸钠在成胶后凝固缩水，比后面形成的凝胶的固含量高。钙离子的浓度越低、海藻酸钠的相对分子质量越小、浓度越高、G 的含量越高，这种不均匀性就越强。由于成胶速度受钙离子扩散速度的限制，该方法的实用性有限，只能用于制备较薄的片状材料。Rhim 利用氯化钙与海藻酸钠的离子交换性能制备了海藻酸钙薄膜（Rhim，2004）。

2. 原位法（In situ gelation）

原位法一般采用溶解度比较低的钙盐或者与其他材料配位的钙离子。在与海藻酸钠充分混合后，加入具有缓释作用的弱酸。钙离子在酸的作用下释放出来后与海藻酸结合形成凝胶。这样形成的凝胶很均匀，并且也可以制备未被充分交联的凝胶，即海藻酸钙钠混合凝胶。Draget 等把浓度为 10mg/mL 的海藻酸钠水溶液与 $CaCO_3$ 粉末混合后按照葡萄糖酸内酯（GDL）与 $CaCO_3$ 2 ∶ 1 的摩尔比加入葡萄糖酸内酯，其中海藻酸钠水溶液与葡萄糖酸内酯水溶液的比例为 1 ∶ 1，静置 1h 后得到均匀的水凝胶，通过改变葡萄糖酸内酯添加量可以获得不同凝胶强度的海藻酸钙水凝胶（Draget，1990）。

3. 冷却法（Gel setting by cooling）

因为高温下溶液中的钙离子不能与海藻酸结合，把钙离子与海藻酸钠在高温下混合后，通过冷却可以制备海藻酸钙凝胶。

4. 交联法（Cross-linking）

交联法采用环氧氯丙烷（ECH）等化学交联剂与海藻酸分子中的羟基反应后形成交联结构。这样形成的凝胶结构稳定、含水量高，可以吸收自身干重 50~200 倍的水分。Lee 等的研究显示海藻酸凝胶的性能可以通过交联剂的种类和交联密度进行调控，其中可以采用的交联剂包括己二酸二酰肼、L- 赖氨酸甲酯、聚氧乙烯双胺等（Lee，2000）。

5. 酸法（Acid gel）

海藻酸本身不溶于水，因此把海藻酸钠水溶液酸化后可以使海藻酸沉淀而形成水凝胶。Draget 等（Draget,2006）在海藻酸钠水溶液中加入葡萄糖酸内酯，通过葡萄糖酸内酯的水解使溶液酸化，并且在保证 pH 均匀可控下降的基础上获得凝胶。研究显示海藻酸钠浓度为 10mg/mL 时，加入浓度为 0.8mol/L 的葡萄糖酸内酯水溶液可以形成稳定的凝胶。与离子交联形成的凝胶相似，G 单体含量越高，凝胶强度越好。

三、海藻酸盐水凝胶的刺激诱导成型

海藻酸盐水凝胶的成型过程是其分子链在金属离子或有机交联剂作用下形成网络状结构的动态过程（Harper，2014），其中外部因素对凝胶速率以及凝胶的结构和性能起关键作用。对凝胶过程起刺激诱导作用的工艺参数包括 pH（Kong，2003；Tan，2007；Liu，2016）、电场（Liu，2017）、光照（Javvaji，2011；Oh，2016，Ellis-Davies，2007；Shao，2020；Cui，2013；Chueh，2010；Stowers，2015）、酶（Liu，2012；Yang，2018；Hu，2018）以及小分子物质（Gurikov，2015；Partap，2006）。

1. pH 诱导海藻酸盐凝胶

在以钙离子为交联剂制备水凝胶时，为了获得结构均匀的凝胶，可以使用 $CaSO_4$、$CaCO_3$ 等惰性钙盐与海藻酸钠水溶液混合后，通过改变混合物的 pH 启动凝胶过程（Kong，2003；Tan，2007）。Liu 等在海藻酸钠和葡萄糖 - δ - 内酯（GDL）溶液的混合物中加入 $CaCO_3$ 悬浮液，随着 GDL 的水解混合物的 pH 下降，导致 $CaCO_3$ 溶解后 Ca^{2+} 释放到溶液中使海藻酸钠转换成海藻酸钙水凝胶（Liu，2016）。

2. 电刺激诱导海藻酸盐凝胶

Liu 等报道了通过电解水实现 Ca^{2+} 的可控释放，其中在阳极产生的质子扩散进入海藻酸钠与 $CaCO_3$ 的混合溶液后使 Ca^{2+} 从分散在溶液中的 $CaCO_3$ 粒子上释放，Ca^{2+} 与海藻酸钠结合后形成凝胶（Liu，2017）。

3. 光触发海藻酸盐凝胶

光刺激可以通过光的强度和波长控制光酸发生器（Photo Acid Generator，PAG），实现光诱导下二价金属离子的释放。在这个过程中，光照导致 PAG 解离后使溶液 pH 下降，导致金属配合物释放出二价阳离子。Javvaji 等报道了以硝酸二苯碘铵为 PAG 在紫外光照射下诱导海藻酸盐凝胶（Javvaji，2011）。当紫外光照射到 $CaCO_3$ 与硝酸二苯碘铵和海藻酸钠的混合溶液时，硝酸二苯碘铵光解产生 H^+，引发 $CaCO_3$ 溶解后释放 Ca^{2+} 使海藻酸盐形成凝胶。对于 $CaCO_3$ 与硝酸二苯碘铵和海藻酸钠的薄膜，光照部分形成交联，而未光照的部分可以用水溶解。BAPTA-Ca、EDTA-Ca、EGTA-Ca（Ellis-Davies，2007）、Ca-NTA（Shao，2020）等对光不稳定的钙螯合物也可以通过光照实现 Ca^{2+} 的缓释，从而控制海藻酸盐水凝胶的均匀性。二甲基硝基酚在光照前后对 Ca^{2+} 的亲和力有很大变化，因此可通过光刺激 Ca^{2+} 的释放，在海藻酸钠浓度为 10% 时也可以形成均匀的凝胶，这是其他离子凝胶方法不可能实现的（Cui，2013；Chueh，2010）。光照还可以通过热量的传递实现钙离子的释放。Stowers 等的研究显示，金纳米棒在近红外光照射下能释放热能，导致脂质体脂质双分子层的转变后释放出其包含的钙离子，使海藻酸钠形成凝胶，并且可以通过改变近红外光照射时间改变钙离子浓度、调节凝胶硬度（Stowers，2015）。

4. 酶诱导海藻酸盐凝胶

酶诱导海藻酸盐水凝胶主要通过酶促反应生成酸分子，为钙离子等金属离子的释放提供 H^+。Liu 等报道了葡萄糖氧化酶（GOX）催化下海藻酸盐水凝胶的成型过程（Liu，2012）。首先，葡萄糖被葡萄糖氧化酶氧化产生葡萄糖酸和 H_2O_2。然后，葡萄糖酸分解成葡萄糖酸盐阴离子和 H^+。最后，在酸性 pH 下 Ca^{2+} 从 $CaCO_3$ 释放后使海藻酸钠形成水凝胶。与此类似，Yang 等报道了乙酰胆碱酯酶氧化乙酰胆碱生成乙酸后增加 H^+ 浓度，导致 $CaCO_3$ 增溶并释放 Ca^{2+}（Yang，2018）。Hu 等报道了固定化的青霉素酶产生青霉酸后使体系 pH 下降，使 $CaCO_3$ 释放 Ca^{2+} 后促使海藻酸钠形成水凝胶（Hu，2018）。

5. 小分子物质介导的海藻酸盐凝胶

二氧化碳、羧酸、二甲基亚砜（DMSO）等小分子物质已被用作海藻酸盐水凝胶的触发器。Gurikov 等用 CO_2 处理海藻酸钠水溶液中的悬浮金属碳酸盐实现 Ca^{2+} 的释放（Gurikov，2015）。随着压力的增加，溶液的 pH 降低到 3 后使 $CaCO_3$ 溶解度增加，通过 Ca^{2+} 的释放使海藻酸分子链交联和水凝胶化。由于这样形成的水凝胶的水相中有大量 CO_2，随着体系中 CO_2 的释放可以形成泡沫状结构，如果快速降压可形成大孔泡沫状水凝胶，而缓慢降压可形成宏观均匀的水凝胶，在组织工程等生物医学领域有重要的应用价值（Partap，

2006）。这种 CO_2 诱导的海藻酸盐水凝胶为气凝胶的生产提供了一个有效的技术手段（Guastaferro，2021；Gurikov，2015）。Perez-Madrigal 等报道了用 pH1.0~2.0 的草酸、马来酸、酒石酸、戊二酸、柠檬酸等羧酸小分子引发海藻酸分子链的交联后制备不含金属离子的海藻酸水凝胶（Perez-Madrigal，2017）。除了这些羧酸分子，二甲基亚砜也可以引发海藻酸盐的凝胶化。与传统的二价金属离子相比，二甲基亚砜诱导生成的海藻酸水凝胶表现出良好的热性能和力学性能。

四、海藻酸盐凝胶的性能

不同加工条件下形成的凝胶的性能有很大区别。下面是有关海藻酸凝胶的一些基本规律，这些规律可以用来调整某一配方凝胶的结构和凝固时间。

（1）当钙螯合物的含量增加时，凝胶的刚性降低。相反，当钙螯合物含量减少时，凝胶的刚性增加。但是如果螯合剂的用量太少，则生成小颗粒的凝胶。

（2）加入的钙量减少，生成的凝胶较软；钙量增大后形成的凝胶较坚固。但是钙量太多时则生成颗粒状凝胶，甚至会生成海藻酸钙沉淀。

（3）在酸性凝胶体系中，加入某种缓溶性酸，当其酸量增加时，可加速凝胶的固化，但是可能产生颗粒状凝胶。

（4）当可溶性海藻酸盐的浓度增加时，生成的凝胶变得坚固，但其结构可能是不均匀的。海藻酸盐的黏度越高，所得的凝胶越脆，其碎片的边缘越锋利。

（5）随着加入的钙量接近于海藻酸盐完全反应所需的化学计量，得到的凝胶的脱水收缩倾向增大。

刘海燕等研究了不同凝胶时间及不同 pH（2~11）水溶液对海藻酸钠凝胶特性的影响（刘海燕，2018）。结果表明，凝胶时间对凝胶强度有较大影响，随着凝胶时间的延长，凝胶强度逐渐提高，2h 后凝胶强度逐渐趋于稳定，食用时的口感较好。溶解海藻酸钠的水溶液 pH 为 6~8 时，海藻酸钠胶液黏度和 pH 比较稳定，由此制备的凝胶强度较大、口感较好、有弹性，且灭菌后凝胶出水较少，感官评价较好。

五、海藻酸盐凝胶的应用

海藻酸盐水凝胶具有生物相容性好、含水量高、热稳定等特性，在功能性食品、药物缓释、生物医用材料、美容护肤品、农业生产等领域有很好的应用价值。近年来，海藻酸盐凝胶在 3D 打印技术中被应用于生物墨水制备组织工程材料，以海藻酸盐凝胶打印的支架可为细胞生长提供适宜的环境，并且具有良好的物理机械和化学性能（Selcangungor-Ozkerim，2018；Li，2007）。

第五节　海藻酸与各种金属离子的结合力

挪威海藻研究院主任 Arne Haug 及其团队对海藻酸的理化性能开展了大量早期研究。Haug 等最早研究了海藻酸钠对不同二价金属离子的亲和力（Haug，1961；Haug，1967），这种亲和力的强弱体现在海藻酸钠与二价金属离子的离子交换系数上，其中括号表示浓度，定义为：

K=（凝胶中的金属离子）（溶液中的钠离子）^{2}/（凝胶中的钠离子）^{2}（溶液中的金属离子）

在对不同金属离子做了详细的研究后，Haug 等发现海藻酸对金属离子的亲和力的次序为（Haug，1970）：

$$Pb^{2+}>Cu^{2+}>Cd^{2+}>Ba^{2+}>Sr^{2+}>Ca^{2+}>Co^{2+}=Ni^{2+}=Zn^{2+}>Mn^{2+}$$

由于钠离子的毒性低并且在人体中大量存在，食品和医药行业使用的海藻酸一般为海藻酸的钠盐，即水溶性的海藻酸钠。Haug 等研究了不同二价金属离子对海藻酸钠的离子交换过程（Haug，1970）。他们把 0.1% 的海藻酸钠溶解在 0.05mol/L 的 $NaNO_3$ 水溶液中，测定在加入不同量的金属离子后溶液的黏度，结果显示达到最高黏度所需的金属离子量为 $Ba^{2+}<Pb^{2+}<Cu^{2+}<Sr^{2+}<Cd^{2+}<Ca^{2+}<Zn^{2+}<Ni^{2+}<Co^{2+}$，镁盐不能使海藻酸钠形成凝胶。在对铜、钡、钙、钴离子的研究中发现它们对海藻酸钠的离子交换系数受海藻酸中的 M/G 含量的影响。表 4-6 显示铜、钡、钙、钴离子与两种不同的海藻酸钠的离子交换系数。

表 4-6　不同金属离子对海藻酸钠的离子交换系数

金属离子	海藻酸的来源及海藻酸中 M/G 酸的比例	
	掌状海带：M/G=1.60	极北海带：M/G=0.45
Cu^{2+}–Na^+	230	340
Ba^{2+}–Na^+	21	52
Ca^{2+}–Na^+	7.5	20
Co^{2+}–Na^+	3.5	4

从表 4-6 的结果可以看出，海藻酸对不同金属离子的结合力有很大区别。

当海藻酸的 M/G 比例为 1.60 时，铜离子与钠离子的离子交换系数为 230，而钴离子与钠离子的交换系数仅为 3.5。尽管表 4-6 中的四种金属离子都可以与海藻酸钠反应后形成凝胶，其成胶性能除了金属离子也受海藻酸中 M/G 比例的影响。G 含量高的海藻酸的离子交换系数比 M 含量高的海藻酸高。对于钡离子，当海藻酸的 M/G 比例为 0.45 时，钡离子和钠离子的交换系数为 52，而当 M/G 比例为 1.60 时，该系数仅为 21。

世界各地的褐藻种类很多，从不同褐藻中提取的海藻酸在 G、M、GG、MM、GM 含量上有很大区别，其对各种金属离子的结合力也有很大变化。Smidsrod 等研究了从不同褐藻中提取出的海藻酸对钙离子和钠离子的结合力（Smidsrod，1972）。从表 4-7 的结果中可以看出，高 G 和高 M 海藻酸钠对钙离子的结合有很大区别。M/G 比例为 1.70 的高 M 海藻酸钠的 *K* 值为 7.0，而 M/G 比例为 0.45 的高 G 海藻酸钠的 *K* 值高达 20.0。

表 4-7 钙离子与不同来源的海藻酸钠的离子交换系数

褐藻的种类	M/G 比例	离子交换系数（*K*）
泡叶藻	1.70	7.0
掌状海带	1.60	7.5
极北海带	0.60	20.0
极北海带的柄	0.45	20.0

高 G 和高 M 海藻酸对钙和钠离子不同的结合力直接影响下游产品的性能。以海藻酸盐纤维为例，在加工成医用敷料后与伤口渗出液接触时，海藻酸盐纤维中的钙离子与伤口渗出液中的钠离子发生离子交换，使纤维吸收大量的水分形成水凝胶。对于高 G 海藻酸盐纤维，钙和钠离子的离子交换系数很大，说明高 G 海藻酸对钙离子的结合力远大于钠离子，纤维上的钙离子很难被伤口渗出液中的钠离子置换，纤维的成胶变得困难。相反，高 M 海藻酸对钙离子的结合力弱，纤维在与伤口渗出液接触后很容易形成水凝胶（Qin，2004；Qin，2005；Qin，2006）。

表 4-8 显示海藻酸钙纤维与模拟体液接触后溶液中钙离子的浓度。可以看出，高 G 和高 M 纤维释放的钙离子量相差很大。在相同的测试条件下，与高 G 纤

维接触的溶液中的钙离子浓度为321.5mg/L，而与高M纤维接触的溶液中的钙离子浓度达557.5mg/L，几乎是前者的两倍。

表4-8 海藻酸钙纤维与模拟体液接触后溶液中的钙离子浓度

样品	钙离子浓度/(mg/L)	释放出的钙离子占纤维质量的百分比
模拟体液	92.5	—
高G海藻酸钙纤维	321.5	0.91%
高M海藻酸钙纤维	557.5	1.86%

第六节 海藻酸盐的稳定性

在海藻酸盐的应用过程中，灭菌是一个常用的生产步骤，因此其对辐照、加热的稳定性是决定终端产品性能的一个重要参数。此外，γ射线、X射线以及电子束等电离辐射诱发的聚合、交联、接枝、降解等物理化学变化是一种常用改性技术，与常规加工方法相比具有节能、无环境污染等特点，已经成功应用于对海藻酸盐等多糖类天然高分子材料的分子修饰（李彦杰，2009）。

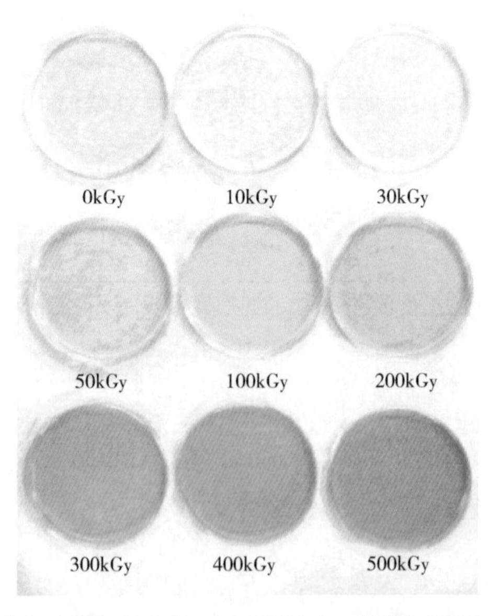

图4-4 海藻酸盐水溶液在用不同剂量的γ射线辐照后的颜色变化

Lee 等把海藻酸钠水溶液用 10~500kGy 剂量的 ^{60}Co γ 射线辐照后分析测试其对海藻酸盐性能的影响。在用 100kGy 的射线辐照后，海藻酸盐相对分子质量从 300000 下降到 25000，辐射剂量越大，相对分子质量下降越严重。在剂量低于 100kGy 时，辐照对溶液色泽的影响较小，超过 200kGy 后颜色变深。在不影响分子结构的前提下，最佳的辐照剂量为 100kGy。图 4-4 显示海藻酸盐水溶液在用不同剂量的 γ 射线辐照后的颜色变化。图 4-5 和图 4-6 分别显示 γ 射线辐照剂量对海藻酸盐相对分子质量和溶液黏度的影响。

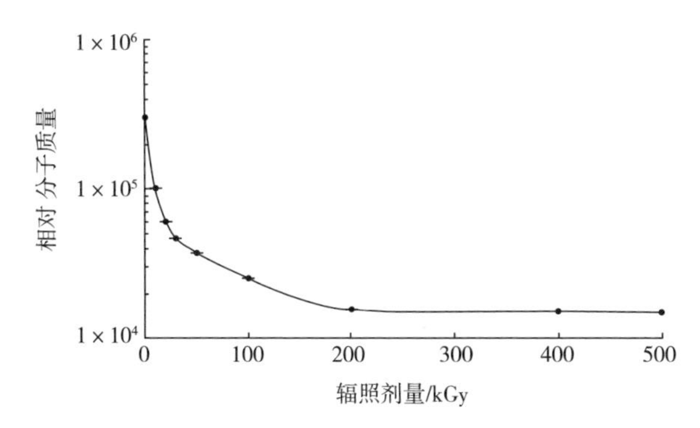

图 4-5　γ 射线辐照剂量对海藻酸盐相对分子质量的影响

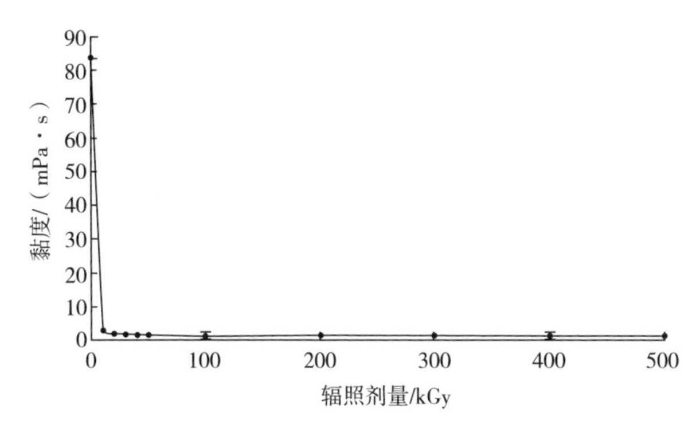

图 4-6　γ 射线辐照剂量对海藻酸盐溶液黏度的影响

相对分子质量小于 10000 的海藻酸钠尤其是寡糖具有优良的生物活性，在农业、医药、美容等领域有重要的应用价值。杨桂霞等对大相对分子质量海藻酸钠进行辐照降解后用多角度激光散射仪与凝胶渗透色谱仪联接系统（MALLS/GPC）测量了辐照前后的相对分子质量变化（杨桂霞，2013）。结果显示，当吸收剂量率为 80Gy/min、吸收剂量为 0~60kGy 时，随着吸收剂量的增大，海藻酸钠的相对分子质量减小，重均相对分子质量（M_w）从 321596.5 降至 10024。随着吸收剂量的增大，海藻酸钠的相对分子质量分布变窄。同时，通过对辐照后相对分子质量分布曲线中出现的各峰值的计算，发现在辐照过程中除产生聚合度不等的海藻酸钠外，还产生少量的新组分。

马成浩等研究了热和紫外光对海藻酸钠降解的影响，把从海带和马尾藻中提取的海藻酸钠进行热稳定性试验，发现 M/G 比例为 1.62 的海藻酸钠在 60℃加热时黏度已经开始下降，而 M/G 比例为 0.91 的海藻酸钠在 80℃加热时黏度才开始下降。紫外光对海藻酸钠存在降解作用，随着照射时间的增加黏度不断下降（马成浩，2004）。1% 海藻酸钠稀溶液的降解速率约是含水量 13.54% 干品的 13 倍。

第七节　海藻酸盐的结构与性能的相关性

Benabbas 等在把海藻酸盐应用于片剂的研究中发现海藻酸盐的分子结构对片剂的性能有一定影响，相对分子质量越小的片剂的硬度越高、弹性回复越低（Benabbas，2020）。Drury 等研究了海藻酸盐的种类、配方、凝胶条件、培养条件等工艺参数对海藻酸盐水凝胶性能的影响，结果显示古洛糖醛酸含量高的海藻酸盐制备的凝胶的强度更高、韧性更强。海藻酸盐水凝胶的极限应力、极限应变和拉伸模量随着介质中磷酸盐浓度的上升而下降（Drury，2004）。

王伟等以低脂（10%）乳化肠为研究对象，在 0~0.75% 添加水平下，研究了三种相对分子质量（2660、3890、4640ku）的海藻酸钠对其凝胶特性的影响。结果显示三种相对分子质量的海藻酸钠均显著改善低脂乳化肠的持水性，且相对分子质量越大，凝胶持水性越强，但海藻酸钠对低脂乳化肠质构的改善作用不显著（王伟，2019）。

第八节　小结

海藻酸盐具有凝胶、增稠、乳化、成膜等性能，在纺织行业是一种性能优良的印花糊料，在食品加工行业是一种重要的配料，可以加工制成凝胶食品，也可用于改善面制品、肉制品等食品的品质。海藻酸盐的凝胶特性在医疗卫生领域有特殊的应用价值，可用于制备医用敷料、栓塞剂、药物辅料等众多产品，产生独特的健康功效。

参考文献

[1] Benabbas R, Sanchez-Ballester N M, Bataille B, et al. Structure-properties relationship in the evaluation of alginic acid functionality for tableting[J]. AAPS PharmSciTech, 2020, 21: 94-105.

[2] Chueh B H, Zheng Y, Torisawa T S, et al. Patterning alginate hydrogels using light-directed release of caged calcium in a microfluidic device[J]. Biomed Microdevices, 2010, 12: 145-151.

[3] Clare K. Industrial Gums, 3rd Edition[M]. New York: Academic Press, 1993.

[4] Cui J, Wang M, Zheng Y, et al. Light-triggered cross-linking of alginates with caged Ca^{2+}[J]. Biomacromol, 2013, 14: 1251-1256.

[5] Draget K I, Ostgaard K, Smidsrod O. Homogeneous alginate gels: A technical approach[J]. Carbohydrate Polymers, 1990, 14（2）: 159-178.

[6] Draget K I, Skjak-Braek G, Stokke B T. Similarities and differences between alginic acid gels and ionically crosslinked alginate gels[J]. Food Hydrocolloids, 2006, 20: 170-175.

[7] Drury J L, Dennis R G, Mooney D J. The tensile properties of alginate hydrogels[J]. Biomaterials, 2004, 25: 3187-3199.

[8] Ellis-Davies G C R. Caged compounds: Photorelease technology for control of cellular chemistry and physiology[J]. Nat Methods, 2007, 4: 619-628.

[9] Fu S, Thacker A, Sperger D M, et al. Relevance of rheological properties of sodium alginate in solution to calcium alginate gel properties[J]. AAPS PharmSciTech, 2011, 12（2）: 453-460.

[10] Guastaferro M, Reverchon E, Baldino L. Agarose, alginate and chitosan nanostructured aerogels for pharmaceutical applications: a short review[J]. Front Bioeng Biotechnol, 2021, 9: 688477-688481.

[11] Gurikov P, Raman S, Weinrich D, et al. A novel approach to alginate aerogels: carbon dioxide induced gelation[J]. RSC Adv, 2015, 5: 7812-7818.

[12] Harper B A, Barbut S, Lim L T, et al. Effect of various gelling cations on the physical properties of "wet" alginate films[J]. J Food Sci, 2014, 79: E562-E567.

[13] Haug A, Myklestad S, Larsen B, et al. Correlation between chemical structure and physical properties of alginates[J]. Acta Chem Scand, 1967, 21: 768-778.

[14] Haug A, Bjerrum J, Buchardt O, et al. The affinity of some divalent metals for different types of alginates[J]. Acta Chemica Scandinavica, 1961, 15: 1794-1795.

[15] Haug A, Smidsrod O. Selectivity of some anionic polymers for divalent metal ions[J]. Acta Chemica Scandinavica, 1970, 24: 843-854.

[16] Hu X, Yang J, Chen C, et al. Capillary electrophoresis-integrated

immobilized enzyme microreactor utilizing single-step in-situ penicillinase-mediated alginate hydrogelation: application for enzyme assays of penicillinase[J]. Talanta, 2018, 189: 377-382.

[17] Javvaji V, Baradwaj A G, Payne G F, et al. Light-activated ionic gelation of common biopolymers[J]. Langmuir, 2011, 27: 12591-12596.

[18] Kong H J, Smith M K, Mooney D J. Designing alginate hydrogels to maintain viability of immobilized cells[J]. Biomaterials, 2003, 24: 4023-4029.

[19] Lee K Y, Rowley J A, Eiselt P, et al. Controlling mechanical and swelling properties of alginate hydrogels independently by cross-linker type and cross-linking density[J]. Macromolecules, 2000, 33: 4291-4294.

[20] Lee D W, Choi W S, Byun M W, et al. Effect of γ-irradiation on degradation of alginate[J]. J Agric Food Chem, 2003, 51 (16) : 4819-4823.

[21] Lesser M A. Alginates in drugs and cosmetics[J]. Drug Cosmet Ind, 1947, 61 (6) :761-842.

[22] Li L, Fang Y, Vreeker R, et al. Reexamining the egg-box model in calcium-alginate gels with X-ray diffraction[J]. Biomacromolecules, 2007, 8: 464-468.

[23] Liu G, Zhou H, Wu H, et al. Preparation of alginate hydrogels through solution extrusion and the release behavior of different drugs[J]. J Biomater Sci Polym Ed, 2016, 27: 1808-1823.

[24] Liu X, Liu H, Qu X, et al. Electrical signals triggered controllable formation of calcium-alginate film for wound treatment[J]. J Mater Sci Mater Med, 2017, 28: 146-151.

[25] Liu Y, Javvaji V, Raghavan S R, et al. Glucose oxidase-mediated gelation: a simple test to detect glucose in food products[J]. J Agric Food Chem, 2012, 60: 8963-8967.

[26] Oh H, Lu A X, Javvaji V, et al. Light-directed self-assembly of robust alginate gels at precise locations in microfluidic channels[J]. ACS Appl Mater Interfaces, 2016, 8: 17529-17538.

[27] Onsoyen E. Alginate, in Thickening and Gelling Agents for Food (Ed Imeson A) [M]. Glasgow: Blackie Academic and Professional, 1992.

[28] Partap S, Rehman I, Jones J R, et al. "Supercritical carbon dioxide in water" emulsion-templated synthesis of porous calcium alginate hydrogels[J]. Adv Mater, 2006, 18: 501-504.

[29] Perez-Madrigal M M, Torras J, Casanovas J, et al. A paradigm shift for preparing versatile M^{2+}-free gels from unmodified sodium alginate[J]. Biomacromol, 2017, 18: 2967-2979.

[30] Qin Y. Gel swelling properties of alginate fibers[J]. Journal of Applied Polymer Science, 2004, 91 (3) : 1641-1645.

[31] Qin Y. The ion exchange properties of alginate fibers[J]. Textile Research

Journal，2005，75（2）: 165-168.
[32] Qin Y. The characterization of alginate wound dressings with different fiber and textile structures[J]. Journal of Applied Polymer Science，2006，100（3）:2516-2520.
[33] Rhim J W. Physical and mechanical properties of water resistant sodium alginate films[J]. Lebensm Wiss u Technol，2004，37: 323-330.
[34] Rodriguez-Rivero C，Hilliou L，Martin del Valle E M，et al. Rheological characterization of commercial highly viscous alginate solutions in shear and extensional flows[J]. Rheol Acta，2014，53: 559-570.
[35] Selcangungor-Ozkerim P，Inci I，Shrike Zhang Y，et al. Bioinks for 3D bioprinting: an overview[J]. Biomater Sci，2018，6: 915-946.
[36] Shao F，Yu L，Zhang Y，et al. Microfluidic encapsulation of single cells by alginate microgels using a trigger-gellified strategy[J]. Front Bioeng Biotechnol，2020，14:583065-583072.
[37] Smidsrod O，Haug A. Dependence upon the gel-sol state of the ion-exchange properties of alginates[J]. Acta Chem Scand，1972，26: 2063-2074.
[38] Smidsrod O，Haug A，Whittington S G. The molecular basis for some physical properties of polyuronides[J]. Acta Chem Scand，1972，26: 2563-2564.
[39] Smidsrod O，Haug A. Properties of poly-（1，4-hexuronates）in the gel state. II. Comparison of gels of different chemical composition[J]. Acta Chem Scand，1972，26: 79-88.
[40] Stanford E C C. Improvements in the manufacture of useful products from seaweeds[P]. British Patent 142，1881.
[41] Stanford E C C. On align: a new substance obtained from some of the commoner species of marine algae[J]. Chem News，1883，47: 254-257.
[42] Steiner A B，McNeely W H. Organic derivatives of alginic acid[J]. Ind Eng Chem，1951，43（9）: 2073-2077.
[43] Storz H，Zimmermann U，Zimmermann H，et al. Viscoelastic properties of ultra-high viscosity alginates[J]. Rheol Acta，2010，49: 155-167.
[44] Stowers R S，Allen S C，Suggs L J. Dynamic phototuning of 3D hydrogel stiffness[J]. Proc Natl Acad Sci USA，2015，112: 1953-1958.
[45] Tan W H，Takeuchi S. Monodisperse alginate hydrogel microbeads for cell encapsulation[J]. Adv Mater，2007，19: 2696-2701.
[46] Vold I M N，Kristiansen K A，Christensen B E. A study of the chain stiffness and extension of alginates，in vitro epimerized alginates，and periodate-oxidized alginates using size-exclusion chromatography combined with light scattering and viscosity detectors[J]. Biomacromolecules，2006，7: 2136-2146.
[47] Woodward F. The Scottish seaweed research association[J]. J Mar Biol Assoc UK，1951，29（3）: 719-725.

[48] Yang J，Hu X，Xu J，et al. Single-step in situ acetylcholinesterase-mediated alginate hydrogelation for enzyme encapsulation in CE[J]. Anal Chem，2018，90: 4071-4078.
[49] Zhang H，Wang H，Wang J，et al. The effect of ionic strength on the viscosity of sodium alginate solution[J]. Polym Adv Technol，2001，12: 740-745.
[50] 詹晓北. 食用胶的生产、性能与应用[M]. 北京：中国轻工业出版社，2003.
[51] 马成浩. 热和紫外光对海藻酸钠的降解影响[J]. 食品信息与技术，2004，（7）：90-92.
[52] 郑洪河，张虎成，夏志清，等. 海藻酸钠溶液的黏度性质与流变学特征[J]. 河南师范大学学报，1997，25（2）：51-55.
[53] 骆强，孙玉山，李振华，等. 海藻酸钠原液流变性能的研究[J]. 纺织科学研究，1992，（4）：10-13.
[54] 韩祖彬，李敬泽，李兴，等. 影响工业级海藻酸钠糊料黏度的因素分析[J]. 染整技术，2017，39（9）：23-25.
[55] 王宗乾，杨海伟. pH 值对海藻酸钠溶液黏度及体系中氢键的影响规律[J]. 材料导报，2019，33（4）：1289-1292.
[56] 田晓红，蒋青，谢明贵. 溶致液晶的结构及其应用进展[J]. 化学研究与应用，2002，14：119-120.
[57] 周世海，蔡继业，陈勇. 原子力显微镜对海藻酸钠水溶液聚集态结构的研究[J]. 山东生物医药工程，2003，（1）：36-37.
[58] 刘海燕，张健，李贞，等. 不同理化因素对海藻酸钠凝胶特性的影响[J]. 粮油食品科技，2018，26（2）：45-48.
[59] 李彦杰，哈益明，范蓓，等. 辐照技术在多糖分子修饰中的应用[J]. 食品科学，2009，30（21）：403-408.
[60] 杨桂霞，李晓燕. 多糖类高分子材料海藻酸钠的辐照降解[J]. 原子能科学技术，2013，47（5）：730-734.
[61] 马成浩，于丽娟，张义明，等. 热和紫外光对海藻酸钠降解影响[J]. 食品科学，2004，25（7）：90-92.
[62] 王伟，王昱，陈日新，等. 海藻酸钠分子质量对低脂乳化肠凝胶特性的影响[J]. 肉类研究，2019，33（6）：1-6.

第五章　海藻酸的生物活性和健康益处

第一节　引言

海藻酸及其各种衍生物在医药、保健、生物医用材料、临床护理、食品等健康产品领域有广泛应用，具有优良的健康功效（Onsoyen，1996）。例如以海藻酸盐为主要原料制备的防逆流剂被用于治疗胃食管反流症，在与胃中的酸性介质接触后形成凝胶筏而抑制反流，其配方中的海藻酸钠在胃酸作用下转换成不溶于水的海藻酸后形成漂浮物、不溶于水的碳酸钙在与胃酸作用后释放出的钙离子进一步强化海藻酸凝胶，而胃酸与碳酸氢钠作用后产生的二氧化碳在海藻酸凝胶中形成气泡和浮力（Hampson，2005）。海藻酸盐在载药系统中被用于药物的可控持续释放，其中海藻酸盐复合物在与胃酸接触后水化，在药物表面膨胀后形成一层黏稠的胶状物，在限制药物释放的同时限制水分进入以保持其不受分解。如果药物是水溶性的，在海藻酸盐成胶的过程中水分进入复合物，药物溶解后得到释放。通过控制海藻酸盐的 M/G 比例和相对分子质量可以控制其水化速度以及药物的扩散和释放。

在伤口护理领域，海藻酸盐医用敷料是慢性创面护理中的一种常用产品，在吸收伤口渗出液后通过形成亲水性凝胶为创面提供湿润的愈合环境。在牙科印模的制备中，利用海藻酸钠与硫酸钙等微溶性钙盐之间的反应可以制备印模材料，在室温下可以很快成型且有很好的性价比。作为一种组织工程材料，海藻酸盐在固定细胞后应用于人体器官移植，可治疗低血钙、帕金森病、肝功能衰竭、糖尿病等疾患（Skjak-Braek，1996；King，2003；Calafiore，2006）。在功能性食品领域，海藻酸盐不被人体消化，是一种性能优良的膳食纤维，可抑制肠道中营养成分的吸收、增加饱腹感，有益于糖尿病等患者的治疗（Brownlee，2005）。

第二节　海藻酸的生物相容性和细胞活性

海藻酸是从海洋褐藻中提取的高分子羧酸。作为天然高分子材料，海藻酸类生物制品具有良好的生物相容性和使用安全性，其中海藻酸钠在 1938 年收入美国药典、1963 年收入英国药典。20 世纪 70 年代，美国食品药品监督管理局（FDA）授予海藻酸钠“公认安全物质（GRAS）”称号，联合国世界卫生组织（WHO）与粮食及农业组织（FAO）食品添加剂联合专家委员会发布有关海藻酸钠的规定，按体重每天可以摄取的海藻酸钠为 50mg/（kg · d）。药动学实验表明，小鼠腹腔注射海藻酸钠的半数致死量为（1013 ± 308）mg/kg（秦益民，2008）。

海藻酸的多糖结构和亲水特性决定了其具有良好的生物相容性。Blair 等在一项对海藻酸钙纤维、氧化纤维素纤维、胶原等止血材料的研究中发现，植入肠系膜中后，海藻酸钙纤维不引起肠梗阻，植入 6 周后对伤口部位进行组织学检查后发现，海藻酸钙纤维在伤口部位有钙的沉积以及纤维化反应（Blair，1988）。在另一项动物试验中，Lansdown 等把海藻酸钙纤维植入老鼠的皮下组织并评价了纤维的生物可降解性以及引起局部组织反应的性能。植入 24h、7d、28d 以及 12 周后的测试结果显示海藻酸钙纤维在植入的三个月内无明显降解（Lansdown，1994）。尽管开始时有一定的异物反应，植入的海藻酸钙纤维逐渐被一层血管化、含成纤维细胞的薄膜覆盖，证明在老鼠试验中植入体内的海藻酸钙无毒性。其他研究也证明了海藻酸盐良好的生物相容性（Suzuki，1998）。

作为一种植物细胞中提取出的天然高分子，海藻酸与各种细胞有特殊的亲和力并能影响细胞活性。Skjak-Braek 等发现海藻酸中的 M 链段与脂多糖一样与巨噬细胞有一个结合部位，可与膜蛋白产生作用，对单核白细胞有趋化作用（Skjak-Braek，1996）。Pueyo 等的研究结果显示用海藻酸和聚赖氨酸包埋单核白细胞，其微胶囊可以活化细胞产生巨噬细胞（Pueyo，1993）。Otterlei 等比较了用海藻酸刺激人体单核白细胞产生的三种细胞因子：肿瘤坏死因子 -α（TNF-α，又称恶病质素）、白细胞介素 -1 和白细胞介素 -6。结果显示高 M 的海藻酸刺激细胞因子生成的活性是高 G 海藻酸的近 10 倍，由此可见 M 链段是刺激细胞活性的主要成分（Otterlei，1991）。其他研究也显示 M 链段中的 β-1，4-糖苷键在刺激细胞因子及抗肿瘤活性中起主要作用，该 β-1，4-糖苷键在 C-6 氧化纤维素的 D-葡萄糖醛酸中同样存在，并且也具有刺激肿瘤坏死因子 -α 的活性（Otterlei，1993）。

Skjak-Braek 等（Skjak-Braek，1996）报道了含有 β-1，4-糖苷键的聚合物在动物试验中具有刺激细胞因子、保护宿主动物免受金黄色葡萄球菌和大肠杆菌感染的性能，而在用 C-5 差向异构酶把高 M 转换成高 G 后，海藻酸失去了其诱导肿瘤坏死因子 -α 的性能。Zimmerman 等比较了含不同 M 和 G 的海藻酸在电泳和透析纯化后促进有丝分裂的活性。他们发现纯化后的海藻酸失去了促进有丝分裂的活性，因此认为海藻酸的活性可能源于其低聚物，其在纯化过程中的流失使海藻酸的活性消失（Zimmermann，1992；Klock，1994）。Berven 等的研究结果显示，海藻酸盐能增强溶酶体半胱氨酸蛋白酶的活性。M 含量高的海藻酸盐的活性更好（Berven，2013）。

第三节　海藻酸盐的健康益处

一、改善胃肠道

肠道微生物在人体健康和疾病预防中起重要作用（Tuohy，2003）。微生物群落在肠黏膜局部和人体全身均与宿主互动,产生广泛的免疫、生理和代谢作用。食物在通过营养对人体产生直接影响的同时，也通过影响肠道的微生物对人体健康产生有益或不利影响（Rastall，2005）。研究显示，海藻酸盐等海藻源膳食纤维对肠道健康有积极影响（Vaugelade，2000；秦益民，2021），低相对分子质量海藻多糖具有促进益生菌的活性（Ramnani，2012）。海藻酸盐等海藻多糖是独具特色的具有益生功效的碳水化合物（O′ Sullivan，2010），以其为原料制备的微胶囊可增加益生菌成活率，在消化系统中提供物理保护作用（Chavarri，2010）。

二、抑制胃食管反流

海藻酸是一种高分子羧酸，其一价金属离子形成的盐是水溶性的。如图 5-1 所示，当海藻酸盐的水溶液进入胃与胃酸接触后，水溶性的海藻酸盐转化成不溶于水的海藻酸后形成凝胶筏，这样形成的凝胶筏在胃中可以滞留 3h，在胃液上面形成的凝胶筏可以为胃液反流到食管提供一个物理障碍，抑制胃食管反流。当胃中的凝胶进入肠道后，随着 pH 的升高，海藻酸被转换成海藻酸钠而溶解，在肠道中起到高度亲水的膳食纤维的作用。

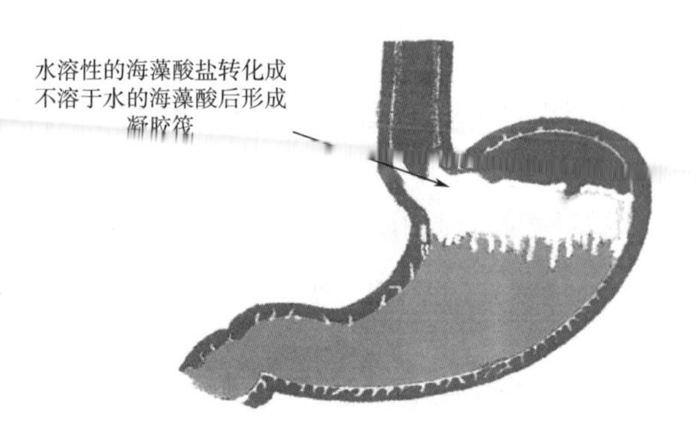

图 5-1　胃中形成的海藻酸凝胶筏

三、吸附重金属离子

作为一种高分子羧酸，海藻酸对重金属离子有很强的结合力，其结合力按以下顺序递减：$Pb^{2+}>Cu^{2+}>Cd^{2+}>Ba^{2+}>Sr^{2+}>Ca^{2+}>Co^{2+}=Ni^{2+}=Zn^{2+}>Mn^{2+}$（Smidsrod，1972）。海藻酸钠能防治放射性锶的吸收和沉积，还可以排除 Ba^{2+}、Cd^{2+}、Pb^{2+} 等重金属离子，尤其是海藻酸对铅离子有很强的结合力，可利用该性能开发具有排铅作用的功能性食品。管华诗等的研究结果显示，触铅作业工人每天服用一定量的海藻酸钠制剂后，其粪便中铅的含量明显上升，说明海藻酸钠可以延缓或阻止铅从消化系统进入人体，具有良好的排铅功效（管华诗，1986）。

钍（Th）是一种自然存在的放射性元素，在民用尤其是核工业有应用。在含钍的矿山加工过程中，其可以通过吸入、摄入和皮肤渗透等渠道进入人体，对健康造成危害。Rezk 把成年雄性白化鼠分成 5 组，其中的 4 个测试组在用钍处理后再用海藻酸钠治疗。按照每千克体重 13.6mg 腹腔注射硝酸钍后钍在小脑、大脑皮层、脑干等部位积聚并引起 Na^{+}、Ca^{2+}、Fe^{3+} 以及丙二醛浓度的显著上升。每天口服 5% 的海藻酸盐可以显著降低钍在大脑不同部位的积聚，减轻其危害，其中 Na^{+}、Ca^{2+}、Fe^{3+} 以及丙二醛浓度随着海藻酸盐的应用而下降，改善硝酸钍带来的危害作用（Rezk，2018）。

四、膨化大便、缓解便秘

在一项试验中，5 个健康的成年人在 7d 内每天食用 175mg/kg 的海藻酸钠，结果显示粪便的干重和湿重都有明显增加。在猪的研究中得到了类似的结果，饲料中加入 5% 的海藻酸盐可以增加其在胃肠道的容量。与纤维素、木聚糖、卡拉胶等膳食纤维相比，海藻酸盐的亲水性更强、凝胶性能更好，可以在胃肠道中通过膨化肠道内的物体，使各种有害物质得到稀释并降低其吸收，同时可以缓解便秘（Dettmar，2011；Qin，2018）。图 5-2 显示海藻酸钠进入消化系统后的作用机制。

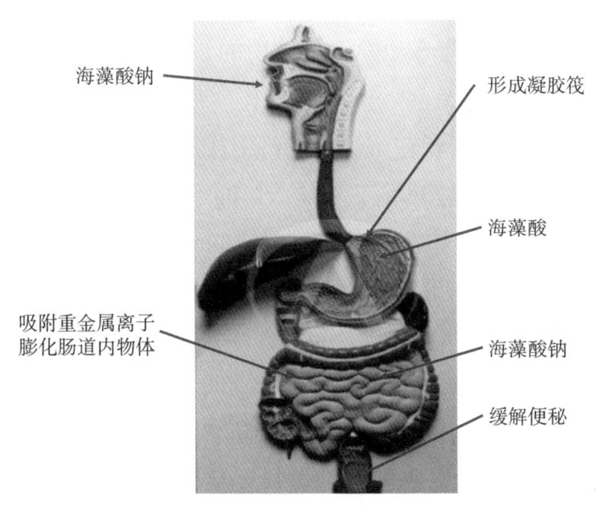

图 5-2　海藻酸钠进入消化系统后的作用机制

五、减肥

Dettmar 等的研究显示海藻酸盐可以调节食欲和能量的吸收（Dettmar，2011）。该作用主要是由于海藻酸盐在胃酸的作用下形成凝胶，从而迟缓胃的清空，刺激了胃牵张感受器，降低了肠道对营养成分的吸收，降低血糖水平。Wolf 等测试了分别饮用海藻酸钠和阿拉伯胶饮料后的试验人员正餐后血糖指数。结果显示含海藻酸钠的饮料弱化了正餐后血糖指数（Wolf，2002）。Williams 等注意到在食用了含海藻酸钠的脆饼正餐后血糖指数有所下降（Williams，2004）。Hoad 等研究了海藻酸钠对进食习惯的影响，他们测试了饮用含 10g/L 海藻酸钠的牛乳后的饥饿及饱腹感（Hoad，2004）。总的来说，饮用了含海藻酸钠的牛乳后饱腹感有所增加，饥饿感有所下降，而这种影响在 G 含量高的海藻酸中更大。采用磁共振成像术后显示海藻酸在胃中形成凝胶，而凝胶的容量与海藻酸的 G 含量有关。研究显示，海藻酸的成胶性能对其控制食欲的功能起重要作用（Ohta，1997）。

利用海藻酸盐形成凝胶的特性可以开发具有减肥功效的饮料。海藻酸钠饱腹感饮料的设计是基于其在胃中不依靠胃酸就能形成凝胶，而这种不依赖胃酸成胶的能力在于配方中添加了酸化剂葡萄糖酸 -δ- 内酯。用水调制饮料时葡萄

糖酸 -δ- 内酯释放出葡萄糖醛酸，使饮料的 pH 有控制地下降，以此控制碳酸钙的溶解并控制海藻酸的成胶速度。配方中海藻酸盐的种类很重要，合适的原料是 G 含量为 65%~75% 的海藻酸钠，分子质量为 150~195ku。这种海藻酸钠饱腹感饮料在调制的初期是有流动性、可饮用的，但是在进入具有弱酸性的胃液后形成很强的凝胶。

在随机试验 1 中，受试者在试验前的晚上按规定用餐，然后空腹参加试验。早上 9 点用早餐，食用的是 60g 玉米片、160g 牛乳、200g 橘子汁。12 点受试者饮用了 100mL 海藻酸钠饱腹感饮料，或 100mL 对照饮料（含 0.25g 羟丙甲纤维素、0.7g 碳酸钙、7g 果糖、0.24g 香料）。30min 后，受试者开始食用意大利通心粉，被要求吃饱为止。试验中受试者既用了海藻酸钠饱腹感饮料，也用了对照组饮料。尽管受试者食用的平均食品量没有大的变化，海藻酸钠组为 541.6g、对照组为 542.2g，但是试验得到的饥饿指数明显下降，其中海藻酸钠组为 905.6、对照组为 1302。海藻酸钠饮料延长了受试者饭后进食零食的时间，其中海藻酸钠组为 257.5min、对照组为 210min。尽管海藻酸钠饱腹感饮料并没有降低用餐量，其通过降低饥饿感延缓了下次需要进食的时间。

试验 2 研究了海藻酸钠饱腹感饮料在 7d 时间中对能量和营养成分消耗量的影响（Paxman，2008）。在试验过程的 7d 中，受试者在早餐或晚餐前 30min 饮用了饮料。试验中比较了海藻酸钠饱腹感饮料与某减肥产品。海藻酸钠饮料与对照组相比明显降低了受试者的能量消耗量，其中海藻酸钠组为 7659kJ、对照组为 8225kJ，每天的能量消耗下降 7%。使用海藻酸钠饮料后主要营养成分的消耗量也有所下降，包括对碳水化合物、脂肪及蛋白质的消耗量与对照组相比均有明显下降。每天降低 565kJ 能量在临床上有重要意义，因为降低 419kJ 就可以解决肥胖问题（Hill，2003）。

试验 3 研究了海藻酸钠饱腹感饮料对降脂、营养平衡及胆固醇的影响。试验条件与试验 1 中相同，但是受试者在饮用了饱腹感饮料 30min 后食用 300g 的意大利通心粉及 100g 番茄酱。在饭前 15min 及饭后 225min 的时间内定期测试血液成分。结果显示海藻酸钠饮料对血液中胆固醇及糖含量的影响不大。但是在试验组比较肥胖的人中发现，其胆固醇含量在饮用了海藻酸钠饮料后有实质性下降，血液中的葡萄糖含量也有实质性下降。

Chater 等用浊度计脂肪酶活性测定法研究了三种褐藻提取物对脂肪酶的活性，分别测试了海藻匀浆、碳酸钠提取物、乙醇提取物的活性。三种提取物对脂肪酶均显示了很强的抑制作用，说明海藻中的海藻酸盐、岩藻多糖、褐藻多酚等多种活性物质具有抑制脂肪酶的作用，是食用海藻产生减肥功效的主要原因（Chater，2016）。

目前，肥胖症是发达国家及越来越多的发展中国家的一种流行病（Selassie，2011）。肥胖使患2型糖尿病、高血压、血脂异常等疾患的风险增加，也与骨关节炎和冠心病的发病相关。海藻酸盐等膳食纤维可以通过提高饱腹感等机制降低进食量，起到减肥功效（Kristensen，2011）。一项涉及12名健康肥胖男性的研究显示，食用含4%的泡叶藻的面包可以明显减少能量的摄入（Hall，2012），该结果与海藻酸盐在胃肠道内引起的膨化效应密切相关（Pelkman，2007）。

在一项有96名肥胖者参与的试验中，Georg Jensen等通过让受试者饮用含海藻酸盐的饮料实现提供饱腹感和降低能量摄入的目的，12周后观察到明显的体重下降（Georg Jensen，2012）。但也有研究显示，以胃排空、餐后胃容量、餐后饱腹感、能量摄入为指标的服用海藻酸盐胶囊的试验7d后没有明显变化（Odunsi，2010）。这两个研究的区别可能与载体相关，即胶囊与饮料的区别，其中饮料的体积更大，更容易调节胃伸展受体、增加饱腹感，从而降低能量摄入。

六、降血糖

食物中含有的海藻酸盐具有降低血糖的功效（焦广玲，2011）。在一项研究中，糖尿病患者的食物中加入5g海藻酸盐后，血液中的葡萄糖峰值和血浆胰岛素的上升分别降低了31%和42%。在饮料中加入海藻酸钠对餐后血浆葡萄糖和胰岛素升高也产生类似的效果。这些结果显示在海藻酸盐存在的情况下，葡萄糖的吸收速度有所下降（Dettmar，2011）。

七、降血脂

高脂血症是脂代谢异常造成的，表现在血液中总胆固醇水平、总甘油三酯和低密度脂蛋白胆固醇的升高，而高密度脂蛋白胆固醇含量下降。动物实验表明小肠腔中海藻酸盐的存在可以减少脂肪的吸收、降低血浆胆固醇，其作用机理可能与粪便胆汁和胆固醇排泄量的增加相关。在一项有67名人员参与的试验中发现，每克果胶、燕麦产品、车前子和瓜尔胶可以分别使血浆总胆固醇含量降低70、37、28和26mol/L（Brownlee，2009）。在另一项试验中，6名参与试验的回肠造口术患者的饮食中每天加入7.5g海藻酸盐后，脂肪酸排泄增加了一倍。在总胆固醇和脂肪含量较高的食物中加入海藻酸钠可以起到与硫酸酯多糖、紫菜胶等海藻多糖相似的降低总胆固醇的功效（Wei，2009）。

管华诗等在饲料中不掺杂植物油和胆固醇，以同法饲养大白鼠后测试粪便中脂肪和胆固醇的含量，研究结果显示随着饲料中海藻酸钠含量的提高，其排出的脂肪、胆固醇量明显升高。用 100% 麦麸和 93% 麦麸 +7% 海藻酸钠喂养大白鼠 2 个月后，其血浆中胆固醇含量分别为 180 和 115mg/100g，海藻酸钠对血浆中胆固醇含量有明显影响（管华诗，1986）。表 5-1 显示海藻酸钠阻止脂肪、胆固醇吸收的情况。

表 5-1　海藻酸钠阻止脂肪、胆固醇吸收的情况

饲料中海藻酸钠含量 /%	粪便中脂肪的含量 /（g/100g）	粪便中胆固醇的含量 /（mg/100g）
0	2.67	532.00
1	3.20	693.00
2	5.43	937.00
3	5.03	732.00
5	5.67	1109.32
7	10.23	1635.73
10	10.94	2146.45
15	10.85	2100.17

表 5-2 显示含有海藻酸钠的产品在对 59 例患有糖尿病同时又有高脂血症的患者的治疗中，均可观察到血脂的明显变化（管华诗，1986）。

表 5-2　海藻酸钠对人体血脂的影响

分类	指标	例数	服降糖乐周数	服用前 /（mg/100g）	服用后 /（mg/100g）	降低率 /%
高脂血症患者	胆固醇	26	2~36	282.5	233.1	17.49
	甘油三酯	10	2~36	255.9	162.3	38.58
	β- 脂蛋白	12	2~36	661.8	532.8	19.49
正常血脂者	胆固醇	31	5~58	195.5	185.2	5.26
	甘油三酯	42	4~58	125.0	122.7	1.84
	β- 脂蛋白	37	4~58	398.0	345.7	12.70

八、止血

海藻酸盐纤维和医用敷料的止血性能已经在大量临床试验中得到证实。Groves 等在供皮区伤口上应用海藻酸盐敷料后的 5min 内就观察到良好的止血效果（Groves，1986）。Matthew 等发现用海藻酸盐敷料充填 2mm 深的口腔伤口时，其止血功效优于普通手术纱布（Matthew，1994）。在一项临床试验中发现，使用普通纱布手术后的血液流失为（158.4 ± 17.3）mL，而海藻酸盐敷料为（96.6 ± 11.7）mL（Davies，1997）。Segal 等的研究显示海藻酸盐纤维的止血性能主要源于纤维释放出的钙离子对血小板的激化作用以及产生的凝血效应。由于海藻酸盐纤维的吸湿性高，其凝血效应高于其他创面用卫生材料，钙离子在激化血小板后释放出纤维蛋白链，形成的血栓具有良好的止血功效（Segal，1998）。

Segal 等的研究显示在纤维中加入一定量的锌离子可以强化其凝血作用和对血小板的激化功效，有效提高纤维的止血性能（Segal，1998）。图 5-3 所示为 37℃下将海藻酸锌纤维放置在不同浓度的蛋白质水溶液后溶液中锌离子浓度的变化情况。放置 0.5h 后，在 1.0%、2.9% 和 5.0% 蛋白质水溶液中的锌离子浓度分别为 92、347 和 626 mg/L，24h 后三种溶液中的锌离子浓度分别上升到 170、1384 和 1924mg/L，说明蛋白质分子对锌离子的螯合作用促进了其从纤维上的释放（秦益民，2011）。

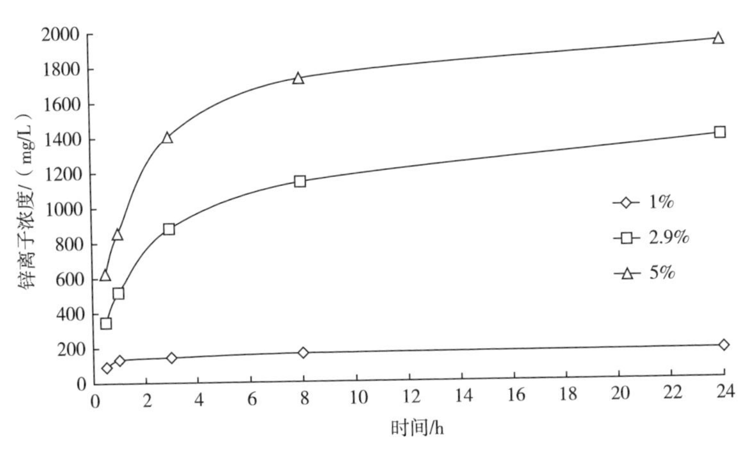

图 5-3　37℃海藻酸锌纤维与蛋白质溶液接触后溶液中锌离子浓度的变化

九、抑菌

海藻酸盐纤维独特的理化性能赋予其特殊的抑菌功效。临床使用过程中纤维吸湿后高度溶胀，使纤维之间的空间受挤压后固定住伤口渗出液中的细菌，抑制其活性和繁殖能力，降低临床伤口感染风险。Bowler 等把海藻酸盐敷料与含有细菌的溶液接触后发现，海藻酸盐敷料可以通过凝胶膨胀抑制细菌增长（Bowler，1999）。

海藻酸盐纤维与巨噬细胞之间的相互作用对其抑菌功效也有重要影响，后者在与纤维接触后释放出的肿瘤坏死因子 -α 对肿瘤细胞和受感染的正常细胞有毒性，对炎症反应有调节作用（Rapala，1996）。高 M 海藻酸盐纤维对巨噬细胞的刺激作用是其在感染及有恶臭的伤口上产生作用的一个主要原因（Thomas，1992）。

十、促进伤口愈合

以海藻酸盐纤维为原料制备的功能性医用敷料可以为创面提供一个湿润的愈合环境，通过纤维的吸湿膨胀在创面上形成低黏性、凝胶状接触层，以此为基质为细胞迁移和血管生成提供一个理想的环境（秦益民，2018）。湿润的环境有利于生长因子、生长促进剂等细胞因子在炎症、修复等阶段中的作用，纤维上释放出的钙离子有助于细胞向创面的迁移，从而促进伤口的愈合（秦益民，2017）。Lansdown 等的研究结果证实了钙离子在创面的周边、成熟的角质细胞、皮脂腺细胞中的含量最高，由此可以推断钙离子在创面愈合中的作用（Lansdown，1999）。

Sayag 等在 92 个有压疮的患者上比较了海藻酸盐敷料与传统敷料的疗效。在两组患者中，使用海藻酸盐敷料的有 74% 的伤口面积缩小 40%，而传统敷料组只有 42%；达到这个疗效的平均时间海藻酸盐敷料为 4 周，而传统敷料为 8 周（Sayag，1996）。海藻酸盐医用敷料在吸收伤口渗出液、保护创面及提供湿润愈合环境的同时，具有促进伤口愈合的药理作用。Attwood 在有 107 名病患参与的临床试验中比较了海藻酸盐敷料和传统纱布在供皮区伤口上的应用。使用传统纱布的平均愈合时间为 10d，而使用海藻酸盐敷料后的愈合时间下降到 7d，显示出海藻酸盐敷料促进伤口愈合的优良功效（Attwood，1989）。

十一、美白

海藻酸盐纤维对铜离子超强的吸附性能使其在皮肤美白的过程中有特

殊的应用价值（秦益民，2018）。如图 5-4 所示，皮肤中的黑色素是由黑色素细胞通过酪氨酸酶的催化，经过一系列代谢过程将酪氨酸转化后生成。酪氨酸酶是一种含铜酶，在与海藻酸盐纤维接触后，其结构中的铜离子被海藻酸盐吸附后失去催化活性，因此抑制了其催化酪氨酸的功效。以海藻酸盐纤维为原料制备的功能性面膜材料通过抑制酪氨酸酶的作用而具有一定的美白效果。

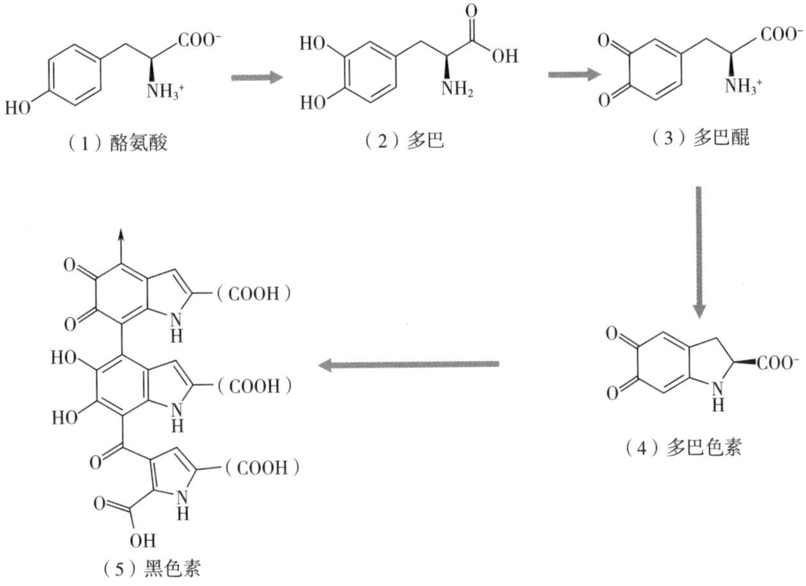

（1）酪氨酸　（2）多巴　（3）多巴醌　（4）多巴色素　（5）黑色素

图 5-4　酪氨酸酶催化下黑色素的形成过程

郑曦等（郑曦，2019）通过酶抑制动力学实验考察了海藻酸钠在实验体系和黑色素细胞内对酪氨酸酶催化黑色素生成的抑制作用，利用荧光光谱分析海藻酸钠对酪氨酸酶抑制的作用机理，同时考察海藻酸钠对黑色素细胞的毒性。结果表明，在 64mmol/L 浓度内，细胞活性均在 90% 以上，显示出良好的生物相容性。海藻酸钠对酪氨酸酶活性及黑色素产量均具有一定的抑制效果，且抑制作用在 20mmol/L 浓度内呈明显的浓度依赖型。海藻酸钠与酪氨酸酶相互作用后，对其内源性荧光产生了淬灭作用。酪氨酸酶的最大发射波长出现了红移，表明海藻酸钠与酪氨酸酶相互作用时，改变了氨基酸残基的疏水性环境。图 5-5 显示海藻酸钠对体系中和黑色素细胞内酪氨酸酶活性的抑制效果。

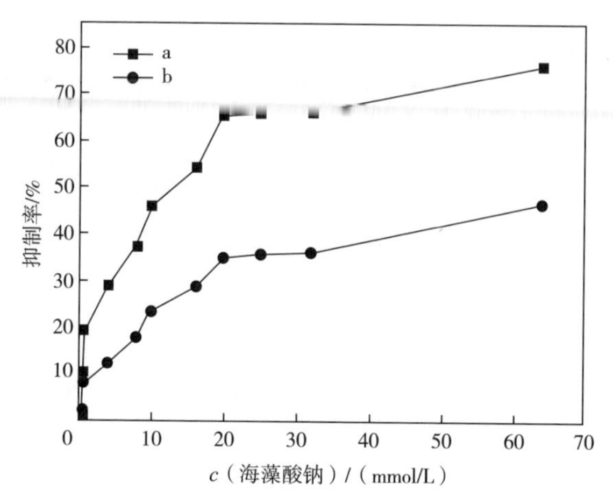

图 5-5　海藻酸钠对体系中（a）和黑色素细胞内（b）酪氨酸酶活性的抑制效果

第四节　小结

作为一种源自海洋的生物材料，海藻酸盐在具有良好理化性能的同时具有亲水性强、生物相容性好，以及一系列独特的生物活性，通过功能性食品、保健品、药物、医用敷料、美容护肤品等产品的应用为人体提供改善胃肠道、减肥、降血糖、降血脂、止血、抑菌、促进伤口愈合、美白等健康功效。

参考文献

[1] Attwood A I. Calcium alginate dressing accelerate split graft donor site healing[J]. British Journal of Plastic Surgery，1989，42: 373-379.

[2] Berven L，Solberg R，Truong H H T，et al. Alginates induce legumain activity in RAW 264. 7 cells and accelerate autoactivation of prolegumain[J]. Bioactive Carbohydrates and Dietary Fibre，2013，2: 30-44.

[3] Blair S D，Backhouse C M，Harper R，et al. Comparison of absorbable materials for surgical haemostatis[J]. British Journal of Surgery，1988，75（10）: 969-971.

[4] Bowler P G，Jones S A，Davies B J，et al. Infection control properties of some wound dressings[J]. Journal of Wound Care，1999，8（10）: 499-502.

[5] Brownlee I A，Allen A，Pearson J P，et al. Alginate as a source of dietary fiber[J]. Critical Reviews in Food Science and Nutrition，2005，45（6）: 497-510.

[6] Brownlee I A，Seal C J，Wilcox M. Applications of alginates in food. In: Rehm B H A（ed），Alginates: Biology and Applications[M]. Berlin Heidelberg:

Springer-Verlag，2009.
[7] Calafiore R，Basta G，Luca G，et al. Microencapsulated pancreatic islet allografts into non-immunosupressed patients with Type 1 diabetes[J]. Diabetes Care，2006，29（1）: 137-138.
[8] Chater P I，Wilcox M，Cherry P，et al. Inhibitory activity of extracts of Hebridean brown seaweeds on lipase activity[J]. J Appl Phycol，2016，28: 1303-1313.
[9] Chavarri M，Maranon I，Ares R，et al. Microencapsulation of a probiotic and prebiotic in alginate-chitosan capsules improves survival in simulated gastrointestinal conditions[J]. Int J Food Microbiol，2010，142: 185-189.
[10] Davies M S，Flannery M C，McCollum C N. Calcium alginate as haemostatic swabs in hip fracture surgery[J]. Journal of the Royal College of Surgeons of Edinburgh，1997，42（1）: 31-32.
[11] Dettmar P W，Strugala V，Richardson J C. The key role alginates play in health[J]. Food Hydrocolloids，2011，25: 263-266.
[12] Georg Jensen M，Kristensen M，Astrup A. Effect of alginate supplementation on weight loss in obese subjects completing a 12-wk energy-restricted diet: a randomized controlled trial[J]. Am J Clin Nutr，2012，96: 5-13.
[13] Groves A R，Lawrence J C. Alginate dressing as a donor site haemostat[J]. Annals of the Royal College of Surgeons of England，1986，68: 27-28.
[14] Hall A C，Fairclough A C，Mahadevan K，et al. Ascophyllum nodosum enriched bread reduces subsequent energy intake with no effect on post-prandial glucose and cholesterol in healthy，overweight males: A pilot study[J]. Appetite，2012，58: 379-386.
[15] Hampson F C，Farndale A，Strugala V，et al. Alginate rafts and their characterization[J]. International Journal of Pharmaceutics，2005，294: 137-147.
[16] Hill J O，Wyatt H R，Reed G W，et al. Obesity and the environment: where do we go from here?[J]. Science，2003，299（5608）: 853-855.
[17] Hoad C L，Rayment P，Spiller R C，et al. In vivo imaging of intragastric gelation and its effect on satiety in humans[J]. Journal of Nutrition，2004，134（9）: 2293-2300.
[18] King A，Lau J，Nordin A，et al. The effect of capsule composition in the reversal of hyperglycemia in diabetic mice transplanted with microencapsulated allogeneic islets[J]. Diabetes Technology & Therapeutics，2003，5（4）: 653-663.
[19] Klock G，Frank H，Houben R，et al. Production of purified alginates suitable for use in immunoisolated transplantation[J]. Applied Microbiology and Biotechnology，1994，40（5）: 638-643.

[20] Kristensen M，Jensen M G. Dietary fibres in the regulation of appetite and food intake. Importance of viscosity[J]. Appetite，2011，56: 65-70.

[21] Lansdown A B，Payne M J. An evaluation of the local reaction and biodegradation of calcium sodium alginate (Kaltostat) following subcutaneous implantation in the rat[J]. Journal of the Royal College of Surgeons of Edinburgh，1994，39 (5) : 284-288.

[22] Lansdown A B G，Sampson B，Rowe A. Sequential changes in trace metal，metallothionein and calmodulin concentrations in healing skin wounds[J]. Journal of Anatomy，1999，195: 375-386.

[23] Matthew I R，Browne R M，Frame J W，et al. Kaltostat in dental practice[J]. Oral Surgery Oral Medicine Oral Pathology，1994，77 (5) : 456-460.

[24] Odunsi S T，Vazquez-Roque M I，Camilleri M，et al. Effect of alginate on satiation，appetite，gastric function，and selected gut satiety hormones in overweight and obesity[J]. Obesity (Silver Spring)，2010，18: 1579-1584.

[25] Ohta A，Taguchi A，Takizawa T，et al. The alginate reduce the postprandial glycaemic response by forming a gel with dietary calcium in the stomach of the rat[J]. International Journal for Vitamin and Nutrition Research，1997，67 (1)，55-61.

[26] Onsoyen E. Commercial applications of alginates[J]. Carbohydrates in Europe，1996，14：26-31.

[27] O′ Sullivan L，Murphy B，McLoughlin P，et al. Prebiotics from marine macroalgae for human and animal health applications[J]. Mar Drugs，2010，8: 2038-2064.

[28] Otterlei M，Ostgaard K，Skjak-braek G. Induction of cytokine production from human monocytes stimulated with alginate[J]. Journal of Immunotherapy，1991，10: 286-291.

[29] Otterlei M，Sundan A，Skjak-braek G，et al. Similar mechanisms of action of defined polysaccharides and lipopolysaccharides: characterization of binding and tumor necrosis factor alpha induction[J]. Infection Immunology，1993，61 (5) : 1917-1925.

[30] Paxman J R，Richardson J C，Dettmar P W，et al. Alginate reduces the increased uptake of cholesterol and glucose in overweight male subjects: a pilot study[J]. Nutrition Research，2008，28 (8) : 501-505.

[31] Paxman J R，Richardson J C，Dettmar P W，et al. Daily ingestion of alginate reduces energy intake in free-living subjects[J]. Appetite，2008，51 (3) : 713-719.

[32] Pelkman C L，Navia J L，Miller A E，et al. Novel calcium-gelled，alginate pectin beverage reduced energy intake in non dieting overweight and obese women: interactions with dietary restraint status[J]. Am J Clin Nutr，2007，86:

1595-1602.

[33] Pueyo M E, Darquy S, Capron F, et al. In vitro activation of human macrophages by alginate-polylysine microcapsules[J]. Journal of Biomaterials Science Polymer Edition, 1993, 5 (3) : 197-203.

[34] Qin Y. Bioactive Seaweeds for Food Applications[M]. San Diego: Academic Press, 2018.

[35] Ramnani P, Chitarrari R, Tuohy K, et al. In vitro fermentation and prebiotic potential of novel low molecular weight polysaccharides derived from agar and alginate seaweeds[J]. Anaerobe, 2012, 18: 1-6.

[36] Rapala K T, Vaha-Kreula M O, Heino J J. Tumour necrosis factor-alpha inhibits collagen synthesis in human and rat granulation tissue fibroblasts[J]. Experimentia, 1996, 51 (1) : 70-74.

[37] Rastall R A, Gibson G R, Gill H S, et al. Modulation of the microbial ecology of the human colon by probiotics, prebiotics and synbiotics to enhance human health: an overview of enabling science and potential applications[J]. FEMS Microbiol Ecol, 2005, 52: 145-152.

[38] Rezk M M. A neuro-comparative study between single/successive thorium dose intoxication and alginate treatment[J]. Biological Trace Element Research, 2018, 185: 414-423.

[39] Sayag J, Meaume S, Bohbot S. Healing properties of calcium alginate dressings[J]. Journal of Wound Care, 1996, 5 (8) : 357-362.

[40] Segal H C, Hunt B J, Gilding K. The effects of alginate and non-alginate wound dressings on blood coagulation and platelet activation[J]. Journal of Biomaterials Applications, 1998, 12 (3) : 249-257.

[41] Selassie M, Sinha A C. The epidemiology and aetiology of obesity: a global challenge[J]. Best Pract Res Clin Anaesthesiol, 2011: 25: 1-9.

[42] Skjak-Braek G, Espevik T. Application of alginate gels in biotechnology and biomedicine[J]. Carbohydrates in Europe, 1996, 14: 19-25.

[43] Smidsrod O, Haug A. Dependence upon the gel-sol state of the ion-exchange properties of alginates[J]. Acta Chem Scand, 1972, 26: 2063-2074.

[44] Suzuki Y, Nishimura Y, Tanihara M, et al. Evaluation of a novel alginate gel dressing: cytotoxicity to fibroblasts in vitro and foreign-body reaction in pig skin in vivo[J]. Journal of Biomedical Materials Research, 1998, 39 (2) : 317-322.

[45] Thomas S. Current Practices in the Management of Fungating Lesions and Radiation Damaged Skin[M]. Bridgend: SMTL, 1992.

[46] Tuohy K M, Probert H M, Smejkal C W, et al. Using probiotics and prebiotics to improve gut health[J]. Drug Discov Today, 2003, 8: 692-700.

[47] Vaugelade P, Hoebler C, Bernard F, et al. Non-starch polysaccharides

extracted from seaweed can modulate intestinal absorption of glucose and insulin response in the pig[J]. Reprod Nutr Dev，2000，40: 33-47.

[48] Wei Y，Xu C，Zhao A，et al. Research advances in antilipemic activity of substances from marine creatures[J]. Chinese Journal of Biochemical Pharmaceutics，2009，30（5）: 356-358.

[49] Williams J A，Lai C S，Corwin H，et al. Inclusion of guar gum and alginate into a crispy bar improves postprandial glycemia in humans[J]. Journal of Nutrition，2004，134（4）: 886-889.

[50] Wolf B W，Lai C S，Kipnes M S，et al. Glycemic and insulinemic responses of nondiabetic healthy adult subjects to an experimental acid-induced viscosity complexomplex incorporated into a glucose beverage[J]. Nutrition，2002，18（7-8）: 621-626.

[51] Zimmermann U，Klock G，Federlin K，et al. Production of mitogen-contamination free alginates with variable ratios of mannuronic acid to guluronic acid by free flow electrophoresis[J]. Electrophoresis，1992，13: 269-274.

[52] 管华诗，兰进，田学琳，等. 褐藻酸钠在人体健康中的作用[J]. 山东海洋学院学报，1986，16（4）：1-6.

[53] 郑曦，陈智多，张德蒙，等. 海藻酸钠对酪氨酸酶的抑制作用[J]. 日用化学工业，2019，49（6）：388-392.

[54] 焦广玲. 几种大西洋来源海藻多糖及其衍生物抗2型糖尿病活性的比较研究[J]. 青岛：中国海洋大学博士学位论文，2011.

[55] 谢平. 海藻酸及其盐的食用和药用价值[J]. 开封医专学报，1997，16（4）：28-31.

[56] 秦益民，陈洁. 海藻酸纤维吸附及释放锌离子的性能[J]. 纺织学报，2011，32（1）：16-19.

[57] 秦益民. 海藻酸盐纤维的生物活性和应用功效[J]. 纺织学报，2018，39（4）：175-180.

[58] 秦益民，宁宁，刘春娟，等. 海藻酸盐医用敷料的临床应用[M]. 北京：知识出版社，2017.

[59] 秦益民，刘洪武，李可昌，等. 海藻酸[M]. 北京：中国轻工业出版社，2008.

[60] 秦益民. 海藻源膳食纤维[M]. 北京：中国轻工业出版社，2021.

第六章　海藻酸的纯化和功能化改性

第一节　引言

海藻酸是由甘露糖醛酸（M）和古洛糖醛酸（G）组成的线形高分子。自然界中，海藻酸是褐藻类生物结构的重要组成部分，也是绿脓杆菌等一些细菌细胞外多糖的主要成分。作为一种天然高分子材料，海藻酸的纯度、化学结构和理化性能受海藻的种类和提取工艺条件的影响，通过纯化工艺和化学改性技术的应用可以进一步提高海藻酸生物制品的质量，增加衍生制品的数量，并且可以通过工艺条件的控制，制备具有特定单体结构和排序、支链位置及取代度的海藻酸衍生物，以此控制溶解性、亲水性、对特定蛋白质的亲和力等一系列性能。在海藻酸的理化和生物改性过程中，可以通过引入共价交联提高凝胶强度、化学修饰提高主链疏水性、生物改性改善生物降解性等途径强化海藻酸已有的性能，还可以引入海藻酸本身不具备的性能，在海洋药物、生物医用材料、功能助剂等领域发挥更广泛的作用（Lee，2012；黄攀丽，2017；柴雍，2018）。

第二节　海藻酸的纯化

目前商业用海藻酸均来源于褐藻。在褐藻生物体中，海藻酸与钠、钙、镁、锶、钡等金属离子结合成盐，其化学组成通过与海水之间的离子交换达到平衡。在酸法提取海藻酸的过程中，第一步工艺采用 0.1~0.2mol/L 浓度的无机酸水溶液清洗海藻，去除其中的金属离子，然后用碳酸钠或氢氧化钠水溶液处理后使海藻酸转换成海藻酸钠溶解，随后用浮选、离心、过滤等工艺使海藻酸钠与杂质分离。这个生产过程得到的海藻酸钠一般含有内毒素以及多酚、蛋白质等杂质，不适用于高端生物医用材料的制备。目前有多种技术用于海藻酸钠的纯化，例如用自由流电泳法可以制备超纯、不含有丝分裂原的海藻酸钠（Zimmermann，1992）。该法的缺点是产量小、设备昂贵。把海藻酸钠转化成化学稳定的海藻酸钡后可以用不同种类的溶剂纯化海藻酸盐，然后把海藻酸钡溶解在碱性溶液中，通过透析去除钡离子后得到超纯海藻酸钠水溶液，再用乙醇沉淀后干燥（Klock，1994）。

De Vos 等把 Kelco 公司的海藻酸钠（Keltone LV）在 4℃下按照 1% 的浓度溶解在含 1mmol/L 乙二醇四乙酸钠的水中，在 5.0、1.2、0.8、0.45μm 的过滤器上分别过滤，溶液中的可见凝聚物在此过程中完全去除，溶液变得透明清澈。随后通过加入 2mol/L 的 HCl 和 20mmol/L 的 NaCl 把 pH 降低到 3.5，在此过程中溶液放置在冰块上避免海藻酸的水解（De Vos，1997）。在进一步把 pH 从 3.5 降低到 1.5 的过程中海藻酸钠被转换成海藻酸后沉淀析出（Haug，1963）。在 pH2.0 时海藻酸沉淀物被过滤后洗去未沉淀的杂质，除杂过程可以用 0.01mol/L 的 HCl+20mmol/L 的 NaCl 水溶液在震荡下进行，重复 3 次后，用氯仿 - 正丁醇混合溶液去除蛋白质（Staub，1965）。随后把海藻酸悬浮在 100mL 浓度为 0.01mol/L 的 HCl+20mmol/L 的 NaCl 中，加入 20mL 的氯仿和 5mL 的正丁醇，混合液剧烈震荡 30min 后过滤，这个步骤重复 3 次后把海藻酸放入水中，在至少 1h 的周期中通过缓慢加入 0.5mol/L 的 NaOH+20mmol/L 的 NaCl 使 pH 逐渐上升到 7.0。这样得到的海藻酸钠溶液再用氯仿 - 正丁醇混合溶液去除只能在中性条件下去除的蛋白质，其中 100mL 的海藻酸钠水溶液分别加入 20mL 的氯仿和 5mL 的正丁醇剧烈振荡 30min，然后在 3000r/min 下离心 3~5min，使溶液形成氯仿 - 正丁醇分离层后与海藻酸钠水溶液分离，该步骤重复 1 次。最后用乙醇使海藻酸钠析出，在每 100mL 的海藻酸钠水溶液中加入 200mL 纯乙醇，放置 10min 后其中的海藻酸钠全部沉淀出来。得到的沉淀物用乙基醚洗涤 3 次后冷冻干燥。在此过程中，10g 海藻酸钠经过纯化处理可以得到 6~7.5g 产物，该处理过程对海藻酸中的甘露糖醛酸和古洛糖醛酸含量没有影响（Thu，1996）。

第三节　海藻酸的化学降解

通过化学水解可以制备低相对分子质量的海藻酸。多糖类高分子在酸性介质中可以分解，其原理在于糖苷键的分裂，包括以下几个步骤（Timell，1964）：①糖苷键上的氧原子被氢离子质子化，形成共轭酸；②共轭酸的异裂；③海藻酸分子链的断裂，得到还原性的端基。图 6-1 为海藻酸在酸性条件下水解的示意图。

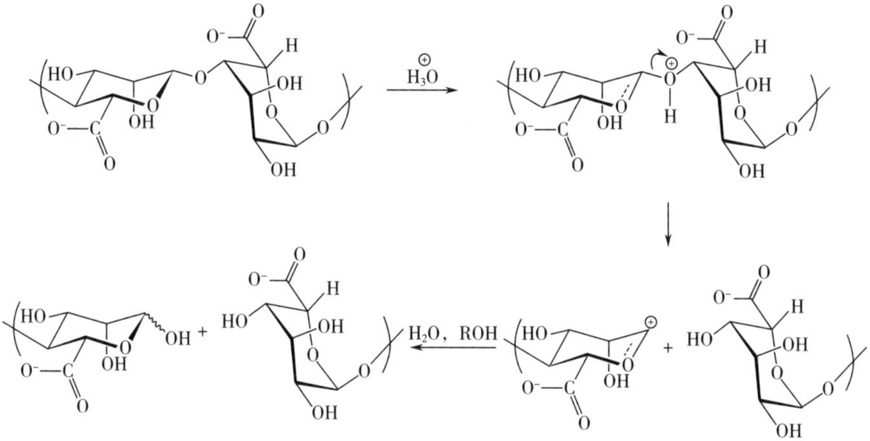

图 6-1　酸催化下海藻酸的水解分裂

海藻酸钠在常温下很稳定，但是海藻酸的稳定性很差，其根本原因是 C-5 位上的羧酸基团可以起到催化剂的作用（Smidsrod，1966）。海藻酸在裂解酶的作用下可以分解出含不饱和键的化合物（Tsujino，1961）。

海藻酸在碱性条件下也可以发生分解反应，其分解速度在 pH>10.0 时加快。图 6-2 显示海藻酸在碱性条件下降解的基本流程，其在 pH>10.0 之后的降解主要是由于消去反应机理，而 pH<5.0 时主要是由于酸催化下的分解（Haug，1963）。在消去反应中，C-5 位上脱去一个质子后，其剩余的负电荷由于 C-6 位上羧基的亲电性而稳定，而羧基在碱性条件下离子化后的稳定作用更强（Haug，1967）。在中性条件下，还原剂也可以引起海藻酸的分解。从褐藻中提取的海藻酸一般含有一定量的酚类化合物，研究显示这类化合物的含量越高，海藻酸的降解速度越快（Smidsrod，1963）。对苯二酚、亚硫酸钠、硫氢化钠、半胱氨酸、抗坏血酸、硫酸肼等还原剂均可引起海藻酸的降解。

高温灭菌、环氧乙烷、辐照等灭菌过程也可以引起海藻酸的降解（Leo，1990）。Aida 等在 180~240℃下对海藻酸钠进行热水降解，得到的产物包括寡糖、单糖，以及分解后产生的乳酸、羟基乙酸等（Aida，2010）。

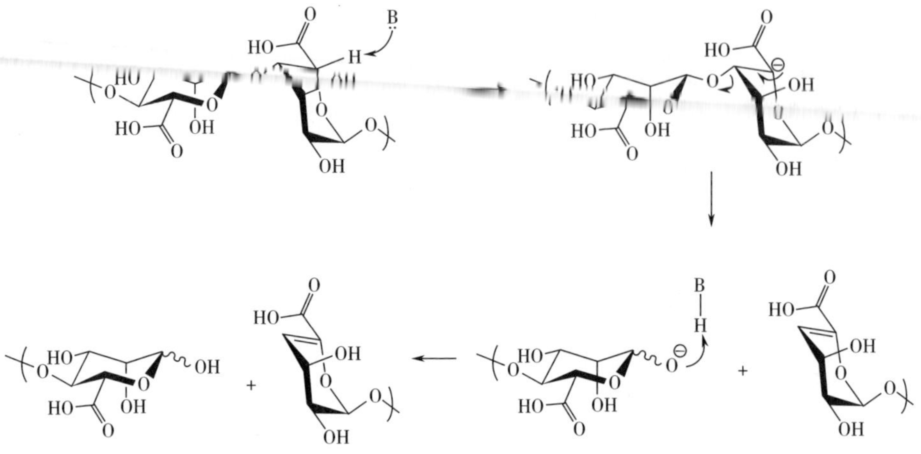

图 6-2　海藻酸在碱性条件下降解的基本流程

第四节　海藻酸的离子键交联

海藻酸钠等水溶性海藻酸盐在与二价或多价金属离子结合后可以通过离子键交联制备水凝胶（Pawar，2011），其中 G 链段与金属离子形成的交联结构最稳定，获得的凝胶强度高，MG 链段形成的凝胶相对较弱（Sikorski，2007）。海藻酸与金属离子的结合力按照以下的次序递减 $Pb^{2+}>Cu^{2+}>Cd^{2+}>Ba^{2+}>Sr^{2+}>Ca^{2+}>Co^{2+}$、$Ni^{2+}$、$Zn^{2+}>Mn^{2+}$（Morch，2006），其中钙离子是制备凝胶时最常用的二价金属离子。实际操作中可以采用两种方法制备海藻酸钙凝胶，第一种是扩散法，通过钙离子向海藻酸钠水溶液中的扩散实现；第二种是内生法，通过缓释与海藻酸钠一起配制的钙源实现，通常通过调节 pH 或钙化合物的溶解度来实现。在第一种方法中，凝胶外面的钙离子浓度高于内部，钙离子通过浓度梯度向凝胶内渗透。第二种方法通常采用 $CaCO_3$ 作为钙源，通过葡萄糖酸内酯等的水解改变溶液的 pH 后释放出起交联作用的钙离子。由于海藻酸本身不溶于水，在海藻酸钠水溶液中加入葡萄糖酸内酯后随着其水解导致的酸性增加可以获得海藻酸凝胶，用酸处理海藻酸钙凝胶后也可以得到海藻酸凝胶。

第五节　海藻酸的衍生物

海藻酸的高分子结构中含有多个活性基团，其化学改性可以发生在 C-2 和

C-3 位的羟基上，也可以发生在 C-6 位的羧酸基团上，由于反应活性的不同可以选择性地在其中的一部分基团上进行改性处理。

一、海藻酸的氧化

海藻酸在与强氧化剂反应后可以得到具有交联功能的氧化海藻酸（黄攀丽，2017）。图 6-3 显示海藻酸钠的氧化反应，在高碘酸钠作用下，海藻酸的糖基单元上的 C2—C3 键断裂，对应的两个羟基被氧化成醛基。氧化反应中，海藻酸高分子链的骨架产生更大的转动自由度，同时获得活性很强的醛基。反应过程中可以通过改变氧化剂的浓度控制海藻酸钠的氧化度。

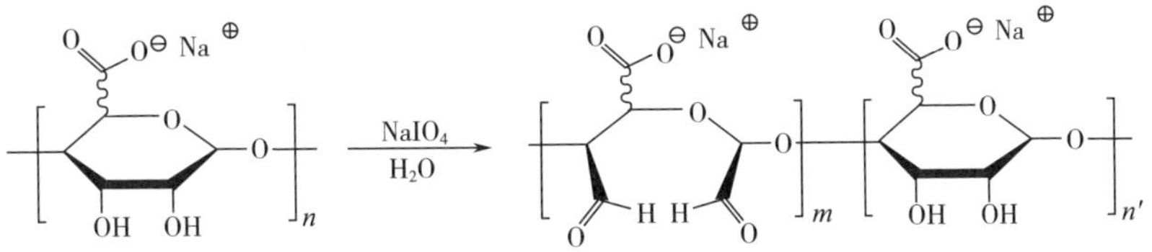

图 6-3　海藻酸钠的氧化反应

用丙醇作为游离基清除剂，将高碘酸钠加入海藻酸钠溶液后室温下避光反应可制得氧化海藻酸钠。Gomez 等用高碘酸钠对海藻酸钠进行氧化并分析了产物的氧化度和理化性能（Gomez，2007）。在氧化度达到 10%（摩尔分数）之前，海藻酸钠的相对分子质量迅速下降,随后趋于稳定。氧化度高于 10%（摩尔分数）的氧化海藻酸钠在与钙离子接触后不再形成凝胶。在氧化过程中，10g 海藻酸钠首先溶解于 600mL 蒸馏水中，然后加入 100mL 的高碘酸钠水溶液，搅拌混合后用蒸馏水定容至 1L。高碘酸钠占海藻酸钠中单体的摩尔分数分别为 5%、10%、19%、25%、38%、50%、75%。在室温下避光反应 24h 后，加入 3.50mL 乙二醇后搅拌 0.5h 使反应终止，然后加入 3gNaCl 和 1L 乙醇使氧化海藻酸钠沉淀。得到的沉淀物用 500mL 蒸馏水溶解后再加入 500mL 乙醇和 1g 的 NaCl，用丙酮和乙醇进行脱水后通过真空干燥得到具有不同氧化度的氧化海藻酸钠。

二、海藻酸的乙酰化

从细菌细胞壁中提取的海藻酸是部分乙酰化的，其中乙酰化的作用一方面是避免单体的差向异构化，另一方面是基于细菌海藻酸所需的生物功能。尽管海藻中提取的海藻酸并没有乙酰化结构，其分子链上的羟基可以通过化学反应乙酰化。

Chamberlain 等最早报道了海藻酸的乙酰化反应（Chamberlain，1946）。由于氢键的作用，干燥状态下海藻酸分子链上的羟基与乙酸酐不发生反应，但是在水中溶胀后，羟基与乙酸酐反应生成海藻酸乙酸酯。以海藻酸纤维为原料，以水使其溶胀后用冰乙酸置换出其中的水分，然后用苯、乙酸酐和硫酸组成的反应试剂进行乙酰化反应，可以使海藻酸纤维中 97.3% 的海藻酸转换成二乙酸酯，但是反应过程中海藻酸的相对分子质量急剧下降。Schweiger 报道了在酸催化下对海藻酸进行酯化的方法，该反应把海藻酸悬浮在乙酸和乙酸酐混合溶液中，以高氯酸为催化剂，在温和条件下可以得到 1.85 的取代度，并且没有明显降解。在反应体系中加入水可以破坏海藻酸的氢键结构，从而提高其反应性能（Schweiger，1962）。图 6-4 显示反应时间对海藻酸乙酰度的影响（三组平行实验数据）。

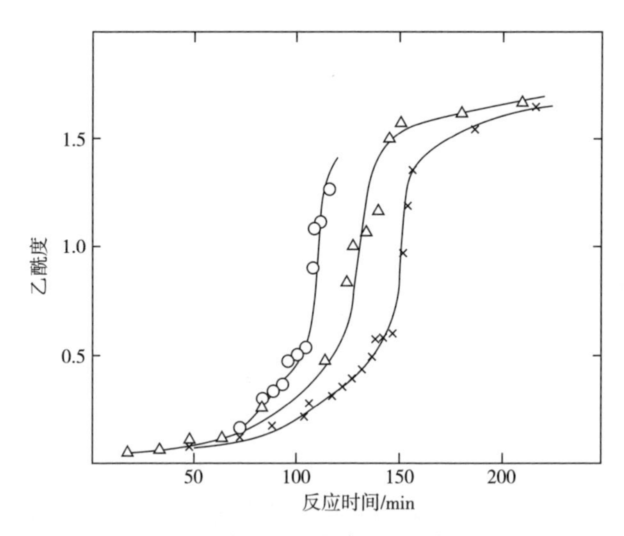

图 6-4　反应时间对海藻酸乙酰度的影响

海藻酸的乙酰化反应可以在有机溶剂中进行（Pawar，2011）。在二甲基亚砜（DMSO）、*N*，*N*- 二甲基甲酰胺（DMF）、二甲基乙酰胺（DMAc）、1，3- 二甲基 -2- 咪唑啉酮等有机溶剂中，海藻酸可以与乙酸酐和吡啶组成的反应试剂反应后得到取代度为 0.74~0.85 的海藻酸乙酸酯。图 6-5 为海藻酸在乙酸酐与吡啶溶液中的乙酰化反应示意图。

三、海藻酸的磷酸化

在磷酸化反应过程中，首先把海藻酸悬浮在 DMF 溶剂中，用尿素和磷酸进行反应可以获得取代度为 0.26 的磷酸化海藻酸，其中海藻酸、H_3PO_4、尿素的摩尔比为 1 ： 20 ： 70。基于磷酸是一种强酸，反应过程中海藻酸的相对分子质量下降 20%~40%。研究显示海藻酸单体中 3 号位上的取代比 2 号位上更容易（Pawar，2011）。磷酸化的海藻酸在二价金属离子中不能形成凝胶，主要原因是相对分子质量的下降和立体结构的变化。图 6-6 显示海藻酸的磷酸化反应。

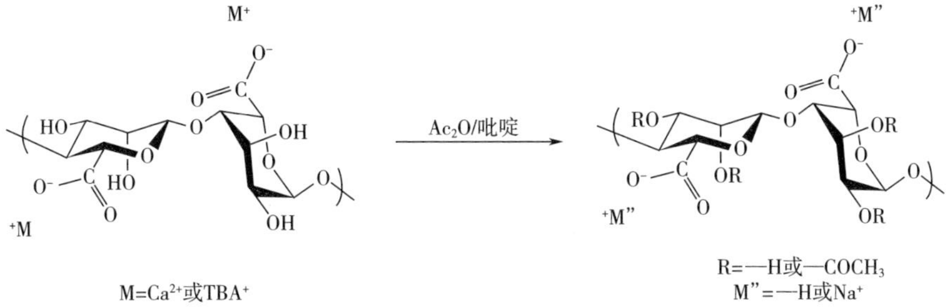

图 6-5　海藻酸在乙酸酐与吡啶溶液中的乙酰化反应

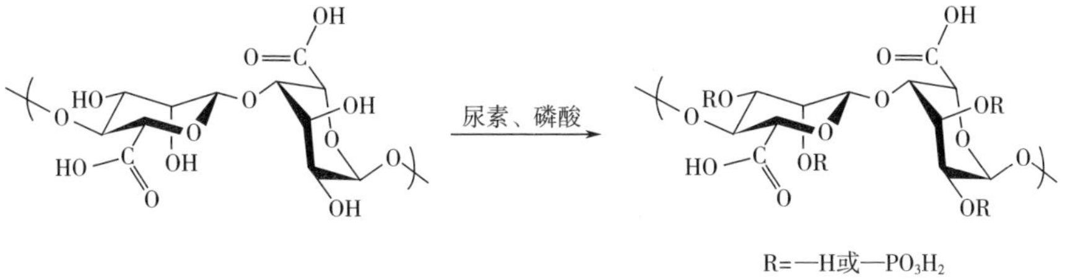

图 6-6　海藻酸的磷酸化反应

四、海藻酸的硫酸酯化

自然界中，生物体内的多糖通过酶催化或化学反应可以产生具有良好血液相容性和抗凝血活性的硫酸酯多糖（Alban，2002），其中肝素是一种典型的具有阻止血栓形成功效的天然硫酸酯多糖。海藻酸的硫酸酯化改性对其性能有重要影响。磺化海藻酸钠的结构与肝素非常相似，具有很高的血液相容性，在抗凝血疗法中已经应用了 60 多年。Huang 等报道了在甲酰胺中用氯磺酸对海藻酸钠进行硫酸酯化反应，通过元素分析得到的 C% 和 S% 的比例计算出硫酸酯化取代度达到 1.41（Huang，2003）。Freeman 等报道了用碳化二亚胺耦联化学反应制备海藻酸硫酸酯，在海藻酸被硫酸酯化时保持其羧基不受影响（Freeman，2008）。反应过程中，受强酸影响分子质量从 100ku 降低到 10ku。改性后的海藻酸对肝素结合蛋白有很强结合力，而对肝素不结合的蛋白没有亲和力。Fan 等在水溶液中用亚硫酸氢钠和亚硝酸钠与海藻酸反应后制备了海藻酸硫酸酯

（Fan，2011）。硫酸、氯磺酸、硫酰氯、三氧化硫、氨基磺酸等传统硫酸酯化试剂引起海藻酸的降解，而这些试剂克服了分子质量下降的问题。在 pH9.0、40℃下试剂与海藻酸摩尔比为 2 ∶ 1 时反应可以得到取代度为 1.87 的海藻酸硫酸酯。图 6-7 显示海藻酸钠的硫酸酯化反应。

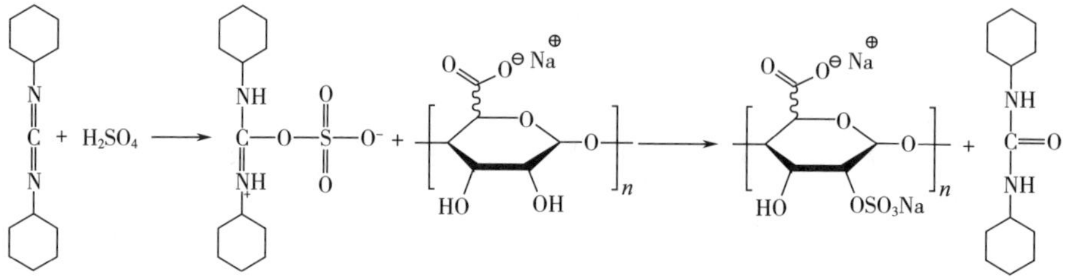

图 6-7　海藻酸钠的硫酸酯化反应

在甲酰胺溶液中海藻酸钠与氯磺酸反应可以制备海藻酸钠磺酸酯，其工艺流程为：将 5g 海藻酸钠和 10g 二环己基碳二亚胺（DCC）溶于硫酸 / 二甲基甲酰胺溶液中，室温下搅拌并反应 2h。反应终止后，除去沉淀物，再添加三倍的 DCC 形成二次沉淀；将二次沉淀物溶于 0.5mol/L 的 NaOH 溶液中并静置 30min，随后再次过滤除去 DCC- 尿素沉淀物；最后将混合液透析后冻干，得到海藻酸钠磺酸酯。血液凝结时间、血小板黏附 / 活化、补体激活等测试表明其具有极好的抗凝血作用，并且该作用与磺化度密切相关。

五、海藻酸的疏水性衍生物

用共价键把长烷基链或芳香基团连接到海藻酸高分子链上可以获得海藻酸的疏水性衍生物。Carre 等把聚醚链段连接到海藻酸分子链上，改性过程中海藻酸钠首先与偏过碘酸钠进行氧化反应后使两个羟基转化为醛基，然后与氨基四乙基苯醚［$C_6H_5(OCH_2CH_2)_4NH_2$］反应后得到疏水性衍生物（Carre，1991）。与氧化海藻酸相似，海藻酸丙二醇酯在 30% 的羧酸被酯化后用十二胺进行亲核置换反应也可以得到疏水性衍生物。图 6-8 显示海藻酸丙二醇酯与十二胺的亲核置换反应。

六、细胞信号分子的嫁接

海藻酸盐是生物工程领域的一种重要材料，广泛应用于制备水凝胶、微胶囊、组织工程支架等生物材料（Augst，2006）。在此应用领域，海藻酸盐为活细胞提供良好的化学和物理环境，有利于强化细胞活性。用细胞相关的配体或细胞

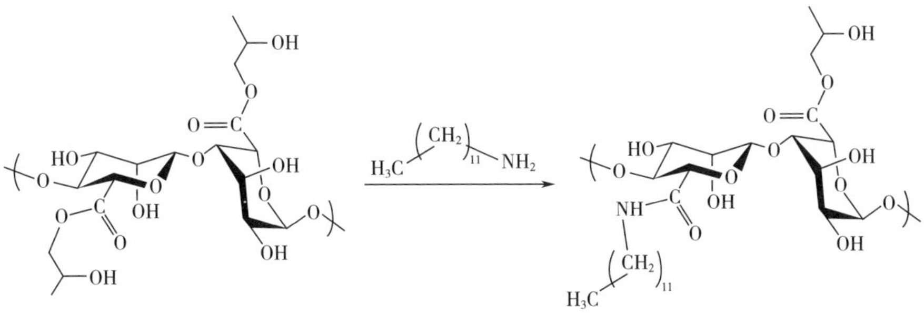

图 6-8　海藻酸丙二醇酯与十二胺的亲核置换反应

外信号分子对海藻酸盐基材进行修饰可以进一步改善其亲和力，提高亲水性、生物相容性和非免疫原性（Lee，2012）。Donati 等报道了用半乳糖共价连接海藻酸以提高其对肝细胞的识别能力（Donati，2003；Donati，2005）。肝细胞在肝外的生存能力很低，在制备人造器官时有必要为其提供物理支架和免疫保护作用。由于肝实质细胞上的去唾液酸糖蛋白受体可识别半乳糖残基，用半乳糖修饰的海藻酸盐可以为肝细胞提供更合适的支架。

Yang 等报道了用乳糖酸内酯和乙二胺对海藻酸进行乳糖化的方法（Yang，2002）。首先，乳糖酸脱水后形成乳糖酸内酯，然后与过量的乙二胺反应后得到带氨基的乳糖酸内酯（L-NH_2），随后与海藻酸中的羧酸基团反应后使其负载乳糖酸。研究结果显示用该材料涂层的聚苯乙烯表面肝细胞的负载率为 55%，而用纯海藻酸盐涂层后获得的负载率为 3%。图 6-9 显示半乳糖修饰海藻酸盐的反应过程。

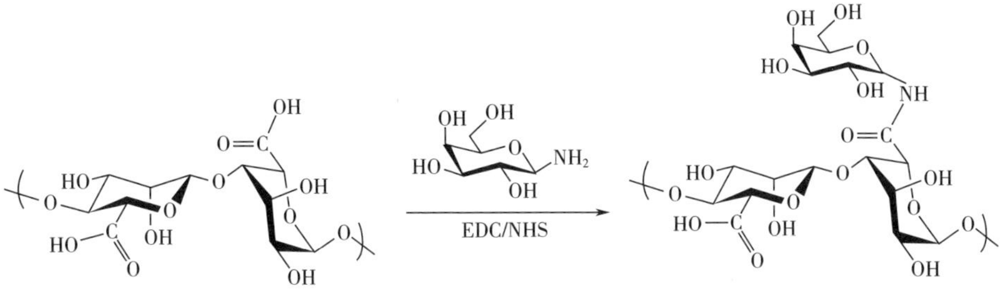

图 6-9　半乳糖修饰海藻酸盐的反应过程

EDC—1-（3-二甲氨基丙基）-3-乙基碳二亚胺　NHS—*N*-羟基丁二酰亚胺

七、海藻酸的酰胺化

Chen 等用 1-（3- 二甲氨基丙基）-3- 乙基碳二亚胺盐酸盐（EDC-HCl）偶

联剂对海藻酸钠进行疏水改性，合成了酰胺化海藻酸钠（Chen，2015）。通过引入酰胺键对海藻酸钠进行化学修饰在其他文献中也有报道（Schleeh，2016），其中的酰胺化反应过程如下：通过加入盐酸调节海藻酸钠溶液 pH 至 3～4，随后添加适量 EDC-HCl，反应 10min 后加入辛胺并在室温下反应 24h 后将反应混合液醇沉并透析、冻干后转化为目标产物。Abu-Rabeah 等用相同方法将 *N*-（3-氨基丙基）吡咯与海藻酸钠耦联形成酰胺键，研究发现取代度在 30% 以上时，吡咯 - 海藻酸钠复合物能有效进行电聚合，可作为具有生物相容性的主体基质，并通过凝胶化和电化学交联在基质中保留酶分子，在生物传感器和生物反应器领域有应用前景（Abu-Rabeah，2005）。

八、点击化海藻酸钠

点击化学是一种通过小单元分子的拼接，快速可靠地完成各类分子化学合成的方法。与传统的化学交联方法相比，具有反应条件简单、反应速度快、产率高、副产物无害、具有很高的立体选择性等特点，在化学合成、药物开发和生物医药材料领域有广泛应用。张桥等首先合成了叠氮基和炔基海藻酸钠，在亚铜离子的催化作用下，利用叠氮与炔基的环加成点击化学反应制备了海藻酸钠水凝胶。相比传统方法制备的海藻酸钠水凝胶，该水凝胶具有较大的孔径和 pH 敏感性，可作为药物控释的载体材料（张桥，2011）。朱杰华先通过 Diels-Alder 点击化学反应制备了呋喃根修饰的海藻酸钠 / 聚乙烯醇复合凝胶（DAgel），然后用含巯基的抗菌剂与 DAgel 上的双键进行反应，将抗菌剂季铵化壳聚糖和抗菌肽分别接枝到 DAgel 上，实现对海藻酸钠的抗菌功能化改性，得到的改性海藻酸钠具有很好的细胞黏附性，杀菌率达 90% 以上（朱杰华，2016）。

九、其他改性方法

海藻酸的化学改性受两个因素的制约，一是海藻酸在有机溶剂中不溶解，二是海藻酸在酸、碱、还原剂等存在下很容易降解。海藻酸的四丁铵盐（TBAF）可以溶解于极性非质子溶剂，使其化学改性更容易进行，与纤维素类似，在此溶剂中改性反应可以选择性进行（Fox，2011；Pawar，2012）。

第六节　海藻酸盐的共价键交联

用二价金属离子对海藻酸盐进行离子键交联是一种非常成熟的技术，目前已经广泛应用于造纸涂层、医用敷料、食品工程、生物工程等领域（Morch，2006）。但是在生理液体内，离子键交联得到的凝胶不稳定，而通过共价键交联可以得到稳定性更好的海藻酸盐水凝胶。Grasselli 等（Grasselli，1993）报道了在 NaOH 存在时与环氧氯丙烷反应制备共价键交联海藻酸盐的方法，获得的交联海藻酸盐微球在 pH1~13、温度 0~100℃的条件下均很稳定。Moe 等报道了用环氧氯丙烷在碱性条件下交联海藻酸盐后制备的超强吸水材料（Moe，1991）。首先在水中制备海藻酸钙微球，然后用乙醇把水脱去后在乙醇中用环氧氯丙烷和 NaOH 进行交联反应,得到的交联海藻酸盐溶胀 100 倍后无质量流失。图 6-10 显示环氧氯丙烷交联海藻酸（Alg）的反应机制。

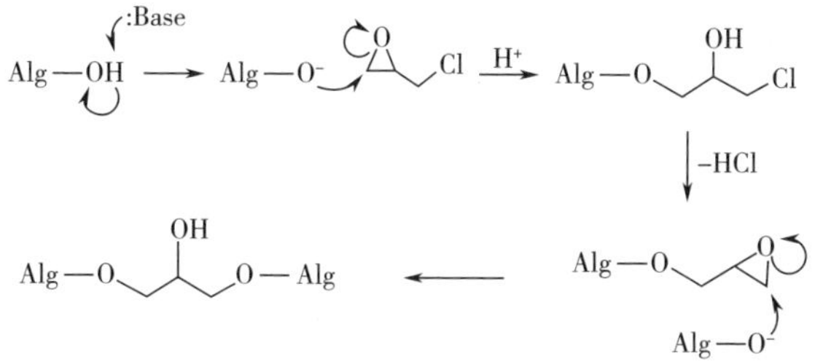

图 6-10　环氧氯丙烷交联海藻酸的反应机制

马成浩等用环氧氯丙烷与海藻酸钠反应制得交联海藻酸钠，红外图谱、黏度和热稳定性质的改变证实了交联反应的发生（马成浩，2005）。用正交试验法得到的优化合成条件为：温度 50℃、反应时间 3.5h、环氧氯丙烷用量为海藻酸钠干重的 5.0%、pH 为 10。

Yeom 等用戊二醛交联海藻酸后制备的凝胶用于水和乙醇的分离，通过控制戊二醛的用量可以控制交联度（Yeom，1998）。Kim 等的研究显示用戊二醛交联海藻酸盐纤维可以制备具有超强吸湿性能的纤维，应用于一次性尿布和卫生用品（Kim，2000）。Chan 等通过戊二醛交联制备了具有温度和 pH 敏感性的海藻酸盐凝胶。他们在反应溶剂中加入 10%~20% 的水溶性有机溶剂，如丙酮和二甲基亚砜，有效改善了戊二醛的溶解度，提高了交联反应速度。这种交联凝胶在 pH>7.8 时随着羧酸基的离子化，网状结构中有静电排斥作用，使其在水中高度膨胀，而当 pH<1.2 时，由于羧基的质子化凝胶开始萎缩（Chan，2009）。

Leone 等用酰胺键交联海藻酸盐后制备水凝胶，用于治疗椎间盘的外伤性障碍（Leone，2008）。椎间盘的一个重要成分是髓核，是由胶原、软骨细胞和透明质酸等蛋白聚糖组成的。与其他水凝胶相比，海藻酸盐水凝胶不易被酶降解，具有更好的稳定性。Xu 等报道了用水溶性的碳二亚胺交联海藻酸钠后得到水凝胶，海藻酸分子结构中的羧酸基与羟基反应后得到共价交联的凝胶。反应过程中，海藻酸钠首先溶解于水后制成薄膜，然后在含碳二亚胺的水与乙醇混合溶液中溶胀，由于交联反应涉及质子化的羧酸基，因此低 pH 适合反应的进行（Xu，2003）。

Bouhadir 等报道了用高碘酸钠使高 G 链段氧化后得到多醛基氧化海藻酸钠，然后用己二酸二酰肼使其产生交联反应，这样得到的酰腙键在水性介质中可以水解，使水凝胶具有可降解性（Bouhadir，1999）。水凝胶的交联程度可以通过氧化剂的用量及交联剂的用量来控制，其中己二酸二酰肼的最佳用量为 150mmol/L，pH 为 4.5 时得到的水凝胶的模量高于 pH 为 7.4 时得到的凝胶，其主要原因是酸性条件适合醛和胺的反应。

第七节　海藻酸的接枝共聚

接枝共聚是改变海藻酸盐理化性能的一个有效方法，例如通过接枝可以在海藻酸盐的分子主链上引入疏水性基团延缓其溶解速度，使其具有缓释功效。Shah 等报道了一个用硝酸铈铵诱导的接枝反应，可以在海藻酸分子链上嫁接聚丙烯腈、聚丙烯酸甲酯、聚甲基丙烯酸甲酯等支链，其中三种接枝的效率：聚丙烯腈 > 聚丙烯酸甲酯 > 聚甲基丙烯酸甲酯（Shah，1995）。Shah 等也报道了用芬顿试剂催化的接枝反应。用氧化还原剂引发的自由基可以在主链的 Alg-OH 上形成 Alg-O 自由基，也可以在环上的—CH 上脱氢形成自由基（Shah，1994）。Tripathy 等报道了用铈诱发系统在海藻酸盐上接枝聚丙烯酰胺，与前面几个体系相比，聚丙烯酰胺的单聚物比较难形成，因此得到的均为接枝共聚物（Tripathy，1999）。该产品作为商业用絮凝剂使用，在高岭土悬浮液、铁矿石、煤炭的絮凝中，性能好于其他商业用絮凝剂。用 KOH 水溶液处理后可以水解酰胺键而不使海藻酸降解（Biswal，2004），水解产品具有更好的絮凝性能。

Mandal 等报道了以海藻酸为原料通过接枝共聚制备互穿聚合物网络（Mandal，2010）。Mollah 等报道了用硅烷单体通过光照使海藻酸产生交联结构的研究结果（Mollah，2008）。Kulkarni 等报道了用聚丙烯酰胺接枝后水解得到电敏凝胶的研究。他们把聚丙烯酸接枝海藻酸后得到电敏凝胶，用于经皮肤给药系统缓慢释放酮基布洛芬，后者是法国 Rhone Poulenc 公司于 1972 年上市的一种高效非甾体抗炎镇痛药物（Kulkarni，2010）。

Ma 等报道了聚乙烯醇接枝海藻酸钠后制备磁铁颗粒。首先用乙酸乙烯酯在海藻酸分子链上接枝聚乙酸乙烯酯，水解后得到聚乙烯醇接枝的海藻酸钠。然后用 Fe^{2+} 交联后再氧化成 Fe^{3+}，得到含 Fe_3O_4 磁性颗粒的胶体（Ma，2008）。Omagari 等报道了用直链淀粉接枝海藻酸的方法。直链淀粉首先在磷酸化酶催化下进行聚合，得到含有氨基的低聚糖后嫁接到海藻酸主链上，然后通过聚合把淀粉嫁接到海藻酸分子上（Omagari，2010）。Kim 等在海藻酸分子链上接枝了聚异丙基丙烯酰胺，由于其温度敏感性及海藻酸的 pH 敏感性，得到对温度和 pH 均敏感的水凝胶（Kim，2002）。

Gao 等报道了在氧化海藻酸钠上接枝聚 2- 二甲基胺 - 甲基丙烯酸乙酯，并研究了其缓释牛血清白蛋白的性能（Gao，2009）。Isklan 等用硝酸铈铵（CAN）/ 硝酸作为氧化还原引发剂，将海藻酸钠与衣康酸通过自由基聚合生成聚海藻酸钠 -*g*- 衣康酸。通过优化聚合时间、聚合温度、衣康酸及海藻酸钠的浓度和引发剂用量获得了高得率接枝产物，接枝共聚效率最大能达到 97.41%。其最佳聚合条件为：聚合温度 30℃、聚合时间 5h、衣康酸浓度 0.92mol/L、海藻酸钠质量浓度为 500g/L、硝酸铈铵以及硝酸用量分别为 0.1368mol/L 和 0.094mol/L。与纯海藻酸钠相比，聚海藻酸钠 -*g*- 衣康酸具有更好的热稳定性，能溶于氢氧化钠溶液，而不溶于其他溶液，可作为吸附剂使用（Isklan，2013）。图 6-11 显示海藻酸钠与衣康酸的聚合反应。

Pluemsab 等通过接枝共聚反应将 α- 环糊精引入海藻酸钠长链上，得到的接枝产物具有良好的包络性。研究中为了活化六元环上的羟基，促进其与 α- 环糊精的耦合反应，先将海藻酸钠的羟基与溴化氰反应生成—OCN 后，再进一步与 α- 环糊精反应，其合成流程为：将 0.1g 海藻酸钠溶于 100mL 水后与 60mg 溴代腈反应 1h，反应期间通过加入 NaOH 调节 pH 在 10~11 范围内。随后用超滤膜过滤，筛选相对分子质量 1000 以上的 CN- 改性海藻酸钠，将其与 6- 氨基 -α- 环糊精反应 2d 后得到环糊精与海藻酸钠的接枝化合物。在氯化钙溶液中滴加接枝化合物，发现海藻酸钙凝胶球非常稳定，并且包络性非常好（Pluemsab，2005）。这种合成材料可作为细菌包络应用于环境修复领域。图 6-12 显示 α- 环糊精改性海藻酸钠的合成反应。

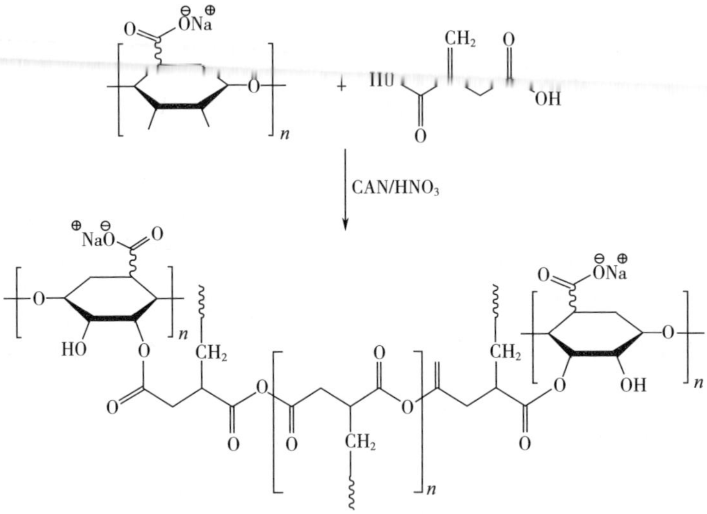

图 6-11　海藻酸钠与衣康酸的聚合反应

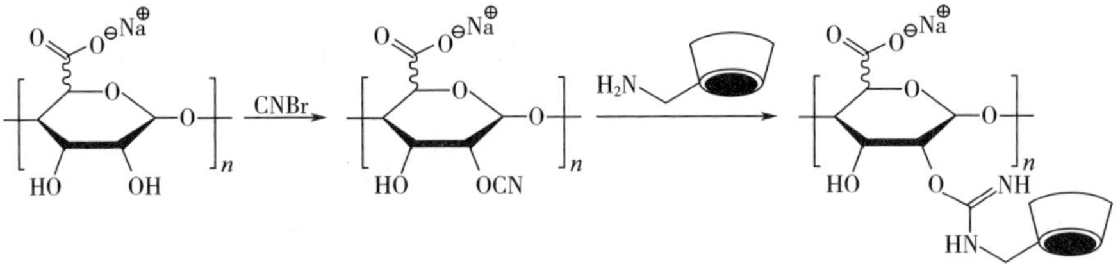

图 6-12　α- 环糊精改性海藻酸钠的合成反应

Isiklan 等（Isiklan，2010）用过氧化苯甲酰作为引发剂把衣康酸接枝到海藻酸钠，其中最佳反应条件为：反应时间 1h、反应温度 85℃、衣康酸浓度 1.38mol/L、过氧化苯甲酰浓度 1.82×10^{-2}mol/L、海藻酸钠浓度 15g/L（Isiklan，2010）。Chehardoli 等在二异丙基二亚胺（DIC）存在的条件下把海藻酸钠与硬脂酸反应后得到的改性产物用于负载吲哚美辛。结果显示硬脂酸改性的海藻酸钠在负载吲哚美辛后有很好的缓控释放特征，还能降低药物的副作用（Chehardoli，2019）。图 6-13 显示海藻酸钠与硬脂酸反应后形成的酯化改性物的化学结构。

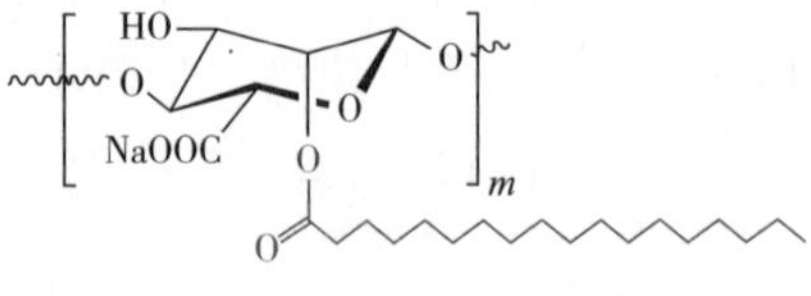

图 6-13　海藻酸钠与硬脂酸反应后形成的酯化改性物的化学结构

杨洁钰等以抗坏血酸和过氧化氢为自由基引发剂使没食子酸与海藻酸钠接枝后赋予海藻酸钠抗氧化性、抑菌性等新的性能（杨洁钰，2019）。研究结果表明，当添加过氧化氢和抗坏血酸 5.54mmol（摩尔比 3.5 ： 1.0）时，接枝度最高为 4.260mg/g。衍生物的红外和拉曼光谱证实了没食子酸成功接枝到海藻酸钠上。吴宗梅以十二烷基缩水甘油醚（DGE）为疏水材料对海藻酸钠进行疏水改性，得到两亲性的疏水改性海藻酸钠（吴宗梅，2018）。图 6-14 显示海藻酸与十二烷基缩水甘油醚的反应。

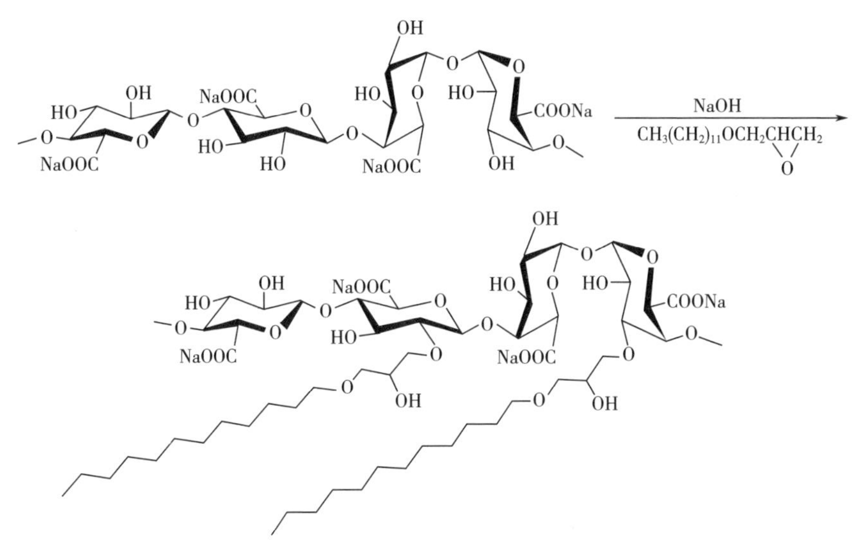

图 6-14　海藻酸与十二烷基缩水甘油醚的反应

第八节　海藻酸盐性能的强化

一、物理机械性能的强化

尽管海藻酸盐具有良好的生物活性，但其力学性能相对较差，尤其是在水化状态下的物理机械性能不能完全满足应用过程中的各种需求（Skaugrud，1999），其性能的强化可以通过与高分子材料、碳纳米材料、纳米颗粒等复合得到强化。

1. 高分子材料强化

海藻酸盐可以通过与高分子材料的简单混合（Micaelo，2016）、接枝共聚（Isiklan，2010；Isiklan，2016）、形成互穿网（Wang，2010；Lin，

2009；Kulkarni，2014）等得到强化。海藻酸盐还可以与具有不同化学性质的高分子材料混合，例如纤维素及其衍生物、丙烯酸聚合物、果胶、聚乙烯吡咯烷酮等（Pillay，2002）。互穿高分子网络是改善海藻酸盐水凝胶性能的一个重要技术手段。表 6-1 总结了以海藻酸盐为基材的互穿高分子网络的性能和应用。

表 6-1　以海藻酸盐为基材的互穿高分子网络的性能和应用

与海藻酸盐共混的高分子物质	互穿网的主要性能和应用
透明质酸	给药和组织工程（Matricardi，2013）
N-异丙基丙烯酰胺（PNIPAAm）	互穿高分子网络（Interpenetrating Polymeric Network，IPN）的核心是基于 PNIPAAm 的网络结构，外层是海藻酸钙凝胶（Park，1998），可用于药物的缓控释放（Shi，2006；Shi，2008）
普朗尼克（Pluronic F-127）	具有温度响应特性（Abdi，2012）
蛋白质	组织再生（Vanacker，2017）
纤维蛋白	体外卵泡发育（Shikanov，2009）
明胶	具有高弹性和韧性，可用于检测干细胞增殖等特性（Jeon，2017）
丝胶	细胞和药物的传递（Zhang，2015）
羧甲基魔芋胶	改善物理性能（Xiao，2002）
聚乙二醇丙烯酸酯	改善微囊化朗格汉斯细胞的稳定性（Desai，2000）
醛和肼	自组装形成超分子水凝胶网络（Lovrak，2017）
1，3:2，4-二（4-酰基酰肼）-亚苄基山梨糖醇（DBS-$CONHNH_2$）	具有催化活性，可催化铃木宫浦反应（Piras，2020）

2. 碳纳米材料增强

海藻酸盐与碳纳米纤维、氧化石墨烯等碳纳米材料的复合可以有效增强其物理机械性能（Llorens-Gamez，2018；Serrano-Aroca，2017；Serrano-Aroca，2018；Llorens-Gamez，2020；Serrano-Aroca，2017）。Marti 等用石墨烯强化海藻酸钙薄膜（Marti，2019），在加入 1% 的石墨烯后，膜在干燥时的压缩模量增加了 9 倍，在水合时增加了 6 倍，说明添加少量石墨烯可明显改善海藻酸盐材料的物理机械性能（Serrano-Aroca，2017）。在海藻酸盐中加入碳纳米纤维也可以起到类似的强化作用（Llorens-Gamez，2018；Llorens-Gamez，2020）。碳纳米纤维的加入可以有效改善拉伸特性（Llorens-Gamez，2018），而锌离子与氧化石墨烯的结合可以起到更好的强化作用（Frigols，2019）。单壁碳纳米管（SWCNT）也被用于强化海藻酸盐生物材料的物理机械性能（Yildirim，2008），具有更强的抗弯强度、更优异的稳定性、更少的药物泄漏和更可持续的药物释放曲线（Zhang，2010）。在海藻酸盐水凝胶中加入多壁碳纳米管可以增加水凝胶的孔隙度、降低水凝胶的降解度（Joddar，2016；Zhang，2014）。

在海藻酸盐中添加氧化石墨烯可以提高结构、形态和热稳定性，改善机械性能和拉伸性能（Ionita，2013；He，2012；Dikin，2007）。氧化石墨烯与海藻酸盐水凝胶结合后可提高其强度，但透明度有所降低（Serrano-Aroca，2018；Marti，2019；Frigols，2019；Serrano-Aroca，2017）。

3. 纳米颗粒增强

海藻酸盐水凝胶在与二氧化钛纳米颗粒结合后可以将水凝胶的力学性能提高到纯海藻酸钙的 3 倍（Callegaro，2015；Wang，2013）。纤维素纳米纤维与海藻酸盐水凝胶复合后也可以提高机械性能和抗拉强度（Wang，2017），其中海藻酸盐水凝胶与纤维素纳米纤维（NFC）和微纤化纤维素（MFC）的结合增强了力学性能、抗拉强度，并降低了水蒸气渗透性（Sirvio，2014；Deepa，2016）。纳米纤维素与海藻酸盐水凝胶的共混可显著提高拉伸强度、水蒸气渗透性和分子间的相互作用（Bouchard，2012；Supramaniam，2018）。海藻酸盐与蒙脱土纳米胶囊（Alboofetileh，2014）、纳米黏土（Alboofetileh，2013）、纳米二氧化硅（Lin，2009）的结合可以有效提高抗压强度和抗断裂性能。

二、热性能的改善

海藻酸盐与氧化石墨烯结合可提高热阻性能和热稳定性（Ionita，2013；Serrano-Aroca，2018），这种性能的增强随着氧化石墨烯含量的增加而增加。在海藻酸盐中加入无机纳米填料可提高其热容量（Abdollahi，2013），石墨烯、聚乙烯醇、高岭土、二硫化钼、锌离子等与海藻酸盐的复合也增加了热稳定性（Thayumanavan，2014；Thayumanavan，2015；Chiew，2014；Liu，2014；Xuan，2017），而甘油与海藻酸盐的结合降低了热分解性能（Gao，2017）。

三、电性能的强化

各种碳纳米管已成功应用于提高海藻酸盐水凝胶的导电性（Ahadian，2014；

Islam，2012）。海藻酸与 Ba^{2+}、Sr^{2+}、Pb^{2+}、Cd^{2+}、Zn^{2+} 等结合形成的海藻酸盐具有类似半导体材料的电学性质（Abdel Wahab，1997）。在海藻酸盐中加入 SiO_2 纳米粒子、膨润土等可以提高导电性（Yang，2018；Sultan，2010）。Golafshan 等的研究显示海藻酸盐与聚乙烯醇和石墨烯纳米球的复合物可用于制备神经组织的导电性支架（Golafshan，2017；Golafshan，2018）。聚吡咯与海藻酸盐的复合可以使海藻酸盐的电导率提高 10 倍以上（Yang，2016）。石墨烯是导电性能最好的化合物之一，已经被用于改善海藻酸盐水凝胶的导电性能（Liu，2017；Fu，2019；Yuan，2016）。

四、湿润性能的强化

亲水性或润湿性是海藻酸盐生物材料的一个重要性能，通常以接触角为测试指标。海藻酸盐水凝胶具有很高的亲水性，其平均接触角小于 15°（Tam，2011）。Bardajee 等的研究显示，海藻酸钙与氧化石墨烯的结合可以增强润湿性（Bardajee，2011），在海藻酸盐中加入聚乙烯醇（PVA）也有助于润湿性能的改善，接触角随 PVA 添加量的增加而线性降低（Chen，2014）。海藻酸盐与生物玻璃的结合也改善了润湿性，其通过改善导电性减小了接触角（Chen，2013）。Dima 等的研究显示，海藻酸盐微胶囊的粒径越小，其润湿性越好，可以加快活性成分的释放（Dima，2016）。

五、生物活性的强化

海藻酸盐具有优良的生物活性，其生物降解、抗菌、细胞黏附等性能可以通过改性技术得到进一步强化。

1. 强化生物可降解性

氧化海藻酸盐具有比普通海藻酸盐更好的生物降解性。氧化过程中，高碘酸钠破坏了海藻酸单体结构中两个顺二醇碳原子间的键合，使其椅形构象转变为开链，从而强化了海藻酸盐的生物降解性（Wright，2014；Boontheekul，2005；Jeon，2012）。在氧化度低时，氧化海藻酸可以通过与钙离子的结合形成水凝胶，而凝胶的最终降解行为除了取决于 pH 和介质温度外，还取决于氧化程度（Lee,2000）。降低海藻酸盐的分子质量也可以提高其生物降解能力（Kong，2004），还可以通过改变交联结构调节其降解性（Kong，2004）。Hunt 等的研究显示在海藻酸盐中包埋的成纤维细胞可加速其降解（Hunt，2010）。表 6-2 总结了海藻酸盐在刺激响应下的降解机制。

表 6-2 海藻酸盐在刺激响应下的降解机制

刺激因素	降解机制
氧化剂（如高碘酸盐）	顺二醇结构被氧化导致单体的开环（Bouhadir，2001）
金属螯合剂（如 EDTA、EGTA、柠檬酸等）	通过金属络合物的解聚增加溶解性（Josef，2010；Wu，2016）
水解	酯键的分解（Lueckgen，2018；Shih，2012）
pH	席夫碱的分解（Lee，2000；Yang，2016）
乙酰剂	海藻酸分子中羟基的乙酰化（Hay，2013）
磷酸	G 和 M 链段降解成小片段（Coleman，2011）
γ 射线	G 和 M 链段降解成小片段（Kong，2004）
紫外光、可见光、近红外	光催化降解（Chiang，2015；Narayanan，2012；Anugraha，2019）
电信号	电化学反应（Jin，2012）
声波	干扰二价金属离子的交联（Emi，2019；Huebsch，2014）
酶	酶促海藻酸分子链的断裂（Campbell，2018；Zhu，2015；Formo，2014；DeGroot，2001；Roquero，2020；Bocharova，2012）

2. 抗菌性能的强化

基于海藻酸盐的水凝胶、薄膜、海绵、纤维、非织造布等材料在生物医用材料领域展现出很高的应用价值，其生物相容性好、对人体无毒性，在与锌、银、铜、碳纳米材料等结合后可赋予抗菌、抗病毒功效，进一步提高其应用价值（Serrano-Aroca，2021）。

（1）锌基纳米颗粒　氧化锌纳米颗粒等锌基材料在与海藻酸盐结合后对金黄色葡萄球菌等革兰染色阳性病原菌显示出高达 99% 的抗菌能力，对大肠杆菌等革兰染色阴性细菌显示出 100% 的抗菌能力（Trandafilovic，2012），在食品和临床应用中有很高的应用价值（Bajpai，2012）。海藻酸锌纤维具有良好的抗菌活性（Varaprasad，2016），在海藻酸盐水凝胶中加入氧化锌后制备的抗菌水凝胶具有很高的抗菌性能（Straccia，2015；Chopra，2015）。

（2）银基纳米粒子　在海藻酸盐中加入银可以有效提高其抗菌能力，在伤口感染的护理中有特殊的应用价值（Shao，2015；Qin，2005），这种含银抗菌材料可有效抑制金黄色葡萄球菌的生长（Wiegand，2009），其中银离子的释放起到杀菌作用，可以有效应对常规抗菌材料产生的细菌耐药性（Percival，2005；Narayanan，2017；Abu-Saied，2018）。

（3）铜基纳米粒子　铜与海藻酸盐结合后可以产生优良的抗菌功效（Diaz-Visurraga，2012），其中负载氧化铜的海藻酸盐对金黄色葡萄球菌和大肠杆菌显示出很强的抗菌活性（Safaei，2018）。与其他金属相比，铜与海藻酸盐复合的生产成本低，且易于使用（Thomas，2014）。但需要注意的是，铜等几种金属具有一定的细胞毒性，会产生氧化应激（Fahmy，2009）。

（4）其他材料　在海藻酸钙膜中加入少量碳纳米纤维可以对耐甲氧西林金黄色葡萄球菌（MRSA）产生抗菌活性，且对人角质形成细胞（HaCaT）无细胞毒性。氧化石墨烯等其他碳纳米材料在与海藻酸盐结合后对耐甲氧西林金黄色葡萄球菌等多耐药细菌和其他相关病原菌也表现出较高的抗菌性能。Sanmartin-Santos 等的研究显示，把碳纳米纤维加入海藻酸钙膜中增强了其对 T4 噬菌体的抗病毒性能（Sanmartin-Santos，2021）。氧化石墨烯和碳纳米纤维结合 LED 照射可提高这两种纳米材料的抗菌活性（Elias，2019）。海藻酸盐与纳米黏土（Alboofetileh，2014）、季铵盐络合物（Kim，2007）、卡拉胶（Cha，2002）、壳聚糖（Smitha，2005；Motwani，2008）、双氯芬酸（Gonza，2002）等结合后也可以强化抗菌性能。

六、细胞黏附的强化

海藻酸盐本身的细胞黏附性能较差（Ahmed，2015；Dalheim，2016；Sandvig，2015），在经过硫酸化改性后得到的类似肝素的硫酸化海藻酸盐具有更好的黏附性能，可应用于生物医学领域（Arlov，2014；Hazeri，2020）。海藻酸盐与肝素（Liang，2014）、多肽和壳聚糖（Yamada，2010）的复合可改善其对细胞的黏附性能。

第九节　小结

海藻酸是一种源自海洋褐藻的天然产物，其化学结构受褐藻种类、生长环境、提取工艺等很多因素的影响。纯化后的海藻酸盐可以更好地应用于药物输送、组织工程、植入活细胞保护、生物医用材料等高端领域，而化学改性带来的结构多样性可以有效拓宽海藻酸的应用领域。

参考文献

[1] Abdel Wahab S M, Ahmed M A, Radwan F A, et al. Relative permittivity and electrical conductivity of some divalent metal alginate complexes[J]. Mater Lett, 1997, 30: 183-188.

[2] Abdi S I H, Choi J Y, Lee J S, et al. In vitro study of a blended hydrogel composed of pluronic F-127-alginate-hyaluronic acid for its cell injection application[J]. J Tissue Eng Regen Med, 2012, 9: 1-9.

[3] Abdollahi M, Alboofetileh M, Rezaei M, et al. Comparing physico-mechanical and thermal properties of alginate nanocomposite films reinforced with organic and/or inorganic nanofillers[J]. Food Hydrocoll, 2013, 32: 416-424.

[4] Abu-Rabeah K, Polyak B, Ionescu R E, et al. Synthesis and characterization of a pyrrole: alginate conjugate and its application[J]. Biomacromolecules, 2005, 6 (6): 3313-3318.

[5] Abu-Saied M A, Taha T H, El-Deeb N M, et al. Polyvinyl alcohol/Sodium alginate integrated silver nanoparticles as probable solution for decontamination of microbes contaminated water[J]. Int J Biol Macromol, 2018, 107: 1773-1781.

[6] Ahadian S, Ramon-Azcon J, Estili M, et al. Hybrid hydrogels containing vertically aligned carbon nanotubes with anisotropic electrical conductivity for muscle myofiber fabrication[J]. Sci Rep, 2014, 4: 4271-4278.

[7] Ahmed E M. Hydrogel: Preparation, characterization, and applications: A review[J]. J Adv Res, 2015, 6: 105-121.

[8] Aida T M, Yamagata T, Watanabe M. Depolymerization of sodium alginate under hydrothermal conditions[J]. Carbohydrate Polymers, 2010, 80: 296-302.

[9] Alban S, Schauerte A, Franz G. Anticoagulant sulfated polysaccharides: part I. Synthesis and structure-activity relationships of new pullulan sulfates[J]. Carbohydr Polym, 2002, 47: 267-276.

[10] Alboofetileh M, Rezaei M, Hosseini H, et al. Effect of nanoclay and cross-linking degree on the properties of alginate-based nanocomposite film[J]. J Food Process Preserv, 2014, 38: 1622-1631.

[11] Alboofetileh M, Rezaei M, Hosseini H, et al. Effect of montmorillonite clay and biopolymer concentration on the physical and mechanical properties of alginate nanocomposite films[J]. J Food Eng, 2013, 117: 26-33.

[12] Alboofetileh M, Rezaei M, Hosseini H, et al. Antimicrobial activity of alginate/clay nanocomposite films enriched with essential oils against three common foodborne pathogens[J]. Food Control, 2014, 36: 1-7.

[13] Anugraha D S B, Ramesha K, Kimb M, et al. Near-infrared light-responsive alginate hydrogels based on diselenide containing cross-linkage for on demand

degradation and drug release[J]. Carbohydr Polym, 2019, 223: 115070-115075.

[14] Arlov Ø, Aachmann F L, Sundan A, et al. Heparin-like properties of sulfated alginates with defined sequences and sulfation degrees[J]. Biomacromolecules, 2014, 15: 2744-2750.

[15] Augst A D, Kong H J, Mooney D J. Alginate hydrogels as biomaterials[J]. Macromol Biosci, 2006, 6: 623-633.

[16] Bajpai S K, Chand N, Chaurasia V. Nano zinc oxide-loaded calcium alginate films with potential antibacterial properties[J]. Food Bioprocess Technol, 2012, 5: 1871-1881.

[17] Bardajee G R, Hooshyar Z, Rostami I. Hydrophilic alginate based multidentate biopolymers for surface modification of CdS quantum dots[J]. Colloids Surfaces B Biointerfaces, 2011, 88: 202-207.

[18] Biswal D R, Singh R P. The flocculation and rheological characteristics of hydrolyzed and unhydrolyzed grafted sodium alginate in aqueous solutions[J]. J Appl Polym Sci, 2004, 94: 1480-1488.

[19] Bocharova V, Zavalov O, MacVittie K, et al. A biochemical logic approach to biomarker-activated drug release[J]. J Mater Chem, 2012, 22: 19709-19717.

[20] Boontheekul T, Kong H J, Mooney D J. Controlling alginate gel degradation utilizing partial oxidation and bimodal molecular weight distribution[J]. Biomaterials, 2005, 26: 2455-2465.

[21] Bouchard J, Khan R A, Riedl B, et al. Nanocrystalline cellulose (NCC) reinforced alginate based biodegradable nanocomposite film[J]. Carbohydr Polym, 2012, 90: 1757-1763.

[22] Bouhadir K H, Hausman D S, Mooney D J. Synthesis of cross-linked poly (-aldehyde guluronate) hydrogels[J]. Polymer, 1999, 40: 3575-3584.

[23] Bouhadir K H, Lee K Y, Alsberg V, et al. Degradation of partially oxidized alginate and its potential application for tissue engineering[J]. Biotechnol Prog, 2001, 17: 945-950.

[24] Callegaro S, Minetto D, Pojana G, et al. Effects of alginate on stability and ecotoxicity of nano-TiO_2 in artificial seawater[J]. Ecotoxicol Environ Saf, 2015, 117: 107-114.

[25] Campbell K T, Stilhano R S, Silva E A. Enzymatically degradable alginate hydrogel systems to deliver endothelial progenitor cells for potential revasculature applications[J]. Biomaterials, 2018, 179: 109-121.

[26] Carre M C, Delestre C, Hubert P, et al. Covalent coupling of a short polyether on sodium alginate: synthesis and characterization of the resulting amphilic derivative[J]. Carbohyd Polym, 1991, 16: 367-379.

[27] Cha D S, Choi J H, Chinnan M S, et al. Antimicrobial films based on Na-alginate and κ -carrageenan[J]. LWT-Food Sci Technol, 2002, 35: 715-719.
[28] Chamberlain N H, Cunningham G E, Speakman J B. Alginic acid diacetate[J]. Nature, 1946, 158: 553.
[29] Chan A W, Whitney R A, Neufeld R J. Semisynthesis of a controlled stimuliresponsive alginate hydrogel[J]. Biomacromolecules, 2009, 10: 609-616.
[30] Chehardoli G, Bagheri H, Firozian F. Synthesis of sodium alginate grafted stearate acid (NaAlg-g-St) and evaluation of the polymer as drug release controlling matrix[J]. Journal of Polymer Research, 2019, 26: 175-181.
[31] Chen X Q, Yan H Q, Sun W, et al. Synthesis of amphiphilic alginate derivatives and electrospinning blend nanofibers: a novel hydrophobic drug carrier[J]. Polymer Bulletin, 2015, 72 (12) : 3097-3117.
[32] Chen Q, Cabanas-Polo S, Goudouri O M, et al. Electrophoretic co-deposition of polyvinyl alcohol (PVA) reinforced alginate-Bioglass® composite coating on stainless steel: Mechanical properties and in-vitro bioactivity assessment[J]. Mater Sci Eng C, 2014, 40: 55-64.
[33] Chen Q, Cordero-Arias L, Roether J A, et al. Alginate/Bioglass® composite coatings on stainless steel deposited by direct current and alternating current electrophoretic deposition[J]. Surf Coatings Technol, 2013, 233: 49-56.
[34] Chiang C Y, Chu C C. Synthesis of photoresponsive hybrid alginate hydrogel with photo-controlled release behavior[J]. Carbohydr Polym, 2015, 119: 18-25.
[35] Chiew C S C, Poh P E, Pasbakhsh P, et al. Physicochemical characterization of halloysite/alginate bionanocomposite hydrogel[J]. Appl Clay Sci, 2014, 101: 444-454.
[36] Chopra M, Bernela M, Kaur P, et al. Alginate/gum acacia bipolymeric nanohydrogels-Promising carrier for zinc oxide nanoparticles[J]. Int J Biol Macromol, 2015, 72: 827-833.
[37] Coleman R J, Lawrie G, Lambert L K, et al. Phosphorylation of alginate: synthesis, characterization, and evaluation of in vitro mineralization capacity[J]. Biomacromol, 2011, 12: 889-897.
[38] Dalheim M, Vanacker J, Najmi M A, et al. Efficient functionalization of alginate biomaterials[J]. Biomaterials, 2016, 80: 146-156.
[39] Deepa B, Abraham E, Pothan L A, et al. Biodegradable nanocomposite films based on sodium alginate and cellulose nanofibrils[J]. Materials (Basel), 2016, 9: 1-11.
[40] DeGroot A R, Neufeld R J. Encapsulation of urease in alginate beads and protection from α-chymotrypsin with chitosan membranes[J]. Enzyme Microbial

Technol，2001，29: 321-327.

[41] Desai N P，Sojomihardjo A，Yao Z，et al. Interpenetrating polymer networks of alginate and polyethylene glycol for encapsulation of islets of Langerhans[J]. J Microencapsul，2000，17: 677-690.

[42] De Vos P，De Haan B J，Wolters G H J，et al. Improved biocompatibility but limited graft survival after purification of alginate for microencapsulation of pancreatic islets[J]. Diabetologia，1997，40: 262-270.

[43] Diaz-Visurraga J，Daza C，Pozo C，et al. Study on antibacterial alginate-stabilized copper nanoparticles by FTIR and 2D-IR correlation spectroscopy[J]. Int J Nanomedicine，2012，7: 3597-3612.

[44] Dikin D A，Stankovich S，Zimney E J，et al. Preparation and characterization of graphene oxide paper[J]. Nature，2007，448: 457-460.

[45] Dima C，Patrascu L，Cantaragiu A，et al. The kinetics of the swelling process and the release mechanisms of Coriandrum sativum L. essential oil from chitosan/alginate/inulin microcapsules[J]. Food Chem，2016，195: 39-48.

[46] Donati I，Vetere A，Gamini A，et al. Galactose substituted alginate 1: Preliminary characterization and study of gelling properties[J]. Biomacromolecules，2003，4: 624-631.

[47] Donati I，Draget K I，Borgogna M，et al. Tailor-made alginate bearing galactose moieties on mannuronic residues: selective modification achieved by a chemoenzymatic strategy[J]. Biomacromolecules，2005，6: 88-98.

[48] Elias L，Taengua R，Frigols B，et al. Carbon nanomaterials and LED irradiation as antibacterial strategies against gram-positive multidrug-resistant pathogens[J]. Int J Mol Sci，2019，20: 3603-3609.

[49] Emi T，Michaud K，Orton E，et al. Ultrasonic generation of pulsatile and sequential delivery profiles from calcium-crosslinked alginate hydrogels[J]. Molecules，2019，24: 1048-1054.

[50] Fahmy B，Cormier S A. Copper oxide nanoparticles induce oxidative stress and cytotoxicity in airway epithelial cells[J]. Toxicol Vitr，2009，23: 1365-1371.

[51] Fan L，Jiang L，Xu Y，et al. Synthesis and anticoagulant activity of sodium alginate sulfates[J]. Carbohydr Polym，2011，83: 1797-1803.

[52] Formo K，Aarstad O A，Skjak-Braek G，et al. Lyase-catalyzed degradation of alginate in the gelled state: effect of gelling ions and lyase specificity[J]. Carbohydr Polym，2014，110: 100-106.

[53] Fox S C，Li B，Xu D，et al. Regioselective esterification and etherification of cellulose-a review[J]. Biomacromolecules，2011，12: 1956-1972.

[54] Freeman I，Kedem A，Cohen S. The effect of sulfation of alginate hydrogels on the specific binding and controlled release of heparin-binding proteins[J]. Biomaterials，2008，29: 3260-3268.

[55] Frigols B, Marti M, Salesa B, et al. Graphene oxide in zinc alginate films: Antibacterial activity, cytotoxicity, zinc release, water sorption/diffusion, wettability and opacity[J]. PLoS One, 2019, 14: e0212819.

[56] Fu X, Liang Y, Wu R, et al. Conductive core-sheath calcium alginate/graphene composite fibers with polymeric ionic liquids as an intermediate[J]. Carbohydr Polym, 2019, 206: 328-335.

[57] Gao C, Pollet E, Averous L. Properties of glycerol-plasticized alginate films obtained by thermo-mechanical mixing[J]. Food Hydrocoll, 2017, 63: 414-420.

[58] Gao C, Liu M, Chen S, et al. Preparation of oxidized sodium alginate graft poly [(2-dimethylamino) ethyl methacrylate] gel beads and in vitro controlled release behavior of BSA[J]. Int J Pharm, 2009, 371: 16-24.

[59] Golafshan N, Kharaziha M, Fathi M. Tough and conductive hybrid graphene-PVA: Alginate fibrous scaffolds for engineering neural construct[J]. Carbon NY, 2017, 111: 752-763.

[60] Golafshan N, Kharaziha M, Fathi M, et al. Anisotropic architecture and electrical stimulation enhance neuron cell behaviour on a tough graphene embedded PVA: Alginate fibrous scaffold[J]. RSC Adv, 2018, 8: 6381-6389.

[61] Gomez C G, Rinaudo M, Villar M A. Oxidation of sodium alginate and characterization of the oxidized derivatives[J]. Carbohydrate Polymers, 2007, 67: 296-304.

[62] Gonza M L. 1-3 mm Alginate/chitosan particles with diclofenac by dropwise addition to $CaCl_2$ solution[J]. Int J Pharm, 2002, 232: 225-234.

[63] Grasselli M, Diaz L E, Cascone O. Beaded matrices from cross-linked alginate for affinity and ion exchange chromatography of proteins[J]. Biotechnol Tech, 1993, 7: 707-712.

[64] Haug A, Larsen B. The solubility of alginate at low pH[J]. Acta Chem Scand, 1963, 17: 1653-1662.

[65] Haug A, Larsen B, Smidsrod O. The degradation of alginates at different pH values[J]. Acta Chem Scand, 1963, 17: 1466-1468.

[66] Haug A, Larsen B, Smidsrod O. Alkaline degradation of alginate[J]. Acta Chem Scand, 1967, 21: 2859-2870.

[67] Hay I D, Rehman Z U, Moradali M F, et al. Microbial alginate production, modification and its applications[J]. Microb Biotechnol, 2013, 6: 637-650.

[68] Hazeri Y, Irani S, Zandi M, et al. Polyvinyl alcohol/sulfated alginate nanofibers induced the neuronal differentiation of human bone marrow stem cells[J]. Int J Biol Macromol, 2020, 147: 946-953.

[69] He Y, Zhang N, Gong Q, et al. Alginate/graphene oxide fibers with enhanced mechanical strength prepared by wet spinning[J]. Carbohydr Polym, 2012,

88: 1100-1108.

[70] Huang R, Du Y, Yang J. Preparation and in vitro anticoagulant activities of alginate sulfate and its quaterized derivatives[J]. Carbohydr Polym, 2003, 52: 19-24.

[71] Huebsch N, Kearney C J, Zhao X, et al. Ultrasound-triggered disruption and self-healing of reversibly cross-linked hydrogels for drug delivery and enhanced chemotherapy[J]. Proc Natl Acad Sci USA, 2014, 111: 9762-9767.

[72] Hunt N C, Smith A M, Gbureck U, et al. Encapsulation of fibroblasts causes accelerated alginate hydrogel degradation[J]. Acta Biomater, 2010, 6: 3649-3656.

[73] Ionita M, Pandele M A, Iovu H. Sodium alginate/graphene oxide composite films with enhanced thermal and mechanical properties[J]. Carbohydr Polym, 2013, 94: 339-344.

[74] Isklan N, Kurun F. Synthesis and characterization of graft copolymer of sodium alginate and poly (itaconic acid) by the redox system[J]. Polymer Bulletin, 2013, 70 (3): 1065-1084.

[75] Isiklan N, Kursun F, Inal M. Graft copolymerization of itaconic acid onto sodium alginate using benzoyl peroxide[J]. Carbohydrate Polymers, 2010, 79: 665-672.

[76] Isiklan N, Kucukbalci G. Synthesis and characterization of pH- and temperature-sensitive materials based on alginate and poly (*N*-isopropylacrylamide/acrylic acid) for drug delivery[J]. Polym Bull, 2016, 73: 1321-1342.

[77] Islam M S, Ashaduzzaman M, Masum S M, et al. Mechanical and electrical properties: electrospun alginate/carbon nanotube composite nanofiber[J]. Dhaka Univ J Sci, 2012, 60: 125-128.

[78] Jeon O, Shin J Y, Marks R, et al. Highly elastic and tough interpenetrating polymer network-structured hybrid hydrogels for cyclic mechanical loading-enhanced tissue engineering[J]. Chem Mater, 2017, 29: 8425-8435.

[79] Jeon O, Alt D S, Ahmed S M, et al. The effect of oxidation on the degradation of photocrosslinkable alginate hydrogels[J]. Biomaterials, 2012, 33: 3503-3514.

[80] Jin Z, Harvey A M, Mailloux S, et al. Electro-chemically stimulated release of lysozyme from an alginate matrix cross-linked with iron cations[J]. J Mater Chem, 2012, 22: 19523-19528.

[81] Joddar B, Garcia E, Casas A, et al. Development of functionalized multi-walled carbon-nanotube-based alginate hydrogels for enabling biomimetic technologies[J]. Sci Rep, 2016, 6: 1-12.

[82] Josef E, Zilberman M, Bianco-Peled H. Composite alginate hydrogels: an innovative approach for the controlled release of hydrophobic drugs[J]. Acta

Biomater，2010，6: 4642-4649.

[83] Kim Y J，Yoon K J，Ko S W. Preparation and properties of alginate superabsorbent filament fibers crosslinked with glutaraldehyde[J]. J Appl Polym Sci，2000，78: 1797-1804.

[84] Kim J H，Lee S B，Kim S J，et al. Rapid temperature/pH response of porous alginate-g-poly（*N*-isopropylacrylamide）hydrogels[J]. Polymer，2002，43: 7549-7458.

[85] Kim Y S，Kim H W，Lee S H，et al. Preparation of alginate-quaternary ammonium complex beads and evaluation of their antimicrobial activity[J]. Int J Biol Macromol，2007，41: 36-41.

[86] Klock G，Frank H，Houben R，et al. Production of purified alginates suitable for use in immunoisolated transplantation[J]. Appl Microbiol Biotechnol，1994，40: 638-643.

[87] Kong H J，Kaigler D，Kim K，et al. Controlling rigidity and degradation of alginate hydrogels via molecular weight distribution[J]. Biomacromolecules，2004，5: 1720-1727.

[88] Kong H J，Alsberg E，Kaigler D，et al. Controlling degradation of hydrogels via the size of cross-linked junctions[J]. Adv Mater，2004，16: 1917-1921.

[89] Kulkarni R V，Setty C M，Sa B. Polyacrylamide-g-alginate based electrically responsive hydrogel for drug delivery application: synthesis，characterization，and formulation development[J]. J Appl Polym Sci，2010，115: 1180-1188.

[90] Kulkarni R V，Patel F S，Nanjappaiah H M，et al. In vitro and in vivo evaluation of novel interpenetrated polymer network microparticles containing repaglinide[J]. Int J Biol Macromol，2014，69: 514-522.

[91] Lee K Y，Bouhadir K H，Mooney D J. Degradation behavior of covalently cross-linked poly（aldehyde guluronate）hydrogels[J]. Macromolecules，2000，33: 97-101.

[92] Lee K Y，Mooney D J. Alginate: properties and biomedical applications[J]. Prog Polym Sci，2012，37: 106-126.

[93] Lee K Y，Bouhadir K H，Mooney D J. Degradation behavior of covalently cross-inked poly（aldehyde guluronate）hydrogels[J]. Macromolecules，2000，33: 97-101.

[94] Leo W J，Mcloughlin A J，Malone D M. Effects of sterilization treatments on some properties of alginate solutions and gels[J]. Biotechnol Prog，1990，6: 51-53.

[95] Leone G，Torricelli P，Chiumiento A，et al. Amidic alginate hydrogel for nucleus pulposus replacement[J]. J Biomed Mater Res-A，2008，84A: 391-401.

[96] Liang Y，Kiick K L. Heparin-functionalized polymeric biomaterials in tissue

engineering and drug delivery applications[J]. Acta Biomater, 2014, 10: 1588-1600

[97] Lin H R, Ling M H, Lin Y J. High strength and low friction of a PAA-alginate-silica hydrogel as potential material for artificial soft tissues[J]. J Biomater Sci Polym Ed, 2009, 20: 637-652.

[98] Liu Y, Zhao J, Zhang C, et al. The flame retardancy, thermal properties, and degradation mechanism of zinc alginate films[J]. J Macromol Sci Part B Phys, 2014, 53: 1074-1089.

[99] Liu S, Ling J, Li K, et al. Bio-inspired and lanthanide-induced hierarchical sodium alginate/graphene oxide composite paper with enhanced physicochemical properties[J]. Compos Sci Technol, 2017, 145: 62-70.

[100] Llorens-Gamez M, Serrano-Aroca A. Low-cost advanced hydrogels of calcium alginate/carbon nanofibers with enhanced water diffusion and compression properties[J]. Polymers (Basel), 2018, 10: 405-410.

[101] Llorens-Gamez M, Salesa B, Serrano-Aroca A. Physical and biological properties of alginate/carbon nanofibers hydrogel films[J]. Int J Biol Macromol, 2020, 151: 499-507.

[102] Lovrak M, Hendriksen W E J, Maity C, et al. Free-standing supramolecular hydrogel objects by reaction-diffusion[J]. Nat Commun, 2017, 8: 15317-15322.

[103] Lueckgen A, Garske D S, Ellinghaus A, et al. Hydrolytically-degradable click-crosslinked alginate hydrogels[J]. Biomaterials, 2018, 181: 189-198.

[104] Ma P, Xiao C, Li L, et al. Facile preparation of ferromagnetic alginateg-poly (vinyl alcohol) microparticles[J]. Eur Polym J, 2008, 44: 3886-3889.

[105] Mandal S, Basu S K, Sa B. Ca^{2+} ion cross-linked interpenetrating network matrix tablets of polyacrylamide grafted sodium alginate and sodium alginate for sustained release of diltiazem hydrochloride[J]. Carbohydr Polym, 2010, 82: 867-873.

[106] Marti M, Frigols B, Salesa B, et al. Calcium alginate/graphene oxide films: reinforced composites able to prevent *Staphylococcus aureus* and methicillin-resistant *Staphylococcus epidermidis* infections with no cytotoxicity for human keratinocyte HaCaT cells[J]. Eur Polym J, 2019, 110: 14-21.

[107] Matricardi P, Di Meo C, Coviello T, et al. Interpenetrating polymer networks polysaccharide hydrogels for drug delivery and tissue engineering[J]. Adv Drug Deliv Rev, 2013, 65: 1172-1187.

[108] Micaelo R, Al-Mansoori T, Garcia A. Study of the mechanical properties and self-healing ability of asphalt mixture containing calcium-alginate capsules[J]. Constr Build Mater, 2016, 123: 734-744.

[109] Moe S T, Skjak-Braek G, Smidsrod O. Covalently cross-linked sodium

alginate beads[J]. Food Hydrocolloid，1991，5: 119-123.

［110］Mollah M Z I，Khan M A，Hoque M A，et al. Studies of physico-mechanical properties of photo-cured sodium alginate with silane monomer[J]. Carbohydr Polym，2008，72: 349-355.

［111］Morch Y A，Donati I，Strand B L，et al. Effect of Ca^{2+}，Ba^{2+}，and Sr^{2+} on alginate microbeads[J]. Biomacromolecules，2006，7: 1471-1480.

［112］Motwani S K，Chopra S，Talegaonkar S，et al. Chitosan-sodium alginate nanoparticles as sub-microscopic reservoirs for ocular delivery: Formulation，optimisation and in vitro characterisation[J]. Eur J Pharm Biopharm，2008，68: 513-525.

［113］Narayanan R P，Melman G，Letourneau N J，et al. Photodegradable iron（III）cross-linked alginate gels[J]. Biomacromol，2012，13: 2465-2471.

［114］Narayanan K B，Han S S. Dual-crosslinked poly（vinyl alcohol）/sodium alginate/silver nanocomposite beads-A promising antimicrobial material[J]. Food Chem，2017，234: 103-110.

［115］Omagari Y，Kaneko Y，Kadokawa J I. Chemoenzymatic synthesis of amylose grafted alginate and its formation of enzymatic disintegratable beads[J]. Carbohydr Polym，2010，82: 394-400.

［116］Park T G，Choi H K. Thermally induced core-shell type hydrogel beads having interpenetrating polymer network（IPN）structure[J]. Macromol Rapid Commun，1998，19: 167-172.

［117］Pawar S N，Edgar K J. Chemical modification of alginates in organic solvent systems[J]. Biomacromolecules，2011，12: 4095-4103.

［118］Pawar S N，Edgar K J. Alginate derivatization: A review of chemistry，properties and applications[J]. Biomaterials，2012，33: 3279-3305.

［119］Percival S L，Bowler P G，Russell D. Bacterial resistance to silver in wound care[J]. J Hosp Infect，2005，60: 1-7.

［120］Pillay V，Danckwerts M P，Fassihi R. A crosslinked calcium-alginate-pectinate-cellulose acetophthalate gelisphere system for linear drug release[J]. Drug Deliv J Deliv Target Ther Agents，2002，9: 77-86.

［121］Piras C C，Slavik P，Smith D K. Self-assembling supramolecular hybrid hydrogel beads[J]. Angew Chem Int Ed，2020，59: 853-859.

［122］Pluemsab W，Sakairi N，Furuike T. Synthesis and inclusion property of a cyclodextrin-linked alginate[J]. Polymer，2005，46（23）: 9778-9883.

［123］Qin Y. Silver-containing alginate fibres and dressings[J]. Int Wound J，2005，2: 172-176.

［124］Roquero D M，Bollella P，Melman A，et al. Nanozyme-triggered DNA release from alginate films[J]. ACS Appl Bio Mater，2020，3: 3741-3750.

［125］Safaei M，Taran M. Optimized synthesis，characterization，and antibacterial activity of an alginate-cupric oxide bionanocomposite[J]. J Appl Polym Sci, 2018, 135: 1-8.

[126] Sandvig I, Karstensen K, Rokstad A M, et al. RGD peptide modified alginate by a chemoenzymatic strategy for tissue engineering applications[J]. J Biomed Mater Res-Part A, 2015, 103: 896-906.

[127] Sanmartin-Santos I, Gandia-Llop S, Salesa B, et al. Enhancement of antimicrobial activity of alginate films with a low amount of carbon nanofibers（0. 1% w/w）[J]. Appl Sci, 2021, 11: 2311-2318.

[128] Schleeh T, Madau M, Roessner D. Two competing reactions of tetrabutylammonium alginate in organic solvents[J]. Carbohydrate Polymers, 2016, 138（4）: 244-251.

[129] Schweiger R G. Acetylation of alginic acid. I. Preparation and viscosities of algin acetates[J]. J Org Chem, 1962, 27: 1786-1789.

[130] Serrano-Aroca A, Ruiz-Pividal J, Llorens-Gamez M. Enhancement of water diffusion and compression performance of crosslinked alginate with a minuscule amount of graphene oxide[J]. Sci Rep, 2017, 7: 11684-11689.

[131] Serrano-Aroca A, Iskandar L, Deb S. Green synthetic routes to alginate-graphene oxide composite hydrogels with enhanced physical properties for bioengineering applications[J]. Eur Polym J, 2018, 103: 198-206.

[132] Serrano-Aroca A, Deb S. Synthesis of irregular graphene oxide tubes using green chemistry and their potential use as reinforcement materials for biomedical applications[J]. PLoS One, 2017, 12: e0185235.

[133] Serrano-Aroca A, Ferrandis-Montesinos M, Wang R. Antiviral properties of alginate-based biomaterials: promising antiviral agents against SARS-CoV-2[J]. ACS Appl Bio Mater, 2021, 4: 5897-5907.

[134] Shah S B, Patel C P, Trivedi H C. Ceric-induced grafting of acrylate monomers onto sodium alginate[J]. Carbohydr Polym, 1995, 26: 61-67.

[135] Shah S B, Patel C P, Trivedi H C. Kinetics and reaction mechanism of Fenton’sreagent-initiated graft copolymerization of acrylonitrile onto sodium alginate[J]. J Appl Polym Sci, 1994, 52: 857-860.

[136] Shao W, Liu H, Liu X, et al. Development of silver sulfadiazine loaded bacterial cellulose/sodium alginate composite films with enhanced antibacterial property[J]. Carbohydr Polym, 2015, 132: 351-358.

[137] Shi J, Alves N M, Mano J F. Drug release of pH/temperature-responsive calcium alginate/poly（*N*-isopropylacrylamide）semi-IPN beads[J]. Macromol Biosc, 2006, 6: 358-365.

[138] Shi J, Alves N M, Mano J F. Chitosan coated alginate beads containing poly（*N*-isopropylacrylamide）for dual-stimuli-responsive drug release[J]. J Biomed Mater Res B, 2008, 84B: 595-602.

[139] Shih H, Lin C C. Cross-linking and degradation of step-growth hydrogels formed by thiolene photoclick chemistry[J]. Biomacromol, 2012, 13: 2003-2012.

[140] Shikanov A, Xu M, Woodruff T K, et al. Interpenetrating fibrin-alginate matrices for in vitro ovarian follicle development[J]. Biomaterials, 2009, 30: 5476-5485.

[141] Sikorski P, Mo F, Skjak-Braek G, et al. Evidence for egg-box-compatible interactions in calcium-alginate gels from fiber X-ray diffraction[J]. Biomacromolecules, 2007, 8: 2098-2103.

[142] Sirvio J A, Kolehmainen A, Liimatainen H, et al. Biocomposite cellulose-alginate films: Promising packaging materials[J]. Food Chem, 2014, 151: 343-351.

[143] Skaugrud O, Hagen A, Borgersen B, et al. Biomedical and pharmaceutical applications of alginate and chitosan[J]. Biotechnol Genet Eng Rev, 1999, 16: 23-40.

[144] Smidsrod O, Haug A, Larsen B. The influence of pH on the rate of hydrolysis of acidic polysaccharides[J]. Acta Chem Scand, 1966, 20: 1026-1034.

[145] Smidsrod O, Haug A, Larsen B. The influence of reducing substances on the rate of degradation of alginates[J]. Acta Chem Scand, 1963, 17: 1473-1474.

[146] Smitha B, Sridhar S, Khan A A. Chitosan-sodium alginate polyion complexes as fuel cell membranes[J]. Eur Polym J, 2005, 41: 1859-1866.

[147] Staub A M. Removal of proteins. In: Whistler R L, BeMiller J N, Wolfrom M L (eds) . Methods in Carbohydrate Chemistry, Vol. 5[M]. New York: Academic Press, 1965: 5.

[148] Straccia M C, D′ Ayala G G, Romano I, et al. Novel zinc alginate hydrogels prepared by internal setting method with intrinsic antibacterial activity[J]. Carbohydr Polym, 2015, 125: 103-112.

[149] Sultan M T, Rahman M A, Islam J M M, et al. Preparation and characterization of an alginate/clay nanocomposite for optoelectronic application[J]. Adv Mater Res, 2010, 123-125: 751-754.

[150] Supramaniam J, Adnan R, Mohd Kaus N H, et al. Magnetic nanocellulose alginate hydrogel beads as potential drug delivery system[J]. Int J Biol Macromol, 2018, 118: 640-648.

[151] Tam S K, Bilodeau S, Dusseault J, et al. Biocompatibility and physicochemical characteristics of alginate-polycation microcapsules[J]. Acta Biomater, 2011, 7: 1683-1692.

[152] Thayumanavan N, Tambe P, Joshi G, et al. Effect of sodium alginate modification of graphene (by anion- π type of interaction) on the mechanical and thermal properties of polyvinyl alcohol (PVA) nanocomposites[J]. Compos

Interfaces, 2014, 21: 487-506.

[153] Thayumanavan N, Tambe P, Joshi G. Effect of surfactant and sodium alginate modification of graphene on the mechanical and thermal properties of polyvinyl alcohol (PVA) nanocomposites[J]. Cellul Chem Technol, 2015, 49: 69-80.

[154] Thomas S F, Rooks P, Rudin F, et al. The bactericidal effect of dendritic copper microparticles, contained in an alginate matrix, on *Escherichia coli*[J]. PLoS One, 2014, 9: 1-7.

[155] Thu B, Bruheim P, Espevik T, et al. Alginate polycation microcapsules. 1. Interaction between alginate and polycation[J]. Biomaterials, 1996, 17: 1031-1040.

[156] Thu B, Bruheim P, Espevik T, et al. Alginate polycation microcapsules. 2. Some functional properties[J]. Biomaterials, 1996, 17: 1069-1079.

[157] Timell T E. The acid hydrolysis of glycosides: I. General conditions and the effect of the nature of the aglycone[J]. Can J Chem, 1964, 42: 1456.

[158] Trandafilovic L V, Bozanic D K, Dimitrijevic-Brankovic S, et al. Fabrication and antibacterial properties of ZnO-alginate nanocomposites[J]. Carbohydr Polym, 2012, 88: 263-269.

[159] Tripathy T, Pandey S R, Karmakar N C, et al. Novel flocculating agent based on sodium alginate and acrylamide[J]. Eur Polym J, 1999, 35: 2057-2072.

[160] Tsujino I, Saito T. A new unsaturated uronide isolated from alginase hydrolysate[J]. Nature, 1961, 192: 970-971.

[161] Vanacker J, Amorim C A. Alginate: a versatile biomaterial to encapsulate isolated ovarian follicles[J]. Ann Biomed Eng, 2017, 45: 1633-1639.

[162] Varaprasad K, Raghavendra G M, Jayaramudu T, et al. Nano zinc oxide-sodium alginate antibacterial cellulose fibres[J]. Carbohydr Polym, 2016, 135: 349-355.

[163] Wang W, Wang A. Synthesis and swelling properties of pH-sensitive semi-IPN superabsorbent hydrogels based on sodium alginate-g-poly (sodium acrylate) and polyvinylpyrrolidone[J]. Carbohydr Polym, 2010, 80: 1028-1036.

[164] Wang X, Jiang Z, Shi J, et al. Dopamine-modified alginate beads reinforced by cross-linking via titanium coordination or self-polymerization and its application in enzyme immobilization[J]. Ind Eng Chem Res, 2013, 52: 14828-14836.

[165] Wang L F, Shankar S, Rhim J W. Properties of alginate-based films reinforced with cellulose fibers and cellulose nanowhiskers isolated from mulberry pulp[J]. Food Hydrocoll, 2017, 63: 201-208.

[166] Wiegand C, Heinze T, Hipler U C. Comparative in vitro study on cytotoxicity, antimicrobial activity, and binding capacity for pathophysiological factors in chronic wounds of alginate and silver-containing alginate[J]. Wound Repair Regen, 2009, 17: 511-521.

[167] Wright B, De Bank P A, Luetchford K A, et al. Oxidized alginate hydrogels as niche environments for corneal epithelial cells[J]. J Biomed Mater Res-Part A, 2014, 102: 3393-3400.

[168] Wu Z, Su X, Xu Y, et al. Bioprinting three-dimensional cell-laden tissue constructs with controllable degradation[J]. Sci Rep, 2016, 6: 24474-24479.

[169] Xiao C, Weng L, Zhang L. Improvement of physical properties of crosslinked alginate and carboxymethyl konjac glucomannan blend films[J]. J Appl Polym Sci, 2002, 84: 2554-2560.

[170] Xu J B, Bartley J P, Johnson R A. Preparation and characterization of alginate hydrogel membranes crosslinked using a water-soluble carbodiimide[J]. J Appl Polym Sci, 2003, 90: 747-753.

[171] Xuan D, Zhou Y, Nie W, et al. Sodium alginate-assisted exfoliation of MoS_2 and its reinforcement in polymer nanocomposites[J]. Carbohydr Polym, 2017, 155: 40-48.

[172] Yang M, Shi J, Xia Y. Effect of SiO_2, PVA and glycerol concentrations on chemical and mechanical properties of alginate- based films[J]. Int J Biol Macromol, 2018, 107: 2686-2694.

[173] Yamada Y, Hozumi K, Katagiri F, et al. Biological activity of laminin peptide-conjugated alginate and chitosan matrices[J]. Biopolymers, 2010, 94: 711-720.

[174] Yang J, Goto M, Ise H, et al. Galactosylated alginate as a scaffold for hepatocytes entrapment[J]. Biomaterials, 2002, 23: 471-479.

[175] Yang S, Jang L, Kim S, et al. Polypyrrole/alginate hybrid hydrogels: electrically conductive and soft biomaterials for human mesenchymal stem cell culture and potential neural tissue engineering applications[J]. Macromol Biosci, 2016, 16: 1653-1661.

[176] Yang W, Wu X, Liu F, et al. A fluorescent, self-healing and pH sensitive hydrogel rapidly fabricated from HPAMAM and oxidized alginate with injectability[J]. RSC Adv, 2016, 6: 34254-34260.

[177] Yeom C K, Lee K H. Characterization of sodium alginate membrane crosslinked with glutaraldehyde in pervaporation separation[J]. J Appl Polym Sci, 1998, 67: 209-219.

[178] Yildirim E D, Yin X, Nair K, et al. Fabrication, characterization, and biocompatibility of single-walled carbon nanotube-reinforced alginate composite scaffolds manufactured using free form fabrication technique[J]. J

Biomed Mater Res-Part B Appl Biomater，2008，87: 406-414.

[179] Yuan X，Wei Y，Chen S，et al. Bio-based graphene/sodium alginate aerogels for strain sensors[J]. RSC Adv，2016，6: 64056-64061.

[180] Zhang Y，Liu J，Huang L，et al. Design and performance of a sericin-alginate interpenetrating network hydrogel for cell and drug delivery[J]. Sci Rep，2015，5: 12374-12382.

[181] Zhang X，Hui Z，Wan D，et al. Alginate microsphere filled with carbon nanotube as drug carrier[J]. Int J Biol Macromol，2010，47: 389-395.

[182] Zhang Y，Yu Y，Dolati F，et al. Effect of multiwall carbon nanotube reinforcement on coaxially extruded cellular vascular conduits[J]. Mater Sci Eng C，2014，39: 126-133.

[183] Zhu B，Yin H. Alginate lyase: review of major sources and classification，properties，structure-function analysis and applications[J]. Bioengineered，2015，6: 125-131.

[184] Zimmermann U，Klock G，Federlin K，et al. Production of mitogen contamination free alginates with variable ratios of mannuronic acid to guluronic acid by free flow electrophoresis[J]. Electrophoresis，1992，13: 269-274.

[185] 黄攀丽，沈晓骏，陈京环，等. 海藻酸钠的提取与功能化改性研究进展[J]. 林产化学与工业，2017，37（4）：13-22.

[186] 柴雍，王鸿儒，姚一军，等. 海藻酸钠改性材料的研究进展[J]. 现代化工，2018，38（7）：57-61.

[187] 马成浩，于丽娟，彭奇均. 环氧氯丙烷交联海藻酸钠的制备及性能[J]. 无锡轻工大学学报，2005，24（1）：80-83.

[188] 杨洁钰，曾凡坤，钟金锋，等. 海藻酸钠没食子酸衍生物的制备及性能分析[J]. 2019，35（3）：137-143.

[189] 吴宗梅. 疏水改性海藻酸钠的合成优化及其性能研究[D]. 青岛：青岛科技大学硕士论文，2018.

[190] 张桥，鄢国平，程巳雪. 点击化学反应原位制备海藻酸钠水凝胶[J]. 武汉工程大学学报，2011，33（7）：14-16.

[191] 朱杰华. 基于Diels-Alder点击化学反应的海藻酸钠抗菌凝胶的制备与性能研究[D]. 广州：华南理工大学，2016.

第七章　海藻酸寡糖

第一节　引言

海藻中的糖类化合物可分为单糖、寡糖、多糖、结合糖和衍生糖，其中寡糖是由3~10个单糖分子通过糖苷键连接而成的化合物。寡糖广泛存在于生命体内，主要以糖蛋白、糖脂和糖肽等糖缀合物的形式参与许多生命活动，这些糖缀合物在发挥生物学功能的过程中起决定作用的就是其中的寡糖残基。现已发现在激素、抗体、生长素和其他许多生物分子中都有寡糖存在。寡糖也存在于细胞膜中，其分子链突出于细胞膜的表面，在生物大分子及细胞间的相互识别过程中发挥信号功能（Xing，2020）。

海藻酸寡糖是海藻酸降解后得到的一种寡聚物，由甘露糖醛酸（M）、古洛糖醛酸（G）或二者的杂合段组成。海藻酸寡糖与海藻酸在分子质量上的区别使它们有很不相同的性能，尤其是寡糖具有多糖不具备的很多生物活性，在功能性食品、特医食品、保健品、美容护肤品、植物生长刺激剂等领域有很高的应用价值（Rye，2018）。

在功能性食品领域，面对21世纪人类健康的新挑战，如营养缺乏与营养失衡、老年保健与老年病等，海藻寡糖为研究、克服亚健康，满足特殊群体的功能性食品需求提供独特的解决方案，目前全球寡糖功能性食品市场容量每年超过400亿美元。在日化领域，海藻寡糖在保水、保湿、洗发、护发、杀菌消毒，以及抗菌、活化细胞、抗氧化、抗衰老、防晒等产品的开发和应用中有很高的应用价值和市场需求。在农业生产中，寡糖可应用于无公害肥料、作物抗逆和绿色农药开发，作为植物生长刺激剂、饲料饵料添加剂、种子处理剂以及果蔬、水产品保鲜剂等有很高的应用价值，还在兽药、水产动物药和替代抗生素方面具有强劲的市场需求。此外，寡糖在防辐射、止血、耐低温、防冻食品、解毒食品等方面有特殊用途。

第二节　海藻酸寡糖的制备

目前海藻酸寡糖的制备主要有物理降解法、化学降解法和酶解法等，其中酶解法是一种条件温和、可控性强和特异性高的生物降解方法，也是该领域的主要研究方向之一（Wong，2000）。

一、物理降解法制备海藻酸寡糖

辐照降解是一种低成本的加工方法，是制备海藻酸寡糖的常用手段（Nagasawa，2000）。Luan 等把分子质量为 900ku、M/G 比例为 1.3 的海藻酸钠溶于水制成 40g/L 的水溶液后室温下用钴 -60 源 γ 射线在 10、30、50、75、100、150 和 200kGy 下辐照，辐照速率为 10kGy/h。图 7-1 显示辐照剂量对海藻酸钠重均相对分子质量（M_w）和相对分子质量分布（M_w/M_n）的影响。随着辐照剂量的提高,重均相对分子质量和相对分子质量分布值均有明显下降。从图 7-1 可以看出，辐照剂量上升到 50kGy 的过程中，分子质量下降非常明显，此后剂量上升对分子质量下降的影响不大（Luan，2009）。

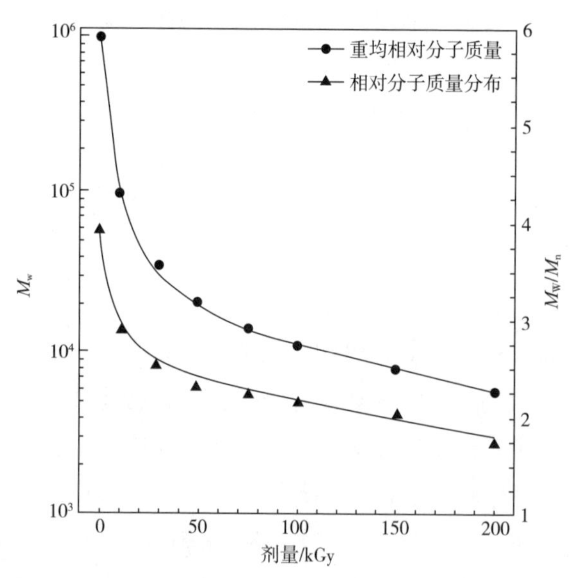

图 7-1　海藻酸钠重均相对分子质量（M_w）和相对分子质量分布（M_w/M_n）随辐照剂量的变化

二、化学降解法制备海藻酸寡糖

海藻酸寡糖可以通过高分子质量海藻酸盐在酸性条件下的可控降解制备（Campa，2004），其原理在于海藻酸分子主链的糖苷键在酸催化下的分裂

（Timell，1964）。

三、生物降解法制备海藻酸寡糖

海藻酸钠在裂解酶作用下降解后可以制备寡糖（陈俊帆，2011；陈俊帆，2013；李悦明,2010）。按其降解海藻酸片段的不同,海藻酸裂解酶可分为两大类：1，4-β-D- 甘露糖醛酸裂解酶和 1，4-α-L- 古洛糖醛酸裂解酶，分别作用于海藻酸的甘露糖醛酸和古洛糖醛酸片段（Haugen，1990）。海藻酸裂解酶主要来源于微生物和海洋动植物，其中微生物来源包括铜绿假单胞菌、解藻朊酸弧菌、假单胞菌、棕色固氮菌、褐球固氮菌、环状芽孢杆菌、棒状杆菌、克雷伯菌等。含有海藻酸裂解酶的海洋生物包括海洋双壳贝类、棘皮类动物、细菌、真菌、昆布属褐藻、滨螺等（岳明，2006），其中鲍鱼等海洋双壳贝类的裂解酶主要属于甘露糖醛酸酶（Boyen，1990）。一些细菌中存在古洛糖醛酸酶（Brown，1991）。

海藻酸裂解酶通过单体之间的 β-1，4- 糖苷键的 β- 消去机制裂解海藻酸的糖苷键，并在产物的非还原性末端产生含有不饱和双键的寡聚糖醛酸，产物在 230~240nm 有强烈的紫外吸收，不论是 D- 甘露糖醛酸或 L- 古洛糖醛酸为单体的海藻酸都生成不饱和衍生物。不同来源的海藻酸裂解酶有不同的作用机理，例如棕色固氮菌和褐球固氮菌可裂解脱乙酰化的甘露糖醛酸底物，可断裂 M-M 和 M-G 间的 1，4- 糖苷键；铜绿假单胞菌含有单一裂解聚甘露糖醛酸 M-M 糖苷键的酶；克雷伯菌含有聚古洛糖醛酸的裂解酶；解藻朊酸弧菌既含有甘露糖醛酸裂解酶活性，又含有古洛糖醛酸裂解酶活性。

江琳琳等将 pH 7.0 的 0.03g/mL 海藻酸钠水溶液于 40℃水浴中预热 10min 后与粗酶液按体积比 5 ∶ 1 混合，使反应液中海藻酸钠的质量浓度为 0.025g/mL 并在 40℃水浴中催化海藻酸降解。降解过程中反应液黏度随时间变化而降低，最初几小时黏度下降较快，还原糖质量浓度随时间延长而增加。试验结果显示，经海藻酸降解酶分解形成的寡糖在平均聚合度为 6.8 时具有较高的活性，以此处理水稻芽能激发水稻细胞产生植保素（江琳琳，2009）。

第三节　海藻酸寡糖的理化性能

海藻酸寡糖保留了海藻酸的基本化学和物理性能，例如其与单价和多价金属离子的结合性能，尤其是古洛糖醛酸组成的寡糖链段对多价金属离子有很强的结合力，可用于释放与其结合的金属离子。由于分子质量低，海藻酸寡糖一般不形成凝胶（Padol，2016），这个性能可用于生物体系中干扰钙离子等多价金属离子产生的凝胶作用。通过静电海藻酸寡糖对黏液高分子体系可产生相互作用（Nordgard，2011），也可以与细菌（Powell，2014）和细胞外高分子物质产生作用。由于分子质量低，海藻酸寡糖在水溶液中含量很高的情况下黏度比较低，而普通海藻酸钠的黏度一般比较高。图 7-2 显示在不同制备条件下获得的海藻酸寡糖的化学结构。

（1）

（2）

（3）

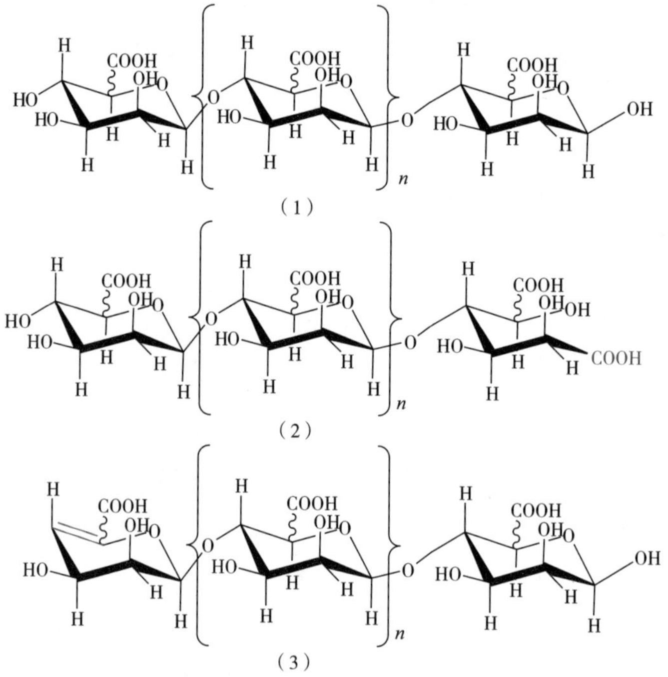

图 7-2　不同制备条件下获得的海藻酸寡糖的化学结构
（1）酸催化降解　（2）氧化降解　（3）酶法降解

第四节　海藻酸寡糖的生物活性

海藻酸的生物安全性很高，已经广泛应用于食品、医药等行业。美国食品药品监督管理局（FDA）把海藻酸和海藻酸盐列为公认安全（GRAS），可用于食品添加剂（Reference No. 21CFR184.1724）。海藻酸寡糖的安全性与海藻酸高分子相似，没有安全性方面的负面报道。低分子质量赋予海藻酸寡糖一系列优良的生物活性，如抗氧化、抗肿瘤、抑菌、促生长等，在药物研制、功能性食品、农业生产等领域有广阔的应用前景（范素琴，2019）。

一、抗氧化活性

生物体在进行生命活动的过程中会产生超氧自由基（$\cdot O_2^-$）、羟基自由基（·OH）、脂质自由基（RO·，ROO·）等活性氧（ROS）。当体内的强氧化剂多于抗氧化剂使两者失衡时，产生的氧胁迫会引发动脉粥样硬化、糖尿病、高血压、癌症、囊性纤维化、帕金森病、阿尔茨海默病等多种疾病。海藻酸寡糖具有优良的抗氧化活性，其对自由基的清除作用随浓度增加而加强，具有优良的保健功效。除了清除活性氧，海藻酸寡糖还能显著降低脂质过氧化物的含量，提高过氧化物酶和超氧化物歧化酶的活性，具有抗脂质过氧化的作用（孙丽萍，2005）。

吴海歌等通过酸解法制备海藻酸钠寡糖，在检测其体外自由基清除能力与抗氧化能力的基础上，建立了海藻酸钠寡糖保护氧化损伤细胞模型，进而对细胞形态与活性、胞内活性氧清除率、关键氧化还原酶活性进行检测。结果表明，海藻酸钠寡糖对小胶质细胞有保护作用，能有效清除胞内活性氧、维持细胞正常形态、提高超氧化物歧化酶（SOD）和谷胱甘肽过氧化物酶（GSH-Px）的活性，缓解过氧化氢对细胞的氧化损伤。图 7-3 显示了海藻酸钠寡糖对小胶质细胞的保护作用（吴海歌，2015）。

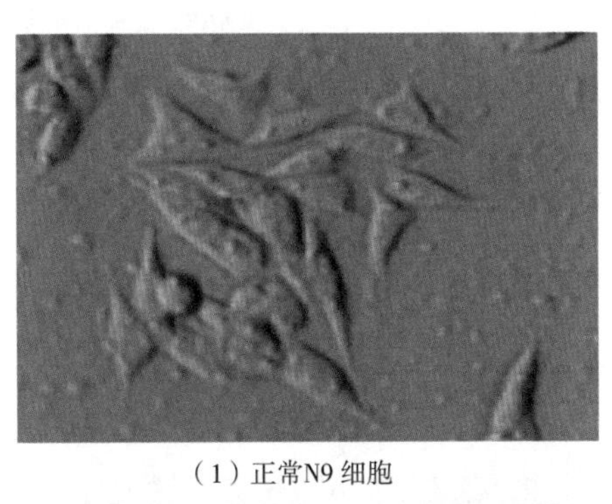

（1）正常N9 细胞

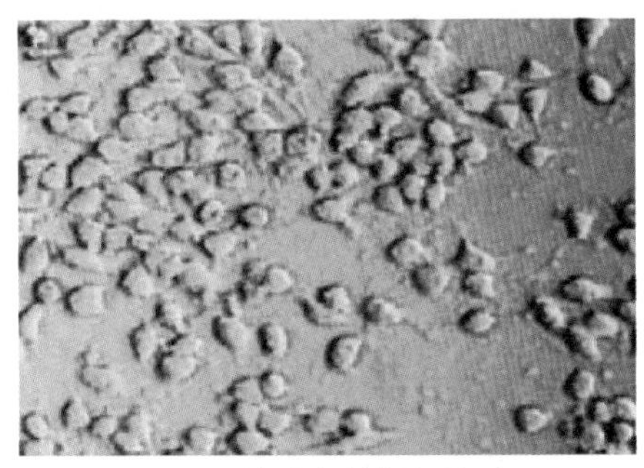

（2）过氧化氢刺激的N9细胞

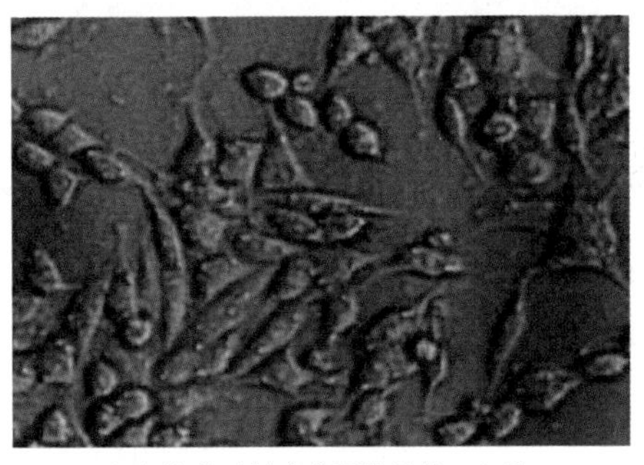

（3）海藻酸钠寡糖预保护的N9细胞

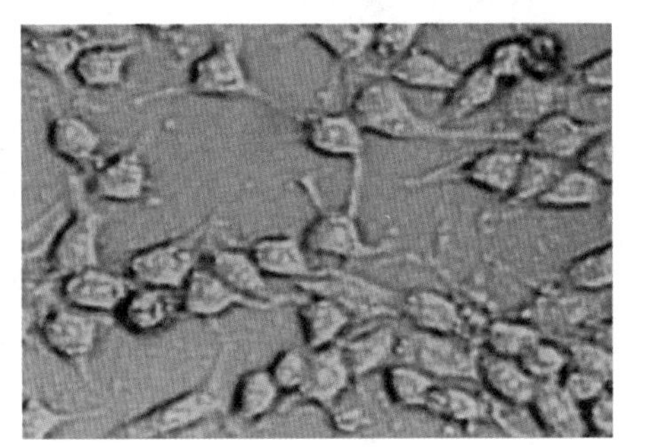

（4）预保护又经过氧化氢刺激的N9细胞

图 7-3　海藻酸钠寡糖对小胶质细胞的保护作用

海藻酸寡糖的抗氧化性能受其浓度、分子质量、降解方法等多种因素的影响。研究显示，低分子质量海藻酸盐对 2，2-联氮 - 二胺盐（ABTS）和超氧自由基的捕获性能与浓度和时间呈正相关性，而与海藻酸的分子质量呈负相关性（Kelishomi，2016）。酶降解获得的分子质量 <1ku 的海藻酸寡糖对超氧基、羟基和次氯酸自由基的捕获性能优于分子质量为 1~10ku 的海藻酸寡糖，也优于抗坏血酸和肌肽。此外，分子质量为 1~6ku 的海藻酸寡糖的抗氧化性能优于分子质量为 6~10ku 的寡糖（Zhao，2012）。

二、免疫调节

海藻酸寡糖能刺激单核细胞、巨噬细胞等免疫反应细胞分泌 TNF-α、IL-1 和 IL-6 等细胞因子，使机体免疫系统得到恢复和加强，并能通过免疫调节作用发挥多种生理活性（杨华，2004）。海藻酸寡糖具有一定的免疫原性，能刺激机体免疫应答，通过与毒素、病毒和真菌细胞的表面结合作为外源抗原的佐剂，减缓抗原的吸收，增加抗原的功效，从而增强动物体的细胞和体液免疫反应，在抗肿瘤、抗菌、抗病毒中发挥重要作用。酶降解得到的海藻酸寡糖在浓度为 1000μg/mL 时能诱导 RAW264.7 细胞中肿瘤坏死因子和活性氧的分泌，并能通过增加诱导型一氧化氮合酶（iNOS）的表达增加一氧化氮的生成，从而起到免疫调节作用。海藻酸寡糖可以被认为是巨噬细胞的有效激活剂（Iwamoto，2005）。

三、抗炎

海藻酸分解后得到的 α-L-古洛糖醛酸和 β-D-甘露糖醛酸两种单糖具有优异的抗炎活性，可用作有效的抗炎药。每天服用两次各 500mg 的古洛糖醛酸可以在 12 周内显著降低强直性脊柱炎症状，并改善患者疾病的严重程度、炎症状况以及肢体活力（Nazeri，2019）。β-D-甘露糖醛酸也显示出免疫抑制特性，其治疗效果体现在良好的耐受性、使用安全性和功效（Mirshafiey，2007）。研究显示 α-L-古洛糖醛酸和 β-D-甘露糖醛酸的抗炎活性与其在炎症期间调节 TLR4 信号通路的作用密切相关（Aletaha，2017；Mortazavi-Jahromi，2018）。

不同方法得到的海藻酸寡糖的抗炎活性有较大区别。通过氧化降解获得的海藻酸寡糖对脂多糖（LPS）激活的 RAW264.7 巨噬细胞的炎症反应有抑制作用，而酶降解和酸降解获得的寡糖没有相似的活性（Zhou，2015），显示氧化降解法得到的海藻酸寡糖能更好抑制炎症，其作用机理可能是由于分子结构的还原端 C-1 上存在的羧基可以抑制脂多糖（LPS）刺激产生的一氧化氮（Zhou，

2015）。

四、抗肿瘤

海藻酸寡糖能抑制人体白血病细胞 U-937 的生长并诱导其凋亡，其在抗肿瘤过程中的活性不是直接对细胞产生毒性，而是通过激活和促进机体免疫系统的抵御功能来实现的，与常规抗肿瘤药物相比，降低了药物产生的毒副作用，提高了患者的生活质量（王媛媛，2010）。研究显示酶降解的聚合度为 20~24 的寡糖在浓度为 500μg/mL 时可以通过上调人单核细胞中毒性因子的合成强化对白血病细胞 U937 的防御（Iwamoto，2003），分子质量为 3798u、硫酸酯化度为 1.3、浓度为 100μg/kg 的海藻酸寡糖硫酸酯化衍生物通过免疫调节具有显著的抗肿瘤活性（Hu，2004）。除了调节免疫防御反应，海藻酸寡糖的抗肿瘤作用机理还包括抑制肿瘤细胞的增殖和迁移，以及提高抗氧化和抗炎能力，例如海藻酸寡糖被证明可以通过抑制 Hippo/YAP/c-Jun 通路减弱人类前列腺癌细胞的增殖、迁移和侵袭（Han，2019）。

五、降血糖

糖尿病是目前发达国家和发展中国家都面临的最常见的代谢性疾病（Hao，2011）。近年来，多糖和寡糖的抗糖尿病活性得到重视（Zhang，2008），其中海藻酸寡糖和硫酸酯化海藻酸寡糖呈现出有效的降糖效果（Wang，2018），海洋源寡糖能刺激胰岛素的释放（Zhang，2008）。浓度为 20μg/mL 的硫酸酯化聚古洛糖醛酸及其寡糖可以有效强化 FGF1/FGFR1c 和 FGF19/FGFR1c 信号传导，在 2 型糖尿病治疗中有应用价值（Lan，2017）。分子质量为 3ku、浓度为 50μmol/L 的甘露糖醛酸寡糖可以改善 C2C12 骨骼肌细胞的胰岛素敏感性，刺激葡萄糖的摄取，其作用机理与胰岛素受体和葡萄糖转运体 4 的上调、线粒体功能的改善等相关（Saltiel，2001）。

六、降血脂

寡糖在细胞间的识别和粘接、激素 - 细胞的识别以及病毒或细菌对主体细胞的粘接等许多生物过程中是重要的协调物质。海藻酸寡糖能明显降低糖尿病小鼠血糖和尿素氮，增加糖尿病小鼠的血清钙和血清胰岛素含量，对四氧嘧啶所致的胰岛素损伤有明显的恢复作用，对糖尿病小鼠有降血糖及保护胰岛细胞的功能。心血管疾病的发生往往与血液中血脂及胆固醇含量偏高有关，合适剂量的海藻酸寡糖能较好防止高胆固醇血症的形成，有降脂、维护心血管正常功能的作用。

研究显示海藻酸盐的降血脂功效受多种因素影响，其中高黏度的海藻酸盐能更好降低血脂积聚（Wang，2003），与古洛糖醛酸相比，甘露糖醛酸含量高的海藻酸更能降低胆固醇含量（Yang，2015），而硫酸酯化的海藻酸寡糖具有更好的降血脂功效（Liu，2014），其中藻酸双酯钠（PSS）在中国已经成功应用于高脂血症和缺血性心脑血管疾病的治疗（Xin，2018）。酰胺化海藻酸衍生物也可以显著降低血液胆固醇含量（Marounek，2017）。

七、降血压

大量研究显示海藻酸盐和海藻酸寡糖具有降血压疗效（Terakado，2012；Hiura，2001）。目前有两种作用机理可以解释其降血压功效：①抑制肠道对盐的吸收；②直接产生的血管扩张性效果（Moriya，2013）。一般认为作为食品配料，海藻酸盐是一种分子质量大、黏度高、在消化系统中不被人体降解的生物大分子，可以降低或抑制胆固醇和钠离子在肠道内的吸收，起到降血压的功效（Hiura，2001）。

研究显示平均分子质量 1800u 的海藻酸钾以 100~500mg/kg体重的量喂食后可以降低自发性高血压大鼠的血压（Ji，2009），通过增加尿钠排泄达到降压效果（Chen，2010）。

八、减肥

肥胖与高血压、高血糖、胰岛素抵抗、糖尿病、高脂血症等密切相关（Haslam，2006）。Brownlee 等的研究显示海藻酸钠及其寡糖可以降低肥胖、降低餐后血糖水平、增加脂肪排泄、减少能量摄入（Brownlee，2005）。肠道和肠道菌群在控制肥胖症及人体能量代谢过程中起重要作用。作为一种膳食纤维，海藻酸钠可以重塑肠道菌群、改善肠道功能、调节与体重和慢性疾患相关的代谢过程（Strugala，2005）。肥胖小鼠的肠道转录组在食用 50mg/kg体重的海藻酸钠后，脂质代谢和碳水化合物代谢涉及的基因表达有所改变，显示海藻酸钠通过改变肠道转录组可以抑制肥胖和肥胖相关的代谢综合征。

九、促进细胞增殖

海藻酸寡糖可以刺激哺乳动物细胞增殖，尤其是在生长因子存在的情况下（Kawada，1999）。人角质形成细胞是能够合成角蛋白的上皮细胞，在保护人体的过程中起到屏障作用，海藻酸寡糖促使其增殖的功效对人体健康有重要作用。研究显示酶降解的海藻酸寡糖在浓度为 10mg/mL 时在非肝素结合的表皮生长因子存在的情况下可以刺激角质形成细胞的增殖（Kawada，1997）。与此相似，浓度为5μg/mL的海藻酸寡糖可以在重组VEGF165的存在下激活内皮细胞的增殖和迁移（Kawada，1999），其中的构效关系显示古洛糖醛酸具有更好的细胞激活作用，这个现象与古洛糖醛酸和内皮细胞受体的亲和力相关（Kawada，1997）。

十、抗菌

体外培养中海藻酸寡糖对大肠杆菌、金黄色葡萄球菌、嗜水气单胞菌、白色念珠菌等有较强的抗菌活性，使其在新一代安全高效、无毒副作用的水产养殖用饲料添加剂中有重要的应用价值（Yan，2011）。在水产养殖中，海藻酸寡糖对常见的嗜水气单胞菌、白色念珠菌及鳗弧菌表现出较强的抑菌活性，且随寡糖浓度的升高而增强（陈丽，2009）。体外抑菌研究发现海藻酸寡糖对大肠杆菌和金黄色葡萄球菌有直接抑制作用，且呈量效关系（陈丽，2007）。

在菌膜中，细菌对传统抗生素的抵抗力可以增加1000倍（Ceri，1999）。尽管有很多种针对菌膜的治疗方案，但是目前的技术均没有达到预期效果。研究显示含有96% α-L-古洛糖醛酸和4%的β-D-甘露糖醛酸的海藻酸寡糖具有抗菌和抗菌膜的功效（Khan，2012）。聚合度为16、浓度为20g/L、古洛糖醛酸含量>85%的海藻酸寡糖可以抑制革兰染色阴性细菌的增长并通过协同作用增强黏菌素对铜绿假单胞菌NH57388A的活性，有益于囊性纤维化患者的治疗（Alkawash，2006）。浓度为5%的寡糖在小鼠肺部感染模型中显示可以阻止菌膜的形成（Wang，2016），其作用机理可能是破坏菌膜中蛋白质、多糖、脂质等细胞外高分子形成的网络结构（Powell，2018）。

十一、抗辐射

紫外辐射可引起DNA损伤，造成神经系统、内分泌系统调节障碍，同时还会增加生物体内氧自由基的形成，引起皮肤老化等诸多问题。源自天然产物的低毒辐射防护剂可用于抵抗紫外辐射，其中海藻酸寡糖是近年来发现的一种具有优异抗辐射性能的糖类防护剂。研究发现，通过生物酶解工艺制备的海藻酸寡糖在其非还原末端形成一个在230nm区域有特征吸收峰的双键，因而表现出非常好的抗紫外线辐射作用。同时，海藻酸寡糖还可以通过清除氧化自由基降低紫外辐射对细胞的损伤（王鹏，2011）。

十二、改善黏液和囊性纤维化

黏蛋白是一类黏附在消化、泌尿和生殖道的糖蛋白，是黏液中的主要高分子成分。黏蛋白由特殊的杯状细胞分泌，在细胞表面形成水化的交联结构，是病原体的有效屏障。黏液的分泌保护了肺、肠和泌尿道的表面，但是其过度生成、过高黏度或不生成会影响肠黏膜屏障功能，导致微生物感染、慢性炎症和腔梗阻等疾病的发生。

囊胞性纤维症是一种遗传性疾病（Garcia，2009），其中黏液的改变导致细菌增生和炎症反应，进而产生更多的黏液，影响了肺功能。这类患者依赖长期抗生素治疗，其积聚的黏液也导致末端肠梗阻以及小肠细菌过度生长等病症。

海藻酸寡糖可通过其与黏蛋白的特殊作用改变囊胞性纤维症患者黏痰的流变性能。AlgiPharma AS 公司开发的海藻酸寡糖产品 OligoG CF-5/20 是一种干粉状的吸入药剂，目前已经进入 II 期临床试验。在美国凯斯西储大学进行的一项研究显示，给囊性纤维化的老鼠用海藻酸寡糖处理可以影响肠道黏液的积聚，7d 的短期治疗和 25d 的长期治疗均实质性降低肠梗阻、改善成活率，其中的主要原因是海藻酸寡糖对黏液的分解减少了黏液的积聚。在这个过程中，海藻酸寡糖的应用价值体现在：①具有螯合钙离子的性能；②可与黏蛋白结合。钙离子是黏蛋白分泌前的主要成分，其去除导致黏蛋白的释放、解聚和扩展（Ambort，2012）。有研究显示黏液在钙离子螯合物存在的情况下可以溶解（Gustafsson，2012）。

海藻酸盐有螯合钙离子的性能（Braccini，1999），有研究证明低分子质量古洛糖醛酸寡糖对钙离子有特别强的结合力（Jorgensen，2007）。OligoG CF-5/20 海藻酸寡糖被证明是一种钙离子螯合剂，通过捕获黏蛋白中的钙离子使其分泌进入肠道后使黏液膨胀、成熟和分散。低分子质量的高古洛糖醛酸寡糖直接与黏蛋白结合，导致黏蛋白复杂的高分子网络结构中的分子间结合被破坏。这个作用的结果是黏蛋白基质中孔径的增大、黏液流变性的改变（Sletmoen，2012）。OligoG CF-5/20 与黏蛋白的直接结合改变了黏蛋白的表面电荷，从而降低了唾液的黏度（Pritchard，2016），对治疗慢性阻塞性肺病和鼻窦炎等慢性呼吸道疾病有重要的应用价值。

十三、促进植物生长

海藻酸寡糖可促进作物生长，促进种子萌发和根部生长，提高植物抗冻能力（秦益民，2022）。王婷婷将大麦和小麦种子分别浸泡在不同浓度的海藻酸寡糖和壳寡糖溶液中，并在 24℃恒温光照培养箱中进行萌发，通过对根长、苗长、根重、苗重等生长指标的测定，发现海藻酸寡糖的最佳促生长浓度针对大麦是 0.5%、小麦是 0.25%，在 0.25%~0.5% 的浓度范围内表现出较好的促生长作用。

海藻酸寡糖通过提高叶绿素含量、淀粉酶活性及植株根系活力促进种子萌发和幼苗生长（王婷婷，2012）。

第五节　海藻酸寡糖的应用

一、海藻酸寡糖在功能性食品中的应用

海藻酸寡糖是一种优质的膳食纤维（秦益民，2021），可以有效预防便秘的形成，促进肠胃蠕动，作为解毒剂能吸附 Pb^{2+}、Sn^{2+}、Cd^{2+} 等有毒重金属离子后将其排出体外。近年来，市场上已经有以海藻酸寡糖为原料生产的富锌排铅咀嚼片，其主要原料为海藻酸钠、羧甲基壳聚糖、乙酸钙、乙酸锌等，能有效促进排铅。海藻酸寡糖与食品中的一些组分复合后能明显改善这些物质的自身性能，提高应用价值。例如把鲤鱼肌原纤维蛋白与海藻酸寡糖复合后，在低盐浓度下呈现高溶解性，热稳定性也被提高，还表现出优异的乳浊液形成能力。双歧杆菌是肠道正常菌群的优势菌，具有调节肠道内微生态平衡、抑制肠道内病原菌生长和腐败菌发育、降低血清胆固醇、延缓衰老等作用。人们把能够促进双歧杆菌增殖和生长的物质称为双歧因子。寡糖是公认的双歧因子，具有促进双歧杆菌增殖的作用，还能抑制有害菌产气荚膜梭状芽孢杆菌的生长，增强机体免疫力。

二、海藻酸寡糖在感染控制中的应用

耐多药（MDR）生物感染是一个全球性的难题。目前这类感染在逐年上升，其主要原因是：①在医药和畜牧业过度使用抗生素；②人口的老龄化（Laxminarayan，2013）。耐药性的原因一方面是细菌获得耐药的基因，另一方面是在表面集聚后形成细胞外高聚物包埋的三维结构的细菌组合体，这种菌膜内细菌的耐药性比普通状态下强 200 倍（Hengzhuang，2016）。研究显示海藻酸寡糖具有加强大环内酯类和 β- 内酰胺类抗生素对假单胞菌、不运动菌和黏液囊菌等细菌的活性的功能，其活性的提升达到 512 倍。

研究显示人体绿脓杆菌暴露于海藻酸寡糖后，不产生对寡糖的耐药性（Khan，2012）。在一项软组织感染的实验模型上进行的研究显示，海藻酸寡糖与阿奇霉素联合处理鲍曼不动杆菌感染时明显强化抗菌功效（Russo，2008），二者组合后消除感染需要的抗生素从 64μg/mL 下降到 16μg/mL，强化效果非常明显。与此同时，海藻酸寡糖也具有影响念珠菌和曲霉菌等真菌病原体、抑制菌丝形成和入侵的功效（Powell，2013），使抗真菌药物疗效提高 16 倍，在临床上应

对细菌和真菌感染中有重要的应用价值。

三、海藻酸寡糖在预抗生物膜中的应用

细菌生物膜的产生是呼吸道疾病、牙周病、慢性伤口以及体内植入材料感染后的一个基本特征。OligoG CF-5/20 海藻酸寡糖在应用过程中明显改变了细菌的黏附、增长和运动能力，具有预抗生物膜的功效（Khan，2012）。对奇异变形杆菌进行的一项试验证明海藻酸寡糖对细菌运动能力的抑制作用（Kohler，2000），同时可以干扰假单胞菌生物膜的形成，导致更多的细胞凋亡。研究显示带负电荷的海藻酸寡糖可以渗入假单胞菌生物膜的细胞外高分子体系（Pritchard，2015），降低生物膜的厚度、增加细胞凋亡率（Pritchard，2016）。图 7-4 为生物膜感染的伤口的电镜图，其中用海藻酸寡糖处理后伤口上的细菌明显减少。

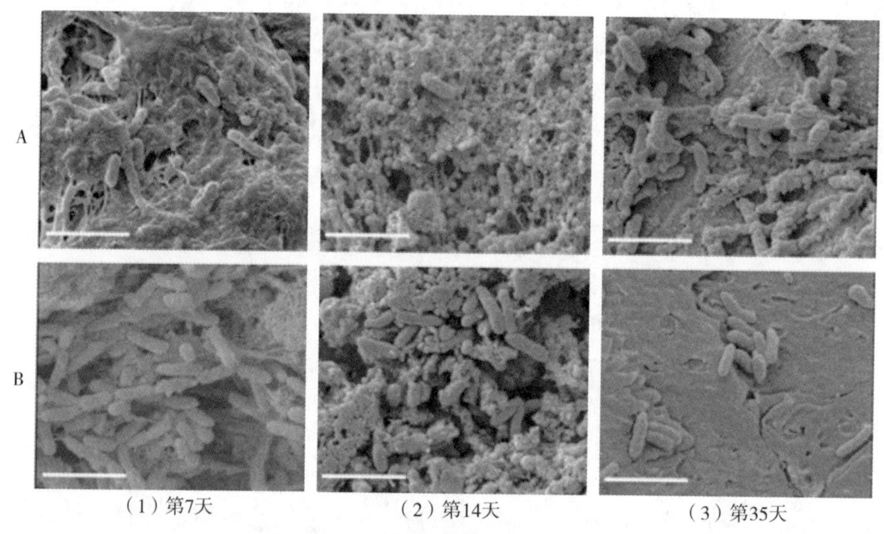

图 7-4　生物膜感染的伤口的电镜图

A.无处理；B.用海藻酸寡糖处理后。比例尺=5μm

在慢性囊胞性纤维症肺中，假单胞菌革兰染色阴性细菌经常产生黏液状的表型，其特征是细菌过度分泌高分子质量的海藻酸盐（Sherbrock-Cox，1984）。在这些黏液细菌膜中，用海藻酸寡糖处理在实验和动物试验中均强化了抗生素的功效，其作用机制有两个：①直接影响细菌活性；②通过调节细菌细胞外高分子体系影响细菌活性。

四、海藻酸寡糖在医疗器械涂层中的应用

手术植入物、导尿管、气管内导管等医疗器械的表面容易形成生物膜，引

起感染、炎症反应等疾患。用海藻酸寡糖处理可以明显降低医疗器械表面的细菌和细菌膜。海藻酸寡糖已经被证明可以有效阻止细菌膜感染，以其对医疗器械表面进行涂层有重要的临床应用价值。Roberts 等显示在钛等牙科材料上涂上海藻酸寡糖可以抑制变异链球菌和牙龈卟啉单胞菌等口腔中常见细菌的黏附（Roberts，2013）。海藻酸寡糖具有抗凝血作用，以海藻酸寡糖对医疗器械涂层可以产生抗细菌膜及血液相容的双重功效（Dessen，2016）。图 7-5 总结了海藻酸寡糖在医疗领域的功效和应用。

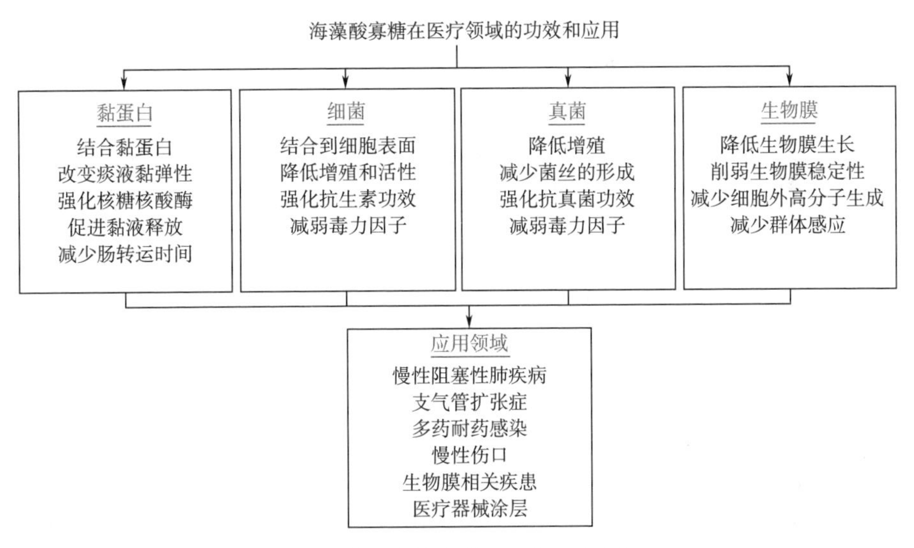

图 7-5　海藻酸寡糖在医疗领域的功效和应用

五、海藻酸寡糖在水产制品中的应用

在冷冻水产品的生产加工中，水分含量和持水性直接关系到水产品的组织状态、品质，甚至风味（王浩贤，2012）。大量研究表明，添加剂对提高肉的保水性和嫩度、降低肉在蒸煮过程中的汁液损失有显著的改善作用（邹明辉，2010；张丽，2010；范素琴，2019）。海藻酸是一种天然高分子多糖，溶于水可形成黏稠的溶液，其含有的大量亲水性基团具有良好的保水功能。用海藻酸寡糖涂抹肉的表层还可以防止微生物生长和脂肪氧化，延长贮存时间。

研究发现凡纳滨对虾虾仁经浓度为 0.5% 的海藻酸寡糖浸泡 1h 后增重效果达 13%，处理后的虾仁冻藏 20d 后仍能有效保持浸泡增重效果，防止解冻损失、提高产品出品率（邹明辉，2010）。陈丽娇等（陈丽娇，2003）用浓度为 3% 的海藻酸钠溶液对大黄鱼进行涂膜后冰藏保鲜，以感官指标、细菌总数、挥发性盐基氮（TVB-N）值、pH 等作为鲜度指标与普通冰藏保鲜进行对比。试验结果表明，涂膜保鲜可以明显抑制细菌总数的增长，维持较低的 TVB-N 值，延长大黄鱼保鲜期 3~4d，保鲜效果明显优于普通冰藏保鲜法（陈丽娇，2003）。

六、海藻酸寡糖在植物生长刺激剂中的应用

海藻酸寡糖能有效促进植物根系生长、促进或诱导细胞次级代谢物的生成，而这些代谢物往往是抗菌物质，与提高机体防御能力有关。以海藻酸寡糖为原料制备的植物生长刺激剂在农业生产中有很高的应用价值（秦益民，2022）。

第六节　小结

海藻酸寡糖保留了海藻酸的大多数化学和物理性能，尤其是对单价和多价金属离子的结合力。但是由于分子质量低，海藻酸寡糖在二价金属离子的存在下不会形成凝胶，基于这个性能，可用海藻酸寡糖螯合生物系统中的多价金属离子，干扰钙离子的交联作用，产生独特的生物活性和应用功效。海藻酸寡糖在慢性肺病、生物膜感染和抗生素使用中有重要应用价值，在水产品保鲜、植物生长刺激剂等领域也有广泛应用。

参考文献

[1] Aletaha S，Haddad L，Roozbehkia M，et al. M2000（beta-d-mannuronic acid）as a novel antagonist for blocking the TLR2 and TLR4 downstream signalling pathway[J]. Scand J Immunol，2017，85: 122-129.

[2] Alkawash M A，Soothill J S，Schiller N L. Alginate lyase enhances antibiotic killing of mucoid *Pseudomonas aeruginosa* in biofilms[J]. Apmis，2006，114: 131-138.

[3] Ambort D，Johansson M E，Gustafsson J K，et al. Calcium and pH-dependent packing and release of the gel-forming MUC2 mucin[J]. Proc Natl Acad Sci USA，2012，109（15）: 5645-5650.

[4] Boyen C，Kloareg B，Polne-Fuller M，et al. Preparation of alginate lyases from marine molluscs for protoplast isolation in brown algae[J]. Phycologia，1990，29: 173-181.

[5] Braccini I，Grasso R P，Perez S. Conformational and configurational features of acidic polysaccharides and their interactions with calcium ions: a molecular modeling investigation[J]. Carbohydr Res，1999，317（1-4）: 119-130.

[6] Brown B J，Preston J F. L-Guluronan-specific alginate lyase from a marine bacterium associated with Sargassum[J]. Carbohydr Res，1991，211: 91-102.

[7] Brownlee I A, Allen A, Pearson J P, et al. Alginate as a source of dietary fiber[J]. Crit Rev Food Sci, 2005, 45: 497-510.

[8] Campa C, Oust A, Skjak-Braek G, et al. Determination of average degree of polymerization and distribution of oligosaccharides in a partially acid-hydrolyzed homopolysaccharide: a comparison of four experimental methods applied to mannuronan[J]. J Chromatogr A, 2004, 1026 (1-2) : 271-281.

[9] Ceri H, Olson M E, Stremick C, et al. The Calgary Biofilm Device: New technology for rapid determination of antibiotic susceptibilities of bacterial biofilms[J]. J Clin Microbiol, 1999, 37: 1771-1776.

[10] Chen Y Y, Ji W, Du J R, et al. Preventive effects of low molecular mass potassium alginate extracted from brown algae on DOCA salt-induced hypertension in rats[J]. Biomed Pharmacother, 2010, 64: 291-295.

[11] Dessen A, Rye P. Use of alginate oligomers as blood anticoagulants[P]. US Patent US2016/331777 A1, 2016.

[12] Garcia M A S, Yang N, Quinton P M. Normal mouse intestinal mucus release requires cystic fibrosis transmembrane regulator-dependent bicarbonate secretion[J]. J Clin Invest, 2009, 119 (9) : 2613-2622.

[13] Gustafsson J K, Ermund A, Ambort D, et al. Bicarbonate and functional CFTR channel are required for proper mucin secretion and link cystic fibrosis with its mucus phenotype[J]. J Exp Med, 2012, 209 (7) : 1263-1272.

[14] Han Y, Zhang L, Yu X, et al. Alginate oligosaccharide attenuates alpha 2, 6-sialylation modification to inhibit prostate cancer cell growth via the Hippo/YAP pathway[J]. Cell Death Dis, 2019, 10: 1-14.

[15] Hao C, Hao J J, Wang W, et al. Insulin sensitizing effects of oligomannuronate-chromium (III) complexes in C2C12 skeletal muscle cells[J]. PLoS ONE, 2011, 6: e24598.

[16] Haslam D, Sattar N, Lean M. ABC of obesity-obesity-time to wake up[J]. Br Med J, 2006, 333: 640-642.

[17] Haugen F, Kortner F, Larsen B. Kinetics and specificity of alginate lyases: Part I, a case study[J]. Carbohydr Res, 1990, 198: 101-109.

[18] Hengzhuang W, Song Z, Ciofu O, et al. OligoG CF-5/20 disruption of mucoid *Pseudomonas aeruginosa* biofilm in a murine lung infection model[J]. Antimicrob Agents Chemother, 2016, 60 (5) : 2620-2626.

[19] Hiura N, Chaki T, Ogawa H. Antihypertensive effects of sodium alginate oligosaccharides[J]. Nippon Nogeik Kaishi, 2001, 75: 783-785.

[20] Hu X K, Jiang X L, Hwang H M, et al. Antitumour activities of alginate-derived oligosaccharides and their sulphated substitution derivatives[J]. Eur J Phycol, 2004, 39: 67-71.

[21] Iwamoto M, Kurachi M, Nakashima T, et al. Structure-activity relationship

of alginate oligosaccharides in the induction of cytokine production from RAW264. 7 cells[J]. Febs Lett，2005，579: 4423-4429.

[22] Iwamoto Y，Xu X，Tamura T，et al. Enzymatically depolymerized alginate oligomers that cause cytotoxic cytokine production in human mononuclear cells[J]. Biosci Biotechnol Biochem，2003，67: 258-263.

[23] Ji W，Chen Y Y，Du J R，et al. Antihypertensive effect and pharmacokinetics of low molecular mass potassium alginate[J]. J Sichuan Univ Med Sci Ed，2009，40: 694-696.

[24] Jorgensen T E，Sletmoen M，Draget K I，et al. Influence of oligoguluronates on alginate gelation，kinetics，and polymer organization[J]. Biomacromolecules，2007，8（8）: 2388-2397.

[25] Kawada A，Hiura N，Tajima S，et al. Alginate oligosaccharides stimulate VEGF-mediated growth and migration of human endothelial cells[J]. Arch Dermatol Res，1999，291: 542-547.

[26] Kawada A，Hiura N，Shiraiwa M，et al. Stimulation of human keratinocyte growth by alginate oligosaccharides，a possible co-factor for epidermal growth factor in cell culture[J]. Febs Lett，1997，408: 43-46.

[27] Kelishomi Z H，Goliaei B，Mandavi H，et al. Antioxidant activity of low molecular weight alginate produced by thermal treatment[J]. Food Chem，2016，196: 897-902.

[28] Khan S，Tondervik A，Sletta H，et al. Overcoming drug resistance with alginate oligosaccharides able to potentiate the action of selected antibiotics[J]. Antimicrob Agents Chemother，2012，56: 5134-5141.

[29] Kohler T，Curty L K，Barja F，et al. Swarming of *Pseudomonas aeruginosa* is dependent on cell-to-cell signaling and requires flagella and pili[J]. J Bacteriol，2000，182（21）: 5990-5996.

[30] Lan Y，Zeng X，Guo Z H，et al. Polyguluronate sulfate and its oligosaccharides but not heparin promotes FGF19/FGFR1c signaling[J]. J Ocean Univ China，2017，16: 532-536.

[31] Laxminarayan R，Duse A，Wattal C，et al. Antibiotic resistance-the need for global solutions[J]. Lancet Infect Dis，2013，13（12）: 1057-1098.

[32] Liu X，Hao J J，Zhang L J，et al. Activated AMPK explains hypolipidemic effects of sulfated low molecular weight guluronate on HepG2 cells[J]. Eur J Med Chem，2014，85: 304-310.

[33] Luan L Q，Nagasawa N，Ha V T T，et al. Enhancement of plant growth stimulation activity of irradiated alginate by fractionation[J]. Radiation Physics and Chemistry，2009，78: 796-799.

[34] Marounek M，Volek Z，Skrivanova E，et al. Comparative study of the hypocholesterolemic and hypolipidemic activity of alginate and amidated

alginate in rats[J]. Int J Biol Macromol，2017，105: 620-624.

[35] Mirshafiey A，Rehm B，Abhari R S，et al. Production of M2000（beta-d-mannuronic acid）and its therapeutic effect on experimental nephritis[J]. Environ Toxicol Pharmacol，2007，24: 60-66.

[36] Moriya C，Shida Y，Yamane Y，et al. Subcutaneous administration of sodium alginate oligosaccharides prevents salt-induced hypertension in dahl salt-sensitive rats[J]. Clin Exp Hypertens，2013，35: 607-613.

[37] Mortazavi-Jahromi S S，Farazmand A，Motamed N，et al. Effects of guluronic acid（G2013）on SHIP1，SOCS1 induction and related molecules in TLR4 signaling pathway[J]. Int Immunopharmacol，2018，55: 323-329.

[38] Nagasawa N，Mitomo H，Yoshii F，et al. Radiation-induced degradation of sodium alginate[J]. Polym Degrad Stab，2000，69: 279-285.

[39] Nazeri S，Jamshidi A R，Mahmoudi M，et al. The safety and efficacy of guluronic acid（G2013）in ankylosing spondylitis: A randomized controlled parallel clinical trial[J]. Pharmacol Rep，2019，71: 393-398.

[40] Nordgard C T，Draget K I. Oligosaccharides as modulators of rheology in complex mucous systems[J]. Biomacromolecules，2011，12（8）: 3084-3090.

[41] Padol A M，Draget K I，Stokke B T. Effects of added oligoguluronate on mechanical properties of Ca-alginate-oligoguluronate hydrogels depend on chain length of the alginate[J]. Carbohydr Polym，2016，147: 234-242.

[42] Powell L C，Pritchard M F，Emanuel C，et al. A nanoscale characterization of the interaction of a novel alginate oligomer with the cell surface and motility of *Pseudomonas aeruginosa*[J]. Am J Respir Cell Mol Biol，2014，50（3）: 483-492.

[43] Powell L C，Pritchard M F，Ferguson E L，et al. Targeted disruption of the extracellular polymeric network of *Pseudomonas aeruginosa* biofilms by alginate oligosaccharides[J]. NPJ Biofilms Microbiomes，2018，4: 13-18.

[44] Powell L C，Pritchard M F，Emanuel C，et al. Characterization of the effect of a novel antifungal alginate oligomer on fungal hyphae formation[J]. Pediatr Pulmonol，2013，48: 329-329.

[45] Pritchard M F，Powell L C，Menzies G E，et al. A new class of safe oligosaccharide polymer therapy to modify the mucus barrier of chronic respiratory disease[J]. Mol Pharm，2016，13（3）: 863-872.

[46] Pritchard M F，Ferguson E，Powell L，et al. Characterization of the in vitro interaction of an alginate oligosaccharide（OligoG CF-5/20）with Pseudomonal biofilms using fluorescent labelling and quantitative image analysis[J]. Pediatr Pulmonol，2015，50（S41）: S295-S301.

[47] Pritchard M F，Powell L，Jack A A，et al. OligoG CF-5/20 induces

microcolony disruption and potentiates the activity of colistin against multidrug resistant Pseudomonal biofilms[J]. Pediatr Pulmonol，2016，51（S45）: S285-S290.

[48] Roberts J L，Khan S，Emanuel C，et al. An in vitro study of alginate oligomer therapies on oral biofilms[J]. J Dent，2013，41（10）: 892-899.

[49] Russo T A，Beanan J M，Olson R，et al. Rat pneumonia and soft-tissue infection models for the study of *Acinetobacter baumannii* biology[J]. Infect Immun，2008，76（8）: 3577-3586.

[50] Rye P D，Tondervik A，Sletta H，et al. Alginate oligomers and their use as active pharmaceutical drugs. In Rehm B H A & Moradali M F（eds），Alginates and Their Biomedical Applications[M]. Singapore: Springer Nature Singapore Pte Ltd，2018.

[51] Saltiel A R，Kahn C R. Insulin signalling and the regulation of glucose and lipid metabolism[J]. Nature，2001，414: 799-806.

[52] Sherbrock-Cox V，Russell N J，Gacesa P. The purification and chemical characterization of the alginate present in extracellular material produced by mucoid strains of *Pseudomonas aeruginosa*[J]. Carbohydr Res，1984，135（1）: 147-154.

[53] Sletmoen M，Maurstad G，Nordgard C T，et al. Oligoguluronate induced competitive displacement of mucin-alginate interactions: relevance for mucolytic function[J]. Soft Matter，2012，8（32）: 8413-8421.

[54] Strugala V，Kennington E J，Campbell R J，et al. Inhibition of pepsin activity by alginates in vitro and the effect of epimerization[J]. Int J Pharm，2005，304: 40-50.

[55] Terakado S，Ueno M，Tamura Y，et al. Sodium alginate oligosaccharides attenuate hypertension and associated kidney damage in dahl salt-sensitive rats fed a high-salt diet[J]. Clin Exp Hypertens，2012，34: 99-106.

[56] Timell T E. The acid hydrolysis of glycosides: I. General conditions and the effect of the nature of the aglycone[J]. Can J Chem，1964，42: 1456.

[57] Wang X，Liu F，Gao Y，et al. Transcriptome analysis revealed anti-obesity effects of the sodium alginate in high-fat diet-induced obese mice[J]. Int J Biol Macromol，2018，115: 861-870.

[58] Wang W，Yoshie Y，Suzuki T. Effect of alginate viscosity on digestibility and lipid metabolism in rats[J]. Nippon Suisan Gakk，2003，69: 72-79.

[59] Wang H Z，Song Z J，Ciofu O，et al. OligoG CF-5/20 disruption of mucoid *Pseudomonas aeruginosa* biofilm in a murine lung infection model[J]. Antimicrob Agents Chemother，2016，60: 2620-2626.

[60] Wong T Y，Preston L A，Schiller N L. Alginate lyase: review of major sources and enzyme characteristics，structure-function analysis，biological roles and

applications[J]. Acta Phys Hung Ns-H，2000，54（1）: 289-340.

[61] Xin M，Sun Y，Chen H J，et al. Propylene glycol guluronate sulfate（PGGS）reduces lipid accumulation via AMP-activated kinase activation in palmitate-induced HepG2 cells[J]. Int J Biol Macromol，2018，114: 26-34.

[62] Xing M，Cao Q，Wang Y，et al. Advances in research on the bioactivity of alginate oligosaccharides[J]. Mar Drugs，2020，18（3），144-154.

[63] Yan G L，Guo Y M，Yuan J M，et al. Sodium alginate oligosaccharides from brown algae inhibit *Salmonella Enteritidis* colonization in broiler chickens[J]. Poultry Science，2011，90（7）: 1441-1448.

[64] Yang J H，Bang M A，Jang C H，et al. Alginate oligosaccharide enhances LDL uptake via regulation of LDLR and PCSK9 expression[J]. J Nutr Biochem，2015，26: 1393-1400.

[65] Zhang D D，Fujii I，Lin C Z，et al. The stimulatory activities of polysaccharide compounds derived from algae extracts on insulin secretion in vitro[J]. Biol Pharm Bull，2008，31: 921-924.

[66] Zhao X，Li B F，Xue C H，et al. Effect of molecular weight on the antioxidant property of low molecular weight alginate from *Laminaria japonica*[J]. J Appl Phycol，2012，24: 295-300.

[67] Zhou R，Shi X Y，Bi D C，et al. Alginate-derived oligosaccharide inhibits neuroinflammation and promotes microglial phagocytosis of beta-amyloid[J]. Mar Drugs，2015，13: 5828-5846.

[68] Zhou R，Shi X Y，Gao Y，et al. Anti-inflammatory activity of guluronate oligosaccharides obtained by oxidative degradation from alginate in lipopolysaccharide-activated murine macrophage RAW 264. 7 cells[J]. J Agric Food Chem，2015，63: 160-168.

[69] 陈俊帆，石波，范红玲，等. 褐藻胶裂解酶的研究进展[J]. 食品工业科技，2011，32（8）：428-443.

[70] 陈俊帆，聂莹，石波，等. 紫红链霉菌*Streptomyce violaceoruber* IFO 15732产褐藻胶裂解酶的培养条件优化[J]. 中国食物与营养，2013，19（4）：48-51.

[71] 李悦明，韩建友，管斌，等. 利用芽孢杆菌发酵生产褐藻胶裂解酶的研究[J]. 中国酿造，2010，29（4）：79-81.

[72] 岳明，丁宏标，乔宇. 海藻酸裂解酶酶学与基因工程研究进展及应用[J]. 生物技术通报，2006，（6）: 5-8.

[73] 江琳琳，陈温福，陈晓艺，等. 海藻酸寡糖生物活性研究[J]. 大连工业大学学报，2009，28（3）：157-160.

[74] 范素琴，陈鑫炳，代增英，等. 褐藻胶低聚糖的生物活性及其在水产制品中的应用研究进展[J]. 肉类工业，2019，（3）：49-52.

[75] 孙丽萍，薛长湖，许加超，等. 褐藻胶寡糖体外清除自由基活性的研究

[J]. 中国海洋大学学报（自然科学版），2005，35（5）：811-814.
[76] 吴海歌，王雪伟，李倩，等. 海藻酸钠寡糖抗氧化活性的研究[J]. 大连大学学报，2015，36（3）：70-75.
[77] 杨华，张建斌，王珍喜. 微生态添加剂[illegible]甘露寡糖应用研究进展[J]. 饲料博览，2004，（12）：47-48.
[78] 王媛媛，郭文斌，王淑芳，等. 褐藻胶低聚糖的生物活性与应用研究进展[J]. 食品与发酵工业，2010，（10）：122-126.
[79] 陈丽，王淑军，刘泉，等. 褐藻胶低聚糖对3种水产致病菌抗菌活性研究[J]. 淮海工学院学报（自然科学版），2009，18（1）：90-92.
[80] 陈丽，张林维，薛婉立. 褐藻胶低聚糖的制备及抑菌性研究[J]. 中国饲料，2007，（9）：34-35，42.
[81] 王鹏，江晓路，江艳华，等. 系列海洋特征性寡糖抗紫外辐射构效关系研究[J]. 天然产物研究与开发，2011，（5）：874-877.
[82] 王婷婷. 海洋寡糖对植物促生长及生理特性的研究[D]. 中国海洋大学硕士学位论文，2012.
[83] 王浩贤. 聚甘露糖醛酸和聚古罗糖醛酸纯化及降解产物活性研究[D]. 青岛: 中国海洋大学硕士学位论文，2012.
[84] 邹明辉，李来好，郝淑贤，等. 凡纳滨对虾虾仁在冻藏过程中品质变化研究[J]. 南方水产，2010，6（4）：37-42.
[85] 陈丽娇，郑明锋. 大黄鱼海藻酸钠涂膜保鲜效果研究[J]. 农业工程学报，2003，19（4）：209-211.
[86] 张丽，王丽，李学鹏，等. 褐藻提取物与复合磷酸盐对中国对虾保水效果的比较[J]. 水产学报，2010，34（10）：1610-1616.
[87] 秦益民. 海藻源膳食纤维[M]. 北京：中国轻工业出版社，2021.
[88] 秦益民. 海洋源生物刺激剂[M]. 北京：中国轻工业出版社，2022.

第八章　海藻酸丙二醇酯

第一节　引言

1949 年，Kelco 公司研究出了海藻酸与环氧丙烷反应后得到的有机衍生物，即海藻酸丙二醇酯（PGA）（Steiner，1947；Steiner，1950）。图 8-1 显示了 PGA 的化学结构。

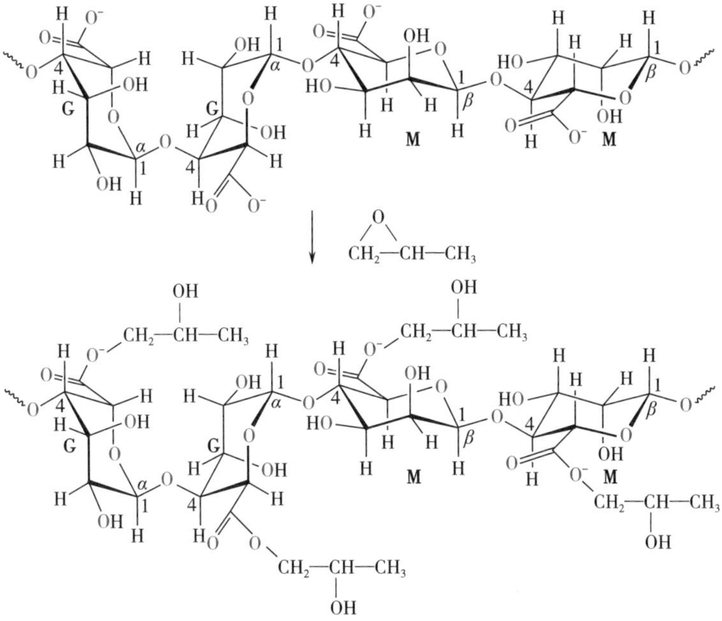

图 8-1　海藻酸与环氧丙烷反应后得到的 PGA

PGA 也称藻酸丙二醇酯、藻酸丙二酯，其分子中的丙二醇基为亲脂端，可与脂肪球结合。分子中的糖醛酸为亲水端，含有大量羟基和部分羧基，可与蛋白质结合。PGA 是现今食品用稳定胶体中唯一具有稳定和乳化双重作用的稳定剂（王姣姣，2016；秦益民，2019；秦益民，2021）。作为食品配料，海藻酸及其衍生物具有独特的增稠性、稳定性、乳化性、悬浮性、成膜性以及形成凝胶的性能，PGA 的独特结构赋予其一系列优良的使用功效。由于海藻酸中的部分羧酸基团被丙二醇酯化，PGA 可溶于水中形成黏稠胶体，其抗盐性强，对钙、钠离子等金属离子很稳定，即使在浓电解质溶液中也不盐析。与海藻酸盐相比，PGA 具有耐酸性，能溶解在酸性介质中，由于其分子中含有丙二醇基，故亲油性强、乳化稳定性好，能有效应用于乳酸饮料、果汁饮料等低 pH 的食品和饮料中（Anderson，1991）。

总的来说，PGA 主要有以下功能和应用：

（1）增稠、乳化、稳定性　适用于乳制品、人造奶油、咖啡、含乳饮料、糖衣、冷冻食品等。

（2）耐酸性　适用于乳酸饮料等。

（3）耐酸性、稳定性、分散性　适用于果汁、巧克力饮料、水果饮料等。

（4）泡沫稳定性　适用于啤酒。

（5）水合、组织改良性　适用于方便食品、面条等面食制品。

（6）耐盐、耐酸、增稠性　适用于色拉酱、调味酱等调味品。

第二节　海藻酸丙二醇酯的制备方法

PGA 是海藻酸与环氧丙烷反应后得到的一种海藻酸衍生物，可以采用高压反应法、真空反应法、吹扫法、管道反应法等方法制备，其中高压反应法由于在高压条件下反应，时间太长易焦化，成品也易分解，故反应时间较短。高压反应法能得到酯化度较高的产品，使用的设备简单、操作方便、易工业化生产，缺点是需要加入过量的环氧丙烷进行反应。真空反应法是在真空条件下通入环氧丙烷后完成反应，原料的利用率高，生产成本低。吹扫法和管道反应法利用特制的设备降低环氧丙烷用量，同时得到高酯化度的产品，缺点是设备的设计复杂。

陈宏等发明了一种 PGA 的生产方法，其制备工艺为：海藻酸→碱处理→醇脱水→酯化→降温→热风处理→造粒→干燥→粉碎，最后得到 PGA。生产过程中通过对酯化条件的控制得到不同酯化度的产品，采用特殊的反应釜将环氧丙烷气化，蒸汽循环通过海藻酸进行酯化反应使酯化过程需要的环氧丙烷用量减少，酯化完成后不需要用乙醇洗涤产品，既节约了生产成本也提高了安全性（陈宏，2016）。具体步骤如下：

（1）原料　选取含水量在 60%~80% 的湿海藻酸为原料。

（2）碱处理　取原料质量 0.15%~0.8% 的催化剂与乙醇充分混合。将湿的海藻酸与乙醇以 1 ：（1~1.5）的体积比搅拌混合，使海藻酸充分与乙醇溶液接触，搅拌混合 15min。

（3）乙醇脱水处理　将碱处理完毕后的原料继续留在乙醇溶液中浸泡，浸泡 2h 后离心除去乙醇溶液，脱水后的海藻酸水分含量在 30%~50% 时可直接用于酯化。

（4）酯化　将环氧丙烷和酸块投入反应釜后封闭反应釜，对反应釜进行加热排气处理，排气完毕后开始进行蒸汽循环酯化反应。

（5）降温　由于酯化反应过程中温度在环氧丙烷沸点以上，所以在酯化反应结束后需降温冷却后才能打开反应釜，通常将温度降至 20℃以下即可，待温度降至 20℃以下时排出废液。

（6）热风处理　反应釜中废液排除后封闭反应釜，向反应釜内通入干燥热风排出残留在 PGA 中的环氧丙烷。

（7）造粒　热风处理完毕后将酯化产品进行造粒，缩小体积后便于后续加工处理。

（8）干燥　造粒后的 PGA 进行快速干燥处理，减少黏度的损失。

（9）粉碎　干燥后的产物用粉碎机粉碎，过筛得到所需粒度的 PGA。

安丰欣等发明了一种啤酒专用 PGA 的生产工艺，可制取低黏度、高透明度、无异味的啤酒专用 PGA 产品（安丰欣，2006）。具体工艺如下：

（1）以褐藻为原料，按照海藻酸生产工艺，将海藻进行消化、冲稀、漂浮、过滤处理。

（2）过滤后的胶液用硅藻土为过滤介质过滤。

（3）将过滤后的胶液按常规钙化工艺加氯化钙反应形成海藻酸钙后，分别使用浓度为 2%~5% 和 0.5%~1% 的盐酸二次脱钙各 5~15min，使海藻酸含钙量 <0.15%。

（4）海藻酸加热存放降解黏度至 100mPa · s 以下。

（5）降解后的海藻酸用乙醇洗涤脱水至含水量 30%~50%。

（6）将环氧丙烷与海藻酸连同催化剂一同投入酯化釜中酯化，其中催化剂为氢氧化钠、氢氧化钾、碳酸钠、碳酸钾、乙酸钠或乙酸钾，其用量为海藻酸质量的 0.1%~1%。

（7）真空干燥酯化产物后精细磨粉。

第三节　海藻酸丙二醇酯的物理性质

PGA 的外观为白色或淡黄色粉末，其水溶液呈黏稠状胶体。因为分子结构中同时具有亲水性和亲油性两种基团，故具有乳化性、增稠性、膨化性、耐酸性和稳定性。表 8-1 显示 PGA 的主要物理性质。

表 8-1　PGA 的主要物理性质

项目	指标
干燥失重	≤ 20%
密度	$1.46g/cm^3$
松密度	$33.71kg/m^3$
炭化温度	220℃
褐变温度	155℃
灰化温度	400℃
燃烧热	18.56kJ/kg

第四节　海藻酸丙二醇酯的溶液性质

PGA 是一种水溶性高分子，表 8-2 显示 PGA 的 1% 蒸馏水溶液的物理性质。

表 8-2　PGA 的 1% 蒸馏水溶液的物理性质

项目	指标
pH	3~4
折射率（20℃）	1.3343
表面张力	$0.058N/m^2$

续表

项目	指标
溶解热	0.3762kJ/kg
冰点降低	0.030℃

与其他高分子溶液相似，PGA 水溶液的性能受各种因素的影响，其中包括 pH 、盐类离子及其他物质（如多价螯合物、季铵盐类等）等化学因素，以及温度、浓度、黏度、切变速度等物理因素。

一、PGA溶液的流变性质

图 8-2 显示 PGA 的浓度对其黏度的影响(黄明丽,2014)。在相同剪切速率下，随着 PGA 浓度的增加，其溶液表观黏度和剪切应力大幅增加，这是由于随着浓度的升高，PGA 分子占的体积增大，分子间相互作用的概率增加，吸附的水分子增多，故黏度增大。当 PGA 浓度高于 1% 时，在较宽的剪切速率范围内，其黏度随剪切速率的增加逐渐降低，表现出剪切稀化，即为假塑性流体。当浓度为 1% 或更低时，其溶液黏度基本不随剪切速率变化，不表现剪切稀化。

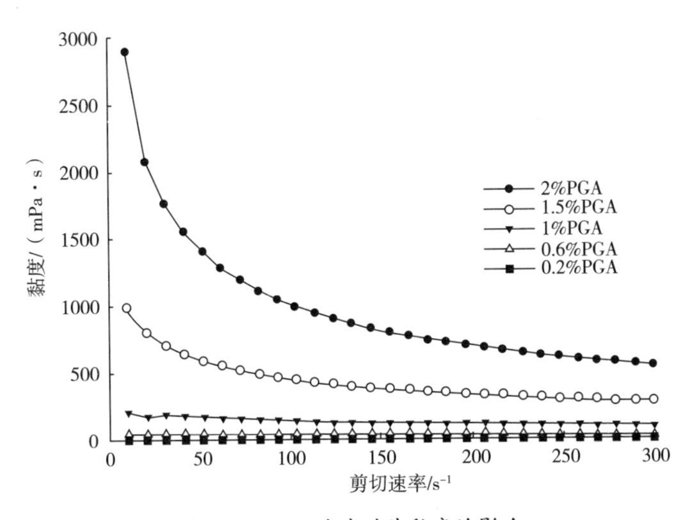

图 8-2　PGA 浓度对其黏度的影响

温度对高黏度 PGA 溶液的流变性质有很大影响，随着加热温度的升高，PGA 溶液的黏度逐渐下降，温度从 25℃升到 50℃时，黏度下降近 50%。这可能是因为对于 PGA 溶液，分子间引力形成的弹性阻力是其黏性产生的主要原因，温度升高使其分子间距离增大、分子间内聚力下降，导致黏性变小。1.5% 和 2% 的 PGA 溶液的应力 - 应变曲线均具有一定的触变性，随剪切速率的上升过程和下降过程的曲线不重合，在曲线下方形成触变环，并且触变环面积随着浓度的升高而增大。触变环的出现意味着当外加应力去除后，PGA 不能瞬间恢复其黏度，产生一定的时间依赖性。

二、pH对PGA溶液性质的影响

PGA 的最佳黏度范围在 pH2~8 时。如图 8-3 所示，在 pH2~8 范围内，PGA 溶液的黏度不受 pH 影响，pH 超过 8 时黏度有所下降。从这点上看，PGA 耐酸性强，耐碱性弱，其表观黏度在 pH3~4 时长期稳定，pH2~3 时最为稳定。pH7~8 时，黏度略有上升（4%~7%），而当 pH ≥ 9 时，黏度开始下降。pH13 时的黏度比酸性条件时下降约 16.6%。吴伟都等的研究显示，随着 pH 从 7 降到 4，体系中 H^+ 浓度的改变可能影响 PGA 分子之间以及与水分子的相互作用，pH 下降可能更有利于 PGA 分子的水化作用，使其与水分子形成更多的氢键，导致分子间作用力增大，溶液流动时受到的阻力增强、黏度有所增加（吴伟都，2017）。

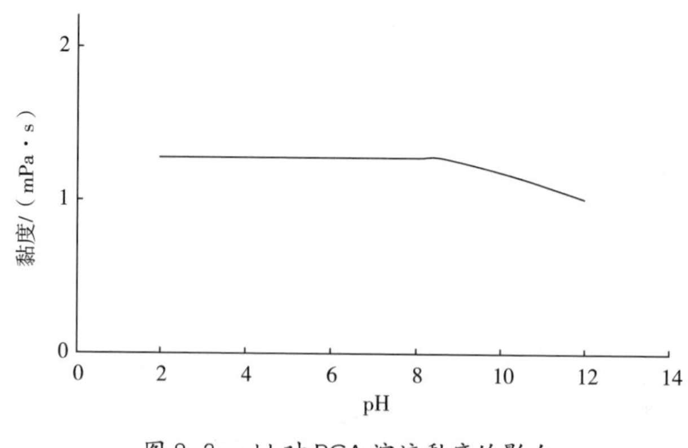

图 8-3　pH 对 PGA 溶液黏度的影响

三、单价盐对PGA溶液性质的影响

添加单价盐会降低 PGA 溶液的表观黏度，黄明丽的研究显示，NaCl 浓度为 0.01mol/L 和 0.1mol/L 时，溶液黏度略有降低，这可能是由于 PGA 中的羟基与钠离子作用导致 PGA 与水分子之间的氢键被打开，干扰了 PGA 分子与水分子的相互作用，使大分子在一定程度上缩拢、体系黏度降低。但是当 NaCl 浓度达到 1mol/L 后，溶液黏度反而会增加，其原因是 NaCl 浓度过高导致 PGA 在水溶液的链构象发生变化，从而使 PGA 黏度发生变化（黄明丽，2014）。

四、阳离子对PGA溶液性质的影响

PGA 为非离子型化合物，除了三价铁、铬、钴和钡离子，对其他离子很稳定，不会凝固析出。

五、PGA与其他高分子物质的配伍性

1. 与蛋白质的相互作用

在酸性条件下，PGA 具有独特的稳定蛋白质的作用。在弱碱性条件下，PGA 与蛋白质发生交联反应。当 pH8~9 并保持较低温度时，可以观察到流变性质的变化，如黏度增大；在 40~50℃下，PGA 与明胶反应后得到快速凝固的凝胶，这种凝胶在沸水中是不可逆的。

2. 与蔗糖的复配

黄明丽研究了蔗糖对 PGA 溶液黏度的影响。结果显示，随着蔗糖质量分数的增加，溶液黏度逐渐增大，尤其当蔗糖浓度超过 5% 后，溶液黏度迅速增加。这可能是由于蔗糖含有很多羟基，是一种强亲水物质，在与 PGA 竞争水分子后导致 PGA 分子脱水结合，使黏度增高。此外，蔗糖在一定程度上降低了水中各种成分的活性，使水分子和体系中其他成分之间的相互作用减弱。随着蔗糖浓度升高，流动指数下降，溶液的假塑性提高，导致黏度上升（黄明丽，2014）。

3. 与其他食品配料的复配

PGA 与黄原胶、羧甲基纤维素（CMC）、改性淀粉、海藻酸钠、阿拉伯胶、桃胶等具有良好的互溶性，可混合复配使用。图 8-4 和图 8-5 分别显示 PGA 与 CMC 及海藻酸钠复配后的黏度变化。PGA 与 CMC 具有良好的增黏效应，且增黏效应随两者浓度的增大而增大。PGA 与海藻酸钠混合后，在海藻酸钠浓度超过 0.3% 并且 PGA 浓度超过 0.4% 时，两者开始表现出增黏效应。

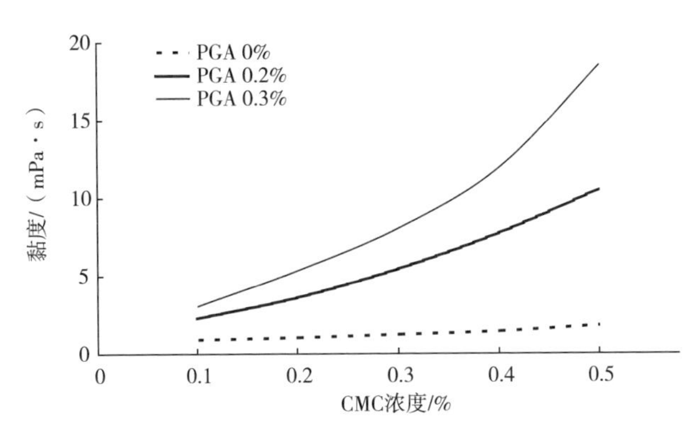

图 8-4　PGA 与 CMC 复配后的黏度变化

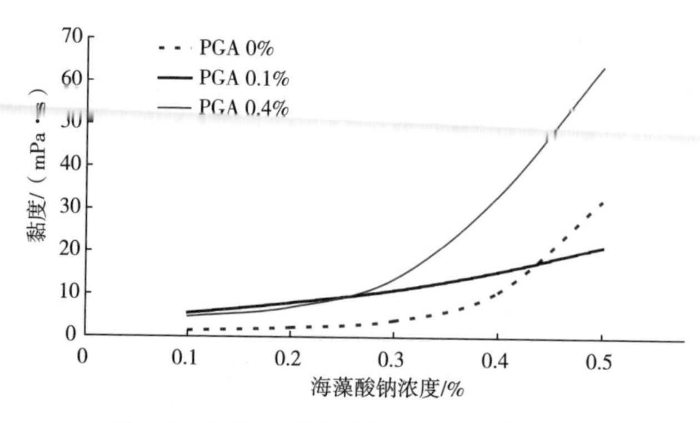

图 8-5　PGA 与海藻酸钠复配后的黏度变化

六、酯化度对PGA溶液流变性能的影响

吴伟都等研究了酯化度对 PGA 溶液流变特性的影响。结果表明酯化度的增加使 PGA 溶液黏度增加，并使剪切稀化程度加大、黏弹性与复合黏度增加。酯化改变了海藻酸的空间位阻，从而影响溶液的黏度、剪切稀化、特征松弛时间、弹性模量、黏性模量、黏弹性比值、复合动态黏度等一系列流变性能（吴伟都，2017）。

第五节　海藻酸丙二醇酯在食品工业中的应用

一、PGA的性能与应用

PGA 是一种性能优良的食品配料，具有很好的乳化性、增稠性、膨化性和稳定性，兼具亲水和亲油性基团，能使油水均匀混合及分散，特别适于作饮料的乳化剂，可应用于 pH3~5 的酸性环境。同时，PGA 有很高的发泡和乳化能力，可应用于酸乳制品、色拉调料及啤酒泡沫稳定剂（秦益民，2012；秦益民，2021；黄雪松，1996）。表 8-3 总结了 PGA 在各类食品和饮料中的使用性能及参考用量。

表 8-3　PGA 在各类食品和饮料中的使用性能及参考用量

应用	性能	用量 /%
乳制品	增稠、乳化、稳定	0.1~0.3
乳酸饮料	耐酸性、稳定乳蛋白	0.2~0.7

续表

应用	性能	用量 /%
果汁	耐酸性、稳定性、分散性	0.2~0.7
啤酒	泡沫稳定性	0.002~0.006
方便食品	水合物、组织改良	0.2~0.5
人造奶油	乳化稳定	0.1~0.3
调味品	耐盐、耐酸、增稠	0.1~0.3
咖啡伴侣	乳化、增稠	0.1~0.3

二、PGA在酸乳中的应用

作为营养价值很高的牛乳制品，酸乳深受消费者喜爱。酸乳可分为两类，即凝固型和搅拌型，其中凝固型酸乳直接被发酵成固态，这类产品发酵完成后，需在冷藏条件下出售。如果添加果汁，往往会沉积在凝固型酸乳的底部，而其他的发酵混合物料则处在顶部。搅拌型酸乳在较大的发酵罐中发酵，然后再经过搅拌、冷却、发酵后用泵输送到储罐中。凝固型酸乳和搅拌型酸乳有各自不同的缺点，例如产品质地不紧密或由于乳清脱水收缩使产品变得平淡无味，尤其是当凝固型酸乳用匙舀出后放置一段时间未能及时食用，其脱水收缩现象更为明显。脱水收缩导致搅拌型酸乳表面粗糙，尽管酸乳中经常添加稳定剂，大部分产品还是有沉淀现象发生。

与其他常用的食品添加剂相比，PGA 更适用于酸乳生产，具有以下优点：

（1）PGA 赋予酸乳产品天然的质地口感，即使在乳固形物添加量降低的条件下也能很好呈现出这种特性。

（2）能有效防止产品形成不美观的粗糙凹凸表面，使产品外观平滑亮泽。

（3）与其他所有配料完全融合，在发酵期间的任何 pH 范围内均可应用，并且在温和搅拌条件下就均匀分散在酸乳中。

（4）PGA 在酸乳中不仅充当稳定剂，还可以提供乳化作用，使含脂的酸乳平滑、圆润，口感会更好。

陈迎琪等通过添加不同质量分数的 PGA 和果胶制作搅拌型酸乳，以酸度、pH、表观黏度、持水力、乳清析出量、感官评定以及后产酸和黏度变化为指标，对比分析 PGA 和果胶对酸乳品质的影响。结果表明 PGA 与果胶均有利于酸乳体系的稳定，在添加量 0.10%~0.12% 范围内，果胶的增稠稳定效果略好于 PGA，但添加量 >0.13% 后 PGA 的效果更好。在各质量分数下，PGA 对酸乳产酸的抑制以及耐酸稳定性均优于果胶，使酸乳在相对较长的储存时间内保持质地、口感以及风味的稳定，更有利于酸乳品质的保持（陈迎琪，2016）。

代增英等通过测定搅拌型酸乳的酸度、pH、持水力、乳清析出量和对酸乳进行感官品评，研究了不同 PGA 添加量对搅拌型酸乳稳定性的影响。结果表明添加 PGA 可以明显抑制酸乳贮藏过程中的后产酸现象，较好增强酸乳的持水力，显著降低酸乳贮藏过程中的乳清析出量，同时明显改善酸乳的质地、组织状态和口感。添加 PGA 有利于搅拌型酸乳体系的稳定，且随着 PGA 添加量的增加，稳定效果逐渐提升。综合考虑应用效果和成本，PGA 在搅拌型酸乳中的最佳添加量为 0.3%（代增英，2017）。

图 8-6 显示不同 PGA 添加量对酸乳乳清析出量的影响。随着 PGA 添加量的增加，酸乳的乳清析出量逐渐降低，当 PGA 添加量为 0.2% 时，酸乳的乳清析出量大幅度降低，添加量为 0.3%~0.4% 时，乳清析出量最少，酸乳的稳定性最好。

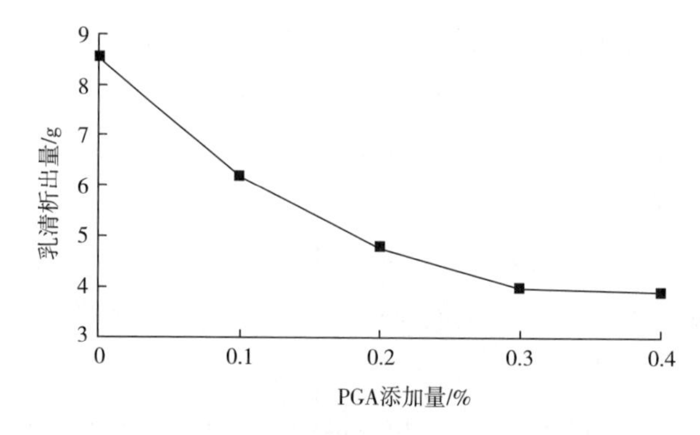

图 8-6　不同 PGA 添加量对酸乳乳清析出量的影响

图 8-7 显示不同 PGA 添加量对酸乳持水力的影响。随着 PGA 添加量的增加，酸乳的持水能力逐渐增强，当 PGA 添加量为 0.2% 时，酸乳的持水能力显著升高，添加量为 0.3%~0.4% 时，持水能力和稳定性最好。研究表明，酪蛋白胶束可以增强酸乳的持水力，但是其结构稳定性容易受多种因素影响，因此酸乳的持水力也会受到相应的影响。如果酸乳的酸化速率太快，会使酪蛋白胶束收缩，导致疏水基团暴露、持水力下降。添加 PGA 后酸乳持水力增大的原因可能是由

于 PGA 是一种高亲水性稳定剂，其分子结构中含有的基团可以和蛋白质结合，形成的复合体将蛋白质包围起来，达到稳定效果，增强酸乳的持水性（陈迎琪，2016；张国农，2005）。

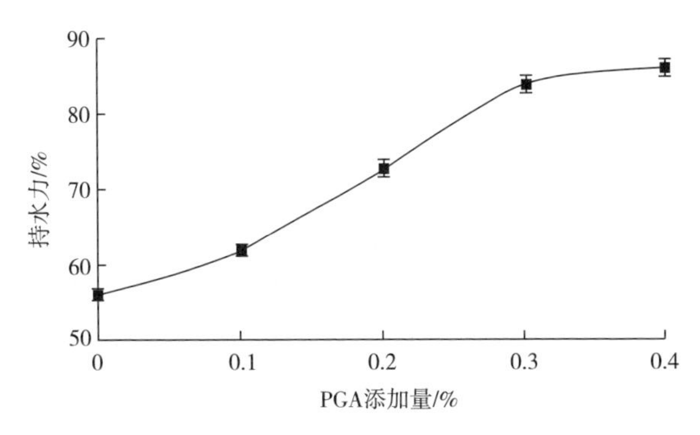

图 8-7　不同 PGA 添加量对酸乳持水力的影响

三、PGA在调配型酸性含乳饮料中的应用

调配型酸性含乳饮料是指用乳酸、柠檬酸或果汁等将牛乳或豆乳的 pH 调整到酪蛋白的等电点（pH4.6 以下）制成的一种含乳饮料，一般以原料乳、乳粉或豆浆、乳酸、柠檬酸或苹果酸、糖或其他甜味剂、稳定剂、香精和色素等为产品原料，饮料的蛋白质含量应 >1%。沉淀及分层是调配型酸性含乳饮料生产和贮藏过程中最常见的质量问题，其主要原因在于配方中的稳定剂。如果选用的稳定剂不合适，产品在保质期内达不到应有的效果。大量研究结果证实，调配型酸性含乳饮料中最适宜的稳定剂是 PGA 及其与其他稳定剂的复合稳定剂。可以与 PGA 复配使用的稳定剂包括耐酸性 CMC、黄原胶、果胶等，总用量一般在 0.5% 以下，其中 PGA 用量一般占 60%~70%。通过对比优化实验，发现用含 PGA 为主的复合稳定剂生产出的产品稳定性和口感都较好，能满足该类产品的品质要求，贮藏 9 个月后无沉淀和分层现象出现（刘国强，2008；王晓梅，2008；卫晓英，2009；范素琴，2012；刘海燕，2015）。

四、PGA在果汁中的应用

果汁是一种既有营养也十分可口的饮料，在全世界各地深受消费者喜爱。果汁很容易分层，往往是上层清澈透明、底层有厚厚的果肉沉淀。在果汁中加入少量 PGA 可以大大缓解这个技术难题，PGA 能改善果肉的稳定性，添加量为 0.1% 时就能使果汁保持稳定。与淀粉、黄原胶、卡拉胶等亲水胶体相比，PGA 还能改善果汁口感。

五、PGA在色拉酱中的应用

作为稳定剂和乳化剂，PGA 不仅能为色拉酱提供悦人的质地，也能提供加倍的乳化稳定性，使固体微粒悬浮稳定，在低脂色拉酱中还能提供类似油脂的特性。PGA 在色拉酱中的应用有如下优点：

（1）赋予色拉酱丰富、柔软的质地和油水互融的乳化效果，能充分发挥高效的乳化稳定性，使色拉酱体系均匀稳定。

（2）提供低脂色拉酱类似油脂的特性，主要原因在于其拥有疏水和亲水基团，具有类似天然脂肪的特性。PGA 是唯一拥有疏水基团的水溶性胶体，在色拉酱中是很好的乳化剂。

（3）提高成品黏度，应用在低脂色拉酱中可以弥补由于脂肪含量减少而降低的黏度。PGA 和其他大部分胶体协同作用，可使产品拥有润滑富丽的外观。

（4）PGA 与黄原胶等其他水溶性胶体不同，能非常好地释放风味成分，不会抑制色拉酱细腻的风味。

六、PGA在冰淇淋中的应用

冰淇淋有轻滑细腻的组织、紧密柔软的形体、醇厚持久的风味以及丰富的营养和凉爽的口感，但是其复杂的组分体系和加工工艺使制作和贮藏容易出现质量问题。早在 1934 年藻胶就用作冰淇淋的稳定剂，随后开发出的 PGA 在冰淇淋生产中有广泛应用。作为一种性能优良的稳定剂，PGA 可以明显改善油脂和含油脂固体微粒的分散度以及冰淇淋的口感、内部结构和状态，也能提高冰淇淋的分散稳定性和抗融化性，还可以防止冰淇淋中乳糖冰晶体的形成。PGA 和黄原胶、瓜尔豆胶、刺槐豆胶、CMC 等食品胶一样能单独使用，也可以与一种或多种胶体复合使用，产生更好的效果和性价比。

七、PGA在啤酒中的应用

啤酒泡沫稳定剂是高酯化度 PGA 的典型应用，一般用量为 40~100mg/kg。当啤酒中残留脂肪性物质时，PGA 可以防止由此引起的泡沫破裂。加入 PGA 的啤酒的泡持力明显提高，泡沫洁白细腻、挂杯持久，而啤酒的口味和贮藏期均不会改变（黄亚东，2005；张立群，2002）。表 8-4 显示 PGA 对啤酒质量的影响。

表 8-4　PGA 对啤酒质量的影响

项目	加 PGA	未加 PGA
透明度	清亮透明	清亮透明
泡沫形态	洁白细腻	洁白
泡持性 /s	387	230
酒精度（质量分数）/%	3.32	3.26
真正浓度 /%	3.57	3.52
原麦汁浓度 /%	10.07	10.02
真正发酵度 /%	64.55	64.16
总酸 /（mL/100mL）	1.8	1.8
二氧化碳含量 /%	0.52	0.50
pH	4.5	4.5
双乙酰 /（mg/L）	0.04	0.05
色度 /EBC	6.5	6.5
苦味质 /Bu	13	14

八、PGA在面包品质改良中的应用

刘然然等研究了添加不同黏度 PGA 的面包的烘焙特性，发现添加 PGA 可以显著增加面包比体积、提高面包弹性，且在贮藏过程中可以延缓面包硬度和咀嚼性的增大、改善面包口感和风味、提高面包的整体接受度。图 8-8 显示不同黏度的 PGA 对面包比体积的影响，当添加较低黏度（100~200mPa · s）PGA 时，得到的面包比体积比对照稍低，而当 PGA 黏度 >200mPa · s 时，面包比体积明显高于对照组，且随 PGA 黏度升高呈逐渐增大趋势，说明 PGA 黏度越高越能对面包比体积产生改善效果。这可能是由于高黏度 PGA 与面筋蛋白相互作用后产生的网络结构改善了面筋的持气性能、增强了面团发酵稳定性，使面包比体积增大（刘然然，2018）。

九、PGA在面条品质改良中的应用

刘然然等研究了不同浓度低酯化度 PGA 对面条品质的影响。低酯化度 PGA 的添加量在 0.2%~0.3% 时能增大面条硬度、咀嚼性和胶黏性，同时降低面条吸水率和淀粉溶出率，使面条更筋道、具爽滑性，达到最佳口感（刘然然，2016）。

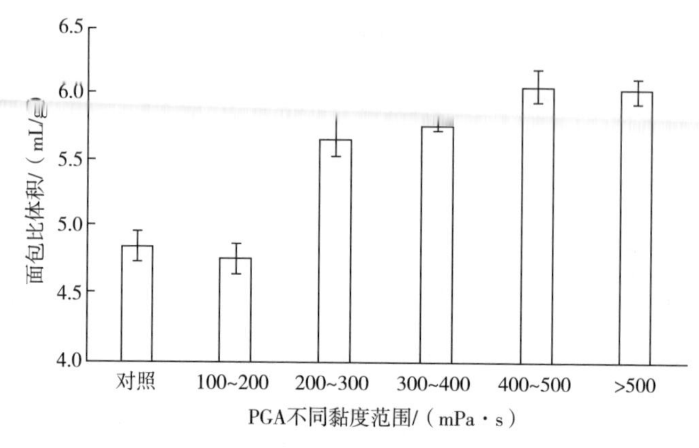

图 8-8　不同黏度的 PGA 对面包比体积的影响

杨艳等通过粉质仪测定面粉粉质特性，经 TPA 全质分析、蒸煮实验和感官鉴评,研究了 PGA 添加量对面条硬度、黏着性、拉伸收缩比等指标的影响。图 8-9 显示 PGA 添加量对面条感官品评得分的影响。PGA 添加量在 0.2%~0.3% 时制作的湿面条表现出较好品质，面条为乳白色，表面结构细密光滑，有咬劲，且富有弹性，咀嚼时爽口不粘牙，无异味（杨艳，2009）。

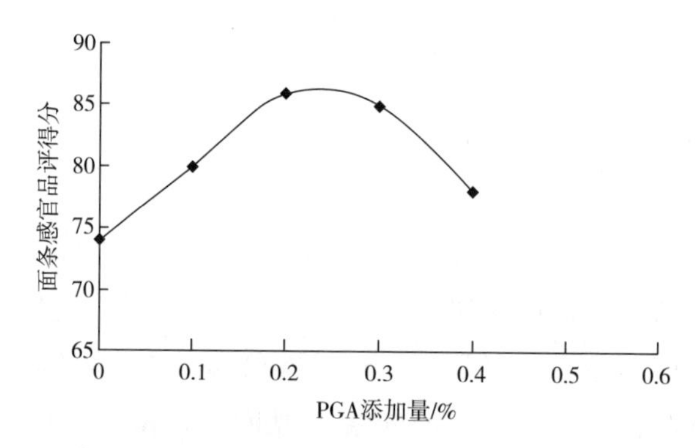

图 8-9　PGA 添加量对面条感官品评得分的影响

十、PGA在其他食品中的应用

PGA 在番茄酱、酸乳酪、肉类沙司、酱油、乳化香精、糖衣、糖浆等食品或食品半成品中都有很好的应用（黄明丽，2014；张娟娟，2014）。

第六节　海藻酸丙二醇酯的其他应用

除了广泛应用于食品和饮料，PGA 还可应用于农药，作为一种基于物理机理的杀虫剂，其作用方式为触杀，对小型软体昆虫有杀伤作用。药效试验结果表明，浓度为 0.12% 的 PGA 溶液对温室番茄白粉虱有较好的防效，在白粉虱发生初期均匀喷雾后表现出较好的速效性，持效期在 10d 左右（秦益民，2008）。

第七节　小结

PGA 是一种性能优良的食品配料，具有良好的增黏效应、黏弹性以及乳化稳定性，已经广泛应用于酸乳、含乳饮料、果汁饮料、啤酒、面制品等食品和饮料的生产中，能产生独特的使用功效。

参考文献

[1] Anderson D M，Brydon W G，Eastwood M A，et a1. Dietary effects of propylene glycol alginate in humans[J]. Food Additives & Contaminants，1991，8（3）: 225-236.

[2] Steiner A B. Manufacture of glycol alginates[P]. US Patent 2，426，215，1947.

[3] Steiner A B，McNeely W H. High-stability glycol alginates and their manufacture[P]. US Patent 2，494，911，1950.

[4] 王姣姣，杨晓光，秦志平，等. 海藻酸丙二醇酯的主要特性及其在食品中的应用[J]. 安徽农业科学，2016，44（7）：70-72.

[5] 陈宏，刘兴勇，陈翔，等. 一种藻酸丙二醇酯的生产方法[P]. 中国专利201610161997. 8，2016.

[6] 安丰欣，王晓梅，程涛，等. 一种啤酒专用藻酸丙二醇酯的生产工艺[P]. 中国专利200610068970. 0，2006.

[7] 黄明丽. 酪蛋白酸钠与藻酸丙二醇酯相互作用及其对鱼油乳状液稳定性的影响[D]. 中国海洋大学学位论文，2014.

[8] 吴伟都，朱慧，王雅琼，等. pH值对海藻酸丙二醇酯溶液流变特性的影响[J]. 乳业科学与技术，2017，40（2）：1-4.

[9] 吴伟都，朱慧，王雅琼，等. 酯化度对海藻酸丙二醇酯溶液流变特性的影响研究[J]. 饮料工业，2017，20（1）: 17-20.

[10] 黄雪松，杜秉海. 海藻酸丙二醇酯性质及其在食品工业中的应用研究[J]. 食品研究与开发，1996，17（2）：13-16.

[11] 陈迎琪，姜启兴，夏文水，等. 海藻酸丙二醇酯与果胶在搅拌型酸奶中的应用对比研究[J]. 中国乳品工业，2016，44（11）：17-20.

[12] 张国农，李运飞，解国富，等. 搅拌型果汁酸乳稳定性的研究[J]. 食品与机械，2005，21（1）：50-52.

[13] 刘国强. 稳定剂在酸奶生产中的应用[J]. 农产品加工，2008,（16）：65-67.

[14] 王晓梅，周树辉. 藻酸丙二醇酯在搅拌型橙汁酸奶中的应用[J]. 中国食品添加剂，2008，(6)：132-135.

[15] 卫晓芮，李会阳，赵红玲，等. 海藻酸丙二醇酯（PGA）对凝固型酸乳结构的影响[J]. 食品与发酵工业，2009，35(2)：180-183.

[16] 范素琴，王春霞，安丰欣，等. 藻酸丙二醇酯在调配型酸乳饮料中的应用[J]. 中国食品添办剂，2012，35(5)：177-180.

[17] 刘海燕. 海藻酸丙二醇酯在发酵风味乳中的应用[J]. 食品工业科技，2015，36(3)：30.

[18] 黄亚东. PGA对纯生啤酒泡沫稳定性的影响研究[J]. 食品工业科技，2005，(9)：76-77.

[19] 张立群，张双玲，张莹梅. 啤酒泡沫稳定剂——藻酸丙二醇酯应用研究[J]. 酿酒，2002，29(4)：98-99.

[20] 刘然然，范素琴，王晓梅，等. 不同黏度海藻酸丙二醇酯（PGA）对面包品质改良效果研究[J]. 中国食品添加剂，2018，(6)：137-140.

[21] 刘然然，姜进举，杨艳，等. 不同浓度低酯化度PGA对面条品质的影响研究[J]. 中国食品添加剂，2016，(8)：148-152.

[22] 杨艳，于功明，王成忠. 海藻酸丙二醇酯对酸性湿面条质构影响研究[J]. 粮食与油脂，2009，(5)：16-18.

[23] 张娟娟，刘海燕，范素琴，等. 复配型蛋糕品质改良剂的应用研究[J]. 中国食品添加剂，2014，(5)：125-129.

[24] 代增英，范素琴，王晓梅，等. 海藻酸丙二醇酯在搅拌型酸乳中的应用[J]. 乳业科学与技术，2017，40(5)：12-15.

[25] 秦益民，张国防，王晓梅. 天然起云剂-海藻多糖衍生物海藻酸丙二醇酯[J]. 食品科技，2012，37(3)：238-242.

[26] 秦益民，刘洪武，李可昌，等. 海藻酸[M]. 北京：中国轻工业出版社，2008.

[27] 秦益民，李可昌，张健，等. 海洋功能性食品配料：褐藻多糖的功能与应用[M]. 北京：中国轻工业出版社，2019.

[28] 秦益民. 海藻源膳食纤维[M]. 北京：中国轻工业出版社，2021.

第九章　氧化海藻酸

第一节　引言

海藻酸是由 1-4 键合的 β-D- 甘露糖醛酸（M）和 α-L- 古洛糖醛酸（G）残基组成。海藻酸分子结构中的糖醛酸单元具有顺二醇结构，其中的 C—C 键在高碘酸钠等强氧化剂作用下生成两个醛基，得到的氧化海藻酸是一种具有双醛基结构的化合物，具有优良的交联性能（王践云，2009；Wang，2012；Wei，2015；Aston，2015）。图 9-1 显示以海藻酸钠为原料通过与高碘酸钠的反应制备氧化海藻酸钠。

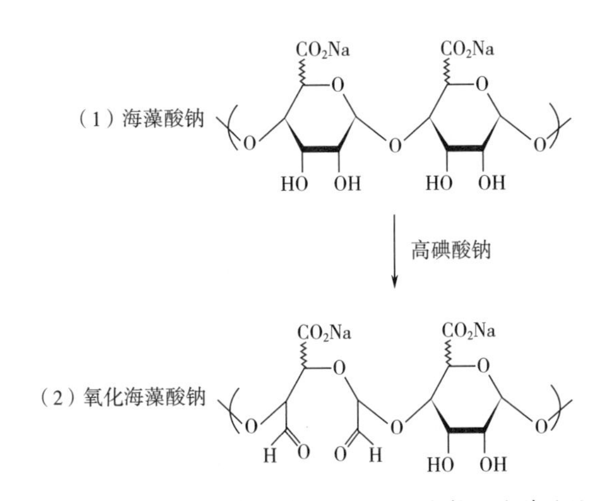

图 9-1　海藻酸钠与高碘酸钠反应后形成氧化海藻酸钠

氧化海藻酸钠中的双醛基具有类似甲醛、戊二醛等的交联性能，是一种对人体无毒、无害、生物相容性良好、具有医用潜力的新型生物高分子交联剂，可应用于食品、生物医药、功能高分子材料等领域。氧化海藻酸钠对氨基和酰肼有极高的反应活性，可用作蛋白质、多肽、特异氨基酸序列等生物活性物质的交联剂（何淑兰，2005；梁晔，2008；张鸿鑫，2016）。

第二节　氧化海藻酸的制备

氧化海藻酸也称海藻酸二醛（ADA），是一种海藻酸盐的化学衍生物，可通过海藻酸钠的氧化制备。把海藻酸盐氧化后形成氧化海藻酸盐最早由 Malaprade 在 1928 年报道（Jejurikar，2012）。近年来，氧化海藻酸盐在组织工程领域得到应用，主要原因是其含有更多活性基团，而且比海藻酸盐的降解速度快（Yang，2011），使其在包埋细胞制备组织工程支架中有更好的应用价值。

高碘酸盐是一种常用的氧化剂，可以氧化海藻酸中的 M 和 G 单体（Rogalsky，2011），其中 Gomez 等报道了 G 单体比 M 单体更容易与高碘酸盐产生反应（Gomez，2007）。高碘酸钠可以氧化海藻酸分子中单体上 C-2 和 C-3 位上的羟基，在此过程中 C—C 键破裂后形成两个醛基，随着反应时间的增加氧化度不断提高，到 12h 后趋于平缓，达到 70% 左右。由于存在自由基反应，氧化海藻酸钠在氧化反应后的相对分子质量由初始时的约 28 万下降到 1 万左右，并且无论高碘酸钠用量多少，氧化海藻酸钠的最终相对分子质量变化不大（王践云，2009）。

在氧化反应过程中，一般先把海藻酸钠溶解于水后与适量高碘酸钠粉末或水溶液混合（Wright，2014）。在水溶液中进行氧化反应的缺点是溶液的固含量低，一般 <4%。为了克服这个问题，Balakrishnan 等开发了在乙醇 - 水混合溶液中进行氧化反应的方法（Balakrishnan，2005）。首先把海藻酸钠粉末分散在乙醇 - 水混合溶液中，然后把高碘酸钠水溶液在暗箱中加入。在此混合溶液中得到的氧化海藻酸钠的产率为 50%~60%，高于在水溶液中反应后得到的 25%~35% 的产率。在用高碘酸钠反应到需要的时间后，氧化反应可以通过加入乙二醇终止，反应后得到的氧化海藻酸钠可以用去离子水或蒸馏水纯化，或者通过加入氯化钠和乙醇从溶液中沉淀出来（Xu，2012），随后通过冷冻干燥、真空干燥或在 40~50℃的烘箱中干燥。

除了高碘酸钠，其他氧化剂也可用于制备氧化海藻酸钠，例如 Li 等报道了用双氧水氧化海藻酸钠后制备低分子质量海藻酸钠，反应过程中部分 C-1 上的羟基被氧化成醛基，尤其是反应在低 pH 和高双氧水浓度的极端条件下进行时这种氧化反应更明显（Li，2010）。高锰酸钾也被用于氧化海藻酸钠（Lu，2009），与高碘酸钠一样可以把 C-2 和 C-3 位上的羟基氧化成为两个醛基，同时使葡萄糖环开环。

在一个典型的氧化反应中，首先将10g海藻酸钠分散在50mL无水乙醇中制成悬浊液Ⅰ，然后将不同量的高碘酸钠溶于50mL水中配成溶液Ⅱ，其中高碘酸钠与海藻酸钠单体的摩尔比分别为20%、40%、60%、80%、100%，将溶液Ⅱ加入悬浊液Ⅰ中，避光室温下磁力搅拌使反应进行一定时间后，加入与高碘酸钠等摩尔的乙二醇终止反应。将反应混合物倒入剧烈搅拌的大量无水乙醇中析出沉淀，抽滤后真空干燥，所得固体粉末用蒸馏水透析24h除掉未反应的高碘酸钠、乙二醇等小分子杂质后得到不同氧化度的多醛基海藻酸钠（王琴梅，2010）。

第三节　氧化海藻酸的性能

一、氧化海藻酸的理化特性

氧化海藻酸的每个单体上有两个醛基，用FTIR表征显示氧化海藻酸的红外光谱上出现1725~1751cm^{-1}的特征峰，这个峰在完全干燥的样品中没有，是醛基与水分结合后的形成的（Sarker，2014）。图9-2显示氧化海藻酸钠的红外吸收峰。

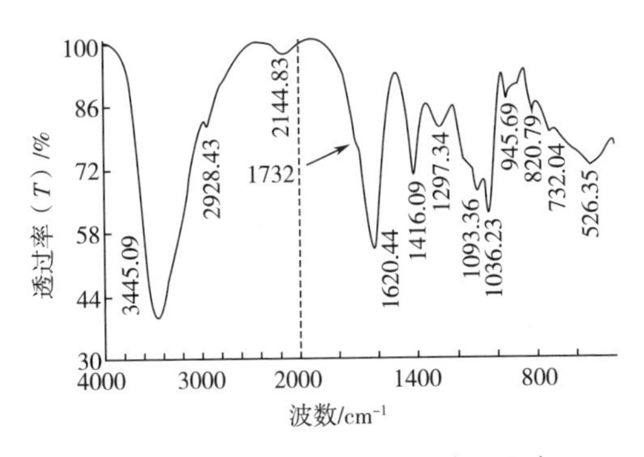

图9-2　氧化海藻酸钠的红外吸收峰

氧化海藻酸中醛基的含量可用于表达氧化度，是被氧化的糖醛酸单体占所有单体的百分比。在公开报道的文献中，氧化度由两种方法测定。第一种方法是Zhao等报道的，在此方法中，氧化海藻酸高分子链上的醛基通过与盐酸羟胺的反应测定（Zhao，1991）。醛基与盐酸羟胺在pH<4时的反应产生HCl，因此可以通过把反应溶液中和到pH4所需要的NaOH的量计算出醛基的含量（王

琴梅，2008）。第二种方法是基于在反应过程中消耗的高碘酸钠来推算。此外，也有报道用 H-NMR 方法测试氧化度（Jeon，2012）。

氧化海藻酸钠分子链中含有大量的二醛结构，其中羰基碳处于 sp2 杂化轨道，带有部分正电荷，使其对亲核试剂的攻击特别敏感，而羰基氧带有部分负电荷，羰基的极化作用容易与极性基团发生亲核反应。壳聚糖、明胶等分子结构中的氨基由于氮原子含有未共用电子对，具有亲核性。这些裸露在分子链上的氨基与带有正电荷的羰基碳发生反应后形成如图 9-3 所示的席夫碱键（吴年强，2007）。

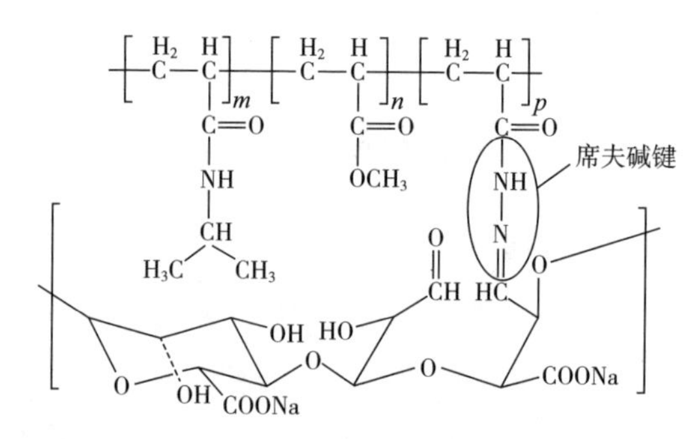

图 9-3　氧化海藻酸钠与聚（*N*- 异丙基丙烯酰胺 - 丙烯酸甲酯 - 丙烯酰肼）反应后形成的席夫碱键

氧化后的海藻酸具有更加柔软的链结构，在氧化度 1%~5% 时，还具有与钙离子形成凝胶的性能。Gomez 等报道了氧化度 <10% 时可以与钙离子形成物理凝胶，但是氧化海藻酸的低分子质量及 G 含量的减少影响其成胶性能（Gomez，2007）。在酸性条件下，氧化海藻酸中的醛基与羟基的反应可以使其自身形成凝胶（Jejurikar，2012）。由于分子质量低以及 C-2 和 C-3 键断裂后柔性的增加，氧化海藻酸形成的凝胶强度低于海藻酸盐凝胶，凝胶强度也受氧化后 GG 链段含量下降的影响。

二、氧化海藻酸的生物相容性

氧化海藻酸是一种新型生物交联剂。梁晔等用 MTT 法评价细胞毒性，并对其体内降解性和生物相容性进行了研究（梁晔，2008）。结果显示氧化海藻酸钠（氧化度 <50%）的细胞毒性为 0~2 级，氧化度越高其细胞毒性越强。含相同醛基量的氧化海藻酸钠（氧化度为 24%）与戊二醛相比，前者对细胞无明显抑制作用，毒性较低，而后者明显抑制细胞的生长，具有很强的细胞毒性。体

内降解性和生物相容性实验结果表明，适度氧化的海藻酸钠不但保留了海藻酸钠良好的生物相容性，而且改善了其降解性。

把肝细胞包埋在氧化海藻酸与明胶水凝胶中 4 周后细胞数量有所增加，说明氧化海藻酸没有细胞毒性。氧化海藻酸也可用于含氨基的抗疟药伯氨喹的载体，随着氧化度的提高，药物释放速度有所下降。在对三种海藻酸水凝胶的研究中发现，部分氧化的海藻酸凝胶的降解速度高于普通海藻酸凝胶，成肌细胞在二类水凝胶中的黏附和增殖性能无区别，通过氨基与醛基的反应还可以把多种生物活性分子负载到氧化海藻酸上（Dalheim，2016）。

Hu 等用氧化海藻酸交联胶原蛋白膜，不但提高了膜的热稳定性，也保留了胶原蛋白的结构，交联后的膜没有细胞毒性，同时支持了成纤维细胞的增殖（Hu，2014）。Liao 等比较了氧化海藻酸与海洋源明胶以及氧化海藻酸与猪明胶复合物的物理机械性能，海洋源明胶的交联度低于猪明胶，其主要原因是羟脯氨酸和脯氨酸含量的不同，这两个氨基酸在交联过程中起主要作用，其中猪明胶的含量更高，因此得到的凝胶强度高、凝胶时间短、降解时间慢、微孔小（Liao，2009）。在用成纤维细胞进行的细胞与基材相互作用的研究中，氧化海藻酸与海洋源明胶的生物活性高于猪明胶对照组，细胞增长及细胞外基质生成好于猪明胶组。*N*，*O*- 羧甲基壳聚糖与氧化海藻酸也可以形成交联结构，尽管氧化海藻酸有一定的细胞毒性，二者的共混物却无细胞毒性，其原因是交联后的产物中醛基含量降低，导致细胞毒性降低。此外，氧化海藻酸与明胶共混材料的降解速度高于纯的海藻酸盐凝胶。在海藻酸盐凝胶中有细胞集聚的现象，说明海藻酸与细胞的亲和力差，而氧化海藻酸与明胶共混材料可以促进细胞黏附、扩散和增殖。随着明胶含量的增加，黏附的细胞也有增加。

Kim 等报道了氧化海藻酸凝胶应用于脂肪干细胞的包埋。人体脂肪干细胞被包埋在低分子质量和高分子质量混合的海藻酸水凝胶中，两种氧化海藻酸均用肽修饰。含有细胞的水凝胶注射入体内 10 周后，12%~50% 的凝胶还保留在老鼠体内，新组织生成后没有伴随炎症反应、肿或发红现象（Kim，2012）。Jia 等探讨了用负载细胞的氧化海藻酸水凝胶作为 3D 打印的生物墨水。结果显示氧化海藻酸凝胶在合适的密度和黏度下能维持细胞在介质中的均匀分散和打印后的活性，细胞在氧化海藻酸中的活性比普通海藻酸凝胶强，氧化度为 15% 的凝胶在 8d 后完全降解（Jia，2014）。Jeon 等开发了甲基丙烯酸酯改性的氧化海藻酸作为光致交联凝胶，提高氧化度可以加快溶胀速度及降解速度，而凝胶的模量有所下降（Jeon，2012）。在负载人骨髓间质干细胞的实验中发现，凝胶上的细胞数量随着氧化度的提高有所下降。Wang 等通过苯胺四聚体上的氨基与氧化海藻酸中的醛基的反应合成了具有电活性的苯胺四聚体接枝氧化海藻酸，其中氧化海藻酸和明胶的加入可以增加电导率（Wang，2016）。

第四节　氧化海藻酸的应用

一、氧化海藻酸钠水凝胶

吴年强等利用氧化海藻酸钠制备了一种具有温敏特性的水凝胶，通过己二酸二酰肼结构中的—$NHNH_2$ 基团与氧化海藻酸钠结构中醛基的反应形成化学交联凝胶（吴年强，2007）。图 9-4 显示氧化海藻酸钠与己二酸二酰肼反应后形成的交联结构。

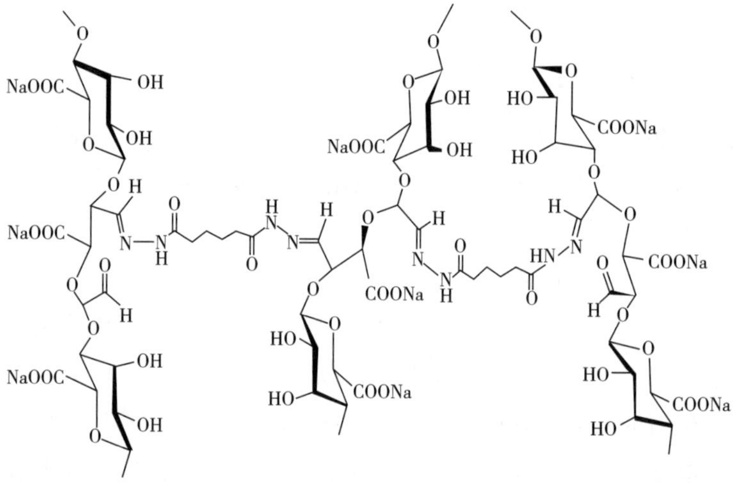

图 9-4　氧化海藻酸钠与己二酸二酰肼反应后形成的交联结构

樊李红等将海藻酸钠经高碘酸钠氧化后制得的氧化海藻酸钠与羟丙基壳聚糖交联后制备了原位交联水凝胶，研究了氧化海藻酸钠加入量对水凝胶结构和性能的影响。结果显示氧化海藻酸钠加入量为 8mL 时水凝胶具有最短凝胶时间（5.5s），溶胀测试表明随着氧化海藻酸钠加入量的增加，水凝胶的溶胀率呈现先增大后减小的趋势（樊李红，2010）。在水凝胶体系中引入磺胺嘧啶银作为抗菌剂可以使水凝胶具有抑菌性能。

程乔等（程乔，2017）通过水 - 乙醇和水 - 正丙醇两种不同的溶剂体系制备高分子质量和不同氧化度的氧化海藻酸钠后与聚丙烯酰胺反应形成交联网络结构的复合水凝胶。研究显示以氧化度为 10% 的氧化海藻酸钠制备的复合水凝胶 48h 后的溶胀率达 1777%，断裂强度为 0.11MPa。随着氧化度的增大，复合水凝胶的溶胀率增大，而拉伸强度逐渐减小。

二、氧化海藻酸水凝胶组织工程支架

组织工程通过结合生命科学和材料科学的技术手段达到组织再生与修复的目的（Wang，2010；Xu，2013），其中的三大要素为细胞、支架材料以及细胞表型的信号（Boontheekul，2005）。在组织工程中，支架是成功的关键要素，起到使细胞依附、增殖并再生组织的作用（Yarlagadda，2005）。水凝胶是一类重要的支架材料，其亲水性的高分子网络可以保留大量水分和生物流体。由于具有柔软和橡胶状的构造，水凝胶在组织工程领域有特殊的应用价值，可以通过注射支架把细胞输送到人体中（Park，2014；Dragan，2014），或者通过细胞的包埋制备 3D 支架（Malda，2013）。天然高分子水凝胶的生物相容性和生物可降解性好，是理想的支架材料（Annabi，2014），具备支持细胞黏附、增殖和分化的潜力（Chen，2008），其中海藻酸盐水凝胶具有与人体组织细胞外基质相似的很多性能，已经广泛应用于组织工程领域（Cai，2007；Kim，2012）。海藻酸与钙离子等二价金属离子形成凝胶的过程操作简单，适用于细胞包埋。尽管如此，海藻酸盐凝胶的一个缺点是其在动物体内难以降解，一般以非常慢的速度及不可预测的方式通过离子键的解聚实现。在人体内，分子质量 <50ku 的海藻酸盐可以通过肾排除，而高分子质量的海藻酸盐很难从人体内清除，因为哺乳动物没有降解海藻酸盐的酶。此外，海藻酸盐与细胞的黏附性能较差，因为其缺少与哺乳动物细胞分子的结合能力。

组织工程用水凝胶应该具有机械稳定性、降解性、与细胞和生物分子的相互作用等性能，可以使水凝胶把其负载的细胞和生物分子维持足够长的时间（Cha，2009）。氧化度为 1% 的海藻酸与钙离子形成的凝胶的强度和延伸性分别比初始海藻酸钠形成的凝胶低 80% 和 65%，水凝胶的初始模量也随着氧化度的提高而下降。由于结构中含有醛基，对氧化海藻酸的生物相容性有一定影响。研究显示基于氧化海藻酸的水凝胶对很多种类的细胞有良好的相容性（Sarker，2014；Jia，2014；Wang，2014；Chen，2012）。降解性和溶胀性是组织工程材料的另外两个重要特性。生物可降解的支架应该通过生物体本身的作用去除，以避免第二次手术。理想的降解速度应该等同于新组织的形成速度（Jcon，2013）。氧化海藻酸盐比普通海藻酸盐具有更好的生物降解性能（Liang，2011），其低分子质量和氧化后的糖醛酸在碱催化下更容易降解，体液 pH 下这种反应即可发生。在 pH10.4 时，其降解速度是初始海藻酸的 2 倍。Boontheekul 等的研究显示氧化海藻酸凝胶的降解发生在氧化单体的水解断裂上（Boontheekul，2005）。

氧化海藻酸中的醛基有较强的反应活性，可以与其他材料中的自由氨基形成共价键，例如与明胶、壳聚糖等含有氨基的高分子形成共价键合的水凝胶（Rottensteiner，2014；Balakrishnan，2005；Reakasame，2018）。氧化海藻酸与明胶制备的水凝胶是一种广泛应用于组织工程的材料，其通过赖氨酸和羟赖氨酸上的氨基与氧化海藻酸中的醛基形成稳定的交联结构（Manju，2011）。图 9-5 显示氧化海藻酸与明胶反应后形成的交联结构。

（1）氧化海藻酸

（2）明胶

（3）氧化海藻酸/明胶

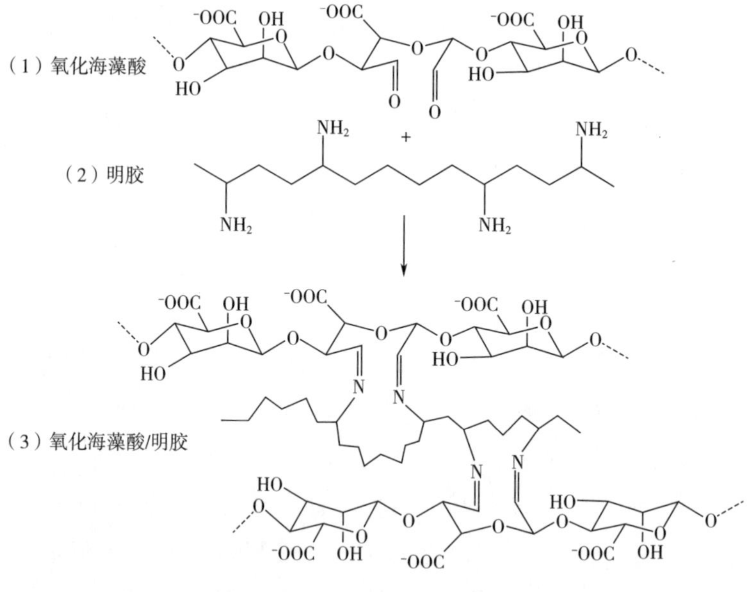

图 9-5　氧化海藻酸与明胶反应后形成的交联结构

在氧化海藻酸与明胶的混合物中加入四硼酸钠可以缩短形成凝胶所需的时间，其作用机理包括：①四硼酸钠与氧化海藻酸中的羟基形成复合物后提高了氧化海藻酸的稳定性；②四硼酸钠提高了溶液的 pH，有助于席夫碱的形成。因此，四硼酸钠经常用于氧化海藻酸与明胶的复合物（Khorshidi，2016）。

三、氧化海藻酸盐水凝胶用于组织固定

天然生物组织与活组织有相似的机械性能，可以比合成支架更好地支持细胞黏附和增长，在组织工程支架材料中有很高的应用价值，已经广泛应用于心脏瓣膜、血管移植物、韧带的替代物、心包块等人造器官。尽管如此，生物组织的降解速度快，同时有抗原性。在用交联剂对生物组织的处理过程中，甲醛、戊二醛和多环氧化合物具有细胞毒性，而氧化海藻酸盐的毒性相对较低，可用于生物组织的交联（Xu，2013）。脱细胞猪主动脉在用氧化海藻酸盐、戊二醛或多聚环氧化合物固定化后的结果显示新鲜组织的强度在用氧化海藻酸盐、戊二醛处理后得到改善，用氧化海藻酸盐固定后的胶原纤维没有解散现象。与此同时，在用三种交联剂处理后，氧化海藻酸盐处理的组织的浸泡液可以促进成纤维细胞增殖，而其他两种材料的浸泡液有明显的细胞毒性。氧化海藻酸盐的细胞毒性明显低于戊二醛、京尼平等交联剂。此外，成纤维细胞可以黏附在氧化海藻酸盐固定的组织表面并增长进入组织。

徐源廷等探讨了经氧化海藻酸钠处理的猪主动脉的性能特点，为构建人工器官提供理想的生物材料。结果显示氧化海藻酸钠既有效去除和降低了组织中产生抗原性的细胞成分和自由氨基，又保持了天然组织构架的完整，经其处理的血管组织具有较好的韧性、黏弹性，是一种良好的生物材料，其中在 pH4、氧化海藻酸钠浓度为 15g/100mL 条件下交联 72h 得到的材料显示出更好的性能（徐源廷，2010）。

四、氧化海藻酸盐水凝胶用于伤口愈合

伤口愈合是一个复杂的组织再生过程，包括止血、炎症反应、增殖、创面重建等阶段，其中生物材料制备的医用敷料可加快伤口愈合、缩短康复周期。Balakrishnan 等报道了用氧化海藻酸、明胶和四硼酸钠制备的水凝胶在伤口上形成的原位水凝胶具有促进细胞迁移的作用，在老鼠伤口上进行的试验显示具有促进伤口愈合的功效（Balakrishnan，2005）。Li 等用氧化海藻酸水凝胶负载纳米姜黄素，通过缓控释放可促进伤口愈合（Li，2012）。

吴淑贤将多醛基海藻酸钠（ADA）用静电纺丝制备出纳米纤维，其中纤维的平均直径约为 100nm。在海藻酸钠氧化过程中发生的结构变化使其静电纺丝能力得到提升，其中，一是海藻酸钠糖环中的 C-2 和 C-3 键被断裂；二是相邻的两个羟基被氧化成了醛基，使海藻酸钠的活性提高，易与其他物质进行交联反应。吴淑贤探讨了许多因素对 ADA 静电纺丝的影响，得到 ADA 静电纺丝最

佳条件，以及引入物理和化学交联点对ADA静电纺丝的影响。研究结果显示制备ADA纳米纤维的方法简单，纤维直径可调节（吴淑贤，2017）。

五、氧化海藻酸盐用于改善织物阻燃性能

于婉菲等将自阻燃性的海藻酸钠经高碘酸钠氧化生成多醛基的氧化产物，与带有氨基的驼羊毛交联接枝，经离子交换后得到阻燃织物，并通过LOI和TG对阻燃织物的阻燃性能进行研究。结果表明，用氧化海藻酸钠交联接枝后，驼羊毛织物被赋予海藻酸钠的阻燃性能，阻燃驼羊毛织物的氧指数和残炭率明显升高，其中氧指数可达31.3%。对比预处理驼羊毛织物和多醛基海藻酸钠交联驼羊毛织物的傅里叶红外光谱图，后者在1646cm^{-1}处出现的C═N伸缩振动峰证明多醛基海藻酸钠已成功交联到驼羊毛织物上（于婉菲，2017）。

第五节　小结

海藻酸钠与高碘酸钠等强氧化剂反应可以制备具有交联功能的氧化海藻酸钠。与传统交联剂戊二醛等相比，氧化海藻酸钠是一种新型的低毒、生物相容性良好、生物降解可控的交联剂，为生物医用材料、缓释药物工程等领域的研究和应用提供了一个新的技术手段。海藻酸的氧化导致其单体环上C—C键的断裂和分子质量的下降，使氧化海藻酸的生物可降解性比海藻酸更好。氧化海藻酸的机械性能比海藻酸差，也有一定的细胞毒性，但是醛基的存在使其能与氨基产生席夫碱反应，由此产生的共价交联性能不但强化了其物理机械性能，也改善了生物相容性。以氧化海藻酸为原料制备的水凝胶的性能可以通过氧化度的变化调节，因此可以根据各种应用改变凝胶的性能。基于氧化海藻酸优良的交联功效，其在硬组织和软组织工程、组织固定、医用敷料等领域有重要的应用价值。

参考文献

[1] Annabi N，Tamayol A，Uquillas J A，et al. 25th Anniversary article: rational design and applications of hydrogels in regenerative medicine[J]. Adv Mater（Weinheim，Ger.），2014，26（1）: 85-124.

[2] Aston R，Wimalaratne M，Brock A，et al. Interactions between chitosan and alginate dialdehyde biopolymers and their layer-by-layer assemblies[J]. Biomacromolecules，2015，16: 1807-1817.

[3] Balakrishnan B, Lesieur S, Labarre D, et al. Periodate oxidation of sodium alginate in water and in ethanol-water mixture: a comparative study[J]. Carbohydr Res, 2005, 340: 1425-1429.

[4] Balakrishnan B, Mohanty M, Umashankar P R, et al. Evaluation of an in situ forming hydrogel wound dressing based on oxidized alginate and gelatin[J]. Biomaterials, 2005, 26: 6335-6342.

[5] Boontheekul T, Kong H J, Mooney D J. Controlling alginate gel degradation utilizing partial oxidation and bimodal molecular weight distribution[J]. Biomaterials, 2005, 26: 2455-2465.

[6] Cai K, Zhang J, Deng L H, et al. Physical and biological properties of a novel hydrogel composite based on oxidized alginate, gelatin and tricalcium phosphate for bone tissue engineering[J]. Adv Eng Mater, 2007, 9 (12) : 1082-1088.

[7] Cha C, Kohman R E, Kong H. Biodegradable polymer crosslinker: independent control of stiffness, toughness, and hydrogel degradation rate[J]. Adv Funct Mater, 2009, 19: 3056-3062.

[8] Chen Q Z, Harding S E, Ali N N, et al. Biomaterials in cardiac tissue engineering: ten years of research survey[J]. Mater Sci Eng, 2008, 59 (1-6) : 1-37.

[9] Chen F, Tian M, Zhang D, et al. Preparation and characterization of oxidized alginate covalently cross-Linked galactosylated chitosan scaffold for liver tissue engineering[J]. Mater Sci Eng C, 2012, 32: 310-320.

[10] Dalheim M O, Vanacker J, Najmi M A, et al. Efficient functionalization of alginate biomaterials[J]. Biomaterials, 2016, 80: 146-156.

[11] Dragan E S. Design and applications of interpenetrating polymer network hydrogels: a review[J]. Chem Eng J, 2014, 243: 572-590.

[12] Gomez C G, Rinaudo M, Villar M A. Oxidation of sodium alginate and characterization of the oxidized derivatives[J]. Carbohydr Polym, 2007, 67: 296-304.

[13] Hu Y, Liu L, Gu Z, et al. Modification of collagen with a natural derived cross-linker, alginate dialdehyde[J]. Carbohydr Polym, 2014, 102: 324-332.

[14] Jejurikar A, Seow X T, Lawrie G, et al. Degradable alginate hydrogels crosslinked by the macromolecular crosslinker alginate dialdehyde[J]. J Mater Chem, 2012, 22: 9751-9758.

[15] Jeon O, Alt D S, Ahmed S M, et al. The effect of oxidation on the degradation of photo-crosslinkable alginate hydrogels[J]. Biomaterials, 2012, 33 (13) : 3503-3514.

[16] Jeon O, Alsberg E. Regulation of stem cell fate in a three-dimensional micropatterned dual-crosslinked hydrogel system[J]. Adv Funct Mater, 2013, 23: 4765-4775.

[17] Jia J, Richards D J, Pollard S, et al. Engineering alginate as bioink for bioprinting[J]. Acta Biomater, 2014, 10: 4323-4331.

[18] Khorshidi S, Karkhaneh A A. Self-crosslinking tri-component hydrogel based on functionalized polysaccharides and gelatin for tissue engineering applications[J]. Mater Lett, 2016, 164: 468-471.

[19] Kim W S, Mooney D J, Arany P R, et al. Adipose tissue engineering using injectable, oxidized alginate hydrogels[J]. Tissue Eng Part A, 2012, 18 (7, 8): 737-743.

[20] Li X, Xu A, Xie H, et al. Preparation of low molecular weight alginate by hydrogen peroxide depolymerization for tissue engineering[J]. Carbohydr Polym, 2010, 79: 660-664.

[21] Li X, Chen S, Zhang B, et al. In situ injectable nano-composite hydrogel composed of curcumin, *N*, *O*-carboxymethyl chitosan and oxidized alginate for wound healing application[J]. Int J Pharm, 2012, 437: 110-119.

[22] Liang Y, Liu W, Han B, et al. An in situ formed biodegradable hydrogel for reconstruction of the corneal endothelium[J]. Colloids Surf B, 2011, 82: 1-7.

[23] Liao H, Zhang H, Chen W. Differential physical, rheological, and biological properties of rapid in situ gelable hydrogels composed of oxidized alginate and gelatin derived from marine or porcine sources[J]. J Mater Sci Mater Med, 2009, 20: 1263-1271.

[24] Lu L, Zhang P, Cao Y, et al. Study on partially oxidized sodium alginate with potassium permanganate as the oxidant[J]. J Appl Polym Sci, 2009, 113 (6): 3585-3589.

[25] Malda J, Visser J, Melchels F P, et al. 25th Anniversary article: engineering hydrogels for biofabrication[J]. Adv Mater (Weinheim, Ger.), 2013, 25: 5011-5028.

[26] Manju S, Muraleedharan C V, Rajeev A, et al. Evaluation of alginate dialdehyde cross-linked gelatin hydrogel as a biodegradable sealant for polyester vascular graft[J]. J Biomed Mater Res Part B, 2011, 98B (1): 139-149.

[27] Park H, Lee K Y. Cartilage regeneration using biodegradable oxidized alginate/hyaluronate hydrogels[J]. J Biomed Mater Res Part A, 2014, 102A: 4519-4525.

[28] Reakasame S, Boccaccini A R. Oxidized alginate-based hydrogels for tissue engineering applications: a review[J]. Biomacromolecules, 2018, 19 (1): 3-21.

[29] Rogalsky A D, Kwon H J, Lee-Sullivan P. Compressive stress-strain response of covalently crosslinked oxidized-alginate/*N*-succinyl-chitosan hydrogels[J]. J Biomed Mater Res Part A, 2011, 99A (3): 367-375.

[30] Rottensteiner U, Sarker B, Heusinger D, et al. In vitro and in vivo

biocompatibility of alginate dialdehyde/gelatin hydrogels with and without nanoscaled bioactive glass for bone tissue engineering applications[J]. Materials，2014，7: 1957-1974.

[31] Sarker B，Papageorgiou D G，Silva R，et al. Fabrication of alginate-gelatin crosslinked hydrogel microcapsules and evaluation of the microstructure and physico-chemical properties[J]. J Mater Chem B，2014，2: 1470-1482.

[32] Sarker B，Singh R，Silva R，et al. Evaluation of fibroblasts adhesion and proliferation on alginate-gelatin cross-linked hydrogel[J]. PLoS One，2014，9（9）: e107952.

[33] Wang L，Shansky J，Borselli C，et al. Design and fabrication of a biodegradable，covalently crosslinked shape-memory alginate scaffold for cell and growth factor delivery[J]. Tissue Eng Part A，2012，18（19，20）: 2000-2007.

[34] Wang Q，Wang Q，Teng W. Injectable，degradable，electroactive nanocomposite hydrogels containing conductive polymer nanoparticles for biomedical applications[J]. Int J Nanomed，2016，11: 131-145.

[35] Wang J，Fu W，Zhang D，et al. Evaluation of novel alginate dialdehyde cross-linked chitosan/calcium poly-phosphate composite scaffolds for meniscus tissue engineering[J]. Carbohydr Polym，2010，79: 705-710.

[36] Wang Y，Peng W，Liu X，et al. Study of bilineage differentiation of human-bone-marrow-derived mesenchymal stem cells in oxidized sodium alginate/*N*-succinyl chitosan hydrogels and synergistic effects of RGD modification and low-intensity pulsed ultrasound[J]. Acta Biomater，2014，10: 2518-2528.

[37] Wei Z，Yang J H，Liu Z Q，et al. Novel biocompatible polysaccharide-based self-healing hydrogel[J]. Adv Funct Mater，2015，25: 1352-1359.

[38] Wright B，De Bank P A，Luetchford K，et al. Oxidized alginate hydrogels as niche environments for corneal epithelial cells[J]. J Biomed Mater Res Part A，2014，102: 3393-3400.

[39] Xu Y，Li L，Yu X，et al. Feasibility study of a novel crosslinking reagent（alginate dialdehyde）for biological tissue fixation[J]. Carbohydr Polym，2012，87: 1589-1595.

[40] Xu Y，Huang C，Li L，et al. In vitro enzymatic degradation of a biological tissue fixed by alginate dialdehyde[J]. Carbohydr Polym，2013，95: 148-154.

[41] Xu Y，Li L，Wang H，et al. In vitro cytocompatibility evaluation of alginate dialdehyde for biological tissue fixation[J]. Carbohydr Polym，2013，92: 448-454.

[42] Yang J S，Xie Y J，He W. Research progress on chemical modification of alginate: a review[J]. Carbohydr Polym，2011，84: 33-39.

[43] Yarlagadda P K，Chandrasekharan M，Shyan J Y M. Recent advances and

current developments in tissue scaffolding[J]. Biomed Mater Eng，2005，15（3）: 159-177.

[44] Zhao H，Heindel N D. Determination of degree of substitution of formyl groups in polyaldehyde dextran by the hydroxylamine hydrochloride method[J]. Pharm Res，1991，8（3）: 400-402.

[45] 王践云，金娟，叶文靖，等. 新型天然交联剂氧化海藻酸钠制备及其性能研究[J]. 化学试剂，2009，31（2）：97-100.

[46] 王琴梅，张亦霞，李卓萍，等. 多醛基海藻酸钠交联剂的制备及性能[J]. 应用化学，2010，27（2）：155-158.

[47] 王琴梅，廖燕红，滕伟，等. 盐酸羟胺2电位滴定法测定氧化海藻酸钠上的醛基浓度[J]. 分析化学，2008，27（增卷）：83-86.

[48] 吴年强，潘春跃，张报进，等. 一种氧化海藻酸钠基温敏凝胶的制备与性能[J]. 高分子学报，2007，（6）：497-502.

[49] 梁晔，刘万顺，韩宝芹，等. 一种新型生物交联剂的制备及其性质[J]. 中国海洋大学学报，2008，38（4）：590-594.

[50] 樊李红，潘晓然，周月，等. 羟丙基壳聚糖/氧化海藻酸钠水凝胶的制备及表征[J]. 武汉大学学报（理学版），2010，56（5）：501-506.

[51] 吴淑贤. 多醛基海藻酸钠纳米纤维膜的制备及其性能研究[D]. 青岛大学硕士学位论文，2017.

[52] 于婉菲，李国彬，李斌，等. 海藻酸盐阻燃驼羊毛织物的制备与性能研究[J]. 化学与黏合，2017，39（3）：202-204.

[53] 何淑兰，张敏，耿占杰，等. 部分氧化海藻酸钠的制备与性能[J]. 应用化学，2005，22（9）：1007-1011.

[54] 梁晔. 海藻多糖生物交联剂的制备、性质及其生物学性能研究[D]. 中国海洋大学硕士学位论文，2008.

[55] 张鸿鑫. 海藻酸动态共价交联水凝胶的制备及自愈性能研究[D]. 暨南大学硕士学位论文，2016.

[56] 程乔，康海飞，周倩，等. 氧化海藻酸钠/聚丙烯酰胺水凝胶的制备与表征[J]. 复合材料学报，2017，34（11）：2586-2592.

[57] 徐源廷，刘菲，顾志鹏，等. 氧化海藻酸钠交联生物性组织制备生物材料的实验研究[J]. 功能材料，2010，10（41）：1687-1690.

第十章　海藻酸盐在食品和饮料中的应用

第一节　引言

海藻酸及其各种衍生物是优良的食品配料，其中海藻酸钠、海藻酸钾、海藻酸铵、海藻酸钠 - 海藻酸钙复盐、海藻酸铵 - 海藻酸钙复盐、海藻酸丙二醇酯等海藻酸类产品在食品工业中均有很好的应用（秦益民，2019；詹晓北，2003；黄来发，2001；Qin，2018）。图 10-1 显示海藻酸盐在食品和饮料中的应用实例。

图 10-1　海藻酸盐在食品和饮料中的应用实例

作为食品配料，海藻酸盐的主要应用包括：

一、胶凝剂

在各种凝胶食品中可保持良好的凝胶形态，不发生渗液或收缩，适用于冷冻食品和人造仿型食品。

二、增稠与乳化剂

用于色拉调味汁、布丁、果酱、番茄酱及罐装制品的增稠剂，提高制品的稳定性，减少液体渗出。

三、稳定剂

作为制作冰淇淋的稳定剂，可控制冰晶形成，改善口感。

四、水合剂

在挂面、粉丝、米粉制作中可改善制品组织的黏结性，使其拉力强、弯曲度大、断头率减少。在面包、糕点等制品中可改善组织均一性和持水性。

五、黏合剂

在宠物食品中可用作黏合剂。

第二节　海藻酸盐在食品和饮料中的应用

海藻酸盐与卡拉胶、琼胶等海藻胶是一类重要的食品胶（Bixler，2011；Imeson，1992），可通过很多种方式应用于功能性食品的生产，产生一系列独特的应用功效（秦益民，2019）。表 10-1 总结了海藻酸盐食品配料的主要功能和应用。

表 10-1　海藻酸盐食品配料的主要功能和应用

功能	应用
黏合	糖衣、糖霜、浆汁
黏结	重组食品
结晶抑制	冰淇淋、糖浆、冷冻食品
澄清	啤酒、葡萄酒
膳食纤维	谷物、面包
乳化	色拉酱
包埋	食用粉末香精
成膜	香肠衣、保护膜
絮凝	葡萄酒

续表

功能	应用
泡沫稳定	搅打起泡的饮料、啤酒
凝胶	布丁、甜食、糖果糕点
保护胶体	食用乳化香精
稳定	色拉酱、冰淇淋
悬浮	巧克力牛乳
膨化	肉制品
防脱水	干酪、冷冻食品
增稠	果酱、馅饼馅料、酱汁
发泡	配料、棉花糖

一、海藻酸盐在凝胶食品中的应用

凉粉是我国传统食品，市场上有很多种类的产品，包括豌豆凉粉、玉米凉粉、绿豆凉粉、米凉粉、麦子凉粉等以淀粉为原料制成的凉粉，以及石花菜提取物和明胶为原料制成的凉粉。这些凉粉的制作工艺基本相似，即用热水溶解原料，冷却后得到凉粉。利用海藻酸钠与钙离子结合后形成凝胶的特性制作的凉粉，其功能特性包括热不可逆、低热量，可凉拌、煎炸、蒸煮、涮火锅、煲汤等，食用后起到饱腹、减肥、补钙等健康功效。图 10-2 显示一种以海藻酸盐为原料制作的凝胶食品。

图 10-2　以海藻酸盐为原料制作的凝胶食品

二、海藻酸盐在面制品中的应用

在面制品中加入海藻酸盐可使产品增劲、不浑汤、抗冻融、抗老化、耐煮、爽滑、减少断条率。

三、海藻酸盐在焙烤制品中的应用

在焙烤制品中加入海藻酸盐可以起到保水、增稠、塑形的作用，使产品组织细腻。

四、海藻酸盐在肉制品中的应用

作为一种天然高分子，海藻酸盐具有优良的成膜性能，可用于制备香肠的肠衣。生产过程中，肉的混合物挤出后首先在其表面覆盖一层海藻酸钠水溶液，然后与氯化钙水溶液接触后成膜，这样形成的海藻酸钙肠衣可保护香肠，减少水分和油脂的流失。

脂肪替代品是利用海藻酸钠与钙形成热不可逆凝胶的特性及其与其他高分子多糖的良好配伍性，结合动物脂肪或植物油脂，通过高速搅拌、静置成型制备的具有类似固体脂肪高强度、高弹性、高韧性的肉制品脂肪替代物，可用于萨拉米等香肠制品，显著提高肠体的硬度和弹性、降低产品脂肪含量、赋予产品良好的外观，满足消费者对低脂、营养餐食的需求。

五、海藻酸盐在仿生食品中的应用

利用海藻酸钠在钙离子作用下形成凝胶的特性，以海藻酸钠作凝胶成型剂、分离大豆蛋白作填充剂，在搅拌下成型，可以制备具有耐热性能的仿肉纤维。这种仿肉纤维可以在调味后烘干或油炸，参照肉类制品的烹调方法，可以制得多种色、香、味俱佳的大豆蛋白仿肉制品，如五香仿肉脯、美味仿虾条、糖醋仿肉丸、麻辣仿肉丝等。

六、海藻酸盐在乳制品和饮料中的应用

在发酵酸乳中加入海藻酸盐可以起到增稠、乳化作用，稳定蛋白、乳化脂肪、改善口感、保护香气。在中性饮料中可以通过增稠作用，提高体系稳定性，防止产品分层。在冰淇淋中应用海藻酸盐可提高产品抗冻融稳定性，使膏体细腻、口感好。

第三节　海藻酸盐在食品和饮料中的应用案例

一、海藻酸盐在凝胶食品中的应用

1. 凝胶脆丝

以海藻酸钠为主要原料制备的凝胶脆丝的制作工艺如下：

(1)物料液溶解　配制海藻酸钠胶液，按比例添加不同物料(如淀粉、蔬菜粉、果汁粉、海带粉等)后静置消泡。

(2)成型液配制　将食品级氯化钙按比例溶解成一定的溶液，备用。

(3)成型并固化　将海藻酸钠溶液通过漏斗滴入氯化钙溶液中，成型 2min，固化 10min 以上。

(4)清洗　清水冲洗 3 遍，包装。

(5)灭菌　高温灭菌后冷却，即为成品。

表 10-2 提供了一个凝胶脆丝的参考配方。

表 10-2　凝胶脆丝的参考配方

物料	参考比例 /%
褐藻胶(海藻酸钠)	1.1~1.5
淀粉或果蔬粉	5~10
酸味剂	0.1
甜味剂	0.1
水	85~90
营养强化剂	5% 水溶液

图 10-3 为凝胶脆丝，这类产品晶莹剔透、口感爽脆、热量值低，适宜凉拌、热炒、煲汤、涮火锅等，具有饱腹、促进胃肠蠕动、排除体内重金属离子等功能，是下酒佐餐、消暑降温、送礼待客的佳品。

图 10-3　海藻酸盐凝胶脆丝

2. 海藻凉粉

利用海藻酸钠与钙离子结合的凝胶特性制作的海藻凉粉，是绿色、健康、安全的天然食品，其特色为：

（1）口感清脆，热量低。

（2）具有降血压、降胆固醇、减肥、促进胃肠蠕动、排除体内重金属等功效。

（3）热稳定性好，无需担心热炒、煲汤、涮火锅带来的凉粉融化问题。

（4）富含有机钙，可补充人体对钙的需求。

制作工艺：

（1）准备 90~100℃热水，所用器具均用热水杀菌消毒。

（2）将海藻凉粉配料 A 组分 1kg 加入快速搅拌的 100~120kg 上述热水中，根据凉粉成品的软硬度调整加水量，至海藻胶溶液完全溶解。

（3）将海藻凉粉 B 组分 0.5kg 用约 1kg 冷水冲释（不溶解属正常，不影响使用），摇匀。

（4）沿同一方向快速搅拌 A 溶液，加入 B 溶液，快速搅拌 10~30s 至均匀，静置 2h 左右，冷却后即可成型。

食用方法：

（1）凉拌　可随意切成任意形状，调制食盐、味精、醋、蒜末、蔬菜等制作凉菜。

（2）热食　可烹炒和煲汤，在烹炒菜肴至七八分熟时，加入切成块状或片状的凉粉，烹熟即可。

图 10-4 显示海藻酸盐食用凉粉的示意图。

图 10-4　海藻酸盐食用凉粉的示意图

3. 果冻

以海藻酸钠为原料，添加不同口味的果汁、果肉、胡萝卜、蜂蜜、糖等营养物质，可以制备一种香味浓郁、爽滑可口、集营养与保健功能于一体的复合果冻（莫海珍，2006；蔡孝凡，2005）。其制作工艺如下：

（1）调果冻胶液　将海藻酸钠、碳酸钠、磷酸氢钙、色素和5倍的糖粉混合均匀，在强力搅拌状态下，将混合料溶于60℃水中（选用软水，以防硬水中钙、镁离子使胶液变稠或凝固），加热至接近沸腾时将余糖加入。

（2）胶液杀菌　胶液在90℃保持15min，达到杀菌目的。

（3）脱气　将制备好的胶液于30kPa的真空度下维持3~5min，使搅拌时混入的气体逸出，以免影响果冻的质地和外观。脱气结束后立即冷却至50℃。

（4）酸化　气泡消失后，打开搅拌，把下沉的碳酸氢钙搅起来，再向溶液中加入果汁、糖、柠檬酸混合液，调整胶液pH为3~5。

（5）装盒　将上述混合液搅拌均匀，立即倒入消毒好的盒中，静置成型后密封即为成品。

4. 软糖

软糖又称凝胶糖果，是以一种或多种亲水性凝胶质为基本原料，与砂糖和糖浆经加热、溶化、分散、熬制到一定浓度，在一定条件下形成的多水的含糖物质（孙晓波，2001）。凝胶糖果在我国是一种传统产品，有高粱饴、雪花软糖、果胶软糖、棉花糖、牛皮糖、苏式软糖等品种。这些软糖在配料上所用的亲水性凝胶剂和生产工艺各不相同，其共同特点是甜度较低、口感柔软、黏糯爽口、香气浓郁，外观呈透明或半透明状。凝胶糖果的类型和等级很多，其质构特性取决于选用的凝胶剂类型和等级，如淀粉型具有紧密与黏糯的质感，明胶型具有稠韧与弹性的质感，果胶和琼脂型具有光滑与柔嫩的质感，树胶型具有稠密与脆性的质感。

淀粉、琼胶、明胶、果胶是凝胶糖果中传统的亲水性凝胶剂。近年来凝胶糖果领域开发出了多种新型亲水性凝胶剂，其中以卡拉胶、黄原胶、阿拉伯胶、海藻酸钠、瓜尔豆胶、结冷胶等为代表，以海藻酸钠为凝胶剂制成的海藻软糖凝胶均匀、糖体透明、带有脆性与韧性，是一种色、香、味俱佳的软糖。

5. 果酱

利用其稳定性和凝胶性，海藻酸钠可应用于果酱的制作，代替果胶、琼胶，提高果酱凝固力、改善产品质量、提高产品风味、有效降低成本（王绍裕，1992）。海藻酸钠具有胶黏性和增稠性，加工过程中经充分溶解后与其他原辅料相调配，使原来较高含量的水分与凝胶有机融合为一体，形成组织细腻、乳状性能良好的酱体。成品可溶性固形物在65%以上，一般情况下可节省果酱原料6%~10%。

6. 点心馅

点心、面包等常用果酱（苹果酱、草莓酱、枣泥等）作为夹心馅提高产品的风味与营养价值。一个典型果子馅的配方（包皮的配方按点心或甜面包配制）包括：苹果酱（或草莓酱、枣泥等）：50kg；白砂糖：12kg；海藻酸钠：1kg；磷酸氢二钙：0.025kg；多聚磷酸钠：0.015kg；柠檬酸：0.03kg；着色剂和果味香精：适量。添加海藻酸钠可以提供更好性能。

二、海藻酸盐在面制品中的应用

1. 面条

面条是我国传统的主食面制品，包括生切面、挂面、手工面、方便面等许多种类。面条生产中常用改良剂提高烹煮品质、增加面条的附加值、降低生产成本。国内制面业采用的面条改良剂主要有复合碱、复合磷酸盐、增稠剂、乳化剂、变性淀粉、谷朊粉等，添加方式多为自行搭配（陈海峰，2005；胡坤，2002）。用海藻酸钠作面条添加剂可改良面条组织的黏结力，使其拉力增强、弯曲度增大，可以减少断头率和湿面回头率、提高正品率，对面筋值较低的面粉尤为显著。海藻酸钠在面条中的用量可根据筋力大小决定，面粉的筋力低时可适当增大添加量，一般情况下添加量为0.1%~0.3%，具体的制作工艺流程如图10-5所示。

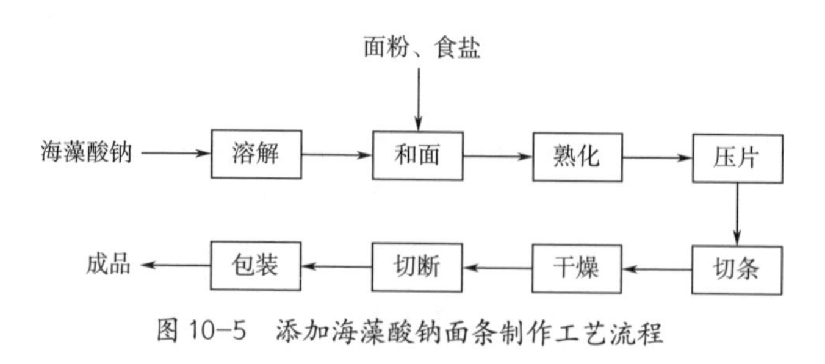

图10-5 添加海藻酸钠面条制作工艺流程

2. 面包

用海藻酸钠作为面包添加剂可以起到与增加面粉筋力相似的作用，即增加延伸性、韧性和弹性。面包生产中要求面团的延伸性强、弹性大，这样面团内能保持大量气体，制成的面包体积大、柔软有弹性，切片食用时不易掉渣（王绍裕，1997）。海藻酸钠在面包生产中的添加量为0.1%~0.3%，工艺流程有一次发酵法、二次发酵法、快速发酵法、液体发酵法、连续搅拌法、冷冻面团法等。

（1）一次发酵法（直接发酵法） 一次发酵法是将所有配料按照顺序放在搅拌机中，一次完成搅拌。发酵90min后，当面团体积增大到一倍左右时，再进行翻面，翻面后重新进行短时间发酵，使面团再次充入新鲜空气，体积更加膨胀。

（2）二次发酵法（间接发酵法） 二次发酵法是两次搅拌面团、两次发酵的方法。面团在第一次搅拌时，将配料中2/3的面粉和相应的水及全部酵母、改良剂等放入搅拌机中进行第一次搅拌，使面粉充分吸水，酵母均匀分布在面团中，然后放入醒发箱内进行第一次发酵。当面团体积膨胀到原来的2~3倍时，取出重新放入搅拌机内，加入剩余的面粉、水、盐等配料，进行二次搅拌，搅拌至面筋充分扩展后即可。

（3）快速发酵法（不发酵法） 快速发酵法是指将所有的原料依次放入搅拌机内，酵母用量比传统方法多，搅拌时间比正常搅拌时间多2~3min，发酵时间一般在30~40min，其他步骤与一次发酵法相同。

下面介绍添加了海藻酸盐的营养面包和普通面包的配方：

（1）营养面包 面粉：25kg；酵母：0.5kg；白砂糖：5kg；奶油：1kg；乳粉：1.5kg；鸡蛋：1.5kg；植物油：0.5kg；单甘酯：0.075kg；海藻酸钠：0.0375kg；食盐：0.3kg。

（2）普通面包 面粉：25kg；酵母：0.25kg；白砂糖：2kg；鸡蛋：0.3kg；植物油：0.25kg；海藻酸钠：0.0375kg；食盐：0.15kg；甜味剂：0.06kg。

3. 蛋糕

蛋糕是以蛋类为主要原料，通过剧烈搅打使蛋浆组织内部冲入大量空气，加热后气体膨胀逸出，形成疏松多孔的海绵组织（郭雪霞，2006）。添加海藻酸钠有助于蛋浆的乳化作用，打发时起泡性好，使蛋糕形成多孔膨松组织，气孔细密均匀富有弹性，内质柔软润滑，耐干性好，能保持浓郁的蛋香甜味。制作蛋糕过程中海藻酸钠的添加量为0.1%~0.3%。一个典型的蛋糕配方包括：海藻酸钠：0.2%；精制面粉：34%；鸡蛋：25%；白砂糖：30%；植物油：3.6%；

维生素 B_2：0.1%；水：适量。

三、海藻酸盐在肉制品中的应用

目前国内外肉制品的原料肉绝大多数是冷冻肉，在冻结过程中，部分细胞膜破裂，造成细胞汁液流失，营养成分降低，影响其色、香、味。由于肉本身的保水性较差，在保存过程中必须提高其保水性和结着性，增强肉的持水能力，从而增加肉的嫩度（吕绍杰，1998）。对于午餐肉、火腿肠、红肠和鱼肉肠等肉制品，提高其保水性、鲜嫩性、凝胶性和乳化能力是必需的。保水性强，肉制品出品率高；鲜嫩性好，肉制品的口味就鲜美、嫩滑爽口；凝胶性强，所制肉制品黏度和强度就强、弹韧性也好；乳化能力强，所制肉制品就可避免油析、松软等现象，还可降低原料成本。海藻酸钠有优异的增稠性、稳定性、持水性、凝胶性、乳化性等性能，可与多种胶体复配使用，有效改善肉制品质量。

1. 火腿肠

海藻酸钠在火腿肠的制备中起凝胶、保水、乳化、增强弹性等作用，具有优异而稳定的乳化、保水性能，可有效增强肉的持水性，改善制品弹性及切片能力，提高产品质量、降低成本。它可以改善火腿肠的产品质构，优化制品的风味，使之口感鲜嫩，还可以提高出品率、降低原料成本。火腿肠生产中海藻酸钠的用量为 0.4%~0.6%。海藻酸钠与明胶配合使用加入猪耳西式火腿后，对产品的物性指标有明显影响，可以起到黏结、胶凝原辅料的作用。

2. 肉类黏合剂

肉制品加工过程中产生大量碎肉和肉渣，采用肉类黏合剂能将这些下脚料重新组合成完整的肉块，从而提高肉制品加工厂的原料利用率，增加经济效益。此外，肉类黏合剂可以将不规则的原料肉块黏合起来后按需要分割成标准的大小和形状，提高产品的标准化。

四、海藻酸盐在仿生食品中的应用

仿生食品又称人造食品，是用科学手段把普通食物模拟成贵重、珍稀食物。仿生食品不是以化学原料聚合成的，而是根据所仿生天然食品含有的营养成分，选取含有同类成分的普通食物为原料加工制成的。自日本研究人员首次研制出人造海蜇皮以来，世界各国已经研制出多种类型的仿生食品。目前市场上除了人造鱼翅、人造海蜇皮等仿生海洋食品，还有人造瘦肉、人造牛肉干等仿生肉，以及人造大米、人造苹果、人造咖啡、人造菠萝等产品，其中仿生食品的模拟特点包括功能模拟仿生、制作方法模拟仿生、风味模拟仿生、外形模拟仿生等（康彬彬，2003）。

1. 人造海蜇丝

人造海蜇丝是以海藻酸钠为主要原料经过系统加工处理制成的一种仿生食品，其中海藻酸钠与钙离子反应后形成不溶于水的海藻酸钙凝胶，在水中具有致密网状结构，是人造海蜇丝的主要成分（郑家林，1996）。通过调节海藻酸钠和钙离子的浓度及置换时间，可以得到口感和软硬度不同的人造海蜇丝。这种产品具有天然海蜇特有的脆嫩口感及色泽，并可按营养需要对其进行营养强化，是一种很有发展前景的佐餐食品。仿生海蜇的制作工艺如下：

（1）滴液配制　用软化水配制浓度为1%~2%的海藻酸钠水溶液。由于温度过高可使海藻酸钠部分降解，溶解温度不宜超过60℃。

（2）固化液配制　氯化钙2%~4%、明矾0.2%~0.4%，加软化水至100%。明矾的作用是增加海蜇丝的脆度，并不影响海藻酸钠与氯化钙的作用。

（3）固化　将配制好的固化液注入固化槽中，搅拌使固化液成环流流动。把配制好的滴液倒入滴液槽，使滴液呈条状流下，进入固化液后海蜇丝逐渐固化成型。

（4）浸泡　固化10min左右，达到合适的软硬度，及时捞出，用水浸泡3~4h以泡出多余的氯化钙，以免出现涩味。

（5）清洗　浸泡后采用软化净化水清洗。

（6）杀菌　制得的海蜇丝经杀菌进一步保证其卫生安全。

2. 海藻蜇皮

海藻蜇皮是随人造海蜇丝一同发展起来的一种仿生食品，其原理与海蜇丝生产原理相似：以海藻酸钠为主要原料，添加大豆蛋白、味精等营养、调味品，模拟天然海蜇皮的形状、色泽和风味加工制成，可用于凉拌、烹炒。

3. 人造鱼翅

利用海藻酸钠与钙离子反应的凝胶特性制作的人造鱼翅，其原理与海蜇丝相似。尽管药理价值不及真品鱼翅，其基本营养价值却优于天然鱼翅，而且口感怡人、烹制方便，深受消费者喜爱。一个人造鱼翅的参考配方（按100kg水计重）包括：料液，海藻酸钠2%~2.2%、明胶16%；成型液，氯化钙1%、葡萄糖酸钙 2%。

4. 人造葡萄

用海藻酸钠、食糖、葡萄香精、食用着色剂等原辅料溶解后均匀混合，制成葡萄形状的液滴，放入钙水中成型，即形成形状、风味类似天然葡萄的人造葡萄（孙洪友，2006）。操作要点：

（1）海藻酸钠溶液浓度 1.0%~2.0%，溶解水使用软化净化水。

（2）成型液中使用的氯化钙浓度为 2%~4%。

（3）为了改善人造葡萄的口味与颜色，调节成型液的 pH，可适当在成型液中加水果酸，将成型液 pH 调节至 4.0 为佳。

（4）为使人造葡萄不会沉到容器底部，方便取出，可在成型液中加入适量蔗糖。

（5）海藻酸钠溶液可使用泵滴入成型液，也可利用液位差自动滴入。

五、海藻酸盐在饮料和乳制品中的应用

作为天然水溶性高分子，海藻酸盐是一种性能优良的饮料添加剂，在饮料中加入一定量的海藻酸钠可以起到增稠和乳化作用。海藻酸钠和海藻酸丙二醇酯在饮料领域均有很好的应用，其中海藻酸钠适用于悬浮饮料、蛋白饮料、胶囊饮料等中性饮料，海藻酸丙二醇酯适用于果蔬汁饮料、发酵乳饮料、含乳饮料等偏酸性饮料。

1. 含乳饮料

含乳饮料是指以含乳 30% 以上的新鲜牛乳为原料，加入水、可可、咖啡、果汁、蔗糖等辅料，经有效杀菌制成的具有特殊风味的饮料。它是一种不稳定分散体系，既有蛋白质和果汁微粒形成的悬浮液、脂肪的乳浊液，又有糖类、盐类形成的真溶液，生产中常发生油脂上浮和蛋白质沉淀等质量问题，需要添加乳化剂、增稠剂等使饮料保持稳定。可可乳饮料是一种典型的含乳饮料，生产中需要添加一定量的乳化稳定剂提高可可乳的稳定性。殷露琴等对可可粉饮料稳定性的研究表明，海藻酸钠与微晶纤维素有协同作用，对较小的可可粉分子有较好的稳定作用，可防止饮料分层（殷露琴，2007）。蒋文真等研究了复配乳化稳定剂对可可乳稳定性的影响，通过正交试验获得复配乳化稳定剂最佳配比为 0.01% 卡拉胶、0.015% 海藻酸钠、0.15% 微晶纤维素和 0.015% 蔗糖酯（蒋文真，2007）。李志成等以鲜乳和苹果汁为原料制作饮料，应用正交优选法研究了该饮料的稳定性。结果表明，添加 0.12% 的海藻酸钠和 0.20% 黄原胶可使苹果乳

饮料稳定保存 3 个月以上（李志成，2001）。

2. 悬浮饮料

悬浮饮料是以果蔬、柑橘、桃、梨、苹果等天然食品以及人工造粒成型的颗粒状物质悬浮于饮料中制成的，其外形直观、真实，配以透明包装，特别适合社会崇尚自然饮料的要求。悬浮饮料生产中的一个主要技术问题是食物颗粒能均匀分散于饮料中，保质期内不产生明显的分层和下沉现象。一般认为，悬浮饮料的悬浮并不是靠食品胶的黏度，而是依靠食品胶形成的凝胶网络实现的（戴桂芝，2005；李作良，1998）。陶翠华研究了以海藻酸钠、琼胶为主要原料制作颗粒悬浮饮料的生产工艺，对影响海藻酸钠凝胶性和溶液悬浮稳定性的因素进行了对比试验。结果表明添加 0.2% 海藻酸钠悬浮剂对饮料悬浮液的效果较好（陶翠华，2005）。徐明亮在红子汁 - 魔芋粒饮料的研制中也对海藻酸钠 - 琼胶作为悬浮剂进行了研究。结果显示红子汁 - 魔芋粒饮料中加入 0.16% 琼胶和 0.18% 海藻酸钠混合增稠得到的悬浮效果最好，且不影响饮料的口感和风味（徐明亮，1999）。

彩珠保健悬浮饮料是一种典型的悬浮饮料，利用海藻酸钠成膜法将果蔬汁包裹制成人造胶囊后与悬浮剂和鲜果蔬汁调配成悬浮饮料。用不同颜色的果蔬榨汁进行珠体染色后可制成不同色彩的珠体悬浮于饮料中，色泽鲜艳、晶莹发亮、外观诱人，在具有保健作用和食用趣味的同时，还有良好的口感。彩珠的制作过程中首先配制一定容量的氯化钙溶液作为固化液，在其表面覆盖一层精制植物油。按配方配制海藻酸钠复合胶体溶液，倒入覆盖在氯化钙溶液表面的精制植物油中，被油液包围的海藻酸钠液体团在表面张力作用下收缩成球形后缓缓下沉至氯化钙溶液中，球形液体团表面的海藻酸钠与钙离子反应形成凝胶体，数分钟后取出用清水清洗，即可形成球形颗粒状彩珠。

3. 植物蛋白饮料

植物蛋白饮料是以植物的果核或种子为主料，经过原料预处理、浸泡、磨浆、过滤、均质、杀菌等工序调配制成的饮品。植物蛋白饮料是一种富含脂肪的蛋白质胶体，是一个复杂的热力学不稳定体系，其中既有蛋白质形成的胶体溶液，又有乳化脂肪形成的乳浊液，还有糖等形成的真溶液。生产、贮藏过程中常出现蛋白质和其他固体微粒聚沉及脂肪上浮等现象。在开发口感协调、组织稳定的植物蛋白饮料时，乳化稳定剂的使用十分重要。陈晓平等对松仁乳的稳定性进行了研究，结果表明添加 0.02% 海藻酸钠、0.02% 黄原胶和 0.03% 瓜尔豆胶，在 40MPa、80~85℃均质两次的条件下，松仁乳产品具有较好的稳定性（陈晓平，2005）。程军强等制作的核桃乳茶采用海藻酸钠和羧甲基纤维素钠作乳化稳定剂，可以有效防止产品出现乳清分离，饮料中无沉淀物产生（程军强，2004）。

4. 胶囊饮料

微胶囊是一种具有天然或合成高分子聚合物壁壳的微型容器或包埋物，可将固体、液体或气体物质包埋，使被包埋物料与外界环境隔绝，最大限度保持食品、饮料原有的色、香、味、性能和生物活性，防止营养物质在加工贮藏中的破坏和损失（何玲，2007）。利用微胶囊技术可以在饮料领域开发性能优良的功能性饮料，包括茶饮料、果汁、蔬菜汁、果蔬汁饮料、固体饮料等，其中固体饮料是指水分含量在 25% 之内，具有一定形状，须经冲溶后方可饮用的颗粒状、鳞片状或粉末状的饮料。由于饮用方便、营养成分含量高等优点，固体饮料颇受消费者喜爱。

固体饮料有两个主要的发展方向：一是利用水果和浆果的天然果汁制备饮料，强调产品的天然、营养特性；二是配制含气发泡粉，着眼于产气、发泡的新奇感。国内市场上比较常见的是果汁饮料粉、乳粉和可可粉，而含气发泡的饮料粉比较少见。国外对发泡固体饮料的研究较多，美国、日本出现了以碳酸盐、有机酸为主要原料的固体饮料，用水冲泡时二者反应放出 CO_2。以海藻酸钠、黄原胶、羧甲基纤维素钠、明胶、卡拉胶等单独或混合使用作为包埋剂包埋碱后与柠檬酸、果粉混合后可以制造产气固体饮料（陶宁萍，2001）。

5. 果蔬汁饮料

果蔬汁饮料在生产和储藏中经常发生分层和水分析出等不稳定现象。果蔬汁饮料中既有果肉微粒形成的悬浮液，又有果胶、蛋白质等形成的胶体溶液，还有糖、盐等形成的真溶液，甚至还有脂类物质形成的乳浊液。在这个混合体系中，悬浮液、乳浊液的微粒与饮料汁液之间存在较大密度差，是不稳定的主要原因。饮料中的蛋白质受物理、化学等因素作用也会引起果汁饮料的不稳定。为了保证饮料在保质期内不发生分层、沉淀等现象，生产中经常使用增稠剂和乳化剂。果蔬汁饮料常用的增稠剂有果胶、琼胶、海藻酸钠、羧甲基纤维素钠、黄原胶等。

在一项对龙眼果汁饮料的研究中，文良娟等比较了羧甲基纤维素钠、卡拉胶、黄原胶、琼胶、海藻酸钠等 5 种稳定剂的性能，观察其单独使用和复合使用对产品稳定性的影响。表 10-3 显示单一使用五种稳定剂对龙眼果汁饮料稳定性的影响。结果显示，卡拉胶和琼胶对龙眼果汁饮料的稳定效果不好，海藻酸钠的稳定效果最好，羧甲基纤维素钠的稳定效果次之（文良娟，2002）。

表 10-3　单一稳定剂对龙眼果汁饮料稳定性的影响

稳定剂	添加量 /%	pH	成品外观	沉淀率 /%
羧甲基纤维素钠	0.20	4.20	无沉淀	0.33
海藻酸钠	0.20	4.20	无沉淀	0.31
卡拉胶	0.20	4.20	少量沉淀	1.52
黄原胶	0.20	4.00	形成黏稠胶体	—
琼胶	0.20	4.20	有较多沉淀	3.10

张国治等在香菇 - 红枣汁稳定性的研究中发现，为了防止饮料产生沉淀，需要采用羧甲基纤维素钠（CMC-Na）、海藻酸钠、黄原胶、明胶、琼胶等作为稳定剂。表 10-4 显示各种稳定剂的使用效果，其中 CMC-Na 与海藻酸钠配合使用的效果优于单一品种及其他组合，使用 0.1% 的 CMC-Na 加 0.1% 的海藻酸钠能够得到稳定性良好的香菇 - 红枣汁产品（张国治，1997）。

表 10-4　几种稳定剂在香菇 - 红枣汁中的使用效果

序号	稳定剂	用量 /%	外观	结论
1	CMC-Na	0.2	均匀，底部有微量沉淀	较好
2	明胶	0.3	加热后呈絮丝状	差
3	黄原胶	0.1	均匀，底部有少量沉淀	稍好
4	海藻酸钠	0.2	均匀，底部有微量沉淀	较好
5	琼胶	0.2	加热后呈絮丝状	差
6	CMC-Na+ 黄原胶	0.1+0.05	均匀，底部有微量沉淀	较好

续表

序号	稳定剂	用量 /%	外观	结论
7	CMC-Na+ 海藻酸钠	0.1+0.1	均匀，底部有基本沉淀	好
8	黄原胶 + 海藻酸钠	0.05+0.1	均匀，底部有少量沉淀	稍好

6. 发酵乳饮料

发酵乳饮料是以鲜乳或乳制品为主要原料，添加乳酸菌经发酵成凝态状或液体状添加果汁后制成的具有特殊风味的乳饮料。生产过程中为防止乳蛋白凝集沉淀，必须加入稳定剂。冯雅蓉等在香橙乳酸菌饮料中添加以海藻酸钠为主的稳定剂，制作的产品呈均匀乳状胶液，无沉淀、无杂质、无悬浮大颗粒，久置无分层现象（冯雅蓉，2002）。谭平等选择海藻酸钠、黄原胶和琼胶复合稳定剂制作的红枣发酵乳稳定性良好（谭平，2002）。宋莲军等对米糠酸乳的稳定性进行了研究，对海藻酸钠、琼胶和果胶进行单一和复配试验。从表 10-5 可以看出，0.08% 海藻酸钠 +0.08% 琼胶组成的复合稳定剂的效果最好，其协同作用可以稳定和改善产品品质，酸乳没有出现明显分层现象，流动性也较好（宋莲军，2004）。

表 10-5　米糠酸乳稳定剂的选择

稳定剂	用量 /%	组织状态
海藻酸钠	0.16	轻微分层
琼胶	0.16	流动性差
果胶	0.16	轻微分层
海藻酸钠 + 琼胶	0.08+0.08	无分层且流动性好
海藻酸钠 + 果胶	0.08+0.08	轻微分层

7. 冰淇淋

冰淇淋具有复杂的泡沫状组织结构，主要是空气以很小的气泡分布在部分冷冻的连续相上，其中脂肪在乳化液中位于内相、非脂乳固体和亲水胶体则位于水溶液中，而糖和盐组成真正的溶液（宋慧，2001；万速文，2006）。乳化剂和稳定剂对保证此体系的均一稳定起关键作用，其主要作用包括：①增加黏稠度；②促进空气混合；③改善质感和结构；④改善空气分布；⑤阻止冰晶形成和增大；⑥改进抗溶性；⑦阻止脱水收缩（蔡云升，2002）。

目前常用的乳化剂和稳定剂有分子蒸馏单甘酯、明胶、羧甲基纤维素、海藻酸钠、魔芋胶、黄原胶、卡拉胶、瓜尔豆胶等。作为冰淇淋稳定剂，海藻酸钠比传统使用的明胶、琼胶和淀粉有独特的性能和较高的效益。一是添加海藻酸钠的冰淇淋体积膨胀率大、产量高、成本低、效益好，添加 0.2% 海藻酸钠的冰淇淋比不加海藻酸钠的体积膨胀率提高 15%~30%、产量提高 20% 左右。与添加明胶的冰淇淋比较，添加海藻酸钠的数量比明胶可减少一半，使成本降低，而质量则更好；二是添加海藻酸钠的冰淇淋膏体细腻、口感好；三是添加海藻酸钠的冰淇淋在同样条件下，抗融化能力增加两倍。

何金兰等对椰汁冰淇淋稳定剂的选择进行了研究。在原配料种类和添加量相同的情况下，分别以 CMC-Na、海藻酸钠、明胶 3 种稳定剂进行稳定实验，对椰汁冰淇淋的稳定效果作了对比。从表 10-6 可以看出，各种稳定剂的最佳用量为 CMC-Na 0.30%、海藻酸钠 0.18%、明胶 0.18%。对比 3 种稳定剂最佳用量及稳定效果并结合最终产品的各项质量指标，结果表明，CMC-Na 作为稳定剂制得的混合液过于稀、膨胀率不理想；明胶作为稳定剂制得的冰淇淋组织坚硬；海藻酸钠作为稳定剂时膨胀率最好，而且冰淇淋的组织结构松柔、细腻（何金兰，2006）。

表 10-6　不同稳定剂对椰汁冰淇淋稳定效果的影响

稳定乳化剂	添加量 /%	膨胀率 /%	组织结构	综合评价
CMC-Na	0.18	25	柔软而细腻	中
	0.30	30	细腻滑润	良
	0.42	30	柔软而细腻	中
海藻酸钠	0.18	55	柔软而细腻	优
	0.30	50	柔软而细腻	中
	0.42	40	柔软而细腻	良
明胶	0.18	35	坚硬	良
	0.30	35	坚硬	中
	0.42	30	坚硬	中

六、海藻酸盐在功能性食品中的应用

随着亚健康群体和慢性病患者的日益增多，食品的保健功能成为热门话题，具有降血糖、降血脂、增强免疫力、减肥等功效的健康食品受到社会广泛关注。作为21世纪餐桌上食品的一个重要发展方向，功能性食品的目标功能主要有三个：

（1）以公众健康为目标的功能领域，其中公众最关心的包括控制体重、增强免疫力、抗氧化及营养素补充。

（2）以提高肌体健康和精神状态为目标的功能领域，其中以运动营养食品和饮料最为热门，也有提高“脑能量”的产品。

（3）以降低慢性病风险为目标的功能性食品，利用功能性食品辅助药物以减轻症状、降低患病风险是新产品开发的一个主渠道。欧洲健康食品生产厂商将降低心血管疾病风险列为产品研发的首选功能，其他功能包括防治癌症、肥胖、骨质疏松、肾脏健康、提高免疫力等。

海藻酸钠是一种可食而又不被人体消化的大分子多糖，在胃肠中具有吸水性、吸附性、阳离子交换和凝胶过滤等作用，对人体新陈代谢起到独特的调节作用，其保健功能包括：①降血压、降血脂、降低体内胆固醇和预防脂肪肝；②阻碍放射元素的吸收，有助于排除体内重金属；③增加饱腹感，健康减肥；④加快肠胃蠕动，预防便秘。

下面介绍一些以海藻酸钠为主要原料的功能性食品和饮料。

1. 降糖乐

管华诗等研制的降糖乐是以海藻酸钠为主要原料，配以麦麸、甘露醇及其他辅料调制加工成的一种低糖纤维制剂，含有丰富的氨基酸和微量元素，是治疗糖尿病的良好辅助剂，有明显的降血脂作用（管华诗，1986）。

2. 排铅乳粉

海藻酸钠具有良好的排铅功效，其分子结构中的钠离子被铅离子取代后形成不易被人体吸收的不溶性海藻酸铅而排出体外。根据这个原理，排铅乳粉是以海藻酸钠、乳粉、白糖等原料配制成的一种阻、排铅冲剂饮料。它以阻、排铅效果为主，经动物试验确定海藻酸钠的适当用量，再配以适量的乳粉、白糖等营养和保健成分，经汽蒸、烘炒、配料搅拌后制成颗粒。动物和人体试验证明其阻、排铅疗效较好，无毒副作用，不影响人体内钙、磷等代谢平衡。青岛生产的华海排铅产品在20世纪80年代投入市场，1997年获得卫生部颁发的保健食品证书及批准文号，已广泛用于受空气污染的广大城镇居民、儿童、吸烟者、交通警察，特别是铅矿、冶炼厂、印刷厂、油漆厂等高水平触及作业人员。

七、海藻酸盐在水果保鲜中的应用

涂膜保鲜法是利用涂膜剂在水果表面形成一层极薄的高分子膜，抑制水果的气体交换和代谢过程，降低其呼吸强度，同时减少水分蒸发、阻止空气的氧化作用、保护水果免受外来微生物的侵害。该方法要求涂膜剂稳定、无毒、无明显异味，在食用前容易除去，同时有良好的附着力和一定的机械强度。

海藻酸钠可以在果蔬表面形成一层具有选择通透性的保护膜，基于果蔬自身的呼吸作用，使整个果实处于一种自发调节的微气调环境，达到果蔬保鲜的目的。由于处理成本较低，使用方便，有很高的实用价值。海藻酸钠用作涂膜保鲜剂可以直接涂膜，也可以与其他化学试剂反应后成膜。

1. 直接涂膜法

黄瓜是一种难贮的果蔬，通常只有 3~5d 的保质期。涂膜保鲜是一种新的简便的贮藏方法，其做法是：用一定量蔗糖脂肪酸酯，加入定量的水，加热至 60~80℃搅拌溶解，缓慢加入一定量的海藻酸钠，继续搅拌至充分溶解，冷却至室温备用。选择成熟度适当、无机械损伤、无病虫害的黄瓜浸入到上述配好的涂膜液中，浸渍 30s 后取出黄瓜，自然风干，然后用塑料袋包装，置室温下贮藏。用此法贮藏可以明显延长保质期，贮藏 10d 以上仍能保持黄瓜鲜嫩脆绿的商品价值。试验表明，涂膜液的最佳组成为 5% 的蔗糖脂肪酸酯和 0.8% 的海藻酸钠。

王小英等研究了不同涂膜处理对金瓜的常温贮藏保鲜效果。结果表明，由海藻酸钠 0.5%+ 蔗糖酯 0.5%+ 苯甲酸钠 0.5% 组成的复合涂膜剂对金瓜的防腐保鲜效果最好，贮藏 3 个月后无一腐烂（王小英，2003）。张剑锋等在香菇的涂膜保鲜中对单一和复合膜进行研究，结果显示复合膜处理能结合各种单膜的优点，保鲜效果优于单膜（张剑峰，2003）。

2. 化学成膜法

化学成膜保鲜剂包括两种分别盛装的溶液，一种是含有海藻酸钠的水溶液，其海藻酸钠浓度为 0.5%~2.5%，此溶液中还可含有多元醇，如山梨醇、乙二醇、蔗糖等，多元醇的浓度为 1%~5%。另一种溶液为钙离子或多价阳离子溶液，可以是氯化钙水溶液，浓度为 1%~6%。在保鲜过程中，常温下将需要保鲜的果蔬洗涤后浸于含有海藻酸钠的水溶液中，0.5~5min 后取出，浸入多价阳离子溶液中 1~5min 后取出，此时在果蔬表面形成了具有防腐作用的凝胶，在 40℃下风干后即形成保鲜被膜。

八、海藻酸盐在可食性包装膜中的应用

1. 可食性包装膜

可食性包装膜是将本身可食用的材料经组合、加热、加压、涂布、挤出等方法成型后制备的可食性包装材料。目前可食性包装膜主要有两种，一种是以蔬菜为主要原料打浆成型后烘干；另一种是将淀粉、糖类糊化后加入其他食品添加剂，采取与造纸工艺类似的方法成型（李洪军，1993）。可食性包装膜以蛋白质、多糖、纤维素等天然可食性物质为原料，通过不同分子间相互作用形成具有多孔网络结构的薄膜，有明显的阻水性、可选择的透气性和抗渗透能力、较好的物理机械性能，可以作为食品色、香、味、营养强化和抗氧化物质的载体，用于盒或袋装食品的内包装，还可直接当作方便食品食用，既减少环境污染又加强食品美感、增加消费者食趣和食欲，具有良好的市场开发前景。

2. 可食性包装膜的种类

根据其主要原料的特点，可食性包装膜可以被分为五大类：

（1）淀粉类　淀粉类可食性包装材料以淀粉为主要原料，制作时将淀粉成型剂与胶黏剂按一定比例配制后充分搅拌，通过热压等方式加工制成包装薄膜或具有一定刚性的包装容器，其中使用的淀粉有玉米、红薯、马铃薯、魔芋、小麦等。加入的胶黏剂多为天然无毒的植物胶或动物胶，如明胶、琼胶、天然树胶等。

（2）蛋白质类　蛋白质类可食性包装材料是以蛋白质为基料，利用蛋白质的胶体性质，加入其他添加剂改变胶体的亲水性制得包装材料。根据基料的不同又可将其分为胶原蛋白薄膜、乳基蛋白薄膜及谷物蛋白薄膜三种。

（3）多糖类　多糖类可食性包装材料主要利用多糖食物的凝胶作用，以多糖食品原料为基料制得。例如用甲基纤维素、羟丙基甲基纤维素和果胶等基料可制得纤维素薄膜；以水产甲壳类加工废弃物为原料提取的壳聚糖为基料可制成壳聚糖薄膜；利用红薯、马铃薯、木薯、谷物等农产品经发酵后产生的高分子化合物茁霉多糖可制成茁霉多糖薄膜；利用谷物淀粉糊与水可制成水解淀粉薄膜。

（4）脂肪类　脂肪类可食性包装材料是利用食物中脂肪组织纤维的致密性制成的包装材料，根据不同的脂肪来源可分别制成植物油型薄膜、动物脂型薄膜和蜡质型薄膜 3 种脂肪类包装材料。植物油型薄膜中的脂肪可分别从桂树脂酸、亚麻油酸、棕榈油、葵花籽油、椰子油、红花油、菜籽油等植物油中提取；动物脂型薄膜中的脂肪可从无水乳脂、猪油等材料中提取；蜡质型薄膜中的脂肪可从蜂蜡、小浊树脂蜡、巴西棕榈等材料中提取。

（5）复合类　复合类可食性包装材料是利用多种基材组合，采用不同的加工工艺制成的包装材料，其基材包括前述 4 种类型所用的淀粉、蛋白质、多糖、脂肪以及必需的添加剂。

3. 海藻酸盐在可食性包装材料中的应用

海藻酸钠易溶于水形成均匀而黏稠的液体，可加工成均匀透明的薄膜。把海藻酸钠与其他胶体进行复配可以改善薄膜的抗拉强度、柔韧度、阻水性和溶解性等性能。王嘉祥等以海藻酸钠为被膜剂的主要原料，在氯化钙溶液中钙化凝固，形成的可食用膜具有良好的弹性、韧性（王嘉祥，1994）。赵志军等用海藻酸钠为成膜剂、甘油为增塑剂，经氯化钙交联成膜制作方便面油包可食性膜，制成的膜具有类似塑料膜的外观和机械性能，即良好的透明度、一定的耐水性、抗拉强度和伸长率，并且具有可食性。通过调整甘油用量、氯化钙浓度、交联时间和涂膜厚度可以调整膜的机械性能，达到所需要求（赵志军，2004）。

九、海藻酸盐在可食性蔬菜纸中的应用

采用可食膜成型技术可以制作可食性蔬菜纸。以新鲜蔬菜为主要原料，添加海藻酸钠等烘干成型制作的蔬菜纸，不仅保留了原料的风味和营养成分，还有低糖、低钠、低脂、低热量等特点，富含膳食纤维、多种维生素及矿物质，清脆可口、风味独特。李晓文以芹菜叶为原料，添加 3% 海藻酸钠和 3% 甘油制成清脆可口、具有芹菜香味的可食性芹菜纸（李晓文，1999）。谢琪以胡萝卜为基料，添加海藻酸钠、甘油等制成可食性彩色蔬菜纸，具有较强的柔韧性和一定的防水性（谢琪，1995）。高文宏等以番茄为原料，添加不同比例的海藻酸钠、明胶、玉米淀粉后成型，经恒温干燥制成食用番茄纸（高文宏，2006）。

第四节 小结

海藻酸盐具有优良的凝胶性能和增稠作用，并且无毒、无味，是一种性能优良的食品配料，在食品行业有十分广泛的应用。表 10-7 总结了海藻酸盐在各种食品中的主要作用及参考用量。

表 10-7 海藻酸盐在各种食品中的主要作用及参考用量

食品种类	主要作用	参考用量
调味品	增稠、组织改进	根据需要适量添加
蜜饯和糖霜	稳定、增稠	根据需要适量添加
凝胶和布丁	固化剂	根据需要适量添加
硬糖	稳定、增稠	根据需要适量添加
水果加工品和果汁	成型助剂	0.3%~0.5%
面条、通心面、粉条	水合、组织增强、耐煮、爽口	0.1%~0.3%
糯米纸	提高强度、透明度和光泽，耐折	0.5%
面包、糕点	增容、水合、组织改良	0.1%~0.5%
啤酒、酒类	提高气泡挂杯和消泡时间、酒液澄清、缩短发酵时间	50~200mg/kg
冷饮制品	增稠、稳定	0.5%~0.8%
其他食品	乳化、固化、加工助剂、稳定、增稠、表面活性	根据需要适量添加

参考文献

[1] Bixler H J，Porse H. A decade of change in the seaweed hydrocolloids industry[J]. Journal of Applied Phycology，2011，23: 321-335.
[2] Imeson A. Thickening and Gelling Agents for Food[M]. Glasgow: Blackie Academic and Professional，1992.
[3] Qin Y. Bioactive seaweeds for food applications[M]. San Diego: Academic Press，2018.
[4] 张真庆，江晓路，管华诗. 寡糖的生物活性及海洋性寡糖的潜在应用价值

[J]. 中国海洋药物，2003，(3)：51-55.
[5] 莫海珍，张浩，黄山. 乳酸发酵仙人掌果冻工艺研究[J]. 安徽农业科学，2006，34(15)：3785-3786.
[6] 蔡孝凡. 胡萝卜果冻的研制[J]. 中国食物与营养，2005，(8)：34-35.
[7] 孙晓波，蔡云升. 凝胶软糖及软糖粉的研制[J]. 食品工业，2001，(6)：5-7.
[8] 王绍裕. 褐藻胶在果酱中的应用[J]. 食品工业，1992，(1)：33.
[9] 王绍裕. 褐藻胶在面包生产中的应用[J]. 粮食加工，1997，(1)：21-22.
[10] 郭雪霞，房淑珍，田键，等. 无糖蛋糕的研制[J]. 中国食品添加剂，2006，(3)：125-127.
[11] 吕绍杰. 食品添加剂在肉制品的应用和趋势[J]. 中国食品添加剂，1998，(3)：10-13.
[12] 康彬彬，庞杰. 仿生食品的加工技术[J]. 中国农林科技，2003，(6)：39-40.
[13] 郑家林，李昌志. 人造海蜇丝生产工艺及设备研究[J]. 食品科学，1996，17(11)：25-28.
[14] 徐永力. 人造皮蛋生产配方与工艺[J]. 贮藏与加工，1994，(4)：33.
[15] 孙洪友. 水晶葡萄工艺品的制作[J]. 农村新技术，2006，(2)：25.
[16] 刘淑丽，刘通讯. 食品仿生学的发展概况[J]. 武汉工业学院学报，2003，22(2)：16-18.
[17] 殷露琴，王璋，许时婴. 可可粉饮料的稳定性研究[J]. 食品科学，2007，28(3)：166-170.
[18] 蒋文真，钟秀娟. 复配稳定剂对可可奶的影响[J]. 食品科技，2007，(6)：197-199.
[19] 李志成，蒋爱民，段旭昌，等. 新型果奶饮料稳定性研究[J]. 西北农业学报，2001，10(4)：111-113.
[20] 戴桂芝. 天然彩珠保健饮料的生产工艺研究[J]. 食品与药品，2005，7(10)：56-58.
[21] 李作良，郑家麟. 海藻酸钠珍珠胶囊饮料生产工艺初探[J]. 食品科技，1998，(2)：34-35.
[22] 陶翠华. 利用海藻酸钠、琼脂制作颗粒悬浮饮料的研究[J]. 食品研究与开发，2005，26(1)：1-3.
[23] 徐明亮. 红子汁-魔芋粒饮料的研制[J]. 食品科技，1999，(4)：40-42.
[24] 陈晓平，王平. 松仁乳的研制[J]. 食品工业科技，2005，26(8)：22-26.
[25] 程军强，何丽. 核桃奶茶的研制[J]. 食品与发酵工业，2004，30(2)：142-143.
[26] 何玲，刘树文，张新平. 天然胡萝卜素微胶囊工艺参数的探讨[J]. 西北农林科技大学学报，2007，35(2)：167-172.
[27] 陶宁萍，严波奋，陈海华. 产气固体饮料的开发研制[J]. 饮料工业，2001，4(4)：22-26.

[28] 文良娟，腾建文，于兰，等. 龙眼果汁饮料的研制[J]. 食品科技，2002，（9）：55-56.
[29] 张国治，王放，何健，等. 香菇-红枣汁的研制[J]. 郑州粮食学院学报，1997，18（3）：48-53.
[30] 冯雅蓉，冯翠萍. 香橙乳酸菌饮料的研制[J]. 山西农业大学学报，2002，26（2）：181-183.
[31] 谭平，薛波，李健民. 乳酸发酵型红枣饮料工艺的研究[J]. 山西农业大学学报，2002，26（2）：181-183.
[32] 宋莲军，薛云皓，张剑，等. 米糠酸奶的开发研究[J]. 食品科技，2004，（4）：78-80.
[33] 宋慧，韩伟. 冰淇淋复合乳化剂的研究[J]. 江苏食品与发酵，2001，（3）：6-8.
[34] 蔡云升. 冰淇淋生产中的稳定剂、乳化剂及复合乳化稳定剂[J]. 冷饮与速冻食品工业，2002，8（3）：1-6.
[35] 何金兰，肖开恩，张艳红. 椰汁冰淇淋的生产工艺复合乳化剂的研究[J]. 热带作物学报，2006，27（2）：99-102.
[36] 万速文，莫文敏，郭桦，等. 花式冰淇淋的研制[J]. 食品工业科技，2006，27（10）：147-149.
[37] 管华诗，兰进，田学琳，等. 褐藻酸钠在人体健康中的作用[J]. 山东海洋学院学报，1986，16（4）：1-6.
[38] 王小英，杨晓波. 金瓜复合涂膜保鲜研究[J]. 食品科技，2003，（9）：82-83.
[39] 张剑峰，陈黎明. 香菇的涂膜保鲜[J]. 无锡轻工大学学报，2003，24（1）：66-70.
[40] 莫开菊，赵德材，汪兴平. 板栗综合保鲜技术初探[J]. 中国林副特产，2002，60（1）：36-37.
[41] 李洪军. 可食性食品包装膜[J]. 食品科学，1993，（11）：14-16.
[42] 王嘉祥，刘庆慧，滕瑜. 冷冻贻贝肉被膜剂的研究[J]. 食品科学，1994，（2）：93-94.
[43] 赵志军，白静. 方便面油包可食用膜研究[J]. 郑州牧业工程高等专科学校学报，2004，24（3）：164-166.
[44] 李晓文. 芹菜纸的研制[J]. 食品科学，1999，（5）：24-26.
[45] 谢琪. 用胡萝卜加工可食性蔬菜彩色纸[J]. 四川农业科技，1995，（5）：13-14.
[46] 高文宏，朱思明，张鹰，等. 食用番茄纸的研制[J]. 食品研究与开发，2006，127（1）：94-96.
[47] 陈海峰，郑学龄，王凤成. 面条的国内外研究现状[J]. 粮食加工，2005，（1）:39-42.
[48] 胡坤，赵谋明，彭志英. 复合面条改良剂的研制[J]. 粮食与饲料工业，

2002，（9）：42-44.
[49] 詹晓北. 食用胶的生产、性能与应用[M]. 北京：中国轻工业出版社，2003.
[50] 黄来发. 食品增稠剂[M]. 北京：中国轻工业出版社，2001.
[51] 秦益民. 海藻活性物质在功能食品中的应用[J]. 食品科学技术学报，2019，37（4）：18-23.
[52] 秦益民，李可昌，张健，等. 海洋功能性食品配料[M]. 北京：中国轻工业出版社，2019.

第十一章　海藻酸盐在医疗卫生领域的应用

第一节　引言

海藻酸盐具有独特的理化性质和良好的生物相容性，已经广泛应用于药用辅料、药物制剂、缓释制剂、口腔印模、医用敷料、癌症介入治疗、原位凝胶、心衰治疗、海洋药物等医疗卫生领域。作为一种水溶性天然高分子材料，海藻酸盐可用作增稠剂、助悬剂和崩解剂，也可用作微囊化材料和细胞的抗寒保护剂（陈玺，2000）。海藻酸盐的凝胶特性在医用敷料、组织工程材料、植介入治疗等领域也有重要的应用价值。随着生物医用材料的发展和药物新剂型的不断开发，海藻酸盐在医疗卫生领域展现出巨大的发展前景。

第二节　海藻酸盐在药用辅料中的应用

在医药领域，片剂是指药物与辅料均匀混合后经制粒或不经制粒压制而成的片状或异形片状的制剂，可供内服和外用。世界各国的药物制剂中，片剂占有重要地位，是临床应用最广泛的剂型之一。片剂一般是用压片机压制而成，主要分为压制片、包衣片、多层片、泡腾片、咀嚼片、口含片、舌下片、溶液片、植入片、皮下注射用片、阴道片、缓释片、控释片、分散片等品种。

片剂由药物和辅料两部分组成，其中辅料是片剂中除主药外一切物质的总称，也称赋形剂，是一类非治疗性物质。压片用的药物一般应具有良好的流动性和可压性，有一定的黏结性，遇体液能迅速崩解、溶解、吸收，产生应有的疗效。辅料应为“惰性物质”，其性质稳定，不与主药发生反应、无生理活性、不影响主药含量测定、对药物的溶出和吸收无不良影响。片剂中常用的辅料包括填充剂、吸收剂、润湿剂、黏合剂、崩解剂、润滑剂等。

在片剂生产中，一般把水溶性的海藻酸钠用作黏合剂、不溶于水的海藻酸用作速释片的崩解剂。与淀粉相比，海藻酸钠制成的片剂的机械强度更大，可促进片剂的崩解。海藻酸钠也用于悬浮液、凝胶和以脂肪和油类为基质的浓缩乳剂的生产。在一些液体药物中，加入海藻酸钠可增强黏性、改善固体的悬浮性（樊华，2006）。使用过程中可以采用内加法和外加法，其中内加法将崩解剂与处方中其他成分混合均匀后制粒，崩解剂存在于颗粒内部，崩解虽较迟缓，但一经崩解便成细粒，有利于溶出。在外加法中，崩解剂加在整粒后的干颗粒中，存在于颗粒之外和各颗粒之间。水分透入后，崩解迅速，但因颗粒内无崩解剂，所以不易崩解成细粒，溶出稍差。在内、外加法中，将崩解剂分成两份，一份按内加法加入（一般为崩解剂的 50%~75%），另一份按外加法加入（一般为崩解剂的 25%~50%）。此法集中了前两种加法的优点，在相同用量时，崩解速度是外加法 > 内、外加法 > 内加法，但溶出速率则是内、外加法 > 内加法 > 外加法。

作为一种药用辅料，海藻酸钠还可用作助悬剂、增稠剂、乳化剂、微囊材料、涂膜剂的成膜材料等，可用于多种剂型的制备。海藻酸盐具有良好的理化和生物特性，是一种性能优良的药物载体，尤其是海藻酸盐水凝胶可以通过共价键合或非共价相互作用将药物分子纳入其网络结构中，在分子尺度上调控药物释放动力学（Li，2016），已经成功应用于口服、眼部、结肠、经皮和蛋白质药物的可控释放（Giri，2012）。

一、口服给药

口服给药是各种给药途径中的首选方法。以海藻酸盐为辅料制备的片剂在胃肠道液体的诱导下可释放出药物，给药后海藻酸钠分散在胃肠道的酸性液中，与片剂中负载的 Ca^{2+} 交联形成海绵状基质，药物的释放依赖于海藻酸盐水凝胶的溶胀（Stockwell，1986）。对于需要保护药物免受胃肠道酸性环境的影响，可用强效脂质体配方（Grijalvo，2016）。大量研究显示海藻酸盐在与各种辅料结合后可成功应用于口服给药（Aikawa，2015；Jamstorp，2010；Wang，2011；Xin，2010；Veres，2018）。

二、眼部给药

在眼部给药过程中，直接给药通常导致眼表局部药物浓度高，用海藻酸盐水凝胶可使网络中的药物分子缓慢释放，延长接触时间和眼部生物利用度。泪液中的 Ca^{2+} 可诱导海藻酸盐原位形成凝胶，已被用于新型的眼部给药系统（Schoyo，2000）。Lin 等报道了使用一种合成共聚物（Pluronic）、海藻酸钠和 Pilocarpine（一种增加眼内压力的药物）的混合物，其中三种物质的组合可以在与泪液接触后原位形成水凝胶（Lin，2004）。

三、结肠定位给药

结肠定位给药需要在药物到达结肠前提供保护，并在到达结肠后释放出药物。Xu 等研制了海藻酸盐 - 壳聚糖复合水凝胶材料并研究了其在 pH1.0 的模拟胃液和 pH7.4 的模拟结肠液中牛血清白蛋白（BSA）的可控释放。结果显示 BSA 在模拟结肠液中实现了可控释放，而在模拟胃液中的释放 <2.5%（Xu，2007）。Mu 等报道了一种结肠特异性药物传递系统，将磁铁矿纳米颗粒加入海藻酸盐水凝胶网络后得到一种可以通过外加磁场控制的材料（Mu，2011），可以通过外部磁场将其导向寄生虫感染的部位（Wang，2010）。

四、经皮给药

经皮给药是口服或皮下注射给药之外的另一种给药途径（Prausnitz，2008）。Kulkarni 等用聚丙烯酰胺接枝海藻酸盐水凝胶作为透皮给药系统，其中聚丙烯酰胺接枝的海藻酸盐水凝胶用作药物储层，聚乙烯醇薄膜用作速度控制膜，聚苯乙烯薄膜层作为衬底层（Kulkarni，2009）。

五、蛋白质药物输送

生物技术的进步为治疗疾病提供了很多蛋白质类药物，这些药物可以大规模生产，而海藻酸盐可以为开发基于蛋白质的药物提供有效的传递系统（Krebs，2010），但是蛋白质的封装和传递面临许多挑战，包括蛋白质分子固有的不稳定性、配方过程中的非特异性吸附、聚集、高剪切和有机溶剂变性等。温和的亲离子型海藻酸盐凝胶可以降低蛋白质或细胞群体的变性，在释放之前避免活性成分的降解，达到蛋白质或细胞群体的有效包封（Zhao，2014）。

第三节　海藻酸盐在药物制剂中的应用

一、海藻酸铝镁颗粒

海藻酸铝镁颗粒也称盖胃平颗粒，是以海藻酸、氢氧化铝、三硅酸镁等多种药物混合制成的一种药物制剂，经咀嚼吞咽与唾液、胃酸作用产生的凝胶黏附于发炎的食管和胃黏膜上，形成阻止反流的物理屏障，促进溃疡愈合，具有中和胃酸、解痉止痛、促进黏膜再生和溃疡愈合的功效，并可改善胃功能，适用于胃和十二指肠溃疡及胃肠功能失调等胃病。海藻酸铝镁颗粒为复方制剂，每 1000g 含海藻酸 250g、氢氧化铝 50g、三硅酸镁 125g 及适量矫味剂。

二、PS型胃肠双重造影硫酸钡制剂

PS 型胃肠双重造影硫酸钡制剂由一种新型表面活性剂海藻酸硫酸酯作为分散剂制成，适用于胃肠双重造影使用，其特殊价值在于能观察人体胃肠组织的微细解剖结构，发现早期病变，如早期胃癌等，产品具有黏度低、附壁性好、粒度细、性能稳定的特点。

三、低聚海藻酸钠注射液（代血浆）

低聚海藻酸钠注射液是以海藻酸钠为原料，经精制、提纯、降解等过程得到的一种以 D- 甘露糖醛酸为主的低聚多糖化合物，并与葡萄糖、氯化钠、磷酸氢二钠、柠檬酸等组分配伍制成的一种无色澄清代血浆。日本自 1945 年开始首次用动物试验海藻酸钠代血浆，经过多年的化学病理动物试验，以“Alginon”品牌正式进行临床应用。海藻酸钠代血浆的特征是浓度低、黏度高、耐煮沸消毒、与血型无关。人体注射 5~10mL/kg，对肝脏机能无障碍。手术前后静脉注射可稳定循环系统，有优良的充实作用，能预防大量出血休克和烫伤休克等。这种注射液在代血浆需要通过的各种试验中，如热原、过敏、渗血、凝血、急性和亚急性及失血性动物抗休克等试验，均可达到应用要求，特别是在凝血作用及过敏反应方面比临床上常用的右旋糖酐更好。

四、止血剂

海藻酸盐可制成各种剂型的止血剂，如止血海绵、止血纱布、止血薄膜、烫伤纱布、喷雾止血剂等，应用于擦伤、切伤、烫伤、口腔等伤口的止血，其止血作用是基于可溶性海藻酸钠溶解后带黏性，能阻滞血液流动，而不溶性海藻酸钙能保持网状结构，与血液接触后可加速血液中血小板的凝血反应、很快形成纤维蛋白，达到凝血目的（刘亚平，2007）。在制备海藻酸盐喷雾止血剂时，将含 7% 海藻酸钠和 0.037% 六氯酚的混合物分散到 37% CCl_2F_2 和 55.5% $CFCl_3$ 的低沸点喷剂中，装入耐压容器中待用。使用时喷到伤口，喷剂迅速蒸发，剩下一层海藻酸钠粉末会很快软化，能加速凝血过程，并且还有一定的麻醉效果。

第四节 海藻酸盐在缓释制剂中的应用

一、缓释制剂概述

缓释制剂可按需要在预定时间内给人体提供适宜的血药浓度，从而减少服用次数、获得良好的治疗效果，其重要特点是使人体维持血药浓度达到较长时间，不像普通制剂那样较快地下降，避免普通制剂频繁给药出现的“峰谷”现象，从而提高药物的安全性、有效性和适应性。随着对给药系统和给药部位研究的不断深入，缓释制剂的制备技术和新品种开发有很大进展，其中主要产品有缓释水丸、骨架缓释制剂、包衣缓释制剂、缓释胶囊、缓释药膜、树脂药缓释制剂、液体缓释制剂等（Chien，1999；Smidsrod，1990；Tonnesen，2002）。

二、海藻酸盐的缓释作用

海藻酸盐是制备缓释制剂的优良辅料，可通过多种因素控制其缓释效果，具体包括：

1. 分子质量

海藻酸钠的分子质量对缓释作用影响较大，与释药速度之间有线性关系，分子质量越大、黏度越高，释药速度越慢。

2. M/G 比例

对于分子质量较小的药物，M/G 值越大，释放速度越快。

3. 介质的 pH

偏酸性介质条件下，海藻酸钠能形成难溶性凝胶骨架，药物的释药速度缓慢，酸性越强、释药速度越慢。当介质 pH 为中性逐渐至碱性时，海藻酸钠凝胶骨架的溶解速度加快，药物释药速度明显加快，很难达到缓释效果。

4. 阳离子的种类及浓度

海藻酸钠为阴离子型化合物，遇钙、铝等阳离子后产生凝胶层，阻滞药物释放，达到缓释作用。离子浓度较低时，活性高的铝离子比钙离子与等摩尔的海藻酸钠结合快，产生凝胶屏障的时间短，药物释放速度变缓趋势更加明显（蒋新国，1994；仲静洁，2007；王康，2002）。

三、海藻酸盐在缓释制剂中的应用

1. 片剂

对于pH依赖型药物，为了延长其在胃中的吸收时间，可利用海藻酸钠在胃酸介质中形成凝胶层的特点，把海藻酸钠与羟丙基甲基纤维素制成胃漂浮＋控释小片胶囊，有效延长药物在胃中的滞留时间，增大药物的吸收窗、提高生物利用度。海藻酸钠是阴离子化合物，能与壳聚糖等阳离子化合物形成复合物骨架。将海藻酸钠与壳聚糖复合可以制备聚离子复合物，两者质量比为1∶1或3∶2时制得的复合骨架片在人工胃液和人工肠液中的释药规律相似，得到pH非依赖性缓释制剂，可使药物在体内的释放不因胃肠道pH的不同发生变化，即在胃和肠道中有相似的释放速率。Miyazaki等用不同比例的海藻酸钠与壳聚糖制备地尔硫舌下片，体内外实验结果显示黏附片在几秒内即可黏附黏膜组织，黏附力持久（>1h），生物利用度从口服给药的30.4%提高到69.6%（Miyazaki，1995）。

2. 微丸

从药效学角度看，微粒制剂将一次剂量的药物均匀分散在若干微小的圆形隔室中，与片剂等单剂量剂型比较具有较好的疗效重现性和较低的不良反应发生率，是缓控释制剂的一个发展方向。海藻酸钠能与多种金属离子形成凝胶，可通过滴制法、乳化法、喷雾法等方法制备微粒制剂。以海藻酸钠为原料制备的微丸具有pH敏感性、粒径适宜、可防止突释、口服无毒等特点，其理化性能还可以通过改性技术的应用进一步强化，其中涉及的技术因素包括：① G/M最优比率与微球机械性能的关系；②通过海藻酸钠的化学改性控制亲疏水性；③提高纯度和选择最佳黏度，达到所需的释药效果和组织相容性；④通过控制粒径影响药物释放时间，制备符合生理节奏的药物传输系统；⑤通过海藻酸钠与其他多糖的相互作用产生更好的缓控释放性能。

3. 微囊

微胶囊技术是一种用成膜材料把固体或液体包覆形成微小粒子的技术。如图11-1所示，目前有很多种技术可以制备微胶囊，其中通过聚电解质静电吸引后相互结合形成的微胶囊是最为关注的一种方法，其显著优点是制备过程温和、微囊化物质的生物活性在制备过程中损失很少或不损失，且微囊的大小、形状和均匀性较好（何军，1994；刘丹，2006）。

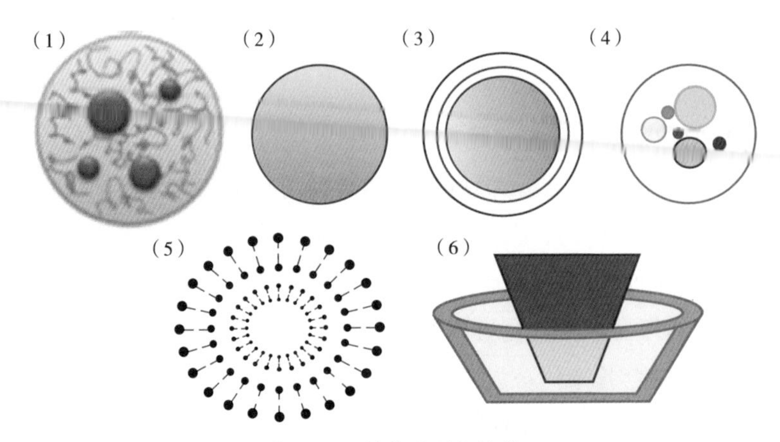

图 11-1　微囊的形态结构

（1）骨架型 （2）核壳型 （3）多壁型 （4）多核型 （5）磷脂双层型 （6）分子包含型

海藻酸钠在溶液中带负电，可以与带正电荷的壳聚糖等高分子化合物通过静电作用形成微囊（蒋新国，1994；李沙，2002）。这种载体对包封在微囊中的不同电性的药物具有不同的包载能力，对于带正电与负电的药物均具有较高的包封率，而对电中性的药物包封率较低。海藻酸与壳聚糖的静电作用成囊机制适用于多糖抗体、卡介苗、胰岛素、水蛭素等生物制品的制备。胰岛素、水蛭素等多肽类药物包埋在海藻酸钙 - 壳聚糖微囊中，在模拟胃液中没有明显释放，而在肠液中释药较快，使药物减少了在胃中的水解失活，有效提高其生物活性与利用率。

4. 脂质体

Hara 等用海藻酸钠、磷脂、氯化钙为主要原料制备了海藻酸钠脂质体，用质量浓度为 10mg/mL 的海藻酸钠与钙黄绿素溶液分散磷脂膜，再将混悬液冷冻干燥复溶，重复 3 次，超声离心（7000r/min、20min），将收集到的脂质体混悬于氯化钙溶液中，4℃下放置使钙离子进入脂质体中与海藻酸钠作用形成凝胶，从而减缓药物释放。这样制备的脂质体在有钙离子存在时可以起缓释作用，在钙离子螯合剂的作用下又能加快释放，其原因是钙离子进入脂质体后与海藻酸钠结合形成凝胶，使药物透过磷脂膜的速度减慢；当加入钙离子螯合剂（如 EDTA）时，由于钙离子量的减少而减少了凝胶的形成，从而加快药物的释放（Hara，2001）。

5. DNA 疫苗和蛋白多肽药物载体

传统疫苗需多次注射，且单纯体液免疫对细胞内病毒、细菌、寄生虫感染和肿瘤免疫治疗等不理想。现代抗原和疫苗 DNA 传递系统被定义为以合适速度和时间传递特定量抗原或疫苗到作用部位、使免疫应答最大化而副作用最小的制剂。将疫苗以海藻酸钠为载体制成微球剂型后，可以靶向抗原提呈细胞，保护疫苗在胃酸条件下不被破坏，一次注射，持续作用。刘善奎等用油包水（W/O）乳化 - 离子交联法制备 DNA 疫苗海藻酸钠微球，球形圆整、释药速率可控。海藻酸钠微球经钙化、交联、冷冻、干燥后，表面致密，内部结晶水升华形成几十微米的孔径用以包裹大量药物，对蛋白质的活性保持和持续释放非常有利。用乳化法制备时，使用高浓度的海藻酸钠溶液微囊更致密，适合长效蛋白质药物注射剂。以干扰素为模拟药，包封率在 90% 以上（刘善奎，2004）。

6. 基因工程药物载体

自 1982 年重组胰岛素投放市场以来，已经有很多种基因工程药物上市，这些产品利用分子生物学手段将药物产生的密码克隆出来，然后将其组装到表达的载体中，再通过培养表达载体制造药物。这类药物与蛋白多肽类药物一样，可以通过微囊化控制释放。海藻酸钠微胶囊在细胞培养领域应用广泛，囊壁通透性好，具有生物相容性和免疫隔离效果。于炜婷等将模型菌株酵母菌用海藻酸钠 - 壳聚糖微囊包埋，考察了微囊化酵母菌在模拟胃肠液中的形态、膨胀性能、酵母菌存活率及小鼠口服后肠道黏膜黏附性能，证明海藻酸钠 - 壳聚糖微囊化基因工程酵母菌作为肠道生化微反应器是可行的（于炜婷，2004）。相应的制剂可用于口服去除体内升高的氨和尿素，治疗尿毒症。海藻酸钠 - 壳聚糖微囊在胃酸环境下收缩、在肠道中膨胀的同时，长时间黏附于肠黏膜，使酵母菌在肠道中不断进行生化反应并分泌目标产物，产生的治疗性物质，如多巴胺和胰岛素等，可用于治疗帕金森病、糖尿病等。

第五节　海藻酸盐口腔印模材料

一、口腔印模材料的分类

印模是物体的阴模，口腔印模是口腔有关组织的阴模，取制印模时采用的材料称为印模材料（Impression material）。口腔印模的取制是口腔修复工作中的首道工序，其质量直接关系到最终的修复效果。口腔印模材料可分为三类：

（1）根据印模塑形后有无弹性，分为弹性印模材料和非弹性印模材料两类。

（2）根据印模材料是否可反复使用，分为可逆性印模材料和不可逆性印模材料。

（3）根据印模材料凝固的形式，分为化学凝固类、热凝固类和常温定型类三种。其中化学凝固类是材料在使用中经化学反应后产生凝固；热凝固类属热可塑性材料，具有加热软化冷却后自行凝固的特点，而常温定型类是利用材料的可塑性，在常温下稍加压力定性。

二、海藻酸盐弹性印模材料

海藻酸盐印模材料是一种弹性不可逆的印模材料，由于其分散介质是水，又称水胶体印模材料。海藻酸盐印模材料具有良好的流动性、弹性、可塑性、准确性以及尺寸稳定性，与模型材料不发生化学变化，价格低廉，使用方便。海藻酸盐印模材料分为粉剂型和糊剂型两种，其中粉剂型与水调和使用、糊剂型与胶结剂配合使用。

海藻酸盐印模材料由海藻酸盐、缓凝剂、填料、增稠剂、指示剂、矫味剂、防腐剂和稀释剂组成，临床常用的海藻酸盐是海藻酸钠和海藻酸钾。除了海藻酸盐，配方中加入的各种辅料使印模材料有良好的流动性、可塑性和弹性，达到印模清晰、精确度高等性能要求，其中缓凝剂有无水碳酸钠、磷酸钠、草酸盐、磷酸三钠等，其作用是减缓海藻酸盐溶胶与胶结剂硫酸钙的反应速度。

三、海藻酸盐弹性印模材料的配方

传统的海藻酸盐印模材料有粉剂型和糊剂型两种，其中粉剂是将处方成分在干燥状态下定量配制，临床应用时以水调和后使用。糊剂的主要成分为糊剂和胶结剂两部分，临床应用时，取糊剂和胶结剂按厂家所定的比例调和后使用。下面介绍粉剂和糊剂的两个配方：

（1）粉剂　海藻酸钠 15%、二水硫酸钙 15%、三磷酸钠 2%、硅藻土 68%。

使用时，加水调成糊状，放入口腔成型后，取出浸泡于 10%~20% $MgSO_4$ 溶液中 10~15min。

（2）糊剂　A 药（水 15g、碳酸钠 0.9g、5% 海藻酸钠溶液 25g），B 药（硫酸钠 0.7g、二水硫酸钙 5g、碳酸镁 2g、氧化锌 2.6g）。

使用时，A、B 两药混合 1~2min 后注入牙托中，放入口腔 3min 后凝固取出。

第六节　海藻酸盐在医用敷料中的应用

一、医用敷料的基本功能

伤口是由机械、电、热、化学等外部因素造成的，或者是由人体自身生理病态引起的皮肤损伤，如与子弹、刀、摩擦等作用过程中产生的机械损伤；由热、电、化学、辐射等因素造成的烧伤；以及压疮、下肢溃疡、糖尿病足溃疡等造成的慢性皮肤损伤（秦益民，2007）。医用敷料是护理伤口用的材料，在伤口愈合过程中为创面提供暂时的屏障，保护创面、促进伤口愈合。不同的伤口在尺寸、形状、渗出液的多少等各方面有很大区别，对敷料的性能要求也各不相同。覆盖创面的理想敷料应该具有的基本功能包括：①良好的黏附性、不透水而能控制水分蒸发，具有类似正常皮肤的水分蒸发率；②减少营养物质经创面损失、阻止细菌入侵和限制细菌在创面上定殖；③减轻疼痛；④安全、无菌和无抗原性；⑤良好的顺应性；⑥无占位性；⑦应用和储备方便。

二、海藻酸盐纤维与医用敷料

作为一种高分子材料，海藻酸盐可加工成纤维、织物、海绵、水凝胶等多种类型的材料应用于伤口愈合，其在医用敷料领域的应用起源于“湿润愈合”理论的诞生。1962 年，英国科学家 Winter 发现，湿润状态下伤口的愈合比干燥状态下快，其中湿润的环境加快了上皮细胞从健康皮肤向创面迁移（Winter，1962）。此后全球各地依据这个原理开发出了许多种类的“湿法疗法”产品（秦益民，2007）。

20 世纪 80 年代初，在传统用途被合成纤维替代的情况下，英国 Courtaulds 公司（现 Acordis 公司）把海藻酸盐纤维制成医用敷料在“湿法疗法”市场推广，成功应用于渗出液较多的慢性伤口护理。当敷料与伤口渗出液接触时，海藻酸钙纤维与渗出液中的钠离子发生离子交换，不溶于水的海藻酸钙转换成水溶性的海藻酸钠后使大量水分吸收进入纤维，在创面上原位形成一层水凝胶体。这种独特的性能赋予海藻酸盐敷料极高的吸湿性、容易去除等优良性能，在伤口护理中有很高的应用价值。

在 Courtaulds 公司之后，另一家英国公司 ConvaTec 开发出了海藻酸钙钠纤维，这种纤维在生产过程中已经引入钠离子，因此产品在未经离子交换之前已有较高的吸湿性。英国 Advanced Medical Solutions 公司在 20 世纪 90 年代发明了一系列以海藻酸盐纤维为主体的新型医用敷料，通过共混在纤维中加入羧甲基纤维素钠、维生素、芦荟等许多对伤口愈合有益的材料，进一步改善了敷料的性能。

共混改性是改善海藻酸盐纤维性能的一个有效技术手段（秦益民，2019）。在 1995 年申请的一项美国专利中，Qin 等最早应用共混纺丝技术改善海藻酸盐纤维的性能，把水溶性的羧甲基纤维素钠与海藻酸钠溶解于同一纺丝溶液后通过湿法纺丝获得具有很高吸湿性的共混纤维（Qin，2000）。如表 11-1 所示，以海藻酸钙 / 羧甲基纤维素共混纤维为原料制备的非织造布的吸液率为 19.8g/g，而用同类海藻酸钙纤维加工的非织造布的吸液率为 14.9g/g，通过与羧甲基纤维素的共混可以使海藻酸盐医用敷料的吸湿性增加 33%（Qin，2006）。图 11-2 显示海藻酸钙 / 羧甲基纤维素共混纤维吸湿前后的结构变化。

表 11-1　海藻酸钙 / 羧甲基纤维素共混纤维与纯海藻酸盐敷料的性能比较

化学组成	吸湿性 /（g/g）
高 G 海藻酸钙 + 羧甲基纤维素	19.8
100% 高 G 海藻酸钙	14.9
80% 高 G 海藻酸钙 +20% 海藻酸钠	17.6
100% 高 M 海藻酸钙	15.7

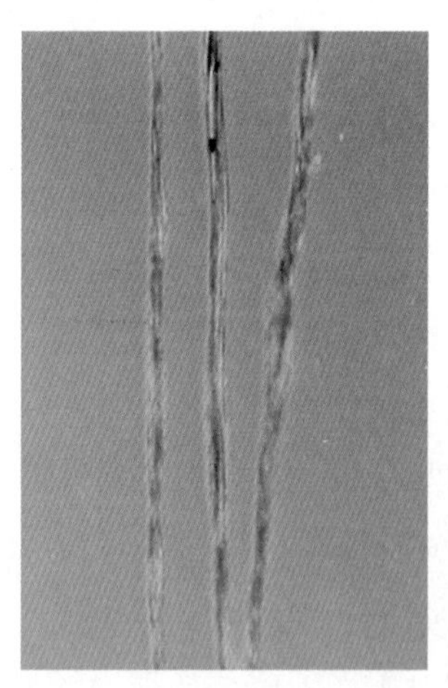
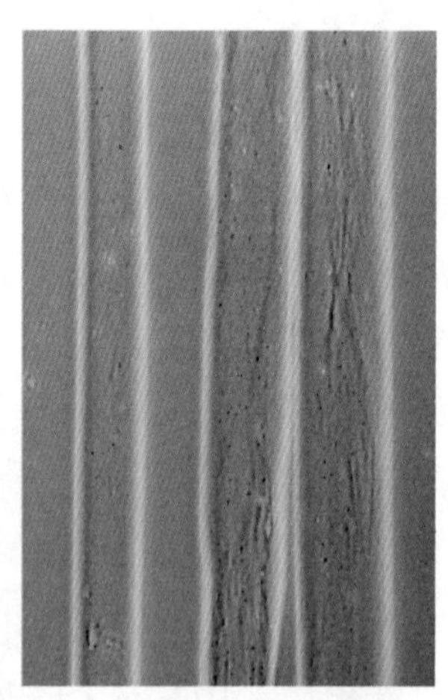
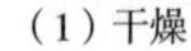

（1）干燥　　（2）在生理盐水中湿润

图 11-2　海藻酸钙 / 羧甲基纤维素共混纤维吸湿前后的结构变化

以海藻酸盐纤维为原料制备的医用敷料可用于覆盖创面、充填腔隙和窦道，在伤口护理领域有优良的使用功效。根据用途的不同，目前市场上的海藻酸盐医用敷料可分为两大类，即表面用敷料和伤口充填物。表面用敷料一般通过非织造布工艺制成，伤口充填物既可通过非织造布切割成狭长的条子制成，也可在梳棉后把纤维合并成毛条，经切割包装形成最终产品。图 11-3 显示海藻酸盐医用敷料的主要品种。

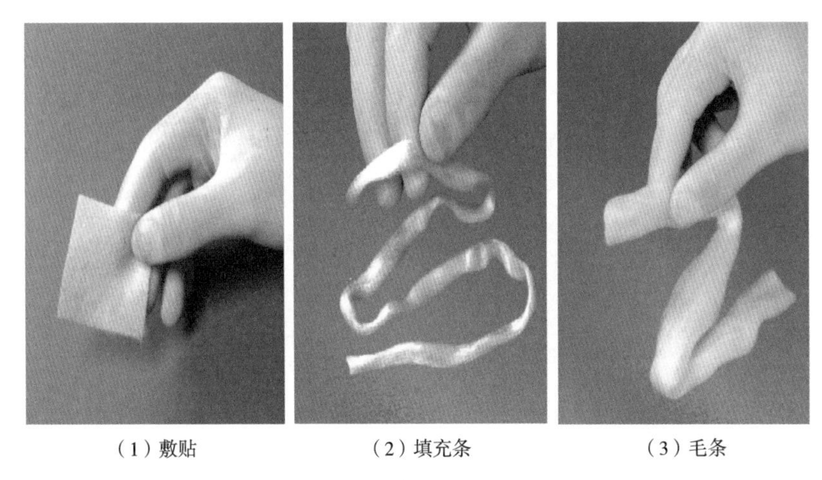

（1）敷贴　　（2）填充条　　（3）毛条

图 11-3　海藻酸盐医用敷料的主要品种

三、水胶体医用敷料

水胶体医用敷料是水溶性高分子物质的颗粒与橡胶混合后制成的一种治伤用材料，该材料结合了水溶性高分子的吸水性能和橡胶的黏性，敷贴在伤口上后水溶性高分子颗粒吸水后溶胀，给创面提供一个湿润的愈合环境，而橡胶基材则使敷料粘贴在伤口上，可以在创面上长时间维持一个湿润的愈合环境。水胶体敷料具有促进伤口愈合的一些必要条件，第一，它们的吸液率高，可使创面渗出液充分吸收；第二，它们为创面提供物理保护作用、阻止细菌入侵伤口；第三，它们可以很方便地从伤口上去除，并且去除过程几乎是没有任何疼痛的。

水胶体敷料一般由三种成分构成，即具有很强吸水性能的水溶性高分子、具有自黏性的橡胶和具有半透气性的保护膜。生产过程中，水溶性高分子和橡胶充分混合后在挤出设备上挤出成片状材料，然后与保护膜复合。目前用于制造水胶体医用敷料的保护膜一般是聚氨酯薄膜或海绵，具有一定的弹性，并且防水、透气。海藻酸钠粉末可以与橡胶混合后制备水胶体医用敷料。当与伤口渗出液接触时，分散在橡胶基材中的海藻酸钠粉末吸水后形成凝胶，在吸收创面产生的渗出液的同时，起到保护创面、为伤口提供良好愈合环境的作用。

四、水凝胶医用敷料

水凝胶是一种类似于果冻的胶体。海藻酸钠可用于制备水凝胶医用敷料，产品有两种基本类型，即无定型水凝胶和片状水凝胶。无定型水凝胶是一种流体状态的黏稠的胶体材料，其流动性好，适用于充填腔隙伤口，或用在形状不很平整的伤口上。片状水凝胶可以整块覆盖在创面上，敷贴和去除均非常便捷

水凝胶敷料特别适用于常见的体表创伤，如擦伤、划伤、褥疮等各种皮肤损伤。对于这些伤口，传统上医生一般用无菌纱布及外用抗生素处理。纱布易与皮肤伤口组织粘连，换药时常破坏新生上皮和肉芽组织，引起出血，使患者疼痛难忍。以海藻酸盐为原料制备的水凝胶敷料敷贴在伤口上时不但不粘连伤口、不破坏新生组织，还能防止各种细菌的侵入、预防伤口感染、促进创面愈合。

第七节　海藻酸盐在肿瘤介入治疗中的应用

一、肿瘤的栓塞治疗

原发性肝癌是肝细胞或肝内胆管细胞发生的癌变，是我国最常见的恶性肿瘤之一。目前肝癌的治疗主要包括手术切除、经肝动脉化疗栓塞、局部消融治疗、全身化学疗法、生物治疗、激素治疗及肝移植术等，其中外科手术切除仍然是根治原发性肝癌的首选治疗方式。近年来，经肝动脉化疗栓塞（TACE）治疗原发性肝癌的疗效得到充分肯定，已成为不能手术切除的原发性肝癌的首选治疗方法之一（孙立国，2012；李政伟，2012）。与肝癌的栓塞治疗相似，子宫肌瘤是育龄期妇女中最常见的良性肿瘤之一，症状性子宫肌瘤患者目前多采用子宫全切术和子宫肌瘤剔除术治疗，虽然治疗效果好、复发率低，但是由于子宫全切术后生育功能丧失、术后并发症率高等不利因素促使人们探寻新的治疗方法，其中保留生育功能治疗子宫肌瘤的方法成为研究热点，子宫动脉栓塞（UAE）治疗子宫肌瘤备受瞩目。UAE 治疗子宫肌瘤的疗效确切，已迅速在世界各地推广应用，治疗中多采用聚乙烯醇、吸收性明胶海绵、海藻酸钠微球等血管栓塞剂（黄春芹，2008）。

肿瘤栓塞治疗的原理主要有两个方面，一是将化疗药通过导管直接注入肿瘤内，提高化疗药的浓度，比全身化疗更好发挥化疗药的作用；二是通过栓塞肿瘤血管切断供应肿瘤的营养来源，使其缺血坏死，这是肝动脉栓塞术中发挥的主要作用。以海藻酸钠等材料制备的栓塞剂的颗粒细小、均匀，能彻底阻断肿瘤血供，栓塞后造影立即显示肿瘤血管被完全彻底阻断，使肿瘤处于缺血状态后坏死（百宏灿，2007）。

二、栓塞剂的主要性能

肿瘤动脉栓塞在靶动脉闭塞水平上分为毛细血管栓塞、小动脉栓塞、主干栓塞及广泛栓塞。在目前常用的栓塞剂中，明胶海绵属于小动脉栓塞剂，其优点在于无抗原性、廉价、能消毒，可按需要制成不同大小和形状，摩擦因数低，用普通血管造影导管即可快速注射，但明胶海绵易被组织吸收，闭塞血管时间短，同时可引起血管内膜炎性反应，栓塞效果欠佳。无水乙醇和碘油属于毛细血管水平的栓塞剂，栓塞效果彻底，其中无水乙醇具有蛋白凝固作用，使血细胞迅速凝集，对血管内皮细胞具有强烈破坏作用，达到永久栓塞，但其栓塞效果是剂量依赖性的，较大的剂量患者常不能耐受，术后常出现明显疼痛和组织坏死。碘油是临床治疗肝癌首选的栓塞剂，具有黏度低、易于经较细导管注射的特点，应用碘油 - 化疗药乳剂行肝癌的栓塞治疗，已在临床上取得良好疗效，但由于碘油易流动，需多次栓塞才能达到疗效。海藻酸钠微球克服了碘油流失的缺点，栓塞后血流阻断彻底，对中等血供及低血供者尤其适合。

栓塞前后肌瘤血供变化是判断栓塞成功与否的重要指标。李芙蓉等的研究显示海藻酸钠微球栓塞前子宫肌瘤周边均见不同等级的血流，而栓塞后 3~7d、1 个月时，所有病例肌瘤周边环状、半环状血流消失，内部也未见血流显示，表明已成功阻断肌瘤血供，破坏肌瘤内血管床。在 3、6 个月的随访中，有个别肌瘤内部可见少量点状稀疏分布的彩流，推测为血管再通或再生可能，原因可能是栓塞时栓塞微粒并没有完全占据血管腔，而是由于继发血小板凝集、血栓形成从而使血管腔闭塞，而血管腔没有完全被栓塞剂占据，就可能再通（李芙蓉，2006）。

总的来说，理想的栓塞材料应该具有的性能包括：①无毒、无抗原性，具有良好的生物相容性；②能迅速闭塞血管，能按需要闭塞不同口径、不同流量的血管；③易经导管传送，不黏管，易取得、易消毒（孙伟，2009）。

三、海藻酸钠微球栓塞剂

海藻酸钠的水溶性及凝胶化特点使其具有良好的血管栓塞作用，具有生物相容性好、无毒、无抗原性、靶向栓塞定位好等特点，栓塞球大小易控且质量稳定，在栓塞过程中可以根据病变特点，选取不同大小的型号，将靶器官血管永久性栓塞而达到治疗目的。微球颗粒表面带有一定电荷，使颗粒之间相斥，在贮存和使用中不凝聚、不堵塞。进入血液后可迅速膨胀并嵌顿在靶血管的部位，使其靶向栓塞定位更好，不会因血管自身的张力和部分倒流血液的冲击而误栓非靶血管（黄春芹，2008；王躬莉，2012；龚纯贵，2008；曾北蓝，2005；刘太锋，2005）。图 11-4 为海藻酸盐微球的扫描电镜图片。

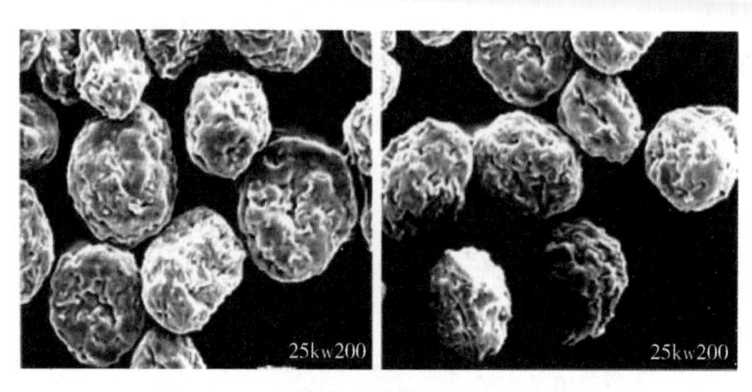

图 11-4　海藻酸盐微球的扫描电镜图片

海藻酸盐微球可以栓塞至肝末梢小动脉水平，栓塞后不会产生潜在侧支循环血管两端的压力差，也就不易形成继发性的侧支循环，从而保证栓塞效果，有效切断肿瘤部位的主要血供，即使堵塞在较大管径血管内的微球，在其自身降解过程及血流的冲击下，可产生迁移而达到更细小的分支内，产生更均匀彻底的栓塞。由于肿瘤大多数血供丰富并存在虹吸作用，使栓塞剂有优先分布于肿瘤血管床的趋势，肝肿瘤比正常肝实质可多捕获 3~4 倍的栓塞剂，这是对肝癌安全实施栓塞治疗的保障。对于中低血供的病灶，海藻酸盐微球很容易将稀少的血管给予栓塞阻断，使原来很难治疗的中低血供病灶有很好疗效。海藻酸盐微球在人体内的降解时间为 3~6 个月，明显长于碘油和明胶海绵，既防止肿瘤血管很快再通，又防止侧支循环的出现，可更长久阻断靶血管。

海藻酸盐微球与碘油化疗药物乳剂混合使用时具有协同作用，其中海藻酸盐微球位于其末梢小动脉，阻断肿瘤细胞的营养供血，使肿瘤组织坏死，同时阻断血流对碘油及药物的冲刷作用，使药物在栓塞部位缓慢释放，在肿瘤组织内保持较高浓度和较长时间，提高抗肿瘤药物的疗效，具有化疗与栓塞双重作用。

黄沁等比较了海藻酸钠微球与明胶海绵栓塞肺结核大咯血的效果。与明胶海绵颗粒和微弹簧圈相比，海藻酸盐微球具有以下优点：①具有良好的生物相容性，无异物刺激；②可根据需要加工成不同大小的微球；③具有良好的生物降解特性，不对人体产生化学作用；④进入血液后可迅速溶胀，靶向定位好，栓塞确切；⑤与对比剂混合后膨胀速度较慢，操作更为简便，不易堵管；⑥术后的发热反应较明胶海绵低，程度轻、持续时间短（黄沁，2010）。

曾北蓝等报道了海藻酸钠微球介入治疗子宫肌瘤的临床疗效（曾北蓝，2005）。目前我国用于妇科栓塞剂的主要有明胶海绵颗粒和聚乙烯醇颗粒两种，其中明胶海绵颗粒是可吸收的中效栓塞剂，对人体无抗原性，取材方便、价廉且操作时易于释放，但存在颗粒较大（直径 1~2mm）且欠均匀，对子宫肌瘤的内层血管网栓塞力度不够，一定程度上影响了疗效。聚乙烯醇颗粒在国外广泛应用，属微球型栓塞剂，颗粒小（直径 300~900μm）且可选择，栓塞理想、疗效较好，但其缺点是操作时膨胀速度快、易堵管，在体内不可降解、永久栓塞，部分患者心理上难以接受。海藻酸钠微球与上述两种栓塞剂相比有以下优点：①属于一种生物衍生材料，无异物刺激并具有良好的生物相容性；②可根据临床需要加工成不同大小规格的圆形固态微球，克服明胶海绵颗粒大、不均匀的缺点。通过对 100 例子宫肌瘤行介入治疗发现，直径 500~900μm 大小的海藻酸钠微球是相对安全的，对内外两层血管网均能有效栓塞；③与聚乙烯醇颗粒相比具有良好的生物降解特性，降解产物不被人体吸收和产生化学作用；④进入血液后可迅速溶胀，使其嵌顿在靶血管部位，靶向定位好、栓塞确切；⑤与聚乙烯醇颗粒相比，因与造影剂混合后膨胀速度较慢，故在释放过程中操作更为简便、不易堵管，有利于栓塞的顺利进行。

四、海藻酸钠微球栓塞剂的应用

李保国等选择直径 100~300μm 和 / 或 350~450μm 的海藻酸钠微球，以生理盐水 200mL 分 3 次漂洗去除其表面的固定液后再加入生理盐水 10mL 及造影剂碘普罗胺 20mL 混合，使其悬浮于该混合液中，在透视的严密监视下分别进行缓慢栓塞，监控时发现血管完全闭塞或返流时即刻终止栓塞并再次随访造影，将海藻酸钠微球成功应用于治疗术后复发性肝细胞癌（李保国，2010）。王躬莉等将海藻酸钠微球应用于 72 例肝癌患者的治疗，在延长患者生命、减轻病痛、提高生存质量上取得一定效果（王躬莉，2012）。

黄春芹等用海藻酸钠微球栓塞剂治疗子宫肌瘤 38 例，效果令人满意，未发现严重并发症，疗效体现在物理性机械阻塞血管，进入血液后迅速溶胀，靶向栓塞定位好，栓塞确切且无化学药物作用，栓子无抗原性、无局部组织及全身中毒反应、无栓塞血管及其周围炎症改变。研究结果显示，经双侧子宫动脉栓塞治疗后，月经过多和其他相关的子宫肌瘤症状明显改善（黄春芹，2008）。

于森等的研究显示，海藻酸钠微球 + 碘化油 + 平阳霉素制成的乳剂能顺利通过导管注入并送入血管内，栓塞时所需压力适中，控制容易，透视下栓塞剂可见度好，容易使栓塞达到适中、满意，不易出现过度栓塞和异位栓塞（于淼，2010）。

五、海藻酸钠微球栓塞剂的疗效

史仲华总结了海藻酸钠微球栓塞剂的疗效，包括以下几类内容（史仲华，2007）。

1. 栓塞彻底

动脉栓塞治疗的原理很明确，一方面是将化疗药通过导管直接注入肿瘤内，提高化疗药的浓度，比全身化疗更好发挥化疗药的作用；另一方面通过栓塞肿瘤血管切断其营养来源导致缺血坏死，后者是动脉栓塞发挥的主要作用。碘化油是液态的，栓塞肿瘤血管时阻断血流不完全。海藻酸钠微球是固体栓塞剂，颗粒细小而均匀，能彻底阻断肿瘤血供，使肿瘤在术后立即处于缺血状态。

2. 栓塞作用持久

碘化油栓塞后由于液态的原因不能完全阻断血流，又因为血流不断冲刷使原已在肿瘤内的碘化油受到冲刷而减少，因此用碘化油栓塞时疗效受到肿瘤血管类型与结构的影响很大,肿瘤血管丰富的疗效好,肿瘤血管稀少的病灶疗效差。海藻酸钠微球完全克服了碘化油的缺点，其栓塞时间持续 2~3 个月，在此期间肿瘤完全缺血，不受血流冲刷的影响，致使肿瘤组织完全呈低密度坏死状态。

3. 有效阻断血供

对于中低血供病灶，海藻酸钠微球有其独特作用。碘化油疗效是基于碘油进入肿瘤组织内发挥作用，对肝脏原发的或继发的中低血供肿瘤疗效不理想，原因是肿瘤血管稀少时碘化油不能进入其内起栓塞作用。海藻酸钠微球很容易将稀少的肿瘤血管给予栓塞并阻断血供，使很难治疗的中低血供病灶有很好疗效。

六、海藻酸钠微球栓塞剂的副作用

海藻酸钠微球的栓塞综合征和其他栓塞剂一样，由于有效阻断了血供，发生缺血性疼痛的时间相对长，程度相对重，多数需要止痛药才能缓解，发热现象也较明显，但无论是发热还是疼痛均可控制，文献报道无严重并发症和围手术期死亡的病例。

临床应用中，各种栓塞材料均有优缺点，目前还没有一种栓塞材料能适用于所有病变，栓塞材料的选择必须因病而异，因人而异。海藻酸钠微球作为一种新型栓塞材料，已经在多种疾病的治疗中显示其优势，在临床栓塞剂应用中是一种优良的选择。

第八节　海藻酸盐在原位凝胶中的应用

原位凝胶是随着药用高分子材料学的发展而产生的新剂型，是指以溶液状态给药后立即在用药部位发生胶凝，从而形成非化学交联的半固体制剂。在体凝胶具有凝胶制剂高度亲水性的三维网络结构及良好的组织相容性，近年来已经引起各国学者的广泛关注，成为药剂学领域的研究热点之一（魏刚，2004；何淑兰，2004）。Cohen 将海藻酸钠应用于原位凝胶眼部给药系统，取得良好的疗效。给药后海藻酸钠遇水迅速胶凝并吸附在眼睑周围，能够增加药物与眼部组织的接触面积，提高药物在眼部的黏附力，减少药物有效成分在泪液作用下流失，明显延长药物的治疗时间，并且改善眼部给药的不适感，提高患者的顺应性，为眼部给药新剂型的发展提供了新方法（Cohen，1997）。

作为一种制备原位凝胶的辅料，海藻酸钠不仅可应用于眼部给药等外用制剂，还可应用于制备其他剂型。Shozo 根据原位凝胶机制，用海藻酸钠制成茶碱口服液体缓释制剂，并在大鼠体内进行吸收行为的研究。结果显示，制剂在体外呈液体状，进入胃内遇胃酸性环境后胶凝形成原位凝胶，延缓了药物的释放，维持期长达 6h，从而改善药物的吸收行为，提高其生物利用度（Shozo，2000）。

第九节　海藻酸盐在心衰治疗中的应用

基于海藻酸盐良好的生物相容性、温和的物理凝胶化过程以及与细胞外基质相似的凝胶基质结构和硬度，其被广泛应用于组织工程和再生医学，其中包括急性心肌梗死的心肌植入治疗，可作为干细胞、生物活性分子和再生因子进入心脏的载体，具有促进心肌修复和组织重建的治疗潜力（陈龙，2018）。心肌梗死（MI）类疾病大部分心肌组织功能丧失、再生能力有限，暂时或永久闭塞的主要冠状动脉导致左心室（LV）心肌血液供应减少，发生不可逆损伤。同时，损伤过程中细胞外基质（ECM）重构、心脏结构重构，进而左心室功能重构，进展性心肌功能恶化，最终导致充血性心力衰竭。

心脏细胞外基质在维持心脏组织完整性、功能性方面具有关键作用。心肌梗死后的不良重构与细胞外基质的过度损伤有关。心脏细胞外基质成分改变导致心室壁应力增加，心脏广泛重塑对心脏收缩、舒张均产生不利影响。生物材料可设计模拟心脏细胞外基质成分的各种性能，其中水凝胶的形成和降解能提供临时的组织支持，保存心脏功能、促进心脏修复。Stoppel 等报道了植入水凝胶可促进梗死区心肌成纤维细胞生长和内皮细胞渗入、生长，减少梗死区瘢痕心肌面积、降低胶原沉积、减轻炎症反应、减少心肌细胞凋亡、促进梗死区新生血管生成（Stoppel，2016）。近年来研究已证实无细胞生物材料的注射在心肌组织修复、功能保存和血流动力学改善方面起重要作用，其中海藻酸盐在心衰治疗中的应用体现在以下几个方面。

一、经冠状动脉内注射海藻酸盐植入物

经冠状动脉内途径注射的海藻酸盐主要是以 IK-5001 为代表的产品。海藻酸盐通过通透性增加的动脉及毛细血管向梗死区域渗透，在急性期梗死区细胞外高钙离子环境下，海藻酸盐与钙离子交联后形成凝胶。这种经冠状动脉注射方式形成的是部分交联的水凝胶网络，注射 6 周后，海藻酸盐水凝胶从梗死区降解，仅少量海藻酸盐残留在梗死处，最终被富含毛细血管的肌成纤维细胞形成组织取代，梗死壁增厚，左心室扩大被抑制，心脏功能得到改善。这种治疗方式已在心肌梗死后的动物模型中观察到有利的治疗效果（Landa，2008）。

BioLineRX 公司于 2015 年注册实施了一项水凝胶（BL-1040）用于 MI 后治疗的 I 期临床试验（NCT 0057531），纳入首发心肌梗死 7d 以内的 27 例患者，经冠状动脉注射 2mL 的 IK-5001 后，即刻行冠状动脉造影，证实冠状动脉血流和心肌未受影响。随访 6 个月，心肌标志物未升高，患者耐受良好，未出现植入相关并发症，超声心动图示心腔未扩大，心功能未继续恶化。该项研究证实冠状动脉内注射 IK-5001 通过梗塞血管渗透到梗死区域成胶治疗 MI 是安全有效的（Frey，2014）。

二、经开胸心肌内注射海藻酸盐植入物

Algisy-LVRTM 为代表的水凝胶是经开胸后直接注射在左心室中部的一类产品。Lee 等用 Algisy-LVRTM 注射于心肌梗死后的狗心脏，结果显示狗的耐受性良好，植入后 24h 动态心电图示无任何心率异常，射血分数从 0.26 升至 0.31，比对照组明显升高，左心室舒张和收缩期末的容积减少，舒张期末心室内压力减小，心室壁厚度增加，心功能改善（Lee，2013）。

AUGMENT-HF 试验（Anker，2015）是一项单盲、随机、对照、多中心、前瞻性研究，用于评价心肌内植入 Algisy-LVRTM 治疗扩张型心肌病心衰患者的安全性、有效性，共纳入 113 例试验对象，其中 40 例接受水凝胶植入，38

例为对照组接受最优抗心衰药物疗法，随访 6 个月，实验组心肺运动试验最大氧耗量较对照组增加 1.24mL/（kg · min），6min 步行试验效果明显改善，纽约心功能分级改善，6 个月内主要不良事件及心律失常发生率差异无统计学意义，证实 Algisy-LVRTM 左心室植入安全，能有效改善心衰患者的运动耐量和症状。

三、经导管心内膜下注射海藻酸盐植入物

2012 年，Singelyn 等经导管注射 VentriGel 于心肌梗死的 SD 大鼠心肌内，1 周后程序电刺激显示大鼠室颤发生率并未增加，心脏病理可见有助于心肌梗死后修复的典型的免疫反应，未见排斥反应，梗死区存活心肌细胞增加，4 周后左心室射血分数提高，心腔扩大得到抑制（Singelyn，2012）。

四、海藻酸钠水凝胶作为细胞移植载体

心肌细胞一旦损伤后自我修复或再生能力有限，因此心肌细胞移植为心肌梗死后大面积心肌缺血坏死的患者带来了希望，其中水凝胶作为细胞移植的载体被广泛研究。水凝胶能提供与体内相似的三维环境，有利于维持细胞功能。Lin 等报道相较于细胞悬液直接注射，水凝胶包裹骨髓干细胞明显增加其在梗死区的存活率，并提高心功能。水凝胶也可以包裹一些促进细胞增殖、分化、黏附、迁移和组织再生的细胞因子，共同促进心肌再生（Lin，2010）。

第十节　海藻酸盐在海洋药物中的应用

进入 21 世纪，世界各国都把发展的眼光投向海洋生物资源，其中向海洋要药物成为国际医药界关注的热点。海洋藻类资源丰富，其代谢产物和化学成分与陆生植物有明显差别，尤其是海洋藻类生活在高盐、高压、低温、缺氧、光照不足、寡营养的水体环境中，使海藻源多糖的结构与陆生多糖有明显差别，在抗凝、抗栓和抗病毒等方面显示出良好的应用前景。下面介绍以我国首个海洋糖类药物藻酸双酯钠为代表的几种海藻酸盐类药物。

一、藻酸双酯钠

藻酸双酯钠（PSS）是 1985 年由中国海洋大学管华诗院士研制开发的世界上第一个海洋类肝素糖类药物。该药具有较强的聚阴离子性质，临床主要用于缺血性心、脑血管系统疾病和高脂血症的预防和治疗。目前国内已批准藻酸双酯钠生产批准文号 294 个，其中片剂 241 个、注射液 53 个。由于藻酸双酯钠临床疗效确切、价格低廉，目前已成为我国中低收入和广大农村人口在缺血性心

脑血管病和高脂血症防治中的首选药物。图 11-5 显示藻酸双酯钠的结构示意式。

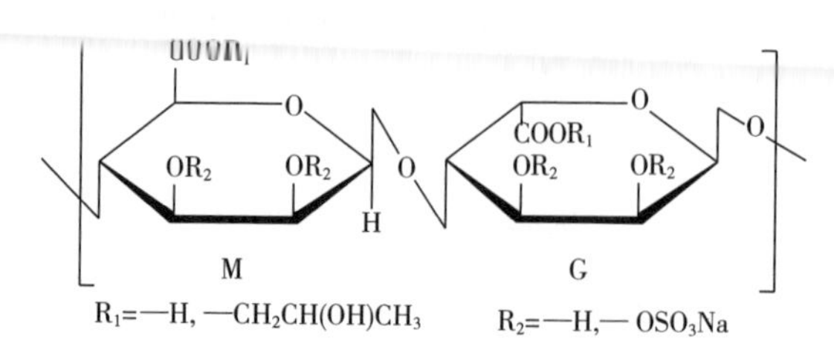

图 11-5 藻酸双酯钠的结构示意式

藻酸双酯钠是以海藻酸为原料经分子修饰制成的一种低分子硫酸多糖化合物，其化学名称为海藻酸丙二醇酯硫酸酯钠盐，是一种白色或微黄色的无定形粉末，无臭、味微咸、无刺激性异味，有引湿性。藻酸双酯钠在水中易溶解，不溶于乙醇、丙酮、乙醚、氯仿等有机溶剂。卫生部药品标准 1995 年版第二部第四册规定：藻酸双酯钠系海带提取物海藻酸钠经水解、酯化而成的一种藻酸丙酯的硫酸酯钠盐。按干燥品计算，含有机硫为 9.0%~13.0%，其重均分子质量为 10~20ku，相对分子质量分布宽度 <1.80，M 和 G 的比例约为 7 ∶ 3。

藻酸双酯钠的制备是以海藻酸为原料，经稀酸加压水解得到相对黏度为 4~6mPa · s 的低聚海藻酸，将含水量约为 45% 的低聚海藻酸在 NaOH 催化下与环氧丙烷回流反应 4~6h 得到海藻酸丙二醇酯。搅拌下将干燥的海藻酸丙二醇酯与氯磺酸 / 吡啶或氯磺酸 / 甲酰胺在 65~70℃下反应 3h，经乙醇沉淀得到硫酸酯化物。将硫酸酯化物用乙醇反复洗涤去除小分子杂质后用 NaOH 转化为钠盐，再用乙醇精制即得，其制备工艺流程如图 11-6 所示。

藻酸双酯钠具有较强的聚阴离子性质，沿分子链电荷较集中，在其电斥力作用下能使富含负电荷的细胞表面增强相互间排斥力，故能阻抗红细胞之间和红细胞与血管壁之间的黏附，改善血液的流变学性质。藻酸双酯钠具有较强的抗凝活性，其抗凝效价约相当于肝素的 1/3~1/2，能阻止血小板对胶原蛋白的黏附，抑制由于血管内膜受损和腺苷二磷酸（ADP）凝血酶激活等所致的血小板聚集，因而具有抗血栓和降低血液黏度等作用。藻酸双酯钠具有明显的降低血脂作用，应用后不仅能使血浆中胆固醇、甘油三酯、低密度脂蛋白（LDL）、极低密度脂蛋白（VLDL）等迅速下降，同时又能升高血清高密度脂蛋白（HDL）的水平，能抑制动脉粥样硬化病变，对外周血管有明显的扩张作用，能有效改善微循环，抑制动脉和静脉内血栓的形成。

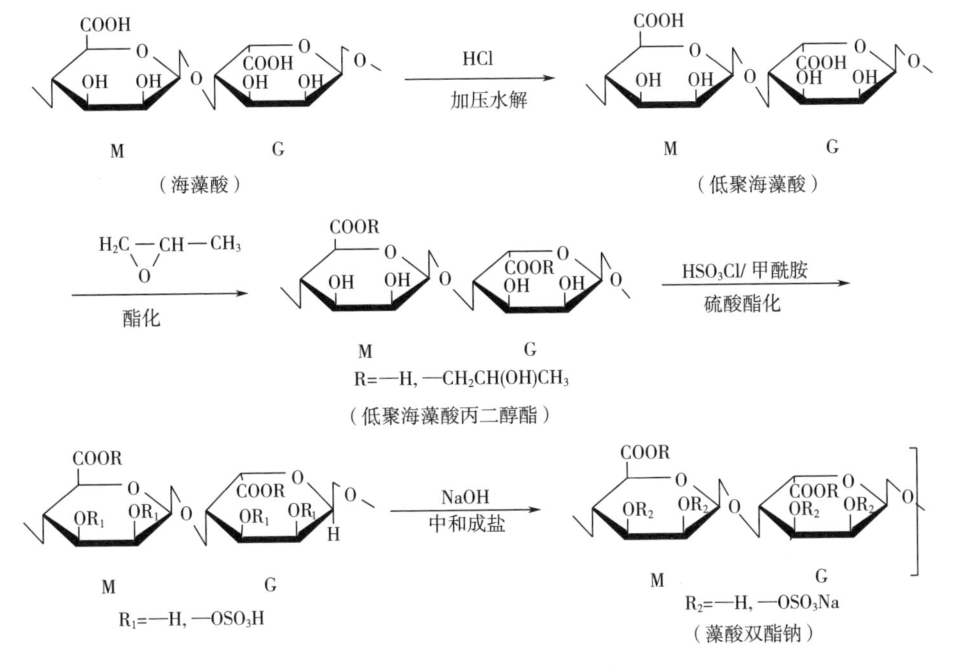

图 11-6　制备藻酸双酯钠的工艺流程

二、甘糖酯

甘糖酯（PGMS）也是中国海洋大学管华诗院士团队研制开发的一种低分子海洋类肝素药物，主要用于高脂血症和缺血性心脑血管疾病的防治。甘糖酯是在 PSS 的基础上，对海藻酸的降解产物进一步分级和纯化得到其中的聚甘露糖醛酸链段（PM），然后以聚甘露糖醛酸链段为原料，采用类似藻酸双酯钠的分子修饰，得到低分子硫酸多糖化合物，其化学名称为聚甘露糖醛酸丙二醇酯硫酸酯钠盐。与藻酸双酯钠相比，甘糖酯的抗凝血副作用进一步降低，抗凝效价仅相当于肝素的 1/9，其降血脂和抗血栓作用进一步突出。

三、古糖酯

古糖酯（PGS）是以海藻酸为原料，经降解、分级纯化得到聚古洛糖醛酸链段（PG），然后再经硫酸酯化制备得到的一种低分子硫酸多糖类化合物，由管华诗院士团队成功开发。系统的药效学研究表明，古糖酯对喂食乙二醇致大鼠肾结石和对植入性膀胱结石均具有明显的预防和治疗作用。在体外，PGS 可明显抑制一水草酸钙晶体和磷酸钙晶体的成核、生长和聚集，可使晶体表面的 Zeta 电位明显向负的方向移动，增大晶体之间的电斥力，明显抑制晶体与细胞间的相互作用。图 11-7 显示古糖酯的结构示意式。

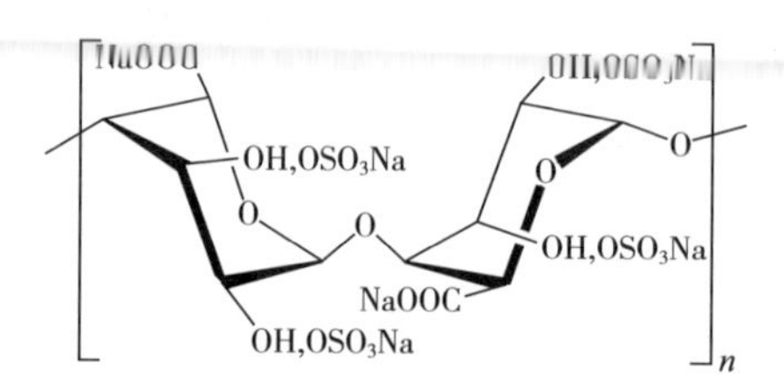

图 11-7 古糖酯的结构示意式

四、寡聚甘露糖醛酸（HS971）

HS971 是一种还原端为羧基的寡聚甘露糖醛酸，具有明显的改善记忆和抗老年痴呆效果，临床上可用于阿尔茨海默病的预防和治疗，由中国海洋大学医药学院开发成功。HS971 是以海藻酸的水解产物为原料，经 pH 分级得到 PM，在铜离子或铁离子催化下，采用过氧化氢进行降解得到还原端 C-1 位为羧基的酸性 PM 寡糖混合物。HS971 为类白色无定形粉末，无臭、无味，有引湿性。在水中易溶解，可溶于低浓度乙醇，不溶于丙酮、乙醚、氯仿等有机溶剂。

采用 5mg/kg 剂量的东莨菪碱以皮下注射方式建立痴呆小鼠模型，将 HS971 按 140mg/kg 剂量给小鼠连续灌胃 7d。结果发现小鼠在服用 HS971 后，空间学习记忆水平明显提高，大脑皮层胆碱乙酰化酶活性提高 2.3 倍，脑内抗氧化酶超氧化物歧化酶活性提高 15%，单胺氧化酶 MAO-B 的活性降低到 49%，表明 HS971 具有较好的抗痴呆作用。

第十一节　小结

随着生物医学、药剂学及材料科学研究的深入，越来越多的可降解生物多糖材料被应用于医疗卫生领域。海藻酸盐是一种资源丰富、价格相对低廉的天然高分子材料，是制备智能化、仿生化医用产品的优选原料。我国海洋资源丰富，海藻酸盐产量居世界前列，基于其优良的使用功效，海藻酸盐在医疗卫生领域有巨大的发展空间。

参考文献

[1] Aikawa T，Ito S，Shinohara M，et al. A drug formulation using an alginate hydrogel matrix for efficient oral delivery of the manganese porphyrin-based superoxide dismutase mimic[J]. Biomater Sci，2015，3: 861-869.

[2] Anker S D, Coats A J, Cristian G, et a1. A prospective comparison of alginate hydrogel with standard medical therapy to determine impact on functional capacity and clinical outcomes in patients with advanced heart failure (AUGMENT-HF trial) [J]. Eur Heart J, 2015, 36 (34): 2297-2309.

[3] Chien Y W. Novel drug delivery systems[J]. Drugs Pharm Sci, 1999, 50 (1): 229-231.

[4] Cohen S. A novel in situ forming ophthalmic drug delivery system from alginate undergoing gelation in eye[J]. J Controlled Release, 1997, 44 (2): 201-208.

[5] Frey N, Linke A, Suselbeck T, et a1. Intracoronary delivery of injectable bioabsorbable scaffold (IK-5001) to treat left ventricular re-modeling after ST-elevation myocardial infacttion: a first-in-man study[J]. Circ Cardiovasc Interv, 2014, 7 (6): 806-812.

[6] Giri T K, Thakur D, Alexander A, et al. Alginate based hydrogel as a potential biopolymeric carrier for drug delivery and cell delivery systems: Present status and applications[J]. Curr Drug Deliv, 2012, 9: 539-555.

[7] Grijalvo S, Mayr J, Eritja R, et al. Biodegradable liposome-encapsulated hydrogels for biomedical applications: a marriage of convenience[J]. Biomater Sci, 2016, 4: 555-561.

[8] Hara M, Miyake J. Calcium alginate gel entrapped liposomes[J]. Mater Sci Eng, 2001, 17 (1): 101-105.

[9] Jamstorp E, Bodin A, Gatenholm P, et al. Release of antithrombotic drugs from AL gel beads[J]. Curr Drug Deliv, 2010, 7: 297-302.

[10] Krebs M D, Salter E, Chen E. Calcium phosphate-DNA nano-particle gene delivery from alginate hydrogels induces in vivo osteogenesis[J]. J Biomed Mater Res A, 2010, 92A: 1131-1138.

[11] Kulkarni R V, Setty C M, Sa B. PAAm-g-Alginate-based electrically responsive hydrogel for drug delivery application: synthesis, characterization, and formulation development[J]. J Appl Polym Sci, 2009, 115: 1180-1188.

[12] Landa N, Miller L, Feinberg M S, et al. Effect of injectable alginate implant on cardiac remodeling and function after recent and old infarct in rats[J]. Circulation, 2008, 117 (11): 1388-1396.

[13] Lee R J, Hinson A, Helgerson S, et a1. Polymer based restoration of left ventricular mechanics[J]. Cell Transplant, 2013, 22 (3): 529-533.

[14] Li J, Mooney D J. Designing hydrogels for controlled drug delivery[J]. Nat Rev Mater, 2016, 1: 16071-16081.

[15] Lin Y D, Yeh M L, Yang Y J, et a1. Intramyocardial peptide nanofiber injection improves postinfarction ventricular remodeling and efficacy of bone marrow cell therapy in pigs[J]. Circulation, 2010, 122 (11 Suppl): S132-S141.

[16] Lin H R, Sung K C, Vong W J. In situ gelling of AL/Pluronic solutions for ophthalmic delivery of pilocarpine[J]. Biomacromol, 2004, 5: 2358-2365.

[17] Miyazaki S, Nakayama A. Drug release from oral mucosal adhesive tablets of chitosan and sodium alginate[J]. Int J Pharm, 1995, 118 (2): 257-263.

[18] Mu B, Liu P, Du P, et al. Magnetic-targeted pH responsive drug delivery system via layer-by-layer self-assembly of polyelectrolytes onto drug containing emulsion droplets and its controlled release[J]. J Polym Sci Pol Chem, 2011, 49: 1969-1976.

[19] Prausnitz M R, Langer R. Transdermal drug delivery[J]. Nat Biotechnol, 2008, 26: 1261-1268.

[20] Qin Y, Gilding D K. Fibres of cospun alginates[P]. USP 6080420, 2000.

[21] Qin Y. The characterization of alginate wound dressings with different fiber and textile structures[J]. Journal of Applied Polymer Science, 2006, 100 (3): 2516-2520.

[22] Schoyo O, Tissie G, Sebastian C, et al. A new long acting opthalmic formulation of carteolol containing alginic acid[J]. Int J Pharm, 2000, 207: 109-116.

[23] Shozo M. Oral sustained delivery of theophylline using in-situ gelation of sodium alginate[J]. J Controlled Release, 2000, 67 (2): 275-280.

[24] Singelyn J M, Sundaramurthy P, Johnson T D, et a1. Catheter deliverable hydrogel derived from decellularized ventricular extracellular matrix increases endogenous cardiomyocytes and preserves cardiac function post-myocardial infarction[J]. J Am Coll Cardiol, 2012, 59 (8): 751-763.

[25] Smidsrod O, Skjak-Braek G. Alginate as immobilization matrix for cells[J]. Trends Biotechnol, 1990, 8 (3): 71-78.

[26] Stockwell A F, Davis S S, Walker S E. In vitro evaluation of alginate gel systems as sustained release drug delivery systems[J]. J Control Release, 1986, 3: 167-175.

[27] Stoppel W L, Gao A E, Greaney A M, et a1. Elastic, silk-cardiac extracellular matrix hydrogels exhibit time-dependent stiffening that modulates cardiac fibroblast response[J]. J Biomed Mater Res A, 2016, 104 (12): 3058-3072.

[28] Tonnesen H H, Karlsen J. Alginate in drug delivery systems[J]. Drug Dev Ind Pharm, 2002, 28 (6): 621-630.

[29] Veres P, Sebok D, Dekany I, et al. A redox strategy to tailor the release properties of Fe (III) -alginate aerogels for oral drug delivery[J]. Carbohydr Polym, 2018, 188: 159-167.

[30] Wang F Q, Li P, Zhang J P, et al. A novel pH-sensitive magnetic alginate-chitosan beads for albendazole delivery[J]. Drug Dev Ind Pharm, 2010, 36:

867-877.

[31] Wang F Q，Li P，Zhang J P，et al. pH-sensitive magnetic alginate-chitosan beads for albendazole delivery[J]. Pharm Dev Technol，2011，16: 228-236.

[32] Winter G D. Formation of scab and the rate of epithelialization of superficial wounds in the skin of the young domestic pig[J]. Nature，1962，193: 293-294.

[33] Xin J，Guo Z，Chen X，et al. Study of branched cationic beta-cyclodextrin polymer/indomethacin complex and its release profile from alginate hydrogel[J]. Int J Pharm，2010，386: 221-228.

[34] Xu Y，Zhan C，Fan L，et al. Preparation of dual cross-linked alginate-chitosan blend gel beads and in vitro controlled release in oral site-specific drug delivery system[J]. Int J Pharm，2007，336: 329-337.

[35] Zhao J，Zhao X，Guo B，et al. Multifunctional interpenetrating polymer network hydrogels based on methacrylated alginate for the delivery of small molecule drugs and sustained release of protein[J]. Biomacromol，2014，15: 3246-3252.

[36] 陈玺，朱桂贞，唐在明. 海藻酸钠在临床的应用[J]. 中国医院药学杂志，2000，20（9）：560-561.

[37] 樊华，张其清. 海藻酸钠在药剂应用中的研究进展[J]. 中国药房，2006，17（6）：465-467.

[38] 刘亚平，侯春林，顾其胜，等. 可生物降解止血粉的制备及其止血性能[J]. 中国修复重建外科杂志，2007，21（8）: 829-832.

[39] 蒋新国，王俊，朱芳海，等. 海藻酸钠的分子量与缓释作用[J]. 药学学报，1994，29（4）：306-310.

[40] 仲静洁，王东凯，张翠霞，等. 海藻酸钠在药物制剂中的研究进展[J]. 中国新药杂志，2007，16（8）：591-594.

[41] 王康，何志敏. 海藻酸微胶囊的制备及在药物控释中的研究[J]. 化学工程，2002，30（1）：48-54.

[42] 何军，舒昌达. 包囊胰岛微囊的物理性能研究[J]. 重庆医科大学学报，1994，19（1）：29-31.

[43] 刘丹，王鹏程，刘昕，等. 多柔比星海藻酸钙微球的制备及其载药、释药性质的研究[J]. 中国新药杂志，2006，15（15）：1260-1263.

[44] 蒋新国，何继红，奚念朱. 海藻酸钠和脱乙酰壳多糖混合骨架片剂的缓释特征性研究[J]. 中国药学杂志，1994，29（10）：610-612.

[45] 李沙，李馨儒，侯新朴. 海藻酸钠-壳聚糖微囊的制备及载药性质的研究[J]. 中华临床医药，2002，14（3）：1-3.

[46] 刘善奎，高申，钟延强，等. DNA疫苗海藻酸钠微球的制备及体外释药[J]. 第二军医大学学报，2004，25（1）：58-60.

[47] 于炜婷，雄鹰，刘袖洞，等. 海藻酸钠-壳聚糖微胶囊作为肠道内生化微反应器的研究[J]. 高等学校化学学报，2004，25（7）：1381-1383.

[48] 孙立国，饶胜利，王连祥. 海藻酸钠微球介入治疗恶性肿瘤的临床研究[J]. 医学影像学杂志，2012，22（8）: 1408-1409.

[49] 李玫伟，陈云红. 海藻酸钠微球栓塞剂脾动脉栓塞治疗脾功能亢进156例[J]. 中国实用医刊，2012，39（9）：41-44.

[50] 黄春芹，方华盛，兰爱琴. 海藻酸钠微球经导管栓塞治疗子宫肌瘤38例临床观察[J]. 广西中医学院学报，2008，11（1）：36-43.

[51] 百宏灿，郑瑞锋，张燕齐，等. 海藻酸钠微球栓塞剂脾动脉栓塞治疗脾功能亢进42例[J]. 中国组织工程研究与临床康复，2007，7（22）: 4422-4423.

[52] 李芙蓉，郭云怀，柳建华，等. 超声在海藻酸钠微球栓塞治疗子宫肌瘤中的应用[J]. 介入放射学杂志，2006，15（8）：469-471.

[53] 孙伟. 海藻酸钠微球栓塞剂在肿瘤治疗中的应用现状[J]. 癌症进展杂志，2009，7（1）：52-55.

[54] 黄春芹，方华盛，兰爱琴. 海藻酸钠微球经导管栓塞治疗子宫肌瘤38例临床观察[J]. 广西中医学院学报，2008，11（1）：36-43.

[55] 王躬莉，陈利荣，王敬. 海藻酸钠微球血管栓塞治疗肝癌的围手术期护理[J]. 天津护理，2012，20（3）：149-150.

[56] 龚纯贵，王新霞，唐洁. 可显影固体栓塞剂硫酸钡海藻酸钠微球的研制[J]. 第二军医大学学报，2008，29（7）：833-836.

[57] 曾北蓝，陈春林，马奔，等. 海藻酸钠微球介入治疗子宫肌瘤的近期临床疗效[J]. 广东医学，2005，26（4）：437-439.

[58] 刘太锋，祖茂衡. 海藻酸钠微球血管栓塞剂（KMG）肝动脉化疗栓塞治疗原发性肝癌[J]. 徐州医学院学报，2005，25（2）：126-129.

[59] 黄沁，田媛，敖国昆. 海藻酸钠微球与明胶海绵栓塞肺结核大咯血的效果比较：143例分析[J]. 中国组织工程研究与临床康复，2010，14（42）：7959-7962.

[60] 曾北蓝，陈春林，马奔. 海藻酸钠微球介入治疗子宫肌瘤的近期临床疗效[J]. 广东医学，2005，26（4）：437-439.

[61] 李保国，温浩，郭志. 海藻酸钠微球栓塞治疗术后复发性肝细胞癌40例[J]. 世界华人消化杂志，2010，18（14）：1504-1508.

[62] 王躬莉，陈利荣，王敬. 海藻酸钠微球血管栓塞治疗肝癌的围手术期护理[J]. 天津护理，2012，20（3）：149-150.

[63] 于淼，邓梨平，张金山. 海藻酸钠微球联合碘化油平阳霉素乳剂在肝海绵状血管瘤栓塞术中的临床应用[J]. 军事医学科学院院刊，2010，34（2）：167-170.

[64] 史仲华. 海藻酸钠微球栓塞肝脏肿瘤的临床应用[J]. 中国肿瘤临床，2007，34（1）：38-44.

[65] 魏刚，徐晖，郑俊民. 原位凝胶的形成机制及在药物控制释放领域的应用[J]. 中国药学杂志，2004，38（8）：564-568.

[66] 何淑兰，尹玉姬. 组织工程用海藻酸盐水凝胶的研究进展[J]. 化工进展，2004，(11)：114-117.
[67] 陈龙，潘湘斌. 海藻酸钠水凝胶用于治疗心肌梗死后心衰研究进展[J]. 中华胸心血管外科杂志，2018，34（8）：504-506.
[68] 秦益民. 功能性医用敷料[M]. 北京：中国纺织出版社，2007.
[69] 秦益民. 海藻酸盐医用敷料的临床应用[M]. 北京：知识出版社，2017.
[70] 秦益民. 海洋源生物活性纤维[M]. 北京：中国纺织出版社，2019.

第十二章　海藻酸盐在生物技术中的应用

第一节　引言

生物技术利用动物、植物、微生物等生物体或其含有的细胞、酶等组成部分生产有用物质或为人类提供服务。近年来，随着基因工程、细胞工程、蛋白质工程、酶工程以及生化工程领域的快速发展，生物技术在医疗卫生、环境保护、农业生产等众多领域发挥越来越重要的作用。与资源消耗大、环境污染严重的化工技术相比，现代生物技术具有生产过程集约化、高效化、清洁化等一系列独特的优势。海藻酸盐在生物技术中有十分重要的作用，是固定化技术中必不可少的载体材料，同时也是制备微胶囊的重要原料。

第二节　海藻酸盐在固定化技术中的应用

一、固定化技术简介

固定化技术是指利用化学或物理手段将细胞、微生物、酶等自然固定或定位于限定的空间区域内，保持其固有的催化活性，并能反复使用，其中固定化生物细胞能持续增殖、休眠及衰亡，其活性始终保持稳定。固定化的生物细胞除保持其原有的识别、结合和催化活性外，还具有易于分离、可重复使用及稳定性提高等显著优点（宋向阳，2001）。1959 年，日本科学家首次将大肠杆菌（*E.coli*）吸附在树脂上，实现细胞固定化。1973 年，含有 L- 天冬氨酸酶的微生物被固定化，并用于 L- 天冬氨酸的生产。此后动物、植物固定化细胞技术得到快速发展，已经成为生物工程领域一个十分重要的技术手段。

二、固定化方法

在生物技术领域，固定化技术是一种常用的技术手段，其基本方法包括：

1. 吸附法

利用带电的微生物细胞与载体之间的静电、表面张力和黏附力作用，使微生物细胞固定在载体表面和内部形成生物膜。

2. 包埋法

使微生物细胞包埋在半透明的聚合物或膜内，或使微生物细胞扩散进入多孔性的载体内部。小分子底物及反应代谢产物可自由出入这些多孔或凝胶膜，而微生物却不能动。

3. 交联法

利用微生物中酶分子的氨基和羟基与交联剂反应，形成的共价键使微生物菌体相互形成网状结构，其中常用的交联剂有戊二醛、乙醇氰酸酯等。

4. 化学共价法

使非水溶性载体与酶以共价键的形式结合，载体与酶的结合牢固、半衰期较长。

5. 自身固定化

通过严格控制生物处理反应器的运荷、处理过程中的影响因素，在一定的水流条件下，依靠生物体自身的絮凝作用形成固定化微生物。

三、固定化技术的载体材料

固定化技术的载体材料包括高分子载体、有机载体、无机载体等，其中高分子载体可分为天然高分子材料和合成高分子材料两大类。天然高分子材料包括海藻酸盐、卡拉胶、琼胶、明胶、甲壳素、壳聚糖、乙酸纤维素、血纤维蛋白等，合成高分子材料包括聚丙烯酰胺、聚乙烯醇、聚氨酯、聚乙烯氧化物等（刘蕾，2005）。

四、海藻酸盐作为固定化载体材料的性能和特点

海藻酸盐是一种亲水性高分子材料，在钙离子的作用下可以形成颗粒状凝胶，其凝胶成型过程简单、条件温和，对微生物细胞没有大的影响，因此用海藻酸钠为原料通过其与钙离子的凝胶反应是微生物细胞包埋的一种常用方法。表 12-1 显示海藻酸盐与其他常用固定化细胞载体材料的性能比较。

表 12-1　海藻酸盐与其他常用固定化细胞载体材料的性能比较

载体	强度	耐生物分解性	生物毒性	固定难易	成本价格
海藻酸盐	0.8	较好	无	易	较便宜

续表

载体	强度	耐生物分解性	生物毒性	固定难易	成本价格
琼胶	0.5	无	无	易	便宜
PVA 硼酸	2.7	好	一般	较易	便宜
明胶	0.4	差	无	易	较贵
角叉菜胶	0.8	较差	无	易	贵
聚丙烯酰胺	1.4	好	较强	难	贵

在制备海藻酸盐凝胶珠的过程中，海藻酸钠水溶液通过不同型号的针头进入 $CaCl_2$ 水溶液后成型，型号越大、胶球直径越大。胶球大小对固定化细胞的生长有显著影响，直径越大，产生的扩散传质阻力越大，胶球内所需营养不足，积累的代谢物过多，导致细胞生长环境恶化。韩丽君考察了不同浓度 $CaCl_2$ 溶液与不同来源的海藻酸钠形成凝胶珠后强度的变化规律，发现海藻酸钠的甘露糖醛酸含量越高、胶球强度越差，古洛糖醛酸含量越高、胶球强度越高。实验结果表明，海藻酸钠浓度对包埋的细胞生长有影响，用 1% 海藻酸钠时，培养液随时间延长逐渐变成绿色，说明胶珠散落，包埋于珠内的细胞游离至培养液中，使测得的细胞密度低。随着海藻酸钠浓度增大，形成的网格变密，凝胶珠的机械强度增高，细胞能较好包埋于其中，并通过凝胶网格的孔隙获得培养液中的营养、排除代谢物。当海藻酸钠浓度增加到 3.5% 时，形成的凝胶网格过于致密，加大了培养液中底物和细胞产生的代谢物进出凝胶珠的阻力，使细胞生长环境恶化。随着培养时间的延长，珠内营养物不断消耗，代谢物不断增多，细胞开始衰老并逐渐死亡。实验结果表明，用 3% $CaCl_2$ 溶液与 2% 海藻酸钠形成的凝胶珠包埋的细胞生长量大、生长率最高（韩丽君，1992）。

五、海藻酸盐作为固定化载体材料的实际应用

1. 海藻酸盐在固定化酶技术中的应用

固定化酶技术是 20 世纪 60 年代发展起来的一项生物工程技术，是使生物酶得到广泛有效利用的重要手段。酶的固定化是用固体材料将酶束缚或限制于一定区域内进行其特有的催化反应，并可回收和重复利用的技术。与游离酶相比，固定化酶在保持其高效、专一及温和的酶催化反应特性的同时，克服了游离酶的不足，呈现出的优点包括：储存稳定性高、分离回收容易、可多次重复

使用、操作连续可控、工艺简便等。实际生产中，酶的固定化方法很多，其中主要有网格型和微囊型两种。将酶包埋于高分子凝胶细微网格中的称为网格型，将酶包埋于高分子半透膜中的称为微囊型。这两种包埋法很少改变酶的高级结构，酶活性回收率较高，因此可应用于许多酶、微生物和细胞器的固定化（周帼萍，2002）。

网格型的载体材料有聚丙烯酰胺、聚乙烯醇等合成高分子以及海藻酸钠、淀粉、胶原、明胶、角叉菜胶等天然高分子。网格型包埋法是固定化微生物中用得最多、最有效的方法。微囊型固定化酶通常用直径为几微米到几百微米的球状体，颗粒比网格要小得多，比较有利于底物和产物的扩散。制备微囊型固定化酶通常有三种方法，即界面沉淀法、界面聚合法、二级乳化法。

自 20 世纪 60 年代问世以来，固定化酶技术在食品与发酵工业、有机合成等领域得到广泛应用并显示出很强的优越性。Imran 等用海藻酸钙固定化由塔宾曲霉产生的纤维素酶，结果显示出很好的稳定性和催化活性。培养 26h 后固定化酶比自由状态的酶在 75℃的活性增加 82%（Imran，2020）。

2. 细胞的固定化

固定化细胞是指细胞受到物理、化学等因素约束或限制在一定的空间界限内，但仍保留催化活性并能反复或连续使用（崔建涛，2007）。与固定化酶比较，其优越性在于固定化细胞保持了胞内酶系的原始状态与天然环境，因而更稳定，同时也保持了胞内原有的多酶系统，对多步催化反应的优势更加明显，无需辅酶再生。固定化细胞按其细胞类型分为固定化微生物、植物和动物细胞三大类，按生理状态分为固定化死细胞和活细胞两大类。由于用途和制备方法的不同，固定化细胞可以是颗粒状、块状、条状、薄膜状或不规则状，目前大多数制备成球形颗粒，主要因为不规则形状的固定化细胞易磨损，在反应器内尤其是柱反应器内易受压变形、流速不好，而采用球形颗粒可以克服上述缺点。

固定化死细胞（休止细胞）一般在固定化之前或之后，把细胞通过物理或化学方法处理，如加热、匀浆、干燥、冷冻、酸及表面活性剂等处理，目的在于增加细胞膜的渗透性或抑制副反应，此法较适于单酶催化反应。固定化静止细胞和饥饿细胞在固定化之后的细胞是活的，但是由于采用了控制措施，细胞并不生长繁殖，而是处于休眠或饥饿状态。固定化生长细胞又称固定化增殖细胞，是将活细胞固定在载体上并使其在连续反应过程中保持旺盛的生长、繁殖能力的一种固定化方法。与固定化酶和固定化死细胞相比，由于细胞能够不断增殖、更新，反应所需的酶也就可以不断更新，而且反应时酶处于天然环境中，更加稳定，因此固定化增殖细胞更适宜于连续使用。

Bae 等通过电子喷雾技术制备直径为 25μm 的海藻酸盐凝胶珠子用于固定化 5μm 左右的光合细胞。凝胶珠子内的光合细胞有良好的生长环境，该技术可应用于基于光合作用的传感器（Bae，2020）。

3. 固定化微生物技术

除了酶和细胞，海藻酸盐还可用于固定微生物（沈耀良，2002）。例如，国内自 20 世纪 80 年代开始利用海藻酸钠包埋各种根瘤菌，制备过程中首先将 10% 的灭菌脱脂乳加入 40g/L 的无菌海藻酸钠溶液中，用玻璃棒充分搅拌使组分混合均匀，然后将培养至对数生长期的根瘤菌和光合细菌菌液在高速冷冻离心机上以 5000r/min 的速度离心 20min 得到湿菌体，将湿菌体移入海藻酸钠 - 脱脂乳溶液中,充分混匀。用 10mL 无菌注射器（针头型号为 4）移取该混合溶液，匀速加到置于磁力搅拌器上盛有浓度为 0.2mol/L 的 $CaCl_2$ 溶液的烧杯中，得到颗粒直径为 2~3mm 的包埋颗粒。室温下静止固化 24h 后，弃去 $CaCl_2$ 溶液，用无菌水清洗颗粒 2 次，再将颗粒转移到培养液中增殖培养 72h，最后用无菌水冲洗颗粒，将制备好的颗粒放入密闭无菌三角瓶中（瓶内含有少量水），在 4℃ 冰箱内保存备用。室内盆栽试验结果表明，用海藻酸钠包埋快生型大豆根瘤菌和沼泽红假单胞菌能有效提高菌剂的有效期。李学梅等用海藻酸钙包埋法固定米根霉，在二相流化床生物反应器中进行重复利用固定化颗粒的间歇操作以及连续操作制备 L- 乳酸，固定化米根霉的产酸速率约为传统搅拌罐游离细胞发酵的 3 倍（李学梅，1999）。

Radosavljevic 等把鼠李糖乳杆菌 ATCC7469 用聚乙烯醇 / 海藻酸钙固定化后用于乳酸的生产。与自由状态的发酵过程相比，固定化工艺的生产效率提高 37.1%，其中乳酸的最高转化率和产率分别为 97.6% 和 0.8g/L/h（Radosavljevic，2020）。El-Sayed 等用海藻酸钙固定化烟曲霉菌 TXD105-GM6 和细极链格孢菌 TER995-GM3 用于制备紫杉醇，其产率分别达到 901.94 μg/L 和 529.01 μg/L（El-Sayed，2020）。

4. 藻类固定化技术

藻类固定化技术起始于 20 世纪 80 年代，早期在环境领域固定化藻类主要应用于生物监测和废水处理，具有藻细胞密度高、反应速度快、运行稳定可靠、微生物流失少、不需分离、能提纯和保存高效菌株等优势（陈衍昌，2001）。用海藻酸钙固定小球藻可去除污水中 99% 的汞。在废水处理领域，固定化技术大大提高了藻类对重金属的富集，同时，由于藻类能为降解有机物的好氧细菌提供氧气，用海藻酸钙固定藻类植物能提高处理高浓度废水的能力（杨芬，2000；朱柱，2000）。

5. 其他物质的固定化

Hou 等利用海藻酸钙纤维在含有 Na^+ 的溶液中的膨胀性能使罗丹明标记的聚乙二醇、多聚赖氨酸等生物活性分子渗透进入纤维，然后在介质中加入过量的多价金属离子使纤维固化后把生物活性分子负载在纤维表面。研究结果显示这种改性纤维能促进小鼠 3T3 成纤维细胞在纤维表面的附着，在慢性伤口愈合中有很高的应用价值（Hou，2005）。

第三节　海藻酸盐在组织工程中的应用

一、组织工程的基本原理

组织工程一词最早是在 1987 年美国科学基金会在华盛顿举办的生物工程小组会上提出的，其定义为：应用生命科学与工程学的原理与技术，在正确认识哺乳动物的正常及病理两种状态下的组织结构与功能关系的基础上，研究开发用于修复、维护、促进人体各种组织或器官损伤后的功能和形态的生物替代物的一门新兴学科（杨志明，2000）。组织工程的基本原理和方法是将体外培养扩增的正常组织细胞吸附于一种具有优良细胞相容性并可被机体降解吸收的生物材料上形成复合物，然后将细胞和生物材料复合物植入人体组织、器官的病损部位，在作为细胞生长支架的生物材料逐渐被机体降解吸收的同时，细胞不断增殖、分化，形成新的并且形态、功能方面与相应组织、器官一致的组织，达到修复创伤和重建功能的目的。作为一门多学科交叉的边缘学科，组织工程融合了细胞生物学、工程科学、材料科学和外科学等多个学科，促进和带动了相关技术领域的交叉、渗透和发展。组织工程的研究主要集中在三个方面，即种子细胞、细胞外基质替代物（支架材料）、组织工程化组织的研究。

二、组织工程种子细胞种植基质材料

组织工程支架是组织工程化组织的最基本构架，为细胞和组织生长提供适宜的环境，并随着组织的构建而逐渐降解和消失，从而将新的空间提供给组织和细胞。该结构是细胞获取营养、气体交换、废物排泄和生长代谢的场所，是

形成新的具有形态和功能的组织、器官的基础。理想的组织工程种子细胞种植基质材料应满足以下要求。

1. 良好的生物相容性

材料应对种子细胞及邻近组织无免疫原性，无毒、无致畸性等。

2. 良好的生物可降解性

材料应是可降解的，且降解率应与组织生长率相适合。

3. 良好的细胞 - 材料界面

材料应利于细胞黏附并为细胞在其表面生长、增殖、分泌基质提供良好的微环境。

4. 良好的三维立体多孔结构

孔隙率最好达 90% 以上，类似泡沫状，提供宽大的表面积和空间，利于细胞黏附生长及代谢。

5. 良好的可塑性和机械强度

能根据需要预先制成一定的形状，且有一定机械强度，为新生组织提供支撑。

三、海藻酸盐作为组织工程种子细胞种植基质材料的基本性能

海藻酸盐是一种源自褐藻的天然高分子材料，无毒性，具有良好的生物相容性和生物可降解性，对低分子质量蛋白有很好的可渗透性。海藻酸钠的水溶液是一种黏稠液体，可与钙离子等无毒的二价阳离子通过离子交联形成具有开放晶格形式的海藻酸钙水凝胶，其中凝胶的交联密度与流动性、机械强度、降解速度等性能相关，细胞在凝胶中的生存状态也受其交联密度的影响。交联密度低，细胞不易形成立体的生长方式；交联密度过高，凝胶的网格尺寸过小，妨碍细胞生长。在合适的交联密度下，海藻酸盐凝胶有利于承载大量的细胞，包埋在水凝胶中的细胞可以进行营养和代谢物质的交换。凝胶中细胞的生存状态接近体内状态，有利于细胞基质分泌和浓度保持（曹强，2004；Perka，2000；Ai，2020）。海藻酸盐凝胶在生物相容性、生物可降解性、细胞 - 材料界面、三维立体多孔结构和可塑性等方面都有利于种子细胞的接种和生长，是一种理想的组织工程基质材料。成纤维细胞、软骨细胞和成骨细胞均可在海藻酸钙水凝胶中成活并形成细胞外基质。

在神经损伤的修复过程中，将海藻酸盐充注在静脉导管内缝合修复长距离的周围神经缺损，证实海藻酸盐有促进中枢神经再生的功能。用两片海藻酸盐制成的海绵状材料，不经缝合植入缺损并桥接两侧断端，术后进行电生理、解

剖学、组织学检查，结果发现6周后肢体出现电生理上的恢复。术后16周解剖学检查证实原缺损处再生组织连接两断端，组织学检查证实再生组织内有大量有髓及无髓的轴突组织（毕擎，2003）。

四、海藻酸盐在软骨组织工程上的应用

外伤、肿瘤等导致的骨缺损是临床上常见的创伤。软骨缺乏血运，仅靠关节滑液提供大部分营养，因此软骨组织的自身修复能力极其有限，一旦损伤难以修复，继发的创伤性关节炎、关节僵直等导致严重功能障碍。现代外科的发展实现了人类替换病损组织的梦想，用于替换病损组织的材料包括异种、同种异体、自体组织和人工合成材料。自体骨移植是效果最佳的治疗方法，但因供区有限，且是一种创伤治疗创伤的模式，限制了其临床应用（杨维东，2003）。

软骨组织工程的发展为重建和再生受损器官及组织带来新的希望，为骨缺损的修复提出了一种新的治疗途径。软骨组织工程中，细胞外基质是细胞附着的基本框架和代谢场所，其形态和功能直接影响组织的形态和功能，是软骨组织工程的关键。用于软骨组织工程的支架材料主要有两类，即合成高分子材料，如聚羟基乙酸、聚乳酸和两者的共聚物以及聚氧化乙烯等，以及天然高分子材料，如胶原、壳聚糖、海藻酸盐、透明质酸、纤维蛋白、琼胶等。

海藻酸钙是一种理想的携载软骨细胞的材料，具有良好的生物相容性、生物可降解性，除了提供细胞生长所需的三维生长支架，还能创造类似软骨基质的环境，维持细胞的表型及其表达。海藻酸钙凝胶对细胞的培养是三维培养，其表面积大、内部孔隙多，适用于细胞黏附和营养交换，能维持细胞的球形形态，而球形结构的维持对软骨细胞表型的维持非常重要。在海藻酸钙微囊中培养软骨细胞形成的基质与真正的软骨基质非常相似（Alsberg，2001）。

五、海藻酸钙在骨组织工程中的应用

在组织工程技术构建骨组织过程中，海藻酸钙凝胶可提供骨组织形成过程中必需的钙离子，有利于成骨，作为支架材料已成功应用于成骨细胞体外培养及异位组织形成的研究（何虹，2001）。Yang等将自体骨髓基质成骨细胞与1.5%的海藻钙复合，制备细胞-生物材料复合物植入兔背部皮下，4周后实验组已经观察到有骨样组织形成，并且随着时间延长，新生骨组织结构逐渐趋向成熟（Yang，2003）。Suzuki等用BMP-2合成性寡肽与海藻酸盐凝胶共价结合后植入大鼠腓肠肌，培养3~8周后发现有异位骨组织形成（Suzuki，2000）。Wang等发现大鼠骨髓细胞能在没修饰的高古洛糖醛酸残基型凝胶上黏附、增殖和分化（Wang，2003）。Lawson 等的研究显示，人类骨髓细胞不能在未修饰的凝胶上黏附和增殖，当胶中加有 β- 磷酸三钙（β-TCP）和 I 型胶原时，则能明显促进细胞的黏附和增殖，同时发现海藻酸盐凝胶与 β- 磷酸三钙的复合物在体外促进细胞生长和分化（Lawson，2004）。

由于骨组织具有特殊的生理结构和力学性能，其对细胞外基质材料有特殊要求，而现有的生物材料均不能满足骨组织工程理想支架材料的要求。通过合适的方法进行交联后制备的复合材料可以具备类似天然骨基质材料的性能。研究发现，壳聚糖和海藻酸盐多聚物组成的多孔支架材料能明显提高机械强度和生物学特性（Li，2005）。成骨细胞在支架材料上能较好黏附、增殖，并在较短时间内发现钙质沉着。体内实验也证实复合支架具有较好的组织相容性，有利于快速血管化的形成及钙质在支架内的沉着，移植后 4 周出现钙化。

Lin 等（Lin，2004）用不同比例的海藻酸盐 / 羟基磷灰石（HAP）制成的复合支架材料具有较好的机械强度和细胞黏附性，以及良好的孔隙率和孔隙交通性，其中含 50% 海藻酸盐 / 羟基磷灰石的支架具有最好的机械性能。成骨细胞株 UMR106 在 75/25 及 50/50 的海藻酸钠 / 羟基磷灰石复合支架上比在单纯的海藻酸钙支架上能更好黏附。Zhang 等发现多孔的纳米羟基磷灰石 / 胶原 / 海藻酸盐复合材料能明显改善纳米羟基磷灰石的机械性能，其中压缩强度、拉伸强度与钙交联的海藻酸盐浓度直接相关（Zhang，2003）。

六、海藻酸盐用于血管再生

Klontzas 等用氧化海藻酸盐和胶原蛋白复合后制备的水凝胶为载体黏附平滑肌细胞（SMCs），促进其快速生长（Klontzas，2019），与纯海藻酸盐相比，结合生物活性蛋白的海藻酸盐水凝胶支架增强了内皮细胞、平滑肌细胞和成纤维细胞等血管细胞的附着和生长（Singh，2016；Jay，2010）。负载生物活性蛋白的海藻酸盐微粒可提供血管内皮生长因子（VEGF），提高内皮细胞的存活率，血管内皮生长因子和单核细胞趋化蛋白 -1（MCP-1）的可控联合传递可促进血管形成。

七、海藻酸盐用于肝组织工程

肝癌患者或器官供体患者的肝切除术因肝包块不足存在肝功能衰竭的风险，在肝组织中掺入水凝胶网络是肝脏肿块增强的良好途径，也被认为是肝脏组织工程的一个有效途径（Mirdamadi，2020）。基于海藻酸盐的水凝胶支架具有多孔结构和亲水性能，可促使细胞的扩散和繁殖（Hosseini，2019；Aghdam，

2020）。Boulais 等报道了海藻酸盐低温集成生物芯片作为一种新的细胞培养装置，通过碳二亚胺化学法将海藻酸盐与己二酰肼共价交联后开发出具有可调机械性能的海藻酸盐凝胶后与生物芯片整合（Jellali，2016），可用于人类肝脏细胞 HepG2 C3A 细胞进行细胞培养验证（Boulais，2021）。

八、海藻酸盐用于中枢神经组织工程

损伤部位的神经细胞传递对神经组织的发育至关重要。新神经细胞与现有神经细胞的整合和细胞存活取决于神经细胞的传递方式。基于海藻酸盐的水凝胶支架已被用于促进神经组织的生成（Karvinen，2018）。Tobias 等报道了使用交联的海藻酸盐水凝胶控制细胞传递，促进细胞分泌和细胞分泌的神经生长因子的扩散，但防止免疫细胞的渗透（Tobias，2005）。电刺激损伤神经组织，除了可控制细胞传递外，还可诱导细胞变化，促进细胞再生和修复（Goganau，2018）。Kim 等报道了利用导电海藻酸盐水凝胶结合聚（3，4- 乙二氧噻吩）作为神经电极涂层，可促进细胞整合（Kim，2010）。

第四节　海藻酸盐在微囊技术中的应用

一、微囊技术的基本原理

微囊技术是指用半透膜包被生物活性物质以形成微囊的技术，其中形成的微囊可以阻遏免疫细胞以及大分子抗体通过半透膜，同时允许氧气、营养物质和一些具有生物活性的小分子物质自由出入。微囊技术是目前细胞治疗、组织和器官替代治疗的主要方法之一（Rokstad，2002；李洪波，2006）。1933 年，Bisceglie 最早运用复合膜包被肿瘤细胞移植到猪的腹腔，结果发现移植的细胞并没有受到免疫系统的破坏（Bisceglie，1933）。1964 年，Chang 应用微囊技术进行细胞移植，并首次提出“人工细胞”的概念（Chang，1964）。在随后的 20 年间，人们不断尝试用这种方法包埋胰岛细胞控制糖尿病小动物模型的高血糖。1980 年，Lim 等首次成功用微囊化胰岛细胞移植纠正糖尿病动物高血糖（Lim，1980）。1986 年，O’Shea 等对成囊物质进行革新，制成海藻酸钠 - 多聚赖氨酸 - 海藻酸钠（APA）微囊（O’Shea，1986）。

二、微囊的制备方法

微囊的制备方法大致可分为两类：一是离子交联法，二是温控法。在温控法制备过程中，细胞直接接触有机溶剂，对细胞有毒害作用，因此目前常用的

是离子交联法，即将一种带有电荷的高分子溶液与细胞混合后制成细胞悬液，再滴入相反电荷的多价离子溶液中形成凝胶颗粒，即液滴。这种方法具有制备条件温和、操作简单的优点，在凝胶形成过程中没有 pH 和温度变化，并且不会引入有机溶剂或其他杂质，是一种简单、快速和经济的制备方法。

液滴形成是微囊制备过程中的关键步骤，目前常用的方法有：①静电脉冲体系控制形成液滴法；②气体加压控制形成液滴法；③乳化法；④毛细管破碎法。液滴形成后还需要再包被一层聚赖氨酸（PLL），因为膜的通透选择性主要取决于聚赖氨酸，其分子质量截留范围是 30~70ku。由于聚赖氨酸的生物相容性较差，必须再包被一层海藻酸盐以封闭聚赖氨酸的游离正电荷，在微囊上形成光滑的表面。

三、用于制备微囊的材料

理想的微囊应该具备以下性能：①良好的生物相容性；②合理的机械强度；③适当的孔径。目前常用的微囊材料按来源可分成三类，即天然材料、半合成材料和合成材料，其中海藻酸盐等天然材料最为常用。将海藻酸 - 壳聚糖 - 海藻酸（ACA）微囊移植入小鼠腹腔，8 个月后微囊可成功回收，且小鼠腹腔无炎症等免疫排斥现象，证明该微囊具有良好的生物相容性。为了改善微囊的机械强度，可以采用海藻酸钡胶珠，用其直接包被细胞进行移植，或采用海藻酸钡 - 聚赖氨酸微囊体系，还可以采用海藻酸 - 琼胶体系，这种微囊体系具有坚固性和不可降解性，可用作长期埋植细胞的成囊材料。

四、微囊技术的应用

1. 代谢性疾病和疼痛的治疗

微囊内的细胞或生物活性物质分泌的一些分子能自由进出微囊，同时微囊可屏蔽机体对细胞的排斥和破坏作用，因此通过微囊技术制成与天然组织细胞具有相似功能的微囊化人工细胞，可用于一些代谢性疾病的治疗研究。这方面的研究主要集中在用微囊化胰岛、多巴胺分泌细胞、肝细胞、甲状旁腺细胞、甲状腺细胞及基因工程细胞治疗相应疾病，已经取得不同程度的进展。

微囊化牛肾上腺髓质嗜铬细胞（BCC）、嗜铬细胞瘤株（PC12）可用于治疗帕金森病。植入的牛肾上腺髓质嗜铬细胞能在异种脑内存活、分泌多巴胺等单胺类物质并纠正帕金森病样大鼠及猴的异常行为，有望成为治疗帕金森病的一种有效方法。薛毅珑等研制了治疗疼痛的微囊化牛肾上腺髓质嗜铬细胞药物，能在人体内长期分泌镇痛物质，植入 1 次可以止痛数个月以上（薛毅珑，1999）。

2. 基因工程化细胞治疗

近年来微囊化基因工程细胞发展迅速，其原理是把永生化细胞系作为靶细胞，将外源基因导入，让移植细胞在免疫隔离状态下释放可治疗相应疾病的物质。Lohr 等将转染 *CYP2B1* 基因的 L293 细胞微囊化后作为治疗的载体，通过 *CYP2B1* 基因的细胞毒作用，定向杀伤肿瘤细胞，用于肿瘤治疗（Lohr，2002）。微囊化 BTC622F7 细胞体外培养可保持常量释放胰岛素至少 80d，移植入糖尿病小鼠后，血糖可在 2d 内降至接近正常水平，并可维持至少 3 周。

3. 细胞培养

微囊培养技术是指在无菌条件下将培养的细胞或生物活性物质共同包裹在半透膜中形成微囊，再将微囊放入培养系统内进行培养，可用于体内外的大规模细胞扩增，其中常用的包囊材料为 1.4% 的海藻酸钠溶液，再用聚赖氨酸构成微囊的半透膜。利用微囊培养技术大规模培养动物细胞可防止细胞在培养过程中受到物理损伤，细胞密度大、产物含量高。微囊化为细胞创造了一个微生态环境，有利于保护细胞。同时，由于细胞的生长维持于一个较小体积的培养液中，便于富集细胞及其产物。

4. 益生菌控释

李作美等以双歧杆菌和低聚果糖的混合溶液为芯材、海藻酸钠与乳清蛋白为壁材，采用内源乳化法制备双歧杆菌微胶囊。试验结果表明，当海藻酸钠质量分数为 2%、乳清蛋白和海藻酸钠质量比为 2 ∶ 1、碳酸钙和海藻酸钠质量比为 1 ∶ 2、水相与油相体积比为 2 ∶ 5、冰乙酸为 400μL 时，双歧杆菌湿润微胶囊包埋率可达 81.15%。将最佳工艺条件下得到的湿胶囊冷冻干燥制成干胶囊进行耐胃酸、胆盐、肠道释放性和消化道体系实验的结果显示，干胶囊在经过模拟消化液实验后每毫升活菌数均高于游离菌，同时具有良好的肠道释放性（李作美，2020）。

5. 药物缓释

作为一种具有广阔应用前景的新型药物载体，微囊可以携带多种药物用于器官靶向、胞内靶向等靶向药物传递系统。蛋白质和多肽类大分子物质，以及其他药物在治疗多种难以治愈疾病的过程中表现出药理作用强、副作用少等特点而备受关注，但此类药物的稳定性差，口服后在人体胃肠道内易被酶分解，因此目前多限于注射给药，同时需要多次注射以维持疗效。将其微囊化可以最大程度保持药物的生物活性，并且可通过调节壁厚度和孔径达到控释或缓释的目的。

Xie 等（Xie，2020）用海藻酸盐与淀粉和壳聚糖的复合物负载螺虫乙酯后实现其可控释放，比较了淀粉 - 壳聚糖 - 海藻酸钙、淀粉 - 海藻酸钙、壳聚糖 - 海藻酸钙、海藻酸钙等四种配方的可控释放性能，结果显示淀粉 - 壳聚糖 - 海藻酸钙的药物包封效率最高、载药量最大、释放速度最慢，其在渍水水稻土、紫色土、蒙脱石中的半衰期分别为 2.31、3.25、4.51d（Xie，2020）。Jin 等通过海藻酸与壳聚糖形成聚电解质复合物的特点制备了药物缓释材料。以茶碱为例，研究了黏度、海藻酸 G/M 比例等工艺参数对药物释放性能的影响。结果显示黏度、G 单体含量、海藻酸的酯化度等参数在海藻酸盐作为独立的载体时对药物释放有重要影响，但是在与壳聚糖复合后其影响不大，在复合物中，低分子质量的海藻酸盐更有利于药物的缓控释放（Jin,2020）。Ghosal 等研究了聚乙烯醇、黄原胶、海藻酸钠组成的生物可降解互穿聚合物网络在药物缓控释放中的应用，结果显示其在诺氟沙星的缓控释放中有重要的应用价值（Ghosal，2020）。

6. 活性成分的保护

Calvo 等用海藻酸钙珠子包埋番茄红素，通过对其光、热等环境因素的隔离避免结构中不饱和基团受到氧化变质，该技术可用于番茄、西瓜、粉红葡萄柚、粉红番石榴、木瓜等红色水果和蔬菜中活性成分的保护（Calvo，2019）。Strobel 等用海藻酸钙微胶囊包埋 EPA、DHA 等多不饱和脂肪酸，通过喷雾干燥方法实现该技术的规模化生产（Strobel，2020）。邓小丽等用海藻酸钠制备的微胶囊包埋薰衣草精油并控制其释放时间（邓小丽，2019）。

第五节　海藻酸盐在生物打印中的应用

一、生物打印

生物打印可制备与自然组织类似的组织结构，其中的生物油墨应兼具打印性和生物相容性（Ferris，2013；Pati，2014）。基于海藻酸盐的生物油墨已被用于生物打印，在水介质中生成三维结构（Sarkera，2019），其中活细胞可以与海藻酸盐基生物油墨结合，打印出具有机械完整性的海藻酸盐生物材料（Gopinathan，2018）。

二、基于挤出技术的生物打印

基于挤出技术的三维生物打印是最常用的生物打印技术，已经成功应用于海藻酸盐的生物打印（Rastogi，2019），其中含人类细胞的海藻酸盐生物墨水已被用于打印人体器官（Nguyen，2017；Derakhshanfar，2018），可用于支持血管化实体器官（Heo，2017）和强化神经小组织（Gu，2016）。Ahlfeld 等用海藻酸盐、黏土、甲基纤维素以及人类间充质间质细胞（hMSCs）组成的生物墨水打印的组织中细胞存活超过 21d（Ahlfeld，2016）。Colosi 等用同轴挤压打印具有体外高细胞活力的 3D 结构，利用紫外光诱导的交联与低黏度生物油墨组成的海藻酸盐和甲基丙烯酸明胶混合物提供具有更快凝胶化的多层结构，打印出了一个由 30 层组成的 3D 开放多孔结构（Colosi，2016）。

三、基于立体光刻的生物打印

Sakai 等用可见光交联苯基修饰的海藻酸盐形成稳定的负载细胞的三维水凝胶结构，该方法利用三联吡啶氯化钌和过硫酸钠介导的可见光诱导凝胶化，其中自由基通过海藻酸盐衍生物的苯基产生，在光照下导致水凝胶化。在此工艺中因为使用可见光，3D 结构中的细胞活力没有显著下降（Sakai，2018）。除了可见光诱导的生物打印，基质辅助脉冲激光诱导的生物打印也正在被研究开发，其中主要的工艺参数包括浓度对海藻酸盐凝胶化的影响和激光对细胞活力的影响（Hopp，2012；Gudapati，2014）。

四、基于喷墨技术的生物打印

基于喷墨技术的 3D 生物打印与基于挤出技术的生物打印相比的效率相对较低（Ozbolat, 2013），尽管成型速度较快，该技术还存在细胞密度低等缺点（Xu，2014）。

第六节　小结

海藻酸是一种天然多糖，具有良好的生物相容性和生物可降解性，其独特的凝胶特性在固定化技术、组织工程、微囊等生物技术中有很高的应用价值，已经成功应用于细胞、微生物、酶等固定化以及骨细胞组织的体外培养、微囊化基因工程等生物技术领域。

参考文献

[1] Aghdam S K，Khoshfetrat A B，Rahbarghazi R，et al. Collagen modulates functional activity of hepatic cells inside alginate-galactosylated chitosan hydrogel microcapsules[J]. Int J Biol Macromol，2020，156: 1270-1278.

[2] Ahlfeld T，Cidonio G，Kilian D，et al. Development of a clay based bioink for

3D cell printing for skeletal application[J]. Biofabrication，2016，9: 034103.

[3] Ai X，Pellegrini M，Freeman J W. The use of alginate to inhibit mineralization for eventual vascular development[J]. Regenerative Engineering and Translational Medicine，2020，6: 154-163.

[4] Alsberg E，Anderson K W，Albeiruti A，et al. Cell-interactive alginate hydrogels for bone tissue engineering[J]. J Dent Res，2001，80（11）: 2025-2029.

[5] Bae J，Cho G Y，Bai S J. Alginate hydrogel beads for immobilizing single photosynthetic cells[J]. International Journal of Precision Engineering and Manufacturing，2020，21: 739-745.

[6] Bisceglie V. Uber die antineoplastische immunitat; heterologe einpflnzung von tumonen in huhner-embryonen[J]. Ztschr Krebsforsch，1933，40: 122.

[7] Boulais L，Jellali R，Pereira U，et al. Cryogel-integrated biochip for liver tissue engineering[J]. ACS Appl Bio Mater，2021，4: 5617-5626.

[8] Calvo T R A，Santagapita P R. Freezing and drying of pink grapefruit-lycopene encapsulated in Ca（II）-alginate beads containing galactomannans[J]. J Food Sci Technol，2019，56（7）: 3264-3271.

[9] Chang T M. Semipermeable microcapsules[J]. Science，1964，146: 524-525.

[10] Colosi C，Shin S R，Manoharan V，et al. Microfluidic bioprinting of heterogeneous 3D tissue constructs using low-viscosity bioink[J]. Adv Mater，2016，28: 677-684.

[11] Derakhshanfar S，Mbeleck R，Xu K，et al. 3D bioprinting for biomedical devices and tissue engineering: a review of recent trends and advances[J]. Bioact Mater，2018，3: 144-156.

[12] El-Sayed E R，Ahmed A S，Hassan I A，et al. Semi-continuous production of the anticancer drug taxol by *Aspergillus fumigatus* and *Alternaria tenuissima* immobilized in calcium alginate beads[J]. Bioprocess Biosyst Eng，2020，43: 997-1008.

[13] Ferris C J，Gilmore K G，Wallace G G. Biofabrication: an overview of the approaches used for printing of living cells[J]. Appl Microbiol Biotechnol，2013，97: 4243-4258.

[14] Ghosal K，Adak S，Agatemor C，et al. Novel interpenetrating polymeric network based micro beads for delivery of poorly water soluble drug[J]. Journal of Polymer Research，2020，27: 98-108.

[15] Goganau I，Sandner B，Weidner N，et al. Depolarization and electrical stimulation enhance in vitro and in vivo sensory axon growth after spinal cord injury[J]. Exp Neurol，2018，300: 247-258.

[16] Gopinathan J，Noh I. Recent trends in bioinks for 3D printing[J]. Biomater Res，2018，22: 11-21.

[17] Gu Q, Tomaskovic-Crook E, Lozano R, et al. Functional 3D neural mini-tissues from printed gel-based bioink and human neural stem cells[J]. Adv Healthcare Mater, 2016, 5: 1429-1438.

[18] Gudapati H, Yan J, Huang Y, et al. Alginate gelation-induced cell death during laser-assisted cell printing[J]. Biofabrication, 2014, 6: 03502.

[19] Heo E Y, Ko N R, Bae M S, et al. Novel 3D printed alginate-BFP1 hybrid scaffolds for enhanced bone regeneration[J]. J Ind Eng Chem, 2017, 45: 61-67.

[20] Hopp B, Smausz T, Szab G, et al. Femto-second laser printing of living cells using absorbing film-assisted laser-induced forward transfer[J]. Opt Eng, 2012, 51: 014302.

[21] Hosseini V, Maroufi N F, Saghati S, et al. Current progress in hepatic tissue regeneration by tissue engineering[J]. J Transl Med, 2019, 17: 383-389.

[22] Hou Q, Freeman R, Buttery L D K, et al. Novel surface entrapment process for the incorporation of bioactive molecules within preformed alginate fibers[J]. Biomacromolecules, 2005, 6: 734-740.

[23] Imran M, Hussain A, Anwar Z, et al. Immobilization of fungal cellulase on calcium alginate and xerogel matrix[J]. Waste and Biomass Valorization, 2020, 11: 1229-1237.

[24] Jay S M, Shephered B R, Andrejecsk J W, et al. Dual delivery of VEGF and MCP-1 to support endothelial cell transplantation for therapeutic vascularization[J]. Biomaterials, 2010, 31: 3054-3062.

[25] Jellali R, Paullier P, Fleury M J, et al. Liver and kidney cells cultures in a new perfluoropolyether biochip[J]. Sens Actuators B, 2016, 229: 396-407.

[26] Jin L, Qi H, Gu X, et al. Effect of sodium alginate type on drug release from chitosan-sodium alginate based in situ film-forming tablets[J]. AAPS PharmSciTech, 2020, 21: 55-63.

[27] Karvinen J, Joki T, Yla-Outinen L, et al. Soft hydrazone crosslinked hyaluronan and alginate based hydrogels as 3D supportive matrices for human pluripotent stem cell-derived neuronal cells[J]. React Funct Polym, 2018, 124: 29-39.

[28] Kim D H, Wiler J A, Anderson D J, et al. Conducting polymers on hydrogel-coated neural electrode provide sensitive neural recordings in auditory cortex[J]. Acta Biomater, 2010, 6: 57-62.

[29] Klontzas M E, Reakasame S, Silva R, et al. Oxidized alginate hydrogels with the GHK peptide enhance cord blood mesenchymal stem cell osteogenesis: a paradigm for metabolomics-based evaluation of biomaterial design[J]. Acta Biomater, 2019, 88: 224-240.

[30] Lawson M A, Barralet J E, Wang L. Adhesion and growth of bone marrow

stromal cells on modified alginate hydrogels[J]. Tissue Eng，2004，10（9-10）: 1480-1491.

［31］Li Z，Ramay H R，Hauch K D，et al. Chitosan-alginate hybrid scaffolds for bone tissue engineering[J]. Biomaterials，2005，26（18）: 3919-3928.

［32］Lim F，Sun A M. Microencapsulated islets as bioartificial endocrine pancreas[J]. Science，1980，210（4472）: 908-910.

［33］Lin H R，Yeh Y J. Porous alginate/hydroxyapatite composite scaffolds for bone tissue engineering: preparation，characterization，and in vitro studies[J]. J Biomed Mater Res B Appl Biomater，2004，71（1）: 52-65.

［34］Lohr M，Hummel F，Faulmann G，et al. Microencapsulated，CYP2B1-transfected cells activating ifosfamide at the site of the tumor: the magic bullets of the 21st century[J]. Cancer Chemother Pharmacol，2002，49（Suppl 1）:S21-24.

［35］Mirdamadi E S，Kalhori D，Zakeri N，et al. Liver tissue engineering as an emerging alternative for liver disease treatment[J]. Tissue Eng Part B Rev，2020，26: 145-163.

［36］Nguyen D，Hagg D A，Forsman A，et al. Cartilage tissue engineering by the 3D bioprinting of iPS cells in a nanocellulose/alginate bioink[J]. Sci Rep，2017，7: 658-668

［37］O' Shea G M，Sun A M. Encapsulation of rat islets of Langerhans prolongs xenograft survival in diabetic mice[J]. Diabetes，1986，35（8）:943-946.

［38］Ozbolat I T，Yu Y. Bioprinting toward organ fabrication: challenges and future trends[J]. IEEE Trans Biomed Eng，2013，60: 691-699.

［39］Pati F，Jang J，Ha D H，et al. Printing three-dimensional tissue analogues with decellularized extracellular matrix bioink[J]. Nat Commun，2014，5: 3935-3945.

［40］Perka C，Spitzer R S，Lindenhayn K，et al. Matrix-mixed culture: new methodology for chondrocyte culture and preparation of cartilage transplants[J]. J Biomed Mater Res，2000，49（3）: 305-311.

［41］Radosavljevic M，Levic S，Belovic M，et al. Immobilization of *Lactobacillus rhamnosus* in polyvinyl alcohol/calcium alginate matrix for production of lactic acid[J]. Bioprocess and Biosystems Engineering，2020，43: 315-322.

［42］Rastogi P，Kandasubramanian B. Review on alginate-based hydrogel bio-printing for application in tissue engineering[J]. Biofabrication，2019，11: 042001.

［43］Rokstad A M，Holtan S，Strand B，et al. Microencapsulation of cells producing therapeutic proteins: optimizing cell growth and secretion[J]. Cell Transplant，2002，11（4）: 313-324.

［44］Sakai S，Kamei H，Mori T，et al. Visible light-induced hydrogelation of an alginate derivative and application to stereolithographic bioprinting using a visible light projector and acid red[J]. Biomacromol，2018，19: 672-679.

[45] Sarkera M D，Naghieh S，McInnes A D，et al. Bio-fabrication of peptide-modified alginate scaffolds: Printability，mechanical stability and neurite outgrowth assessments[J]. Bioprinting，2019，14: e00045.

[46] Singh R，Sarker B，Silva R，et al. Evaluation of hydrogel matrices for vessel bioplotting: vascular cell growth and viability[J]. J Biomed Mater Res A，2016，104: 577-585.

[47] Strobel S A，Hudnall K，Arbaugh B，et al. Stability of fish oil in calcium alginate microcapsules cross-linked by in situ internal gelation during spray drying[J]. Food and Bioprocess Technology，2020，13: 275-287.

[48] Suzuki Y，Tanihara M，Suzuki K，et al. Alginate hydrogel linked with synthetic oligopeptide derived from BMP-2 allows ectopic osteoinduction in vivo[J]. J Biomed Mater Res，2000，50（3）: 405-409.

[49] Tobias C A，Han S，Shumsky J S，et al. Alginate encapsulated BDNF-producing fibroblast grafts permit recovery of function after spinal cord injury in the absence of immune suppression[J]. J Neurotrauma，2005，22: 138-156.

[50] Wang L，Shelton R M，Cooper P R，et al. Evaluation of sodium alginate for bone marrow cell tissue engineering[J]. Biomaterials，2003，24（20）: 3475-3481.

[51] Xie Y L，Jiang W，Li F，et al. Controlled release of spirotetramat using starch-chitosan-alginate-encapsulation[J]. Bulletin of Environmental Contamination and Toxicology，2020，104: 149-155.

[52] Xu C，Zhang M，Huang Y，et al. Study of droplet formation process during drop-on demand inkjetting of living cell-laden bioink[J]. Langmuir，2014，30: 9130-9138.

[53] Yang W D，Cao Q，Qian Q C，et al. A study of injectable autogenous tissue-engineered bone[J]. Chinese Journal of Stomatology，2003，38（5）: 393-395.

[54] Zhang S M，Cui F Z，Liao S S. et al. Synthesis and biocompatibility of porous nano-hydroxyapatite/collagen/alginate composite[J]. J Mater Sci Mater Med，2003，14（7）: 641-645.

[55] 宋向阳，余世袁. 生物细胞固定化技术及研究进展[J]. 化工时刊，2001，（11）：37-39.

[56] 刘蕾，李杰，王亚娥. 生物固定化技术中的包埋材料[J]. 净水技术，2005，24（1）：40-42.

[57] 韩丽君. 用于固定化载体的褐藻酸钙凝胶条件的研究[J]. 海洋科学，1992，3：56-59.

[58] 周帼萍，贾君，黄家怿. 固定化酶和细胞中应用的新载体[J]. 生物技术，

2002，（1）：37-39.
[59] 崔建涛，李建新，王育红，等. 细胞固定化技术的研究进展[J]. 农产品加工业刊，2007，88（1）：24-26.
[60] 沈耀良，黄勇，赵丹，等. 固定化微生物污水处理技术[M]. 北京：化学工业出版社，2002.
[61] 李学梅，林建平，岑沛霖. 霉菌固定化综述[J]. 生物工程进展，1999，19（4）：62-66.
[62] 陈衍昌. 利用固定化技术作为微细藻种原之保存及利用[J]. 水产养殖，2001，195（1-2）：71-80.
[63] 杨芬. 固定化藻细胞对水中Cu（Ⅱ）的吸附研究[J]. 曲靖师专学报，2000，19（6）：46-49.
[64] 朱柱，李和平，郑泽根. 固定化细胞技术中的载体材料及其在环境治理中的应用[J]. 重庆建筑大学学报，2000，10（5）：95-101.
[65] 杨志明. 组织工程基础与临床[M]. 成都：四川科学技术出版社，2000.
[66] 曹强，毛天球，沈丽娟，等. 藻酸钙凝胶理化性能对其在组织工程支架材料中力学强度的影响[J]. 中国临床康复，2004，8（29）：6346-6347.
[67] 毕擎，夏冰，万智勇，等. 一种新的生物材料——海藻酸盐修复长距离周围神经缺损的实验研究[J]. 中华急诊医学杂志，2003，12（7）：457-459.
[68] 杨维东，曹强，钱其春，等. 可注射性自体组织工程骨的研究[J]. 中华口腔医学杂志，2003，38（5）：393-395.
[69] 何虹，黄剑奇，盛列平. 海藻酸钙膜引导下颌骨缺损再生机理的实验研究[J]. 口腔医学，2001，21（3）：185-188.
[70] 李洪波，王常勇，江红. 微囊技术在生物医学中应用的研究进展[J]. 解放军医学杂志，2006，31（1）：83-84.
[71] 薛毅珑，王振福，李新建，等. 微囊化牛肾上腺髓质嗜铬细胞脑内移植治疗偏侧帕金森病样大鼠及猴的实验研究[J]. 解放军医学杂志，1999，24（4）: 238-241.
[72] 李作美，许晓云，刘琦，等. 双歧杆菌微胶囊的制备及其理化性能[J]. 食品与发酵工业，2020，46（6）：155-162.
[73] 邓小丽，胡明娟，金志刚，等. 海藻酸钠薰衣草精油微胶囊的制备及其性能研究[J]. 食品工业科技，2019，40（23）：47-53.

第十三章　海藻酸盐在纺织工业中的应用

第一节　引言

作为一种水溶性高分子，海藻酸钠可以很容易溶解在水中形成黏稠的溶液。在纺织行业，海藻酸钠是经纱上浆和印花糊料的优良原料，尤其在纺织品的印染过程中，海藻酸钠糊料具有良好的洗除性，其脱糊率高，印花后在织物上结成的皮膜具有一定的黏着力和柔顺性，在织物堆放过程中不会脱落，也不会形成折痕。海藻酸钠不与染料和其他助剂发生反应，印花后形成的膜即使在焙烘或高温汽蒸后也很容易洗涤去除，使织物手感柔软。作为一种直链型高分子，海藻酸钠很容易通过湿法纺丝加工成纤维，制成的海藻酸钙纤维在功能纺织品中有独特的应用价值。

第二节　海藻酸钠在经纱上浆材料中的应用

一、经纱上浆材料

在纺织品的织造过程中，经纱需要上浆提高纱线的抱合力和耐磨性，其上浆过程是纺织加工的一道重要工序，被纺织工作者称为老虎口（周永元，2004；沈言行，1989；周永元，1997）。据统计，国外每年浆料的耗用量已超过 60 万 t，我国每年浆料耗用量也在 30 万 t 以上，浆料已成为纺织厂的第二大耗用原材料(周永元,2004)。经纱上浆材料的使用有很长的发展历史，目前常用的浆料主要有聚乙烯醇（PVA）、聚丙烯酸类和变性淀粉类。由于聚乙烯醇的煮浆时间长、易结皮，并且退浆后废液中的聚乙烯醇不易降解、污染环境，因此在许多国家已被禁用。聚丙烯酸类水溶性树脂的价格偏高，且吸湿性强、再黏性大，加上产品为 15%~30% 固含量的液体，其运输费用较高。目前经纱上浆材料中使用比较普遍的是具有生物降解特性的变性淀粉类浆料。

在纺织行业，合成纤维的开发和广泛应用、纺织设备的高速发展以及环保要求的日益严格使得传统浆料难以适用，迫切需要开发新的浆料，环保意识的加强使绿色浆料在纺织行业变得越来越重要。绿色浆料必须符合下列条件：①制备浆料的原材料符合生态标准的要求；②浆料成分中不含“环境标志”列出的不应有的物质；③浆料在上浆时，不应散发出有害气体和有害挥发物；④退浆废液应有高的生物降解性（≥ 95%）或易被分解处理；⑤退浆煮练后的织物上应该不含甲醛、氯等有害、有毒残留物质；⑥所耗的能量、水量应尽可能少；⑦浆料厂具有总体专业技术水平的质量管理保证体系。

二、海藻酸钠在经纱上浆材料中的应用

海藻酸钠是从褐藻中提取的绿色高分子材料，可用作经纱上浆浆料、成品整理浆料等，对棉纤维和合成纤维均有良好效果，例如涤纶纤维制品可用 2% 海藻酸钠和 13% 的聚乙烯醇混合浆上浆。海藻酸钠的黏度、pH、渗透性及其与各种辅助浆料之间的相互关系与其他浆料不同，应用过程中可以通过高速搅拌使海藻酸钠浆料充分溶解后采用“低黏度、轻上浆、高温度、重被复”的上浆过程使生产稳定。

1. 海藻酸钠浆料的配制

对于纯海藻酸钠浆料，调浆时先用尼龙塞头或木塞将桶底出口塞紧，以免海藻酸钠沉淀阻塞。加水至调浆高度的 1/3~1/2，开动搅拌器预先搅拌，缓慢投入已称好的海藻酸钠，开蒸汽加温至 80℃左右，关闭蒸汽，继续搅拌约 1h 左右至海藻酸钠颗粒全部溶解后加入乳化油。测定黏度和 pH，根据黏度情况调配体积以达到制程要求的黏度指标为止。在添加冷水调整体积时应再次开启蒸汽，升温至 80℃，焖放备用。

对于海藻酸钠与橡子淀粉的混合浆，配制时首先将规定比重的橡子淀粉用泵打入调浆桶内，放水初步定积。开动搅拌器，加入预先配制好的二苯酚、烧碱溶液或滑石粉。称取规定质量的海藻酸钠缓慢倒入，使其均匀散开防止结块，待海藻酸钠全部溶解后，加温至 60℃，加入油脂并校正 pH。继续升温至 80℃时，关闭蒸汽，测量浆液黏度，达到制程要求后定积待用。

对于海藻酸钠与合成浆料的混合浆，配制时用适量的冷水一边搅拌一边徐徐加入海藻酸钠，加温到 80~85℃烧煮 1h 备用。将已调制好的聚乙烯醇和其他

浆料与海藻酸钠一起打入供应桶，加温至 80℃，校正 pH 为 9，测量黏度定积，搅拌半小时备用。

2. 海藻酸钠的上浆制程

海藻酸钠浆料上浆制程中的主要工艺参数包括：

（1）浆液温度　对浆液温度的掌握应从温度 - 黏度 - 渗透三者之间的相互关系来确定，既要使浆液被复性能好，又要考虑浆液有一定的渗透效应，二者兼顾。生产实践证明，调浆供应温度掌握在 80~85℃，浆槽温度掌握在 96~98℃的高温，低黏度的上浆制程，无论在黏度稳定性或浆液渗透性方面均达到上浆要求，有利于浆液输送和提高烘干效率，更有利于织造生产。

（2）浆液 pH　采用海藻酸钠上浆，要求浆液呈微碱性，浆槽 pH 控制在 7~8 为佳，如低于 7，浆液会趋向凝胶化，黏度逐渐下降，影响浆纱质量。

（3）浆液的起泡性　海藻酸钠在浆槽循环搅拌下容易产生泡沫。由于海藻酸钠是海藻酸和碳酸钠固相反应后制备的，原料中有少量游离的 Na_2CO_3 存在，遇酸时 Na_2CO_3 分解产生 CO_2，引起泡沫。用海藻酸钠上浆时，在调浆成分中需适当放入油脂（以乳化油为宜），这对解决浆液起泡沫、稳定浆液起到良好的效果。

（4）滑石粉的使用　海藻酸钠浆液中一般不混合滑石粉，以减少沉淀物的产生。但混入少量滑石粉（不超过海藻酸钠量的 10%）可改善浆纱手感。滑石粉细度在 300 目以上为宜。

（5）浆液的防腐　采用纯海藻酸钠上浆时，除存放时间较短的加工坯布可不混用防腐剂，一般均应加入一定用量的防腐剂——二苯酚。

（6）上浆率、回潮率、固体率　海藻酸钠是低浓度、高黏度的浆料，加上黏度差异大，固体率很低，为了达到一定的上浆率、保证纱线有一定牢度的浆膜，在配方制程设计上，不能单纯以黏度为标准，还应保持必要的固体率。

（7）细号高密织物的上浆率要求高，如采用纯海藻酸钠浆不能达到要求时，可适当混用 30%~50% 的淀粉（或橡子粉）或与聚乙烯醇的混合浆，以提高上浆率，满足织造要求。

（8）由于海藻酸钠浆在纱线上的结膜较薄，以及海藻酸钠本身亲水性强、容易吸潮，故浆纱回潮率应适当掌握为 5%~7%，回潮率过高会返潮，织造时起毛，开口不清；过干也会造成浆膜发脆，丝纱断头增加。

3. 海藻酸钠浆料的配方实例

（1）纯棉织物　采用纯海藻酸钠上浆的纯棉织物一般用于中粗号品种，也有用于细平布、贡缎、纱府绸、纱卡其等产品的。制织 18×14.5 府绸织物上，采用 100% 纯海藻酸钠，配方中增加 8% 的滑石粉和 3% 的油脂，织机生产比较正常。在浆 32×32 粗平布经纱时，先将海藻酸钠溶解 2~3h，存放 12h。由于存放时间延长和采取高温低黏度上浆制程，在不用油的条件下基本解决了浆液起泡沫的问题。在制织 J14.5×J14.5 横贡时，经纱改用海藻酸钠上浆加工易于退浆，成品手感柔软、光泽柔和。

（2）化纤织物　纯海藻酸钠浆、海藻酸钠与淀粉混合浆以及海藻酸钠与合成浆料的混合浆可用于粘棉、维棉、聚酯 / 棉混纺品混纺、中长纤维等化纤织物。在喷气织机上生产 32×32 粘棉织物，经纱上浆采用淀粉浆，同时采用提高上浆率、回潮率和多用油脂等一系列措施，仍不能降低喷气织机的经纱断头。改用 50% 海藻酸钠和 50% 橡子粉组成的混合浆后，既增加粘棉经纱的强力，又增加粘棉的柔软和弹性，能适应喷气织机张力大、速度快的要求，织机断头显著下降，特别是基本消灭了脆断头。在聚酯 / 棉混纺品种上使用聚乙烯醇和海藻酸钠混合浆，比原来使用聚乙烯醇与苞米粉混合浆的断头率明显降低。

4. 海藻酸钠浆料的使用效果

生产实践证明，海藻酸钠浆料具有良好的使用效果，具体为：

（1）调浆操作方便，配方简单，并节约或少用其他辅助浆料（如硅酸钠、滑石粉、油脂等）。浆槽容易清洗，降低浆纱工人的劳动强度。

（2）高温上浆，浆液渗透性能良好，黏度稳定，剩浆不变质（热天加适量防腐剂处理，回用方便）。

（3）烘房湿区导辊黏结浆皮情况较羧甲基纤维素钠好，烘燥效率比淀粉浆和羧甲基纤维素钠等浆均高。

（4）浆斑、并头、绞头等疵点较少，浆纱不易在筘齿处撞断，有利于操作，并可提高浆轴质量。

（5）上浆率低，一般比淀粉低 1/3~2/3，浆轴卷绕容量可增加 10%~15%，相应提高穿经和织机效率。

（6）织造开口清晰，经纱断头与使用淀粉浆相同，生产稳定。

（7）海藻酸钠浆吸湿性好，织造车间相对湿度可降低到 65%~70%。

（8）印染加工退浆容易，不仅节约化工原料，而且漂白度、鲜艳度、色牢度以及强力都得到保证。

（9）在 20℃、1% 浓度时，海藻酸钠溶液的黏度可达到 300~500mPa · s，但其密度只有 1.025g/cm^3。用纯海藻酸钠上浆时，上浆率一般掌握在 3.0%~5.5%，为淀粉浆的 40%~50%。

（10）海藻酸钠溶液加热干燥后形成的浆膜，与羧甲基纤维素钠浆膜相类似，比淀粉浆的薄膜坚韧，对经纱的增强和减伸都有好处。

（11）海藻酸钠能和任何比例的淀粉、羧甲基纤维素钠、聚乙烯醇、聚丙烯酰胺等浆料混合使用，效果良好。

第三节　海藻酸钠在印花糊料中的应用

一、印花糊料的基本性能

印花糊料是指加在印花色浆中起增稠作用的高分子化合物。印花糊料在加到印花色浆中之前，一般溶于水或在水中充分溶胀形成分散的亲水性高分子稠厚胶体溶液。印花糊料是印花色浆的主要组分，决定着印花运转性能、染料的表面给色量、花纹轮廓的光洁度等（李晓春，2002；陶乃杰，2002）。工业上好的印花糊料应该有以下性能：

（1）得色量高，节约染料，能使染料均匀分散并准确固定在织物的一定位置而不渗化，避免产生染色不均、色点、流渗、细线条断缺等弊病，使花纹轮廓清晰、色泽鲜艳。

（2）色牢度高，色浆不发生凝结和水解现象，耐酸碱及电解质性能好，具有较强的携带能力，使染料通过各种作用固着在纤维上。

（3）很好的生产效率和产品质量，糊料黏度适宜，黏而不沾，触变性能高，携带染料在织物上时，不沾印花工具及织物，避免因沾刀口而拖浆刮不净，因沾网而拖带，因沾织物而难退浆等弊病。

（4）使用范围广，适用于各种染料及各种织物的印花。

（5）使用方法简单，易操作。

二、海藻酸钠印花糊料的特点

海藻酸钠是一种优良的印花糊料，印花效果优良，不仅适用于棉纤维印花，也适用于羊毛、丝、合成纤维的印花。海藻酸钠的黏度范围大，能适用从筛网式印花（如平网印花和圆网印花）到滚筒式印花色浆的要求，具有以下特点：

（1）海藻酸钠本身的色素较浅，且没有对纤维的直接性色素，在印花后的水洗过程中即可洗除，因此不会影响印花织物的花色鲜艳度。

（2）海藻酸钠原糊具有良好的化学相容性，一般的有机酸、碱剂、弱的氧化剂和还原剂对其影响较小，pH 在 5.8~11 时，化学性质较为稳定。与其他各种糊料相容性好，能与多种原糊相互拼用。

（3）海藻酸钠溶液呈阴荷性，因此不能作为阳荷性染料的糊料，同时也不能与阳荷性的其他助剂一起使用。它与阳荷性物质会发生凝聚现象，有沉淀析出。而阴荷性染料，如直接、酸性、活性染料，与海藻酸钠有很好的化学相容性。

（4）海藻酸钠做成的色浆具有良好的渗透性，质量好的海藻酸钠纯度高，不溶性胶体和杂质少，因此在印花过程中不会造成堵网，在刮刀施加的作用力下，浆料能很容易透过印花网将染料传递过去并渗透到织物中，印制出完整均匀的花形，匀染性好，得色均匀。

（5）海藻酸钠的吸湿性强，在活性印花中，染料向纤维内部的转移和扩散是依靠汽蒸来完成的，与吸收水分的多少有直接关系。糊料的吸湿性越高，纤维膨化程度越大，则印花着色效果越好。在海藻酸钠糊料中加入尿素可增强其吸湿性。此外，海藻酸钠有较好的抱水性，在印花汽蒸固色时可以有效吸收过剩的水分，减少水在糊料中的自由运动，防止花纹处渗化现象的出现，保证花纹轮廓清晰，提高印花效果。

海藻酸钠的成糊率与其黏度有关。溶液的黏度随浓度增大而急剧上升，高浓度海藻酸钠呈典型的假塑性流体特性，随着溶液浓度的降低，其流变性向牛顿型流体接近。海藻酸钠的黏度取决于分子聚合度的大小，通过生产工艺的调整可适当控制其分子质量大小，生产出不同黏度规格的海藻酸钠，作为印花糊料时成糊率的范围较大，用户可根据自己的需要选择不同规格的海藻酸钠，如青岛明月海藻集团的明月牌 SY 系列特制印染胶中，SYH 的黏度高、成糊率 3%~4%；SYM 的黏度中等、成糊率 5%~6%；SYL 的黏度低、成糊率 8%~10%。

印花黏度指数（PVI 值）是表示印花原糊性能的指数，用来预测原糊在实际印花过程中的印花性能。PVI 值的范围一般在 0.1~1.0，受原糊的分子质量、浓度、添加的助剂影响，同时也因为测试手段的变化而变化。海藻酸钠浓度越高，分子质量越大，越有利于结构黏度的形成，从而使结构黏度指数增加，PVI 值降低，如高聚合度海藻酸钠在浓度为 2.5% 时的 PVI 值为 0.52，而低聚合度的海藻酸钠在浓度为 8% 时的 PVI 值为 0.80。另外，原糊中若加入电解质，PVI

值也会受到影响，这是因为海藻酸钠是一种高分子的有机盐，电解质的加入影响了溶剂化程度，使结构黏度指数提高，从而使 PVI 值降低。加入尿素可以改善原糊的流动性，降低结构黏度指数，使 PVI 值升高。

海藻酸钠的 PVI 值变化范围大，因此适用于圆网、平网和滚筒式印花，可以通过适当调整色浆浓度以符合各类吸水性纤维和疏水性纤维的要求。应该注意的是，因为海藻酸钠遇钙离子以及重金属离子会生成海藻酸钙或其他海藻酸盐沉淀，制备原糊时最好使用软化水，否则必须加入六偏磷酸钠等软水剂络合钙离子和重金属离子，改善印浆的渗透性，保证染色牢度。

三、海藻酸钠糊料在印染工业中的应用

1. 活性染料印花糊料

海藻酸钠是活性染料印花的理想糊料，这是因为它的分子中没有与活性染料发生化学作用的官能团。海藻酸钠分子结构中的—COONa 在水中电离后带负电荷，使海藻酸钠本身呈阴荷性。由于活性染料的母体中有羧基、磺酸基、磺胺基等阴荷性的水溶性基团，在水中电离后具阴荷性，使活性染料也具有阴荷性。静电的排斥作用防止了活性染料与海藻酸钠糊料的结合，促进了染料的上染。而其他糊料，如变性淀粉、龙胶、阿拉伯树胶等，都不宜用作活性染料的印花浆料，因为它们的分子中含有大量羟基，易与活性染料中的活性基团键合，造成牢度差、给色淡、遇水滴易形成渗化以及搓洗落色等缺点。

2. 分散染料印花糊料

合成纤维印花时经常使用分散染料，配以海藻酸钠为增稠剂，可以得到优良的印花效果。根据大多数合成纤维具有疏水性、吸收印花浆较少的特点，通常选用低黏度的海藻酸钠配制较高固含量的色浆，使染料颗粒均匀分散在色浆中，提高印花效果。

3. 印地科素染料印花糊料

印地科素染料用于大满地印花，用淀粉糊调制印浆时，由于淀粉糊渗透性较差，经常产生给色不匀现象。采用海藻酸钠糊调制印浆，并用网纹雕刻满地花筒印花，可提高染料的给色均匀度。

4. 快磺素染料印花糊料

快磺素染料是色酚和色基重氮磺酸盐的混合物，简称为拉黑或拉元，色浆一般可用碱化淀粉糊。当印制大面积花形或细线条时，为了保证渗透性好、得色均匀、线条光洁，通常采用海藻酸钠糊。因为海藻酸钠原糊遇强碱会产生凝聚，

因此需要加入三乙醇胺，以增加色浆稳定性、防止海藻酸钠凝结。

5. 缩聚染料印花糊料

缩聚翠蓝 I5G 的水溶液为阴荷性，配制色浆时对糊料无特殊要求，淀粉、海藻酸钠、合成龙胶等都能使用。采用何种糊料是根据它与染料的性能而定：与活性染料拼色时，可用海藻酸钠糊，不与活性染料拼色时，可用淀粉糊或合成龙胶。

6. 聚酯士林染料印花糊料

聚酯士林染料属还原染料，能同时使涤纶和棉两种纤维着色。一般采用两相法工艺，先焙烘，使其在涤纶上固色，再浸轧还原液，然后快速汽蒸，使其在棉纤维上固色。用海藻酸钠作原糊，能够取得优良的印花效果。

四、海藻酸钠糊料的调浆方法

调浆是印花前的色浆准备过程，是把染料及其相应的助剂和浆料等调和在一起，使染料能够顺利转移到纤维上，在纤维材料上印出清晰的花纹。糊料是色浆的重要组成部分，由于结构和性能的不同，各种糊料的调浆方式有所不同。

1. 海藻酸钠原糊的制备

不同黏度规格的海藻酸钠成糊率不同，原糊的浓度需根据其成糊率决定，如高黏度的可按 3%~4% 的浓度制备，中等黏度的可按 5%~6% 的浓度制备，而低黏度的则可按 8%~10% 的浓度制备。打浆设备一般采用高速切变搅拌器，使水产生涡流、海藻酸钠在水中迅速分散。搅拌器应放置于偏离中心的位置，目的是在涡流的底部产生较大的湍流；搅拌器的叶片必须浸没在液面下，防止进入过多的空气，避免液体飞溅。粉状海藻酸钠应慢慢撒到涡流上部，使每个颗粒都被润湿，在溶液渐渐变稠致使涡流被破坏以前必须将海藻酸钠添加完毕。继续搅拌直至得到充分溶解的原糊,静置去泡,备用。注意打浆时水温不宜太高，室温即可。

2. 印花色浆的制备

根据工艺要求，先准确称取各种染化料，然后用少量水将其溶解。取一定量的海藻酸钠原糊，将溶解好的染料加入其中，搅拌均匀，用适量水调整色浆黏度使其适合工艺要求。在实际调浆中，也可先制成一种较浓的色浆，称为基本色。印制深色泽花形时，直接使用基本色。印制较浅色泽花形时，可用不含染料的空白色浆，将基本色稀释使用。

五、海藻酸钠糊料应用的几个典型配方案例

1. 活性染料印花：（g/L）

处方：活性染料　x

尿素　30~150

热水　y

防染盐 S　10

小苏打　10~25

海藻酸钠糊　z

工艺流程：印花→烘干→汽蒸（100~103℃，5~8min）→水洗→皂洗→水洗→烘干

2. 分散 / 活性同浆印花：（g/L）

处方：活性染料　x

分散染料　y

尿素　30~100

热水　适量

防染盐 S　10

小苏打　10~25

海藻酸钠糊　z

工艺流程：印花→烘干→热熔（180~190℃，3min）→汽蒸（100~103℃，5~8min）→水洗→皂洗→水洗→烘干。

3. 分散染料印花：（g/L）

处方：分散染料　x

尿素　50~150

释酸剂　5~10

氧化剂　5~10

海藻酸钠糊　y

工艺流程：印花→焙烘（180~200℃，2min）→水洗→皂洗→水洗→烘干

第四节　海藻酸盐纤维及其应用

海藻酸盐纤维的生产过程是一个典型的湿法纺丝过程。首先，海藻酸钠溶

解在水中形成黏稠的纺丝溶液，经过脱泡、过滤后，纺丝液通过喷丝孔挤入氯化钙水溶液。由于凝固液中的钙离子与纺丝液中钠离子的交换，海藻酸钠被转换成海藻酸钙后得到初生纤维，再经过牵伸、水洗、干燥等加工后得到海藻酸钙纤维，其中整个纺丝过程涉及的各种组分均安全、无害，因此海藻酸盐纤维可以被认为是最适用于医疗、卫生、美容、保健等健康产品的纤维材料（Qin，2008）。图 13-1 显示海藻酸盐纤维在凝固浴中成型的效果图。

图 13-1　海藻酸盐纤维在凝固浴中成型的效果图

一、海藻酸盐纤维的发展历史

Speakman 等在 1944 年最早报道了海藻酸盐纤维的生产工艺（Speakman，1944）。表 13-1 的研究结果显示，在 6 组具有不同分子质量的海藻酸钠加工出的纤维中，当纺丝液的落球时间从 2.0s 增加到 174.0s，得到的纤维强度的最小值为 1.45g/d、最大值为 1.68g/d。

表 13-1　由不同分子质量的海藻酸钠制成的海藻酸钙纤维的性能

样品序号	纺丝液的黏度（25℃下落球时间 /s）	纤维的断裂伸长 /%	纤维的断裂强度 /（g/d）
1	2.0	9.2	1.48
2	17.6	11.1	1.51
3	20.9	12.9	1.45
4	42.1	12.6	1.68
5	57.7	12.5	1.65
6	174.0	10.5	1.60

我国对海藻酸盐纤维的研究最早由甘景镐等报道（甘景镐，1981）。该课题组的研究结果显示在合适的纺丝条件下，纤维强度可达 0.5~2.0g/d。在随后报道的研究中，孙玉山等通过对纺丝工艺条件的优化，使纤维强度提高到 26.7cN/tex，并通过各种化学处理改善纤维的化学稳定性,使其在生理盐水中浸渍后不溶解（孙玉山，1990）。进入 21 世纪，随着各界对生物质资源的日益重视，海藻酸盐的开发利用以及海藻酸盐纤维在纺织、医疗卫生等领域的应用在各级政府部门的支持下取得了重要进展，其研究开发成为功能材料领域的一个热点（秦益民，2019）。

二、海藻酸盐纤维的理化性能

海藻酸盐纤维的理化性能一方面受其特殊的化学结构的影响，另一方面也取决于纺丝过程中的各种工艺条件，因此在不同厂家的产品之间存在较大差异。作为一种化学纤维，其强度和延伸性接近普通粘胶纤维，但是由于纤维中存在大量的金属离子，其脆性大、不耐磨，较难通过纺纱工艺制备机织制品。作为一种高分子盐，纤维可溶解于碱性水溶液，在酸性介质中脱去金属离子转换成纯海藻酸，这种不耐酸碱的缺点制约了其在纺织领域中的应用（Chamberlain，1945；Dudgeon，1954）。与此同时，这种纤维具有优良的生物相容性和亲水特性，其在生物医学、保健、化妆品等领域的特殊应用性能包括优良的凝胶特性、对金属离子的高吸附性以及屏蔽放射线等特性。

三、海藻酸盐纤维的成胶性能

海藻酸盐纤维中的金属离子具有离子交换特性。以海藻酸钙纤维为例，在与含钠离子的水溶液接触时，溶液中的钠离子与纤维中的钙离子发生离子交换，使一部分海藻酸钙转换成海藻酸钠，纤维吸收大量水分后形成凝胶。图 13-2 显示海藻酸钙纤维与生理盐水接触后的结构变化。

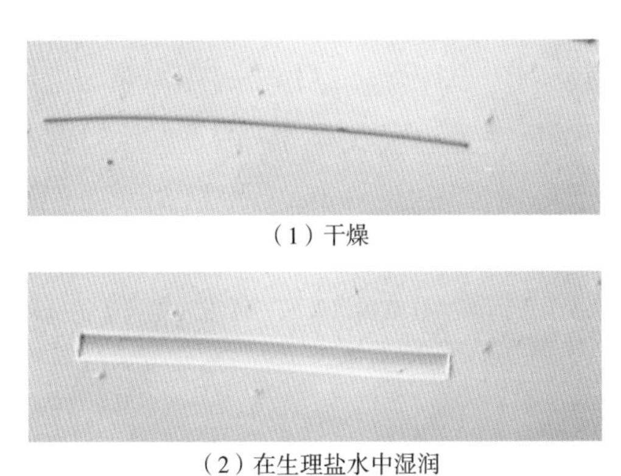

（1）干燥

（2）在生理盐水中湿润

图 13-2　海藻酸钙纤维与生理盐水接触后的结构变化

纤维的化学结构对其成胶性能有很大影响，尤其是纤维中甘露糖醛酸（M）和古洛糖醛酸（G）单体的含量决定了纤维对金属离子的结合力。以表 13-2 中的三种纤维为例，高 G 纤维中的海藻酸含有约 70% 的 G 单体和 30% 的 M 单体，高 M 纤维中的海藻酸含有约 65% 的 M 单体和 35% 的 G 单体，在 G 单体和 M 单体含量上代表了常用海藻酸盐的两个极端。当两种纤维分别与自身质量 40 倍的 A 溶液（模拟人体中金属离子含量，由含有 142mmol 氯化钠和 2.5mmol 氯化钙的水溶液组成）在 37℃下接触 30min 后，高 G 纤维所在的溶液中含有 317.5mg/L 的钙离子，而高 M 纤维所在的溶液中的钙离子浓度高达 560mg/L，几乎是高 G 纤维的 2 倍。临床上，以高 M 海藻酸盐纤维为原料制备的医用敷料能更好地通过离子交换形成凝胶（Qin，2006）。

表 13-2　三种海藻酸钙纤维的离子交换性能

纤维种类	高 G 纤维	中 G 纤维	高 M 纤维
M/G 单体的比例	约 0.4	约 1.6	约 1.8
接触液中钙离子含量 /（mg/L）	317.5	450	560
释放出的钙离子占纤维的质量比 /%	0.9%	1.43%	1.87%

四、海藻酸盐纤维的离子交换性能

Smidsrod 等发现海藻酸对金属离子的亲和力：$Pb^{2+}>Cu^{2+}>Cd^{2+}>Ba^{2+}>Sr^{2+}>Ca^{2+}>Co^{2+}=Ni^{2+}=Zn^{2+}>Mn^{2+}$（Smidsrod，1972）。钙离子与海藻酸的结合力低于重金属离子，因此当海藻酸钙纤维与含重金属离子的水溶液接触后，溶液中的重金属离子在与纤维中的钙离子发生离子交换后被富集在纤维中。工业上可以利用该性能把海藻酸钙纤维应用于去除水体中的微量重金属离子，也可以加工成过滤材料用于酿酒、制药等行业。表 13-3 显示海藻酸纤维和海藻酸钙纤维在不同时间段对铜离子的吸附量。可以看出，两种纤维对铜离子均有较好的吸附性能，24h 后的平衡吸附量分别为 68.6mg/g 和 81.7mg/g（莫岚，2009）。

表 13-3　海藻酸纤维和海藻酸钙纤维对铜离子的吸附量

接触时间 /h	吸附量 /（mg/g）	
	海藻酸纤维	海藻酸钙纤维
0	0	0

续表

接触时间 /h	吸附量 /（mg/g）	
	海藻酸纤维	海藻酸钙纤维
0.5	42.5	93.5
1	26.2	83.2
3	44.9	79.0
8	45.8	71.3
24	68.6	81.7

五、海藻酸盐纤维的阻燃及防辐射性能

海藻酸钙纤维中含有大量的金属离子，其钙离子含量约占纤维质量的 10%。这个结构特征赋予纤维优良的阻燃性能（Johnson，1946），其极限氧指数高达 34%。在与明火接触时，海藻酸钙纤维不熔融，其燃烧过程缓慢，属于本质阻燃的纤维材料。在纤维的生产过程中，海藻酸可以与多种金属离子结合成盐。例如，以氯化钡水溶液为凝固浴制备的海藻酸钡纤维有更好的防辐射性能，在服装用防辐射及军工方面有一定的应用潜力。但是由于原料价格高、生产规模小，海藻酸盐纤维的生产成本较普通纺织纤维高，并且由于其他相关技术的发展，制约了该纤维在阻燃、防辐射等领域的应用。

六、海藻酸盐纤维的应用

作为纺织用纤维，海藻酸盐纤维已经有很长的发展历史。早在 20 世纪 50 年代，英国 Courtaulds 公司曾商业化生产海藻酸钙纤维。利用其阻燃特性，海藻酸盐纤维在英国纺织行业中的最早应用是对阻燃性能有较高要求的室内装饰品。利用其在稀碱溶性中的溶解特性，海藻酸钙纤维曾应用于袜子生产过程中的连接线。进入 21 世纪，作为一种具有可再生特性的纤维新材料，海藻酸盐纤维的高吸湿性、亲肤性、本质自阻燃性、生物可降解性、生物相容性、防辐射、保健等功能特性已引起消费者重视，尤其是以海藻酸盐纤维为原料制备的医用敷料在吸收伤口渗出液后形成凝胶，形成的湿润愈合环境可以有效促进创面愈合（秦益民，2007；秦益民，2019）。

随着海藻酸盐纤维生产技术的进步及产品质量的提高，其应用领域将从医用纤维材料延伸到个人护理、保健用品、日化、服装、家用纺织品、产业用品

及儿童、妇女和老人服装等特殊领域，特别是在军服、军用被褥、室内装饰等军工、消防、交通工具等领域有广阔的发展空间。

在美容护肤品领域，以海藻酸盐纤维为原料制备的水刺无纺布具有很高的吸湿、保湿性能，在与精华液结合后制备的面膜具有良好的敷贴性能，有很高的应用价值，尤其适用于负载各种类型的精华液（秦益民，2017）。表 13-4 比较了由纯竹纤维和竹纤维 + 海藻酸盐纤维制备的水刺非织造布面膜材料的吸液率，可以看出，由于海藻酸盐纤维的亲水特性，混合纤维在 4 种不同精华液中的吸液率均高于纯竹纤维制品，以其制备的面膜材料可以起到更好的保湿功效（Qin，2010；Qin，2005；骆强，2011；邵仲柏，2020）。图 13-3 为一种海藻酸盐纤维面膜的贴合效果图。

表 13-4　竹纤维和海藻酸盐纤维面膜的吸液率

精华液	吸液率 /（g/g）		吸液率提高 /%
	纯竹纤维	竹纤维 + 海藻酸盐纤维	
柔皙	17.79	27.63	55.2
保湿	15.86	22.36	41.0
柔肤	17.39	40.02	130.1
抗衰	17.46	37.83	116.6

图 13-3　一种海藻酸盐纤维面膜的贴合效果图

以水刺非织造布为基材负载精华液是目前面膜制品领域的一个主要技术手段，其中非织造布的吸液率、透明度等性能决定了使用过程中的保湿时间和美观效果。精华液是与水刺非织造布结合的一种液体，在其各种组分中，增稠剂通过与纤维的化学、物理作用对非织造布的吸液率起重要作用。作为精华液中常用的增稠剂，透明质酸钠是一种阴离子型水溶性高分子，对金属离子有很强的离子交换能力，其含有的钠离子与海藻酸钙纤维中的钙离子交换后使海藻酸钙纤维转换成水溶性的海藻酸钠，因此可以增强其吸收水分的能力（Qin，2004）。图 13-4 显示纯竹纤维水刺非织造布以及海藻酸钙纤维 / 竹纤维共混水刺非织造布在不同浓度透明质酸钠水溶液中的吸液率，当透明质酸钠浓度为 0、0.1%、0.2%、0.3%、0.4%、0.5% 时，海藻酸钙纤维 / 竹纤维共混水刺非织造布的吸液率分别为 11.31、14.32、16.04、18.82、21.83、24.37g/g，而在同样测试条件下，纯竹纤维水刺非织造布的吸液率分别为 8.85、10.93、13.54、15.58、18.01、20.16g/g。通过海藻酸钙纤维与透明质酸钠的相互作用可以有效提高面膜基材的吸液率，对改善面膜制品的保湿性能起重要作用。

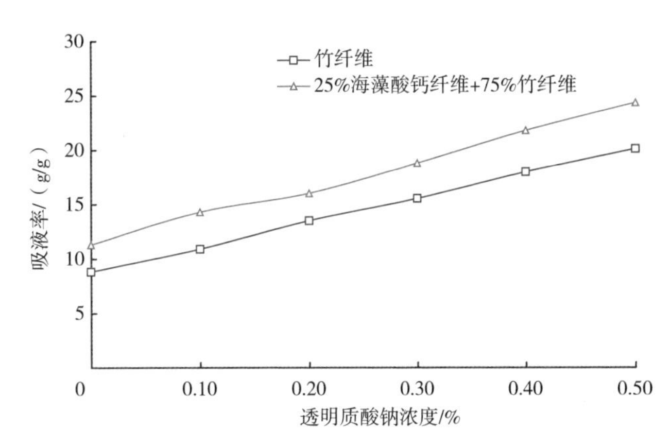

图 13-4　两种水刺非织造布对不同浓度透明质酸钠水溶液的吸液率

图 13-5 显示海藻酸钙纤维与竹纤维共混水刺非织造布的显微结构，其中两种纤维充分混合后形成的多孔织物结构具有很高的吸湿容量。在与透明质酸钠水溶液接触后，非织造布中的海藻酸钙纤维转化成凝胶，在固定大量精华液的同时使其转化成凝胶状的结构，具有优良的保湿性能。

（1）干燥　　（2）在透明质酸钠水溶液中湿润

图 13-5　海藻酸钙纤维与竹纤维共混水刺非织造布的显微结构

图 13-6 显示海藻酸钙纤维与竹纤维共混水刺非织造布在透明质酸钠、羧甲基甲壳胺、聚乙烯醇水溶液中的吸液率，其中前两种高分子为阴离子型，后者为非离子型。可以看出，由于阴离子型高分子对海藻酸钙纤维中钙离子的交换作用，在相同的溶液浓度下，其产生的吸液率高于非离子型增稠剂，质量浓度同为 0.5% 的透明质酸钠、羧甲基甲壳胺、聚乙烯醇水溶液的吸液率分别为 24.37、22.47 和 11.75g/g，对于相同的水刺非织造布，含有透明质酸钠的精华液的吸液率是聚乙烯醇溶液的 2 倍以上。对于阴离子型增稠剂，随着溶液浓度的增大，其离子交换作用加强，吸液率有很大的提高。对于非离子型增稠剂，其产生的吸液率与纯水中的没有很大区别。

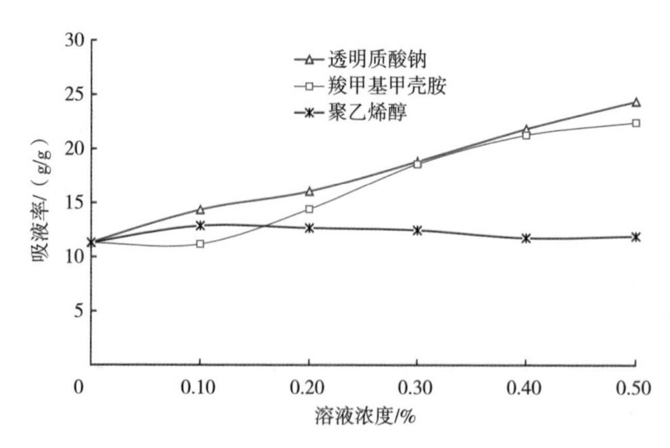

图 13-6　海藻酸钙纤维与竹纤维共混水刺非织造布在三种介质中的吸液率

在面膜的使用过程中，湿润的基材与皮肤密切接触，除了水分等成分从面膜向皮肤转移，面膜中的活性成分对皮肤中的各种成分也具有互动性。作为一种高分子羧酸，海藻酸有优良的离子结合性能，对皮肤中的重金属离子有很强的吸附性能（秦益民，2008）。表13-5显示在含铜离子的水溶液中加入25%海藻酸钙纤维与75%竹纤维共混水刺非织造布后测试出的铜离子吸附量。海藻酸钙纤维对铜离子有很强的吸附性能，并且由于非织造布松散的结构使铜离子很快被纤维吸附，加入纤维后溶液中铜离子浓度迅速下降，其对铜离子的吸附作用在30min内基本达到平衡，24h后每克非织造布可以吸附21.4mg铜离子。

表13-5　海藻酸钙纤维与竹纤维共混水刺非织造布对铜离子的吸附量

时间/h	铜离子浓度/（mg/L）	吸附铜离子的量/（mg/g）
0	2.985	0
0.5	2.791	19.4
1	2.783	20.2
3	2.778	20.7
8	2.773	21.2
24	2.771	21.4

海藻酸盐纤维可用于负载具有生物活性的功能材料，例如把远红外粉分散于海藻酸钠水溶液中，通过湿法纺丝可以制备具有促进伤口愈合功能的远红外海藻酸盐纤维。远红外线极易被水分子吸收，在照射人体时会发生吸收、透射、反射，这一过程被称为“生物共振”。采用红外线照射伤口产生的内热效应能调节人体生物电场及神经血管功能，使溃疡病变部位组织血管扩张、微循环营养状况改善、新陈代谢加快，同时减少细胞组织缺氧状态、促进组织间炎性渗出物的吸收，从而增强组织的修复和再生功能，起到消炎、消肿、止痛、减少渗透、促进肉芽与上皮细胞的生长，最后促进伤口愈合。图13-7为海藻酸盐纤维负载活性成分的示意图。

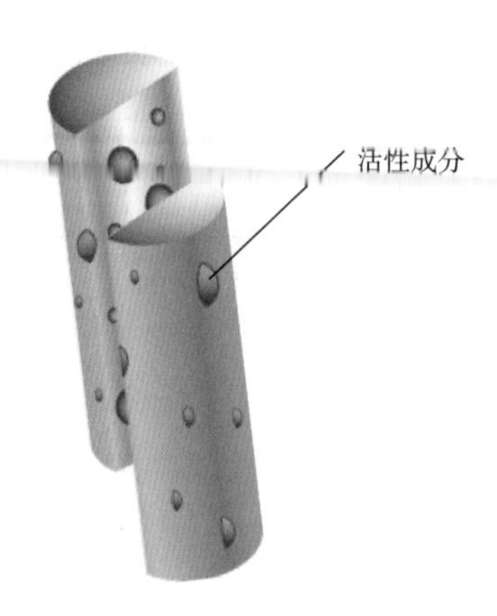

图 13-7 海藻酸盐纤维负载活性成分示意图

第五节 小结

海藻酸盐在纺织领域有很长的应用历史，其凝胶、增稠、成膜等性能在纱线上浆、印花糊料等传统的纺织加工过程中有重要的应用价值，海藻酸钠是活性染料印花最好的糊料。通过湿法纺丝制备的海藻酸盐纤维具有独特的成胶性能，在医疗、卫生、美容等领域有广泛应用。

参考文献

[1] Chamberlain N H，Johnson A，Speakman J B. Some properties of alginate rayons[J]. Journal of the Society of Dyers and Colourists，1945，61（1）: 13-20.

[2] Dudgeon M J，Thomas R S，Woodward F N. The preparation and properties of some inorganic alginate fibers[J]. Journal of the Society of Dyers and Colourists，1954，70（6）: 230-237.

[3] Johnson A，Speakman J B. Some uses of calcium alginate rayon[J]. Journal of the Society of Dyers and Colourists，1946，62（4）: 97-100.

[4] Qin Y. Alginate fibers: an overview of the production processes and applications in wound management[J]. Polymer International，2008，57（2）: 171-180.

[5] Qin Y. The characterization of alginate wound dressings with different fiber and textile structures[J]. Journal of Applied Polymer Science，2006，100（3）: 2516-2520.

[6] Qin Y. Functional alginate fibers[J]. Chemical Fibers International，2010，（3）: 32-33.

[7] Qin Y. The ion exchange properties of alginate fibers[J]. Textile Research Journal，2005，75（2）: 165-168.

[8] Qin Y. Gel swelling properties of alginate fibers[J]. Journal of Applied Polymer Science，2004，91（3）: 1641-1645.
[9] Smidsrod O，Haug A. Dependence upon the gel-sol state of the ion-exchange properties of alginates[J]. Acta Chemica Scandinavica，1972，26: 2063-2074.
[10] Smidsrod O，Haug A，Whittington S G. The molecular basis for some physical properties of polyuronides[J]. Acta Chemica Scandinavica，1972，26: 2563-2564.
[11] Speakman J B，Chamberlain N H. The production of rayon from alginic acid[J]. Journal of the Society of Dyers and Colourists，1944，60: 264-272.
[12] 周永元. 纺织浆料学[M]. 北京：中国纺织出版社，2004.
[13] 沈言行. 变性淀粉的性质和应用[M]. 北京：纺织工业出版社，1989.
[14] 周永元. 丙烯酸类浆料的性能与应用[J]. 中国纺织大学学报，1997，23（6）：83-89.
[15] 周永元. 新型纤维上浆和纺织浆料新情况[J]. 纺织化学品，2004,（4）：70-82.
[16] 李晓春. 纺织品印花[M]. 北京：中国纺织出版社，2002.
[17] 陶乃杰. 染整工程[M]. 北京：中国纺织出版社，2002.
[18] 甘景镐，甘纯玑，蔡美富，等. 褐藻酸纤维的半生产试验[J]. 水产科技情报，1981,（5）：8-9.
[19] 孙玉山，卢森，骆强. 改善海藻纤维性能的研究[J]. 纺织科学研究，1990,（2）：28-30.
[20] 骆强，孙玉山. 医用海藻纤维的研究[J]. 非织造布，2011，19（1）：30-32.
[21] 邵仲柏，曹联攻，蒋凯俊，等. 纤维复合面膜基布的研究进展[J]. 纺织导报，2020,（3）：47-49.
[22] 莫岚，陈洁，宋静，等. 海藻酸纤维对铜离子的吸附性能[J]. 合成纤维，2009，38（2）：34-36.
[23] 秦益民，刘健，胡贤志，等. 海藻酸盐纤维面膜基材的制备与性能分析[J]. 成都纺织高等专科学校学报，2017，34（1）：28-31.
[24] 秦益民. 功能性医用敷料[M]. 北京：中国纺织出版社，2007.
[25] 秦益民，刘洪武，李可昌，等. 海藻酸[M]. 北京：中国轻工业出版社，2008.
[26] 秦益民. 海洋源生物活性纤维[M]. 北京：中国轻工业出版社，2019.

第十四章　海藻酸盐在生物刺激剂中的应用

第一节　引言

生物刺激剂在现代农业生产中得到越来越广泛的应用。2011 年 6 月成立的欧洲生物刺激剂产业联盟确定的生物刺激剂的定义是：一种包含某些成分和微生物的物质，当这些成分和微生物施用于植物或根围时，其功效是对植物的自然进程起到刺激作用，包括加强或有益于营养吸收、营养功效、非生物胁迫抗性及作物品质，而与营养成分无关。2018 年美国农业法案指出生物刺激剂是一种物质或微生物，当应用于种子、植株或根际时，刺激自然过程以促进营养吸收，提高营养效率、对非生物胁迫的耐受性或作物质量和产量。

海藻源生物刺激剂是通过物理、化学、生物等技术使海藻细胞壁破碎、内含物释放后浓缩形成的海藻精华，含有海藻中丰富的矿物质和微量元素成分以及海藻多糖、蛋白质、氨基酸、多酚类化合物和大量植物生长调节因子，如细胞分裂素、生长素、脱落酸、赤霉素、甜菜碱、多胺、异戊烯腺嘌呤及其衍生物、吲哚乙酸、吲哚化合物等，是一种集营养成分、抗生物质、纯天然生物刺激素于一体的特种生物肥料，其中海藻酸的独特结构和性能赋予其优良的生物刺激作用，是海藻类肥料的一个主要活性成分，在促进植物生长过程中起重要作用（秦益民，2018；秦益民，2022）。

第二节　海藻源生物刺激剂的发展历史

海藻是沿海地区广泛存在的一种生物质资源，自古以来就被人类用于食品、药品等领域。古罗马时代海藻已经应用于农业生产中，被直接加入土壤，或者作为改良土壤的堆肥（Henderson，2004；Chapman，1980；Lembi，1988）。

对海藻肥料最早的记载是公元1世纪后半期的罗马人Columella，他建议卷心菜应该在有第六片叶子的时候移植，其根用海藻覆盖施肥（Newton，1951）。Palladiuszai在4世纪时建议把三月的海藻应用在石榴和香橼树的根上。古代英国人也把海藻加入土壤作为肥料，在不同的地区有的直接把海藻与土壤混合，有的把海藻与稻草、泥炭或其他有机物混合后作肥料，其中一个常用的做法是把海藻堆积在农田里使其风化后降低有毒的硫氢基化合物（Milton，1964）。

到12世纪中叶，在欧洲的一些沿海国家和地区，特别是法国、英格兰、苏格兰、挪威等地，人们开始广泛使用海藻肥料。16世纪的法国有采集海藻制作堆肥的习惯，大不列颠岛的南威尔士和德国一些地区则用岸边腐烂的海藻或海藻灰种植各种农作物，效果颇佳，产品供不应求。进入17世纪，法国政府在沿海地区大力推广使用海藻作为土壤肥料，并明文规定海藻的采集条件、收割时间以及海域等，当时法国布列塔尼和诺曼底沿海几百英里（1英里=1.609km）的区域由于施用海藻提取物作为肥料，其农作物和蔬菜品质优异，远近闻名，享有“黄金海岸”的美称，至今仍然流传。在海藻资源非常丰富的爱尔兰，农业生产中曾普遍用海藻作为肥料在马铃薯播种时植入土壤中，随着海藻的腐烂，其释放出的活性成分给马铃薯持续提供营养成分，既提高了马铃薯产量也改善了品质。

海藻肥的生产和应用涉及海藻的采集、加工及在农作物上的应用。100多年前，为了降低从海边运输海藻作为堆肥的成本，英国人发明了用碱提取海藻肥的工艺（Penkala，1912），但是真正使海藻液体化后制备肥料的实用方法是1949年由英国人Milton博士发明的（Milton，1952）。根据Milton博士的报道，如果把海藻直接用在土壤中，即便海藻是磨细的，其对植物生长有一定的抑制作用，直到约15周后对植物增长和种子发芽的抑制作用才会消失。在此期间，随着土壤中微生物的选择性繁殖，土壤中离子氮浓度下降，但总氮量上升。液体化的海藻肥对植物增长有直接的影响（Milton，1964）。

以海藻生物质为原料通过化学、物理、生物等技术加工后制备的现代海藻肥诞生于英国。Milton博士发明现代海藻肥是多种因素结合的结果，其中一个因素是第二次世界大战期间利用海藻制备纤维所取得的进展。当时在英国使用的一种主要纤维是从印度东北进口的黄麻，到1944年亚洲的战争威胁了这种纤维的供应。飞机、工厂和其他潜在目标的伪装需要大量以黄麻为原料制备的网眼布。为了从本地资源中发展纤维，英国政府任命一个由生物化学家Reginald F Milton博士负责的团队以海藻生物质为原料开发纤维材料。这个项目涉及的海藻中含有的海藻酸是英国科学家 E.C.Stanford 早在 1881 年发现的，而苏格兰地区有大量的海藻资源，因此英国在苏格兰建了提取海藻酸的工厂并以此为原料制备了用于网眼布的纤维，但是在英国潮湿的气候下，海藻酸钙或海藻酸钠纤维很快溶解和生物降解，并且随着第二次世界大战的结束，该项目被终止。Milton 博士随后搬到伯明翰买了一个有大花园和温室的房子，并建了一个小实验室研究使海藻液体化后用作肥料。到 1947 年他成功制备了液体肥料，他的工艺是在碱性条件下高压处理海藻后使其液体化。在此期间，Milton 博士与一个从伦敦过来，同样有养花种菜爱好的会计师 W.A.（Tony）Stephenson 相识，二人在各自的花园里试验了早期的液体肥料。在 1949 年的一个晚上，二人共享了一瓶白兰地酒，Maxicrop 这个海藻肥的名字就此诞生（Stephenson，1974）。

在 Milton 博士和 Stephenson 初创期间遇到的问题包括液体肥料中黏性的污泥以及容器中物质的发酵和容器的爆炸，在与一家大型谷物公司合作后，这些工艺问题得到了解决，公司的业务也开始扩展。到 1953 年，液体海藻肥的销售达到 45460L，并增加到 1964 年的 909200L，期间一个重要增长点是叶面喷施肥料的开发和应用，同时 Stephenson 也增加了海藻饲料和堆肥。1952 年 Stephenson 成立了 Maxicrop Ltd. 公司，在此之前的产品以 Plant Productivity Ltd. 公司销售。由于使用方便、效果显著，Milton 博士开发的海藻液体肥在农业生产领域得到广泛应用（Booth，1969；Craigie，2011）。

除了 Maxicrop，其他一些企业也随后开始商业化生产海藻肥。大约在 1962 年，挪威的 Algea（现 Valagro）采用一种与 Maxicrop 类似的碱法技术从泡叶藻中提取制备海藻肥。法国在 20 世纪 70 年代早期开发出了一种独特的低温冷冻磨碎海藻的方法（Herve，1977），后来由 Goëmar 公司商业化。加拿大的 Acadian Seaplants 公司在 20 世纪 90 年代开始以泡叶藻为原料商业化生产海藻提取物。澳大利亚也在 20 世纪 70 年代开始了海藻肥的生产和应用（Abetz，1980）。最早在澳大利亚从事海藻肥生产的公司 Tasbond Pty Ltd. 是一组科学家发起成立的，在 1970 年注册。到 1974 年这家公司的第一个商品海藻肥 Seasol 开始在 Tasmania 生产。当时，产品只用当地的海洋巨藻（*Durvillaea potatorum*），其海藻生物体通过碱性工艺水解后制得海藻肥。

到 20 世纪 80~90 年代，海藻肥作为一种天然肥料在欧美国家得到前所未有的重视和发展。在英国、法国、美国、加拿大、澳大利亚、南非、中国等世界各国，海藻肥在农业生产中的应用取得了显著的经济效益、生态效益和社会效益，受到越来越多国家和地区农户的欢迎（Craigie，2011）。

第三节　海藻源生物刺激剂的生产工艺

从工艺的角度看，海藻生物质可以在碱性或酸性条件下水解，或者通过高压或发酵后使海藻细胞壁破裂后释放出活性物质，这样得到的海藻提取物含有各种类型的分子和化合物，其本质是不均匀的。总的来说，除了加工过程中加入的工艺添加剂，初级提取物是由海藻植物的各种复杂组分组成的。这种提取物一开始被看成是促进植物增长的药物，但随着对其作用机理的深入理解，人们了解到海藻代谢产物对植物的新陈代谢既可以直接作用，也可以间接地通过影响土壤微生物或与病原体的相互作用影响植物生长，是一种高效的生物刺激剂。

经过半个多世纪的发展，海藻加工行业发展出了很多种从海藻中提取、分离活性成分的工艺技术。目前已经成功应用于海藻肥生产的技术包括：①水提取；②甲酸、乙酸、硫酸等酸或 NaOH、KOH、Na_2CO_3、K_2CO_3 等碱提取；③低温加工；④高压下的细胞破壁处理；⑤酶解技术（Pereira，2020）。

一、水提取

在用水提取海藻中的水溶性成分之前，首先用淡水去除原料海藻上的沙子、石头和其他杂质，然后切块后用烘箱烘干（Boney，1965），干燥温度应该低于80℃以避免活性成分的分解。制备农用生物刺激剂时用的海藻颗粒比较粗，粒径在 1~4mm，而用于制备饲料配方的海藻比较细。水提取过程在常压、没有酸碱的条件下把海藻中的水溶性成分提取出来，其固含量通过蒸发提高到需要的15%~20%。采用乙酸、碳酸钠等食品级防腐剂可保持产品的稳定性。

二、酸和碱提取

用硫酸在 40~50℃下处理 30min 可以去除海藻中的酚类化合物，同时使高分子物质得到更好的降解，这个前处理可以加强碱提取工艺的效率，获得更好的产品质量（Booth，1969；McHugh，1987）。0.1~0.2mol/L 浓度的 H_2SO_4 或 HCl 处理后的海藻在滚筒筛滤器上分类后比未处理的海藻更容易流动，其色泽呈绿色。在预处理过程中，海藻酸钙转化成了海藻酸，可以更容易用氢氧化钾提取，碱提取后用磷酸或柠檬酸中和。最常用的工艺是把磨碎的海藻悬浮物在水中加热，加入碳酸钾在压力反应容器中使多糖分子链锻断裂成低分子质量物质，反应条件为：压力 275~827kPa，温度 <100℃（Milton，1952）。生产中应该采取措施避免水溶性成分、寡糖以及重要的生物刺激素的流失。

把海藻用碱处理后会通过降解、重组、凝聚、碱催化反应等途径产生海藻生物体中本身没有的新化合物。褐藻中的主要聚合物是海藻酸盐、各种岩藻聚糖、褐藻淀粉等，它们在碱催化下通过降解反应得到低分子质量寡糖，并进一步降解后得到各自的单糖（BeMiller，1972；Haug，1967）。在一项对海藻酸盐进行水解的研究中，Niemela 等用 0.1~0.5mol/L 浓度的 NaOH 溶液在 95~135℃下对海藻酸进行反应后，在反应产物中检测出占起始海藻酸质量 9.8%~14.2% 的一元羧酸，如乳酸、甲酸、乙酸等。起始海藻酸质量的 17.3%~42.2% 被转化成糖精酸、五羧酸、四羧酸、苹果酸、琥珀酸、草酸等二羧酸。在这个反应过程中，海藻酸的 27%~56% 被转化成各种羧酸类产品，其中一些具有促进植物生长的作用（Niemela，1985）。表 14-1 示出海藻酸在碱降解过程中产生的一元羧酸和二羧酸的含量。

表 14-1　海藻酸在碱降解过程中产生的一元羧酸和二羧酸的含量

氢氧化钠浓度 /（mol/L）	反应温度 /℃	二羧酸含量 /%	一元羧酸含量 /%	总羧酸含量 /%
0.1	95	17.3	9.8	27.1
0.1	135	22.0	14.2	36.2
0.5	95	38.7	11.2	49.9
0.5	135	42.2	14.2	56.4

三、低温加工

在低温加工过程中，沿海收集的野生海藻首先被转移到冷藏室迅速冰冻，然后在液氮作用下粉碎成颗粒直径 10μm 的悬浮物。微粒化的海藻悬浮物是一种绿褐色的物质，对其进行酸化处理可以保存其生物活性，产品的最终 pH 低于 5。这种提取物很黏稠，常温下储存很稳定，使用时可以将其稀释到合适的浓度。这样制备的海藻肥料中含有叶绿素、海藻酸盐、褐藻淀粉、甘露醇、岩藻多糖等活性物质，其总固含量在 15%~20%（Herve，1977）。同时，这种产品还含有生长素、细胞分裂素、赤霉素、甜菜碱、氨基酸以及硫、镁、硼、钙、钴、铁、磷、镁、钼、钾、铜、硒、锌等元素（Ruperez，2002），还有抗氧化物、维生素等各种活性成分（Sanchez-Machado，2002）。对冷冻海藻进行机械加工得到的海藻肥料避免了有机溶剂、酸、碱等化学试剂对海藻活性物质的破坏，其性能与化学法加工制备的海藻肥料不同（Stirk，1996）。

四、加压和减压细胞破壁技术

加压和减压细胞破壁技术不涉及热和化学品。Gil-Chavez 等总结了海藻肥生产中的各种工艺，包括加压溶剂萃取、亚临界和超临界提取、微波和超声波辅助提取等技术（Gil-Chavez，2013），其中加压细胞破裂的方法可以通过采用针对特定农用生物刺激剂的溶剂加以改善（Santoyo,2011）。在减压生产工艺中，海藻生物质用淡水清洗后在 -25℃下冰冻后粉碎成很细的颗粒状，均质后得到颗粒直径为 6~10μm 的乳化状态产品，随后这些颗粒物在高压下注入一个低压室，随着压力的下降通过细胞内能量的释放使细胞壁膨胀后破裂，导致细胞质成分释放，过滤后从滤液中回收得到的水溶性成分含有海藻生物体中的各种活性成分（Papenfus，2012）。随后可以加入添加剂进一步改善配方以适合各种特殊的应用需要。南非 Kelpak 公司 1983 年上市的海藻肥就是以这种冷冻细胞破壁技术从当地的极大昆布中生产的。

五、酶解技术

生物酶解工艺是在特定生物酶参与下的生物降解过程，可以更多地保留海藻中的活性成分，使海藻肥的应用功效更加显著。近年来，海藻肥的制备工艺逐渐从传统的化学、物理提取方式转向酶解提取，其中酶解海藻技术的关键在于酶的选用，需要建立基因筛选系统寻找合适的酶，通过蛋白质表达系统技术创造蛋白质表达的最优条件后再通过蛋白质工程技术对酶进行优化，使其更适用于实际生产。

第四节　海藻源生物刺激剂的活性成分

用于制备海藻肥的大型海藻是海洋中的速生植物，包括褐藻、红藻、绿藻 3 个门的数千种。目前泡叶藻、海带、极大昆布、马尾藻、海洋巨藻等褐藻是海藻肥的主要原料，其植物结构含有海藻酸等各种海藻多糖、蛋白质以及氮、磷、钾、铁、硼、钼、碘等大中微量元素和多种植物生长调节物质（Pereira，2020）。褐藻是生产海藻肥的主要原料，其细胞中含有海藻酸、褐藻淀粉、岩藻多糖等碳水化合物，这些物质及其衍生物可以激活植物的防御反应，通过激活水杨酸、茉莉酸、乙烯信号通路保护植物免受一系列病原体侵害。

褐藻细胞的化学组成随褐藻种类、生长季节和生长环境的变化有很大变化。泡叶藻是目前国际上公认的海藻肥最佳原料，一个主要原因是其生长在北大西洋海域弱光、高压的恶劣环境，为了应对环境胁迫在生物体内通过合成和分解代谢产生海藻酸和岩藻多糖等海藻多糖、海藻低聚糖、甘露醇、酚类、天然植物激素等很多种生物活性物质。泡叶藻中的生长素、赤霉素等天然植物激素的含量远高于其他海洋藻类。

海藻酸是海藻类肥料的主要活性成分。近年来的研究显示，海藻酸盐的寡糖具有更高的生物活性，特别是在促进植物生长方面的活性很强（Hien，2000）。与酶降解的海藻酸相似，通过射线辐照后降解的海藻酸同样有促进植物生长的功效（Kume，2002）。通过辐照降解（Nagasawa，2000）制备的聚合度为3~6的海藻酸三聚物和六聚物被证明具有特殊的植物生长刺激作用（Iwamoto，2001）。

在辐照降解过程中，Luan等把分子质量为900ku、M/G比例为1.3的海藻酸钠首先溶解于水制成40g/L的水溶液，室温下用Co-60源γ射线在10、30、50、75、100、150和200kGy下辐照，辐照速率为10kGy/h。与此对照，在酶降解时，0.5g海藻酸钠溶解于100mL的pH 7.0的磷酸盐缓冲液，加入2mL海藻酸盐降解酶（1mg/mL）（约77.5单位），在37℃下反应10h。不同分子质量的海藻酸钠在大麦和大豆上进行试验，其中大麦试验采用10粒萌发种子，在500mL溶液中培养，大豆试验采用3粒萌发种子，在500mL溶液中培养（Luan，2009）。

辐照降解后的海藻酸钠通过超滤膜分离成不同分子质量的样品，其中F1的分子质量<1ku、F2的分子质量为1~3ku、F3的分子质量为3~10ku、F4的分子质量为10~30ku、F5的分子质量为>30ku。用不同剂量辐照的样品中各种分子质量海藻酸盐的成分有很大区别，其中75kGy处理40g/L海藻酸钠水溶液的样品的促植物生长效果最好。图14-1显示不同分子质量海藻酸钠对大豆生长的影响，其中分子质量为1~3ku的海藻酸钠寡糖对作物生长的促进作用最大，其施用浓度可在20mg/L的低浓度。

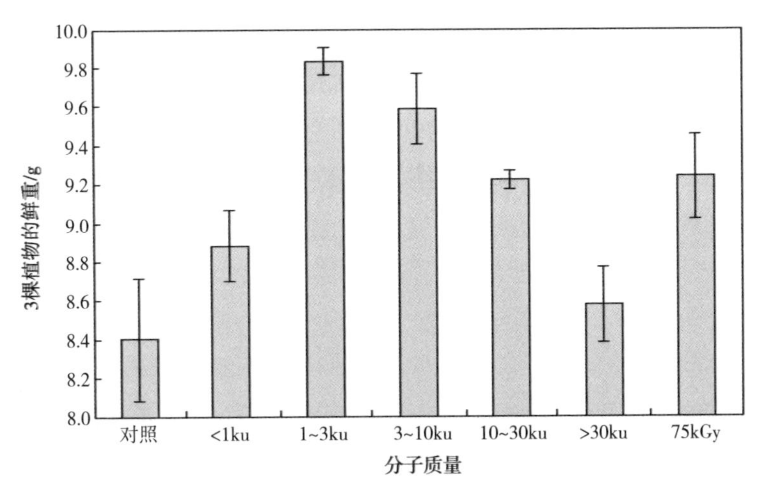

图 14-1 不同分子质量海藻酸钠对大豆生长的影响

作为海藻肥中重要的功能物质，海藻酸可以大幅提高水稻有效穗数和穗粒数，增幅可达 3%~12%，显著提高水稻产量，并促进植物根系对氮、磷、钙、镁等植物生长所需营养元素的吸收（张运红，2016）。海藻酸的检测方法依据不同的显色剂及显色原理分为咔唑硫酸法（杨钊，2018）、间羟基联苯法及褐藻酸铜法（王泽文，2009）。由于受金属离子、中性糖的干扰，利用不同检测方法测得的海藻酸含量差异较大（叶颖，2019）。

第五节 海藻源生物刺激剂的应用功效

海藻类肥料含有植物生长所需的氮、磷、钾等大量元素以及钙、镁、硫、铁、锌、硼、碘等 40 余种中微量元素，还含有生长素、细胞分裂素、赤霉素等植物激素以及海藻酸、海藻多糖、海藻低聚糖、高度不饱和脂肪酸、甘露醇、甜菜碱、维生素、多酚类海藻活性物质，在绿色生态肥料中有重要的应用价值。应用于农业生产中，海藻类肥料可作为植物生长诱抗剂、土壤改良剂、天然有机肥等使用，与传统化肥相比显示出明显的优势。

海藻肥优良的使用功效在世界各地的农业生产实践中已经得到证实。在对海藻提取物在水果、蔬菜上的使用效果进行深入研究的过程中发现，施用海藻提取物对大多数蔬菜都能发挥效应，其中黄瓜经施撒海藻提取物后，不但增加产量，而且储存期从 14d 延长至 21d 以上（范晓，1987）。在布鲁塞尔，用

Maxicrop 海藻肥精施于马铃薯、胡萝卜、甜菜等作物上的效果非常理想，尤其是在海藻精中混入螯合铁后，产量提高达 18.9% 以上。用海藻提取物的稀溶液喷洒草莓可增产 19%~133%，用 1/400 稀释的海藻精喷撒桃树和黑葡萄，每隔 14d 施撒一次，使用三次后，产量分别提高 12% 和 27%。图 14-2 总结了海藻肥在农作物生产中产生的各种应用功效。

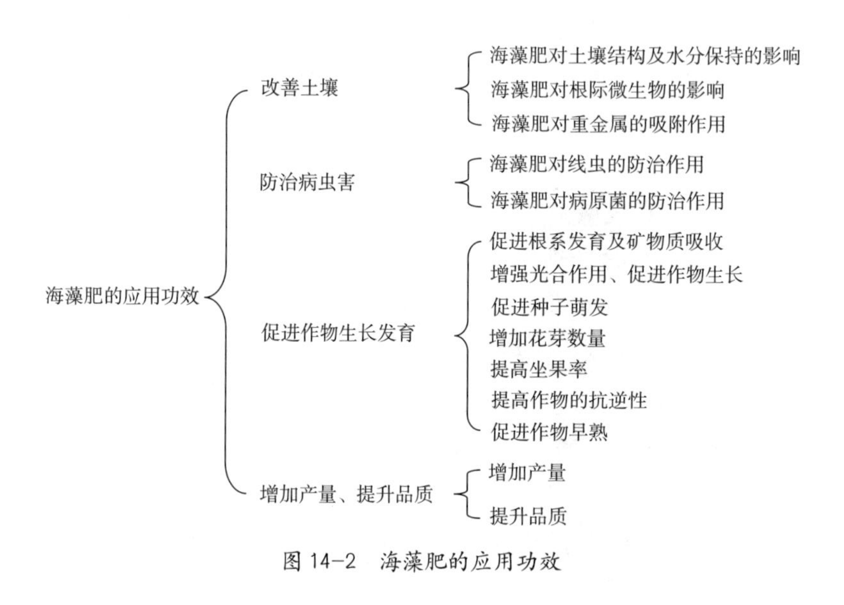

图 14-2　海藻肥的应用功效

在以褐藻为原料制备的海藻肥中，海藻酸寡糖是其中的主要活性成分。Xing 等详细总结了海藻酸寡糖在刺激植物生长中的应用功效（Xing，2020）。尽管寡糖促进动物细胞生长的报道比较少，目前已经有大量研究显示寡糖对植物细胞的促进作用（秦益民，2022）。酶降解得到的分子质量为 1445u 的寡糖在浓度为 0.075% 时可以通过促进淀粉酶活性、加速代谢活动而强化植物种子发芽（Hu，2004）。浓度为 10~50mg/L 的海藻酸寡糖可以增加大白菜的根长、根尖数、根体积和鲜重、根系吸收面积（Yun-hong，2009）。海藻酸寡糖对根系的促进作用可能是其改善作物生长、提高产量的主要作用机理（Xu，2003）。

根系在植物吸收水分和营养成分及其与土壤的相互作用过程中起重要作用（Zhang，2014）。大量研究结果显示海藻酸寡糖对植物根系生长有明显的促进作用。例如，酶降解得到的聚合度为 3~6 的海藻酸寡糖在浓度为 200~3000μg/mL 时使生菜的根生长增加约 2 倍（Iwasaki，2000）。聚合度为 3~9 的海藻酸寡糖在浓度为 0.75mg/mL 时对胡萝卜和水稻的根系生长也有促进作用，其中聚合度为 5 时的效果最好（Xu，2003）。

海藻酸寡糖的生物刺激作用与其对生长素信号转导的影响密切相关。聚合度为 2~4、平均分子质量为 724u、浓度为 10~80mg/L 的海藻酸寡糖对水稻组织中 OsYUCCA1、OsYUCCA5、OsIAA11、OsPIN1 等生长素相关的基因表达的诱导作用呈现剂量依赖性，可以加快生长素的生物合成和输送，降低水稻根中吲哚乙酸氧化酶的活性。这些作用的结果导致水稻根中吲哚乙酸的含量增加 37.8%、控制根系发展的基因得到上调、根的生长得到强化（Zhang,2014）。此外，酶降解得到的聚合度为 2~4、浓度为 10~80mg/L 的海藻酸寡糖可以诱导 NO 的合成，促进麦子根系生长。

第六节　海藻源生物刺激剂在现代农业中的推广和应用

海藻在农业生产中长期被用作肥料和土壤调节剂。传统的观点是海藻通过其提供的营养物以及改善土质和持水性而改善作物的增长、健康和产量。在这个方面，海藻液体肥含有溶解状态的 Cu、Co、Zn、Mn、Fe、Ni、Mo、B 等元素应用于土壤和叶面上后产生的功效被广为接受。随着海藻肥的推广普及，特别是低应用量的海藻肥（$<15L/hm^2$）所产生的效果使人们联想到海藻提取物中一些促进植物增长的成分。

目前人们对海藻肥料所积累的知识可分为三个阶段。

第一阶段：20 世纪 50 年代至 20 世纪 70 年代早期。

第二阶段：20 世纪 70 年代至 20 世纪 90 年代。

第三阶段：20 世纪 90 年代至当前。

第一个阶段积累的早期知识主要是实际试验和生物测定中获取的经验性结果，对海藻肥化学成分的分析受仪器水平的影响。在第二个阶段的发展过程中，气相色谱（GC）和高效液相色谱（HPLC）技术的完善使科研人员可以对海藻提取物中的各种组分进行精确测定，核磁共振（NMR）技术也广泛应用于海藻活性物质的分析测试，使海藻肥的化学组成及其使用功效之间的构效关系的建立更加科学合理。20 世纪 90 年代以后的第三个阶段，仪器分析变得更加先进，在对海藻活性物质进行精确表征的基础上，主要成分分析和代谢组学方法的应用使科研人员可以更好地建立活性成分与应用功效之间的关联性。

历史上早期的生物功效研究主要来自农田或温室中使用 Maxicrop，最早的实验开始于20世纪60年代，主要研究人员是苏格兰海藻研究院的Ernest Booth。随后有三个研究团队积极从事海藻肥在农业生产中的应用，包括1959年后T.L.Senn教授在美国克莱姆森大学建立的研究团队，在20多年中研究了泡叶藻提取液对水果、蔬菜、观赏植物的影响（Senn，1978）。20世纪60年代后期，英国朴次茅斯理工大学的G.Blunden教授开始了对海藻提取液的研究直到现在。第三个研究团队是20世纪80年代由南非纳塔尔大学van Staden教授建立的，他们专门研究从极大昆布中用细胞破裂法制备的海藻提取液Kelpak海藻肥。另外，开始于20世纪80年代后期，由法国Roscoff研究所的Bernard Kloraeg与法国Goëmar公司合作的研究显示了海藻提取液中含有植物增长的激发因子（Patier，1993）。

目前全球每年用于生产海藻肥的海藻约为550000t（Nayar，2014）。经过半个多世纪的创新发展，海藻肥产品的品种不断增多、质量日益改善，在农业生产中受到人们的重视和青睐，有关海藻肥的生产及研究也逐渐成为热点。目前海藻及其提取物在种植业和养殖业中的应用已得到多个国际组织和政府的认可，欧盟IMO认证、北美OMIR认证和中国有机食品技术规范等资料中明确指出，允许海藻制品作为土壤培肥和改良物质，允许使用于作物病虫害防治中，允许作为畜禽饲料添加剂使用（张驰，2006）。随着海藻及其提取物在农业上的应用研究越来越受到人们的重视，近年来其加工技术和应用水平也得到持续快速提高（秦益民，2022）。至今，海藻提取物应用于农业生产的功效已经被广泛认可，是一种公认的植物生长生物刺激剂（Khan，2009；Craigie，2011）。

第七节　小结

以海洋中大型海藻为原料加工制备的海藻类肥料具有绿色、高效、安全、环保等特点，符合国际绿色生态农业的发展要求，对提升我国农产品的国际竞争力具有重要意义。作为一种天然生物制剂，含有海藻酸的海藻肥可与“植物-土壤”生态系统和谐作用，促进植物自然、健康生长，增加农作物产量、提升农产品品质。当前海藻肥的快速发展推动了我国肥料产业的又一次新技术革命，将打造农业经济中一个新的增长点。

参考文献

[1] Abetz P. Seaweed extracts: have they a place in Australian agriculture or

horticulture?[J]. J Aust Inst Agric Sci，1980，46: 23-29.
[2] BeMiller J N，Kumari G V. beta-Elimination in uronic acids: evidence for an ElcB mechanism[J]. Carbohyd Res，1972，5: 419-428.
[3] Boney A D. Aspects of the biology of the seaweeds of economic importance[J]. Adv Mar Biol，1965，3: 105-253.
[4] Booth E. The manufacture and properties of liquid seaweed extracts[J]. Proc Int Seaweed Symp，1969，6: 655-662.
[5] Chapman V J，Chapman D J. Seaweeds and Their Uses，3rd Ed[M]. London: Chapman and Hall，1980: 334.
[6] Craigie J S. Seaweed extract stimuli in plant science and agriculture[J]. Journal of Applied Phycology，2011，23（3）: 371-393.
[7] Gil-Chavez G J，Villa J A，Ayala-Zavala J F，et al. Technologies for extraction and production of bioactive compounds to be used as nutraceuticals and food ingredients: an overview[J]. Comp Rev Food Sci Food Safe，2013，12: 5-23.
[8] Haug A，Larsen B，Smidsrod O. Alkaline degradation of alginate[J]. Acta Chem Scand，1967，21: 2859-2870.
[9] Henderson J. The Roman Book of Gardening[M]. London: Routledge，2004: 152.
[10] Herve R A，Rouillier D L. Method and apparatus for communiting（sic）marine algae and the resulting product[P]. US Patent 4023734，1977.
[11] Hien N Q，Nagasawa N，Tham L X，et al. Growth-promotion of plants with depolymerized alginates by irradiation[J]. Radiat Phys Chem，2000，59: 97-101.
[12] Hu X K，Jiang X L，Hwang H M，et al. Promotive effects of alginate-derived oligosaccharide on maize seed germination[J]. J Appl Phycol，2004，16: 73-76.
[13] Iwamoto Y，Araki R，Iriyama K I，et al. Purification and characterization of biofunctional alginate lyase from *Alteromonas* sp. Strain no. 272 and its action on saturate oligomeric substrates[J]. Biosci Biotechnol Biochem，2001，65: 133-142.
[14] Iwasaki K，Matsubara Y. Purification of alginate oligosaccharides with root growth-promoting activity toward lettuce[J]. Biosci Biotechnol Biochem，2000，64: 1067-1070.
[15] Khan W，Rayirath U P，Subramanian S，et al. Seaweed extracts as biostimulants of plant growth and development[J]. J Plant Growth Regul，2009，28: 386-399.
[16] Kume T，Nagasawa N，Yoshii F. Utilization of carbohydrates by radiation processing[J]. Radiat Phys Chem，2002，63: 625-627.
[17] Lembi C，Waaland J R. Algae and Human Affairs[M]. New York: Cambridge

University Press，1988: 590.

[18] Luan L Q，Nagasawa N，Ha V T T，et al. Enhancement of plant growth stimulation activity of irradiated alginate by fractionation[J]. Radiation Physics and Chemistry，2009，78: 796-799.

[19] McHugh D J. Production and utilization of products from commercial seaweeds[R]. FAO Fisheries Tech Paper 288，1987.

[20] Milton R F. Liquid seaweed as a fertilizer[J]. Proc Int Seaweed Symp，1964，4: 428-431.

[21] Milton R F. Improvements in or relating to horticultural and agricultural fertilizers[P]. British Patent 664，989，1952.

[22] Nagasawa N，Mitomo H，Yoshii F，et al. Radiation-induced degradation of sodium alginate[J]. Polym Degrad Stab，2000，69: 279-285.

[23] Nayar S，Bott K. Current status of global cultivated seaweed production and markets[J]. World Aquac，2014，45: 32-37.

[24] Newton L. Seaweed Utilization[M]. London: Sampson Low，1951: 188.

[25] Niemela K，Sjostrom E. Alkaline degradation of alginates to carboxylic acids[J]. Carbohydr Res，1985，144: 241-249.

[26] Papenfus H B，Stirk W A，Finnie J F，et al. Seasonal variation in the polyamines of *Ecklonia maxima*[J]. Bot Mar，2012，55: 539-546.

[27] Patier P，Yvin J C，Kloareg B，et al. Seaweed liquid fertilizer from *Ascophyllum nodosum* contains elicitors of plant D-glycanases[J]. J Appl Phycol，1993，5: 343-349.

[28] Penkala L. Method of treating seaweed[P]. British Patent 27，257，1912.

[29] Pereira L，Bahcevandziev K，Joshi N H. Seaweeds as Plant Fertilizer, Agricultural Biostimulants and Animal Fodder[M]. Boca Raton: CRC Press, 2020.

[30] Ruperez P. Mineral content of edible marine seaweeds[J]. Food Chem，2002，79: 23-26.

[31] Sanchez-Machado D I，Lopez-Hernandez J，Paseiro-Losada P. High-performance liquid chromatographic determination of α-tocopherol in macroalgae[J]. J Chromatogr A，2002，976: 277-284.

[32] Santoyo S，Plaza M，Jaime L，et al. Pressurized liquids as an alternative green process to extract antiviral agents from the edible seaweed *Himanthalia elongate*[J]. J Appl Phycol，2011，23: 909-917.

[33] Senn T L，Kingman A R. Seaweed Research in Crop Production 1958-1978. Report No. PB290101，National Information Service，United States Department of Commerce，Springfield，VA 22161，1978：161.

[34] Stephenson W A. Seaweed in Agriculture & Horticulture，3rd Edition[M]. Pauma Valley: B and G Rateaver，1974: 241.

[35] Stirk W A, van Staden J. Comparison of cytokinin- and auxin-like activity in some commercially used seaweed extracts[J]. J Appl Phycol, 1996, 8: 503-508.
[36] Xing M, Cao Q, Wang Y, et al. Advances in research on the bioactivity of alginate oligosaccharides[J]. Mar Drugs, 2020, 18 (3), 144-154.
[37] Xu X, Iwamoto Y, Kitamura Y, et al. Root growth-promoting activity of unsaturated oligomeric uronates from alginate on carrot and rice plants[J]. Biosci Biotechnol Biochem, 2003, 67: 2022-2025.
[38] Yun-hong Z, Li-shu W U, Ming-jian G, et al. Effects of several oligosaccharides on the yield and quality of *Brassica chinensis*[J]. J Huazhong Agric Univ, 2009, 28: 164-168.
[39] Zhang Y H, Yin H, Zhao X M, et al. The promoting effects of alginate oligosaccharides on root development in *Oryza sativa* L. mediated by auxin signaling[J]. Carbohydr Polym, 2014, 113: 446-454.
[40] 张运红，孙克刚，和爱玲，等. 新型海藻水稻专用叶面肥对不同品种水稻的增产效应 [J]. 磷肥与复肥，2016，31 (1)：46-48.
[41] 杨钊，周星彤，于甜甜，等. 海藻酸钠中糖醛酸含量测定方法的研究 [J]. 中国卫生检验杂志，2018，28 (9)：1049-1050.
[42] 王泽文，冷凯良，邢丽红，等. 褐藻酸钠的分光光度法测试技术 [J]. 食品与发酵工业，2009，35 (5)：149-152.
[43] 叶颖，耿银银，沈宏. 海藻肥中海藻酸测定方法的比较[J]. 磷肥与复肥，2019，34 (12)：30-32.
[44] 范晓，朱耀燧. 多效植物肥-海藻提取物[J]. 海洋科学，1987，(5)：59-62.
[45] 张驰. 用海藻制品提升农产品国际竞争力[J]. 中国农资，2006，12：12-15.
[46] 杨芳，戴津权，梁春蝉，等. 农用海藻及海藻肥发展现状[J]. 福建农业科技，2014，(3)：72-76.
[47] 秦益民. 功能性海藻肥[M]. 北京：中国轻工业出版社，2018.
[48] 秦益民. 海洋源生物刺激剂[M]. 北京：中国轻工业出版社，2022.

第十五章　海藻酸盐的其他应用

第一节　引言

海藻酸盐是来源于海洋中褐藻的一种天然高分子材料，具有独特的理化特性和生物相容性、生物可降解性、亲水性等优异性能，在与先进的提取、分离、纯化、材料加工技术结合后可以为许多应用领域提供绿色、健康、可持续发展的新材料。

第二节　海藻酸盐在黏结剂中的应用

一、电焊条涂层

电焊的基本原理是电焊条和工件接通不同的电极后把它们放在一起碰线，其间空气被击穿产生电弧的温度可达摄氏4000℃，能把工件表面瞬间熔化后黏合两块工件。电焊条的制造工艺是把组成药皮的各种矿石、金属及有机物等粉末和黏结剂一起捏合，然后把制得的湿润材料涂在低碳钢或合金焊条上，以获得所需的涂压性能及药皮的表面张力、弹力、平滑度等。

在电焊条生产中，海藻酸钠可作为有机或无机焊条药皮的增塑剂和湿态黏结剂。焊条药皮材料与海藻酸钠混合后可黏合被负药皮，并湿润药皮材料，使其在挤压过程中有足够的塑性。由于电焊条中常用的水玻璃的黏结力和润湿性能不好，加入海藻酸钠后，可使湿态强度得到提高，同时增强了外皮的塑性和光滑性。焊条挤压成型中可保证外皮不会变形和破裂，保证外皮和焊芯有最大的同心度。一般的焊条外皮材料中需要有2%~30%的有机物质，如纤维素材料等，但这些有机物质在焊接中会造成燃烧和飞溅。海藻酸盐在焊接时能立即灰化，使电焊过程中的飞溅减少，起到稳定电弧的作用。海藻酸盐在有机焊条、碱性焊条以及酸性焊条中均可应用。在碱性焊条中，海藻酸盐的用量可达 0.4%~1.2%，酸性焊条中的用量为 0.15%~0.25%。

二、铸造黏结剂

海藻酸钠水溶液具有良好的黏结性，可用于铸造砂型黏结剂。日本在 20 世纪 70 年代初已经推广海藻酸钠在铸造行业的应用，我国在这方面的研究较晚，黄海海藻工业公司（青岛明月海藻集团前身）在 20 世纪 80 年代初开始研制铸造用海藻酸钠并在淄博铸钢厂使用，取得良好效果。实际应用中，水玻璃砂或合脂油砂中加入 0.8%~1.3% 的铸造用海藻酸钠有三大好处：一是可以增加砂型的湿强度和降低干燥程度，从而提高砂型的热退让性，将其用于薄壳铸件砂型，可减少壳体破裂、降低铸件废品率；二是由于海藻酸钠在高温下炭化后失去强度，用它做黏结剂的砂型，铸后残留强度低，可大幅度降低清砂劳动强度；三是使用海藻酸钠做黏结剂可代替部分合脂油和水玻璃，砂型的成本有所降低。

三、陶瓷和搪瓷黏结剂

海藻酸钠在低浓度时即具有很高的黏度，使用少量的海藻酸钠可使瓷釉中的不可溶成分较长期地悬浮，与瓷釉成分互溶，可防止粉碎性瓷釉成分的成团，并缩短研磨时间。同时也可控制干燥时间、降低炉温，并相应减少斑点等缺陷，大大改进陶瓷加工工艺、提高产品质量。

第三节　海藻酸盐在废水处理中的应用

海藻酸钠溶解在水中后，其分子结构中的—COONa 在水中离子化，形成带负电的—COO^-。另一种天然高分子材料壳聚糖可以溶解在稀酸水溶液中，溶解后其分子结构中的—NH_2 在酸性条件下离子化，成为带正电的—NH_3^+。在中国专利 ZL200410053318.2 公开的联合使用壳聚糖和海藻酸钠处理废水的方法中（秦益民，2007），含染料的废水首先被分成两部分，一份中加入海藻酸钠溶液，另一份中加入壳聚糖溶液。当含有海藻酸钠和壳聚糖的溶液混合时，带正电的壳聚糖和带负电的海藻酸钠形成沉淀，在吸附染料后壳聚糖和海藻酸钠的沉淀物与废水分离，起到对废水的脱色净化作用（秦益民，2005）。图 15-1 为联合使用壳聚糖和海藻酸钠处理含染料废水实验。

合并两个溶液

图 15-1　联合使用壳聚糖和海藻酸钠处理含染料废水实验

Merakchi 等用 Ca^{2+} 和环氧氯丙烷作为交联剂分别制备了两种海藻酸盐珠子后研究了其对染料的吸附性能。在甲基紫染料的测试模型中，环氧氯丙烷交联的珠子显示出更好的吸附性能（Merakchi，2019）。Tao 等用 Co^{2+}、Fe^{3+} 和 Cu^{2+} 与海藻酸钠进行离子交换后得到凝胶状的电极用于去除有机染料，结果显示这种独特的电极可以有效去除废水中的染料（Tao，2019）。

海藻酸钠可与重金属离子结合后形成不溶于水的沉淀物，可以直接用于吸附水中的重金属离子。与此同时，随着固定化技术在废水处理中受到重视，海藻酸钠作为一种优良的固定化载体在废水处理中展现出巨大的应用潜力（林永波，2007；Zhang，2019；Iglesias，2020）。图 15-2 显示海藻酸钠水溶液加入含铜离子水溶液后产生的凝胶状沉淀物。由于海藻酸钠与二价或多价金属离子结合后很快形成不溶于水的盐，其吸附金属离子的速度快、效率高。Qin 等的研究结果显示，对于含铜离子的水溶液，在吸附的初始阶段，溶液中铜离子的去除率 1min 时就达到 60.7%，10min 时达最大值 76%，海藻酸钠对铜离子的吸附负载量也达最大值 127mg/g。随着吸附时间的增加，溶液中铜离子的去除率不再增加，海藻酸钠对铜离子的吸附负载量还略有下降（Qin，2007）。

图 15-2　海藻酸钠水溶液加入含铜离子水溶液后产生的凝胶状沉淀物

第四节　海藻酸盐在农业生产中的应用

一、杀虫剂

螨虫是危害茶叶质量和产量的主要虫害之一，是茶树栽培上亟待解决的难题。尽管各种杀螨农药不断研制问世，但是在解决螨虫危害的同时，也带来一些问题，如茶叶中的农药残留、茶农的健康等。研究表明，海藻酸钠可用作一种安全的杀螨剂。海藻酸钠水溶液具有一定的黏结性和成膜性，干燥失水后形成柔软、坚韧、不透气的薄膜，能粘沾并窒息螨虫、抑制其与外界的能量交换，达到杀螨的目的。海藻酸钠无毒、无味，可有效解决传统农药的各种弊端，其杀螨效果一般在 70% 左右。海藻酸钠还有植物生长刺激作用，能使茶叶增产 4% 以上。实际应用时，将合适黏度的海藻酸钠配制成 1.25%~2.5% 的水溶液，用喷雾器均匀喷洒在茶树叶的两面即可获得杀螨效果。

二、土壤调理剂

海藻酸钠或海藻酸钙可作土壤调理剂，将其混入土壤能降低土壤中水分的蒸发，有利于植物生长。将海藻酸盐喷到播种的土地上，通过地面上形成膜也能保持水分。

三、抗病毒性

烟叶生产中常因烟草斑纹病毒（TMV）感染而导致减产。有研究发现海藻酸盐有抑制植物病毒感染的效能。在对烟草病毒的试验中，将海藻酸钠、碳酸钠、酪朊、8-喹啉铜、乙二醛、乙二醇、乙醚与温水混合后冲稀 100~300 倍，然后将混合液喷到烟草斑纹病毒感染的叶片上，11d 后，对其阻止率达 68%。单独使用海藻酸钠也可以达到 37% 的阻止率。海藻酸盐对黄瓜斑纹病毒也有抑制作用。

四、农药缓释剂

海藻酸盐可用于农药凝胶微珠缓释剂。在农药微粒外面包一层海藻酸凝胶包衣后，有效成分通过扩散从包衣中缓慢释放，起到长效缓释作用。这种海藻酸凝胶微珠的大小可以由调节成型过程的工艺条件来控制。

五、农药悬浮稳定剂

将 1% 草甘膦与 3% 海藻酸盐混合溶液施于杂草叶片上，每棵杂草只要处理一个叶片，即可控制其生长。在含有 30%~75% 氯酸钠、5%~25% 不溶性有机材料和 0~20% 粉碎矿物质的混合除草剂中，只需加入 0.5%~1.1% 海藻酸盐即可使其稳定。

六、表面活性剂

海藻酸盐作为农药加工的助剂或与农药混用于喷雾可明显增加其黏度，从而增加农药在目标物上的沉积量和附着能力，提高防效、延长残效期，对减少单位面积用药量、减少环境污染有实用价值。实际应用中，海藻酸盐不能与含铜、钙的农药（如波尔多液）合用，否则会形成白色絮状物，导致农药失效。

第五节　海藻酸钠在石油生产中的应用

石油生产中，油井的水力压裂能极大提高油井的产能。压裂液是压裂过程中使用的液体，按其所起的作用可分为前置液、携砂液和后置液三种。按材料的性质可分为水基压裂液、油基压裂液、醇基压裂液，其中水基压裂液最为常用，并可以进一步分为稠化水压裂液、水包油压裂液、水冻压裂液胶及泡沫压裂液。

常规的水基冻胶压裂液是向清水中加入稠化剂、添加剂和交联剂配制而成的。海藻酸钠可用于制备水基压裂液，配成 0.5%~5% 的水溶液压入井下地层，使地层断裂。海藻酸钠水溶液不仅具有增稠、携砂、降低压裂液流失的作用，还有缓阻作用，能使压力的传递损失下降。

我国油田用化学品主要是聚丙烯酰胺、羧甲基纤维素、变性淀粉等，造成打井成本高、出油率低。海藻酸钠在增黏、增稠、抗盐、抗污染能力等方面远比其他聚合物强，尤其在海洋、海滩、高压卤水层和永冻土层钻井中用于泥浆处理、完井液和三次采油等方面效果显著，对加快钻井速度、防止油井坍塌、保护油气田、防止井喷和大幅度提高采油率等方面都有明显的作用。

第六节 海藻酸盐在造纸工业中的应用

现代造纸技术中，表面施胶是改善纸页性能的主要形式。表面施胶又称为表面改性或表面增强，能改善纸张的印刷性能和表面性能，赋予纸张一定的抗液性（许夕峰，2007；李建文，2007；秋增昌，2005）。近年来，表面施胶工艺有很大发展，其主要因素有以下几点。

一、纸张品质的不断提高

一些高档品种必须经过一定的表面处理才能达到品质要求。

二、涂布加工纸产量的增加

在纸张涂布前进行表面施胶，可有效阻止涂料向纸页内的渗透。

三、环保问题及纸机湿端的清洁需要

将部分化学品由湿端转移到表面添加从而使纸机系统愈加清洁，这对于大型纸机的生产过程控制及成本节约尤为重要。由于表面施胶中化学品的留着接近 100%，化学品表面添加可降低纸机白水的化学需氧量。

四、纸张表面处理设备的发展

膜转移施胶压榨可用于高速纸机，使纸张表面处理趋势愈加明显。

海藻酸钠具有优良的水溶性及成膜性，采用海藻酸钠进行表面施胶可在纸张表面形成一层连续、完整、柔韧的薄膜，不仅提高纸张表面拉毛强度，而且使纸张表面获得很好的油墨吸收性，印刷图像也更加光泽亮丽。它可以消除干燥造成的纸张内部应变，防止纸或纸板翘曲形变和消除套印时的尺寸误差。作为一种天然高分子，海藻酸钠对纸进行表面施胶可降低纸厂废水中化学需氧量负荷，其降解性能好，有利于环境保护。

在卷烟纸的生产中，海藻酸钠是一种具有独特应用价值的表面施胶剂，通过其阻燃性能有效改善纸张的燃烧特性。

第七节　海藻酸盐在烟草工业中的应用

一、烟草薄片的制备

制备烟草薄片时，海藻酸盐可用作黏结剂和成膜材料。使用过程中，以适量海藻酸盐作为成膜材料与无机填料和增塑剂、烟草提取物、香料等添加剂充分混合后制成膜，再用钙、铝、铜、锌等处理，经干燥、切丝，即可与烟草混合使用。

以碳酸钙、碎烟末或炭黑作填料，将其分散于海藻酸钠溶液中后将溶液与氯化钙溶液混合，即可得到含有大于10%填料的纤维状海藻酸钙，用造纸法将这种浆状物制成片，切碎后可用作烟草代用品。

二、海藻酸盐在无烟草卷烟中的应用

使用改性的海藻酸代替烟草可以降低卷烟中的烟草含量。这种改性的海藻酸是将海藻酸于100~250℃下进行热降解，其中降解部分不超过总量的90%，一般为50%~75%。这种降解作用可被某些催化剂加速，如强无机酸及其弱碱盐。为了提高烟制品的燃点性，催化剂应采用碱金属化合物。为了改善烟灰质量，最好采用铵盐、碱金属盐或碱土金属盐。添加这种热降解处理的海藻酸盐制成的卷烟，燃吸时口感好、无刺激性烟雾。这种烟制品焦油量低，可与各种增香剂和增味剂配合，适应使用者的各种嗜好，其中的烟碱量也可以随意增减。

三、海藻酸盐在卷烟过滤嘴中的应用

用含有海藻酸钠和活性炭粉末混合物的溶液浸渍卷烟过滤嘴材料后用多价金属盐或酸处理，使之形成凝胶，得到的产品是一种具有高烟流速和高过滤效率的活性炭卷烟过滤嘴材料。将100g聚氨基甲酸乙酯泡沫浸泡在含有海藻酸钠30g、活性炭粉末70g、水1600g的溶液中15min后在3%氯化钙溶液中浸15min，洗涤后脱水，于40~50℃下干燥，即可制成卷烟过滤嘴。这种过滤嘴可除去92%烟碱和焦油。

四、海藻酸盐在卷烟纸中的应用

海藻酸是一种高分子羧酸，其钠盐和钙盐中含有的金属离子约占其质量的10%。这个结构特征赋予海藻酸盐优良的阻燃性能。在卷烟纸上施上一层海藻酸钠可以提高其阻燃性能，使其在与明火接触时燃烧缓慢，使烟灰有更好的抱合力。

第八节　基于海藻酸盐的功能材料

一、薄膜

1. 半透膜

用乙酰化的海藻酸可以制备反渗透海水淡化用半透膜。将海藻酸用无水乙酸乙酰化至33%，然后溶于含1.1%氯化锌的87%丙酮水溶液中形成浓度为22%的水溶液。将此涂布成0.22mm的薄膜，膜以多孔板支持，于10.3mPa压力下使3.5%的食盐水通过脱盐，得到0.13%的盐水，透水率为53mL/（cm^2·d）。

2. 电池隔极层

海藻酸的两价金属盐凝胶可以代替干电池两极间的淀粉糊使用。有实验用涂有海藻胶薄膜的纸板层代替淀粉电糊，得到良好效果。

3. 抗腐蚀膜

金属薄片上涂敷一层海藻胶薄膜可以起抗腐蚀作用。例如铝板经脱脂后，放于20%硫酸阳极电镀半小时，水洗、干燥、放于含1%海藻酸钠和0.05%$NaSiF_6$的溶液中处理，冲洗、干燥，经处理后的铝板表面光滑，有油感、有良好的耐腐蚀性能。

4. 涂料、树脂

海藻酸盐也可应用于水溶性涂料、树脂的生产，具有良好的成膜性能。在浓度为2%~5%的海藻酸钠水溶液中加入苯酚-甲醛树脂（溶于50%的四氢苯中），混合、乳化、加水后即可制成水溶性涂料。

海藻酸在催化剂存在下可与多种苯酚类化合物发生缩合反应，然后再与甲醛或甲醛的聚合物进一步缩合，得到的产品可用作涂料、成型料或薄片树脂。海藻酸钠与二氧化钛颜料配成悬浮液后可作水溶性涂料。

二、高吸水性材料

高吸水性材料的吸液量大、保水性强，在日常生活、医疗卫生、化工、轻工、建筑、农业等部门得到广泛应用。高吸水性材料可以由多种高分子材料加工制成，其中合成高分子树脂对纯水具有很高的吸水倍率，但对含盐水溶液的吸液率低，其抗盐性能差。海藻酸钠是一种具有很强亲水性的天然高分子材料，在与丙烯酸接枝交联后可以制备耐盐性高的吸水树脂。下面介绍一种用丙烯酸接枝海藻酸钠制备耐盐性高吸水材料的工艺。

在三口烧瓶中加入30mL丙烯酸、12mL质量分数为50%的氢氧化钾水溶液，以及质量浓度为50g/L的海藻酸钠水溶液。室温下搅拌均匀后加入无水碳酸钠，搅拌后得到待聚合液。将上述待聚合液转入抗黏容器中，于室温下加入引发剂过硫酸钾水溶液，搅拌均匀后置于70℃烘箱中反应3h，得到干燥的块状产物。经粉碎过筛，得到粒径为0.18~0.71mm的白色或淡黄色颗粒状样品。这样制得的吸水剂在室温下30min吸蒸馏水和0.9%氯化钠水溶液的量分别为1000g/g和85g/g，且具有良好的凝胶强度。

将海藻酸钠和明胶共混后可以制备高吸水性的薄膜。制备过程中，海藻酸钠溶于蒸馏水中，过滤后得到浓度为4%的水溶液。明胶溶于50℃的蒸馏水中，过滤后得到浓度为4%的水溶液。将上述两种溶液按一定比例于50℃热水浴中充分搅拌混合后减压脱泡，然后用两段系铜丝的平直玻璃管在洁净的玻璃板上刮膜，其厚度为0.3mm，再将膜置于浓度为5%的氯化钙水溶液中凝固30min，水洗后放于浓度为1%的盐酸水溶液中浸泡20min，得到透明共混膜。取下膜，用蒸馏水洗涤、晾干，共混膜的吸水率可以达到16g/g。

三、纳米材料

海藻酸盐可以通过乳化、喷雾、静电纺丝等方法制备纳米尺度的功能材料，在医疗、卫生、环境、电子等很多领域有重要的应用（Paques，2014；Choukaife，2020；Uyen，2020）。乳化技术的工艺简单、成本低，可以通过乳化形成液滴的凝胶化制备纳米微球（Uyen，2020；Fang，2020）。叠层技术也是制备海藻酸盐纳米材料的有效方法（Wang，2014；Ribeiro，2018；Wang，2018；Wang，2019；Pan，2016；Gao，2018；Tavassoli-Kafrani，2016；Bilbao-Sainz，2018），其中带负电荷的海藻酸盐在与其他带正电荷的物质通过层与层之间的静电作用形成聚电解质复合材料。此外，基于海藻酸盐的纳米聚集体（Yu，2009；Sarmento，2007；Sonavane，2007；Sarmento，2006；Aynie，1999；Yu，2008；Chang，2012）和纳米胶囊（Lertsutthiwong，2008；Lertsutthiwong，2009；Belbekhouche，2019）可以通过络合技术在适当的介质中制备，其中纳米聚集体是由海藻酸盐水溶液制备的，而纳米胶囊是在海藻酸盐的油-水液滴的界面上合成的。海藻酸盐的微纳米颗粒也可以通过喷雾干燥技术获得（Strobel，2016；Mishra，2021），其中包括四个步骤：

（1）海藻酸盐水溶液与其中含有的活性成分被乳化。

（2）用喷嘴将溶液雾化成液滴。

（3）用加热气体将液滴干燥成微球。

（4）收集干燥的微球。

普通的喷雾干燥技术不能很好控制颗粒大小，但是电喷雾技术可以有效制备颗粒直径均匀的海藻酸盐纳米颗粒（Rutkowski，2018；Chen，2021）。除了颗粒均匀性好，细胞、蛋白质、核酸等生物活性物质也可以很容易用电喷雾技术在海藻酸盐中包埋。在制备过程中，首先用泵将海藻酸盐水溶液推过针头，随后在针头上施加高压，针头尖端的液滴转化成细小的纳米微喷剂在收集器上形成纳米微粒子，其颗粒直径可以通过多个参数调节，包括流量、针的大小、电压以及针与收集器之间的距离等，料液浓度、交联剂、表面活性剂等也会影响颗粒的大小。

与电喷雾技术相似，静电纺丝技术在制备海藻酸盐纳米纤维方面得到广泛关注（Haider，2018；Dodero，2020；Dodero，2021）。与电喷雾技术相似，该工艺需要注射泵、高压电源和收集器，其中收集器与针头相隔一定的距离使溶剂挥发后形成干燥的纳米纤维。电喷雾和静电纺丝之间的不同之处在于海藻酸盐溶液的浓度，静电纺丝需要高浓度的海藻酸盐溶液才能获得稳定的射流以制备连续的纳米纤维材料，其中纳米纤维的形态可以通过各种参数调节，包括针头直径、流速、针头与电极之间的距离、外加电压和溶剂的挥发性等。与乳化法和络合法相比，静电纺丝、电喷雾、喷雾干燥等基于喷嘴的制备方法可以降低颗粒的多分散性指数、提高封装效率。

1. 基于海藻酸盐的纳米微球

纳米微球可以通过叠层技术利用单分子层电解质之间的静电相互作用获得具有多层结构的球状材料（Richardson，2016）。由于羧酸盐阴离子的存在，海藻酸盐可以作为带负电荷的物种，喷雾后通过浸泡带正电荷的聚电解质后形成微球，在生物医用材料（Wang，2014；Ribeiro，2018）、环保阻燃（Wang，2019；Wang，2018；Pan，2016）以及食品行业（Tavassoli-Kafrani，2016；Bilbao-Sainz，2018；Dehghani，2018）等有重要的应用价值。

2. 基于海藻酸盐的纳米聚集体

纳米聚集体可以通过海藻酸钠与 Ca^{2+} 等交联剂的络合制备，也可以通过海藻酸钠与聚赖氨酸（Yu，2009）、壳聚糖（Sarmento，2007）、Eudragit E100（Sonavane，2007）等带正电荷的聚电解质的电相互作用获得。纳米聚集物是纳米大小的胶体系统，其中含有胰岛素、寡核苷酸等活性成分（Sarmento，2006；Aynie，1999），也可用于负载抗肿瘤药物（Yu，2008）。Chang 等报道了通过两亲性硫代海藻酸盐自组装制备纳米聚集体用于炎症性肠病部位特异性药物的递送（Chang，2012）。

3. 基于海藻酸盐的纳米胶囊

纳米胶囊通常是一种囊泡系统，在液体核中含有活性成分，在核的周围有一层海藻酸盐膜。把活性物质溶解在有机液体后缓慢添加到添加了表面活性剂的海藻酸盐水溶液中即可制备海藻酸盐纳米胶囊，其中活性物质保留在核心中（Lertsutthiwong，2008；Lertsutthiwong，2009；Belbekhouche，2019）。

4. 基于海藻酸盐的纳米颗粒

纳米颗粒可以通过超声和乳化技术使海藻酸盐溶液形成乳化液滴后制备（Liu，2003；Song，2003；Tachaprutinun，2013；You，2005）。Paques 等（Paques，2014）用乳化海藻酸钠溶液与 $CaCO_3$ 和葡萄糖酸内酯混合后在油相中控制纳米颗粒的形成，通过葡萄糖酸内酯水解生成葡萄糖酸使 $CaCO_3$ 释放 Ca^{2+} 交联海藻酸形成凝胶。Meng 等报道了海藻酸 - 接枝聚乙二醇和 α- 环糊精在水溶液中自组装制备直径为 487~974nm 的空心纳米球的方法，其中海藻酸盐主链上的聚乙二醇寡聚物与 α- 环糊精形成包合物。这些包合物形成刚性块，而海藻酸分子链为线圈块，可以形成空心纳米球（Meng，2011）。

5. 基于海藻酸盐的磁性纳米颗粒

在海藻酸盐中负载 Fe_3O_4、Fe_2O_3、$MnFe_2O_4$、$SrFe_{12}O_{19}$、Fe-C 等磁性物质后可以制备海藻酸盐的磁性纳米粒子（Sreeram，2009；Choi，2013）。Konwar 等以尿素和 $FeCl_3$ 为原料，用氧化还原法制备了具有铁磁性的海藻酸钠 / 氧化铁纳米颗粒，其中海藻酸钠具有稳定剂和还原剂的双重作用，海藻酸分子中的羧酸和羟基为 Fe^{3+} 提供配位后形成络合物（Konwar，2015）。Talbot 等将分散在水中的磁铁矿氧化后得到铁氧体的胶体分散体，然后加入海藻酸钠溶液，得到的磁性纳米复合材料（Talbot，2018），可通过电磁诱导药物的释放过程（Liu，2019），也可用于磁热疗法（Cazares-Cortes，2019），在化学光热疗法（Zhang，2017）、化学光动力疗法（Yang，2017）、放化疗法（Feng，2016）以及免疫光热疗法（Mei，2019）等领域有重要的应用价值。这些两种或两种以上的多模式协同治疗已经应用于临床肿瘤治疗。例如 Mirrahimi 等开发的热、化疗、放疗三联疗法用海藻酸盐水凝胶负载顺铂和金纳米粒子，其中海藻酸盐被用作金纳米粒子和顺铂的聚合网络，而金纳米粒子被用于激光诱导光热治疗（Mirrahimi，2020）。

四、基于海藻酸盐的共混材料

1. 高分子共混的基本原理

高分子材料的共混是获取新的性能的一个有效途径（Paul，1978；Flory，1953），其中共混的热力学原理与低分子材料很相似，混合过程中的自由能可以从以下公式计算：

$$\Delta F_m = \Delta H_m - T\Delta S_m$$

式中 ΔF_m 是混合自由能，ΔH_m 是混合过程中熵的变化，ΔS_m 是焓的变化，T 是温度。为了使两种高分子相容，ΔF_m 必须 <0。由于高分子的分子质量大，混合时熵的变化很小，而且高分子的混合过程一般是吸热的过程，ΔH_m 是正值，因此很难满足热力学相容的条件。绝大多数高分子混合体系是不相容的。

在两种或两种以上高分子材料均匀分布在一起时，可以形成以下几种基本的结构形态：

（1）ΔF_m 小于零时，两种高分子均匀分布在一起，形成相容性的共混高分子材料；

（2）一种高分子以颗粒的形式分布在另一种高分子内；

（3）一种高分子以微纤维形式分布在另一种高分子内；

（4）两种高分子各自形成互相连接的网络结合在一起。

2. 基于海藻酸盐的共混凝胶

水凝胶特别适用于常见的体表创伤，如擦伤、划伤、褥疮等各种皮肤损伤的护理。对于这些伤口，临床上一般用无菌纱布及外用抗生素处理。由于普通纱布易与受损的皮肤组织粘连，换药时常破坏新生的上皮和肉芽组织引起出血，使病人疼痛难忍。用水凝胶敷贴伤口时，不但不粘连伤口、不破坏新生组织，还能杀死各种细菌、避免伤口感染。秦益民将海藻酸锌纤维切成 15mm 长后按照表 15-1 显示的条件制备含锌海藻酸水凝胶。在配制 1 号样品时，称取 1g 海藻酸锌纤维与 50mL 去离子水混合，另外称取 9g 海藻酸钠溶解于 150mL 去离子水，然后把两种溶液混合。由于锌离子从纤维中释放进入溶液使溶液中的海藻酸钠交链形成凝胶。2、3、4 和 5 号样品依次按照表 15-1 显示的配制条件制备，得到不同组分的水凝胶体。实验结果显示这种含有锌离子的纤维状水凝胶具有很好的给湿性能（秦益民，2010）。

表 15-1　不同组分的含锌海藻酸水凝胶的制备条件

样品序号	海藻酸锌纤维分散体		海藻酸钠水溶液	
	纤维质量 /g	水 /mL	海藻酸钠质量 /g	水 /mL
1	1	50	9	150
2	2	50	8	150
3	3	50	7	150
4	4	50	6	150
5	5	50	5	150

Murakami 等以 60 ：20 ：20 质量比的比例制备了海藻酸盐、壳聚糖及岩藻多糖水凝胶，使用在伤口上可以形成一个湿润的愈合环境，与海藻酸钙医用敷料相比可以更快在创面上形成肉芽组织，有效促进伤口愈合（Murakami，2010）。

3. 基于海藻酸盐的共混薄膜

Saarai 等按不同比例把海藻酸钠与明胶混合后制备水凝胶薄膜，用钙离子及戊二醛作为交联剂。在 pH1~11 范围内、温度在 37℃下测试了共混膜的吸湿性。结果显示海藻酸钠与明胶比例为 50/50 时得到的样品的成胶性及强度最好，特别适用于制备医用敷料（Saarai，2013）。Qin 等发明了一种用海藻酸纤维强化的水凝胶体。他们把海藻酸钙纤维分散在海藻酸钠的水溶液中，在干燥的过程中，从纤维上释放出来的钙离子使溶液中的海藻酸钠形成凝胶，而纤维本身则杂乱分散在凝胶中，在干燥后得到的薄膜中起强化作用（Qin，2002）。

4. 基于海藻酸盐的共混海绵

把海藻酸钠与壳聚糖共混可以制备具有很高吸湿性的海绵（秦益民，2004）。海藻酸钠是一种酸性可溶性聚合电解质，在水溶液中电解生成 $R—COO^-$ 后其高分子结构带负电。壳聚糖是一种阳离子型聚合电解质，在水溶液中电离为 $R—NH_3^+$ 后其高分子结构带正电。两者混合后由于正负电相结合可以生成大分子化合物沉淀（Sather，2008）。把海藻酸钠溶液与壳聚糖溶液混合后涂膜，加热干燥后得到吸湿性很好的海藻酸钠和壳聚糖共混薄膜。在共混材料制备过程中添加发泡剂可进一步制备吸湿性能更好的海藻酸钠和壳聚糖共混海绵，其中发泡剂可以是水溶性的表面活性剂，例如吐温 20，或者是溶于水后搅拌下可以起泡的高分子材料，如羟丙基纤维素。

在制备海藻酸钠和壳聚糖共混海绵时，3g 海藻酸钠溶解于 97g 水中形成含 3% 的海藻酸钠水溶液。3g 壳聚糖溶解于 97g 的 0.5% 乙酸水溶液中形成含 3% 的壳聚糖溶液。1g 羟丙基纤维素溶解于 32g 水中形成含 3% 的羟丙基纤维素水溶液。在一个 1000mL 烧杯中把海藻酸钠溶液与壳聚糖溶液混合，充分搅拌后加入羟丙基纤维素溶液，搅拌下使共混溶液充满气泡，然后把泡沫状溶液铺在一个 25cm × 20cm 的平底塑料容器中，40℃下干燥后得到海藻酸钠和壳聚糖共混海绵。表 15-2 显示羟丙基纤维素添加量对海绵吸湿性的影响。

表 15-2　羟丙基纤维素添加量对海藻酸钠和壳聚糖共混海绵吸湿性的影响

样品序号	1	2	3	4	5
3% 壳聚糖溶液用量 /g	100	100	100	100	100
3% 海藻酸钠溶液用量 /g	100	100	100	100	100
羟丙基纤维素含量 /g	0	0.5	1.0	1.5	2
吸湿性能 /（g/g）	11.50	14.52	17.83	16.90	16.81

Han 等（Han，2010）以及 Li 等（Li，2005）通过冷冻干燥制备了海藻酸钠与壳聚糖多孔海绵后用于组织工程。由于海藻酸钠和壳聚糖均为具有优良生物活性的生物可降解材料，二者的共混产物同样具有很好的生物相容性和生物可降解性。

5. 基于海藻酸盐的共混纤维

高分子的共混纺丝与单一高分子的纺丝过程基本相同，其中两种高分子材料可以在纺丝过程中的不同阶段混合。利用共混纺丝技术，英国 Advanced Medical Solutions 公司在 20 世纪 90 年代中后期开发出了一系列功能性海藻酸盐纤维和医用敷料。该公司在 1995 年发明了一种由海藻酸钠和羧甲基纤维素钠共混后制备的共混纤维（Qin，2000），通过加入吸水性能很好的羧甲基纤维素钠使共混纤维具有很高的吸湿和成胶性能，至今已在国际医用敷料市场得到广泛应用。海藻酸钠和羧甲基纤维素钠均为水溶性高分子，有很相似的化学结构，在纺丝溶液中可以按任何比例混合。研究结果显示，海藻酸钙 / 羧甲基纤维素钠共混纤维制备的医用敷料的吸湿性高达 19.8g/g，而用同类海藻酸加工的海藻酸钙医用敷料的吸湿性为 14.9g/g（Qin，2006）。图 15-3 显示海藻酸 / 羧甲基纤维素钠共混纤维的结构示意图。

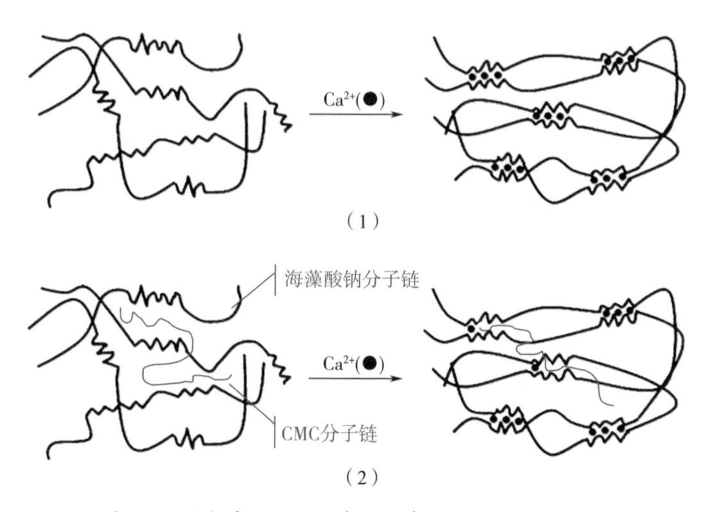

图 15-3 海藻酸 / 羧甲基纤维素钠共混纤维的结构
（1）海藻酸钠与钙离子结合形成蛋盒状凝胶结构
（2）羧甲基纤维素钠与海藻酸钙共混后形成的互穿网状结构

通过共混纺丝也可以在海藻酸盐纤维中加入抗菌材料。Qin 等发明了一种把海藻酸钠与含银磷酸锆钠化合物共混纺丝的生产方法（Qin，2005）。由于磷酸锆钠把银离子包含在颗粒的内部避免了银离子与载体纤维材料的接触，这样得到的纤维具有银离子的抗菌性，同时保持了纤维的白色外观（Qin，2005）。图 15-4 显示含磷酸锆钠盐颗粒的海藻酸盐纤维的表面结构。

He 等把氧化石墨烯与海藻酸钠共混后通过湿法纺丝制备含氧化石墨烯的海藻酸盐纤维。结果显示，由于氧化石墨烯在纤维中均匀分散，得到的纤维强度和初始模量均高于纯海藻酸盐纤维，分别从纯海藻酸盐纤维的 0.32 和 1.9GPa 增加到共混纤维（含 40g/L 氧化石墨烯）的 0.62 和 4.3GPa（He，2012）。Sui 等把纳米碳管与海藻酸钠共混后制备纤维，得到的共混纤维对亚甲蓝、甲基橙等染料有很好的吸附性能（Sui，2012）。

图 15-4 含磷酸锆钠盐颗粒的海藻酸盐纤维的表面结构

6. 海藻酸与壳聚糖共混纤维

作为线形高分子，海藻酸钠和壳聚糖均可通过湿法纺丝制备纤维。由于二者在溶液中互相沉淀，在制备海藻酸和壳聚糖共混纤维的过程中很难使两种高分子溶解在同一纺丝溶液中。海藻酸与壳聚糖聚电解质复合纤维可以通过正负电荷结合的方式，在一种高分子的表面形成一层另一种高分子的薄膜（Wan，2004）。Tamura 等在制备海藻酸钙纤维的凝固浴中加入壳聚糖，得到表面含有壳聚糖的海藻酸钙纤维（Tamura，2002）。Knill 等将海藻酸钠水溶液通过喷丝孔挤入含二价金属离子的凝固浴中形成纤维后，把纤维通过一个含壳聚糖或降解壳聚糖的凝固浴，形成壳聚糖包覆的海藻酸钙纤维。试验结果表明，低分子质量壳聚糖能更好渗入海藻酸钙纤维内部，提高海藻酸钙纤维的弹性和抗菌性，并提高纤维的抗菌持久性（Knill，2004）。Miraftab 等采用类似方法制备了海藻酸和壳聚糖共混纤维。结果显示，水解后得到的低分子质量壳聚糖能更好地与海藻酸钙结合，形成具有抗菌性能的海藻酸与壳聚糖复合纤维（Miraftab，2008）。

Chang 等把静电纺丝得到的海藻酸盐纤维用壳聚糖溶液处理后得到皮芯型的海藻酸与壳聚糖共混纤维，其平均直径为 600~900nm，在用生理盐水浸泡后发现皮芯型纤维比普通海藻酸盐纤维有更好的稳定性（Chang，2012）。Shao 等把海藻酸钠水溶液挤入氯化钙水溶液中形成纤维后，把纤维放入壳聚糖水溶液中，在海藻酸钙纤维表面涂上一层壳聚糖后再用冷冻干燥得到多孔纤维，用于组织工程支架（Shao，2007）。Majima 等的研究结果显示，与纯海藻酸钙纤维相比，海藻酸和壳聚糖复合纤维与成纤细胞有更好的结合力，适用于组织工程支架材料（Majima，2005）。

为了克服海藻酸和壳聚糖由于正负电荷相结合而难以溶解在同一个溶液中的问题，Watthanaphanit 等把壳聚糖通过超细粉碎得到纳米状晶须后分散在海藻酸钠纺丝溶液中，制备了含 0.5~20g/L 壳聚糖的海藻酸 / 壳聚糖复合纤维，该纤维有很好的抗菌性能（Watthanaphanit，2010）。在另一项研究中，Watthanaphanit 等将壳聚糖溶液分散在有机溶液中形成乳液后加入海藻酸钠水溶液，然后通过湿法纺丝得到含有壳聚糖微小颗粒的海藻酸钙纤维（Watthanaphanit，2009）。

把壳聚糖通过化学改性制成水溶性衍生物可实现其与海藻酸钠的均匀共混。壳聚糖分子结构中含有—OH、—NH_2 等活性基团，在与氯乙酸钠、环氧乙烷、环氧丙烷等化合物反应后可以得到水溶性壳聚糖衍生物，与海藻酸钠水溶液混合后可以制备共混纤维。经羧甲基化改性得到的羧甲基壳聚糖是一种带负电的水溶性高分子，与海藻酸钠可以同时溶解在水中形成共混纺丝溶液。Fan 等将浓度分别为 3%~5% 的海藻酸钠与羧甲基壳聚糖溶液共混后制备含 10%~70% 羧甲基壳聚糖的共混纤维（Fan，2006）。樊李红等的研究结果表明，共混体系中的两种组分之间存在较强相互作用，有良好的相容性。当羧甲基壳聚糖含量为 30% 时，共混纤维的干态抗张强度达到最大值 13.8cN/tex。当羧甲基壳聚糖含量为 10% 时，纤维的干态断裂伸长率可达 23.1%（樊李红，2005）。

胡先文等以 $NaOH/CO(NH_2)_2$ 水相溶剂溶解甲壳素后实现其与海藻酸钠的共混，研究了凝固液对海藻酸钠 / 甲壳素共混纤维的影响。结果表明，甲壳素纺丝的适宜凝固液为 10%H_2SO_4、5%Na_2SO_4 和 5%C_2H_5OH 混合液，海藻酸钠 / 甲壳素共混纺丝的适宜凝固液为 5%$CaCl_2$、1%HCl 和 10%C_2H_5OH 混合液。当共混纤维中甲壳素含量为 10% 时，纤维干、湿态抗张强度最大，分别为 11.99cN/tex 和 2.47cN/tex（胡先文，2008）。

秦益民通过耐酸性的海藻酸丙二醇酯（PGA）与壳聚糖溶液的共混首次实现两种海洋源生物高分子在同一个纺丝溶液中的均匀共混，其中海藻酸丙二醇酯是海藻酸与环氧丙烷反应后得到的酯化衍生物，在纤维的成型过程中 PGA 中的酯键与壳聚糖中的氨基反应后形成稳定的酰胺键交联结构（秦益民，2015）。如表 15-3 所示，不同比例的海藻酸丙二醇酯与壳聚糖共混纤维在去离子水和生理盐水中的溶胀率，随着海藻酸丙二醇酯含量的增加溶胀率均有明显提升。

表 15-3　海藻酸丙二醇酯与壳聚糖共混纤维的溶胀率

海藻酸丙二醇酯与壳聚糖比例 /（g/g）	纤维的溶胀率 /（g/g）	
	去离子水中	生理盐水中
0:100	2.91	2.88
5:100	3.45	3.10
10:100	4.57	4.15
20:100	5.78	4.65
30:100	7.65	5.22

7. 海藻酸与壳聚糖复合纤维

海藻酸是由 1-4 键合的 β-D- 甘露糖醛酸和 α-L- 古洛糖醛酸残基组成的线形高分子，其糖醛酸单元具有顺二醇结构，其中的 C—C 键被强氧化剂氧化后生成 2 个醛基，可以与壳聚糖中的氨基反应后使两种高分子形成稳定的共价结合。如图 15-5 所示，氧化海藻酸钠分子中的醛基与裸露在壳聚糖分子链上的氨基发生反应后形成席夫碱，把氧化海藻酸钠溶解在水中与壳聚糖纤维反应后通过席夫碱的形成可以在壳聚糖纤维表面负载一层氧化海藻酸钠。这样得到的海藻酸钠与壳聚糖复合纤维结合了壳聚糖纤维的抗菌性和氧化海藻酸钠的亲水性，是一种性能优良的医用纤维材料（秦益民，2014）。

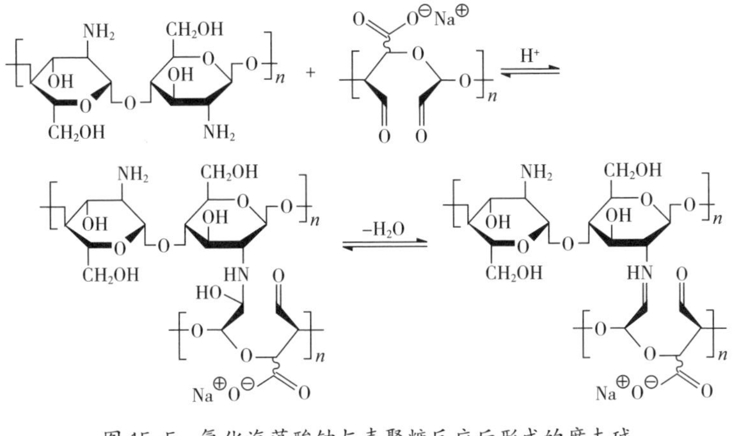

图 15-5　氧化海藻酸钠与壳聚糖反应后形成的席夫碱

第九节 小结

海藻酸是一种具有优良理化性能和生物活性的天然多糖，具有增稠、悬浮、乳化、稳定、凝胶、成纤等特性，在日化、造纸、农业生产、纺织、医疗卫生等众多领域有广泛应用，是一种重要的生物高分子材料。

参考文献

[1] Aynie I, Vauthier C, Chacun H, et al. Spongelike alginate nanoparticles as a new potential system for the delivery of antisense oligonucleotides[J]. Antisense Nucleic Acid Drug Dev, 1999, 9: 301-312.

[2] Belbekhouche S, Charaabi S, Carbonnier B. Glucose-sensitive capsules based on hydrogen-bonded (polyvinylpyrrolidone/phenylboronic-modified alginate) system[J]. Colloids Surf B, 2019, 177: 416-424.

[3] Bilbao-Sainz C, Chiou B S, Punotai K, et al. Layer-by-layer alginate and fungal chitosan based edible coatings applied to fruit bars[J]. J Food Sci, 2018, 83: 1880-1887.

[4] Cazares-Cortes E, Cabana-Montenegro S, Boitard C, et al. Recent insights in magnetic hyperthermia: From the "hot-spot" effect for local delivery to combined magneto-photo-thermia using magneto-plasmonic hybrids[J]. Adv Drug Deliv Rev, 2019, 138: 233-246.

[5] Chang J J, Lee Y H, Wu M H, et al. Preparation of electrospun alginate fibers with chitosan sheath[J]. Carbohydrate Polymers, 2012, 87: 2357-2361.

[6] Chang D, Lei J, Cui H, et al. Disulfide cross-linked nanospheres from sodium alginate derivative for inflammatory bowel disease: preparation, characterization, and in vitro drug release behavior[J]. Carbohydr Polym, 2012, 88: 663-668.

[7] Chen C, Wang Y, Zhang D, et al. Natural polysaccharide based complex drug delivery system from microfluidic electrospray for wound healing[J]. Appl Mater Today, 2021, 23: 101000.

[8] Choi A Y, Kim C T, Park H Y, et al. Pharmacokinetic characteristics of capsaicin-loaded nanoemulsions fabricated with alginate and chitosan[J]. J Agric Food Chem, 2013, 61: 2096-2102.

[9] Choukaife H, Doolaanea A A, Alfatama M. Alginate nanoformulation: Influence of process and selected variables[J]. Pharmaceuticals, 2020, 13: 335-340.

[10] Dehghani S, Hosseini S V, Regenstein J M. Edible films and coatings in seafood preservation: a review[J]. Food Chem, 2018, 240: 505-513.

[11] Dodero A, Alloisio M, Vicini S, et al. Preparation of composite alginate-based electrospun membranes loaded with ZnO nanoparticles[J]. Carbohydr

Polym，2020，227: 115371-115376.

[12] Dodero A，Donati I，Scarfi S，et al. Effect of sodium alginate molecular structure on electrospun membrane cell adhesion[J]. Mater Sci Eng C，2021，124: 112067-112072.

[13] Fan L，Du Y，Zhang B，et al. Preparation and properties of alginate/carboxymethyl chitosan blend fibers[J]. Carbohydrate Polymers，2006，65: 447-452.

[14] Fang X，Zhao X，Yu G，et al. Effect of molecular weight and pH on the self-assembly microstructural and emulsification of amphiphilic sodium alginate colloid particles[J]. Food Hydrocoll，2020，103: 105593-105598.

[15] Feng Q，Zhang Y，Zhang W，et al. Tumor-targeted and multi-stimuli responsive drug delivery system for near-infrared light induced chemo-phototherapy and photoacoustic tomography[J]. Acta Biomater，2016，38: 129-142.

[16] Flory P J. Principles of Polymer Chemistry[M]. New York: Cornell University Press，1953.

[17] Gao S，Zhu Y，Wang J，et al. Layer-by-layer construction of Cu^{2+}/alginate multilayer modified ultrafiltration membrane with bioinspired superwetting property for high-efficient crude-oil-in-water emulsion separation[J]. Adv Funct Mater，2018，28: 1801944.

[18] Haider A，Haider S，Kang I K. A comprehensive review summarizing the effect of electro-spinning parameters and potential applications of nanofibers in biomedical and biotechnology[J]. Arab J Chem，2018，11: 1165-1188.

[19] Han J，Zhou Z，Yin R et al. Alginate-chitosan/hydroxyapatite polyelectrolyte complex porous scaffolds: Preparation and characterization[J]. International Journal of Biological Macromolecules，2010，46: 199–205.

[20] He Y，Zhang N，Gong Q，et al. Alginate/graphene oxide fibers with enhanced mechanical strength prepared by wet spinning[J]. Carbohydrate Polymers，2012，88: 1100-1108.

[21] Iglesias A M，Cruz J M，Moldes A. Efficient adsorption of lead ions onto alginate-grape marc hybrid beads: optimization and bioadsorption kinetics[J]. Environ Model Assess，2020，25: 677-687.

[22] Knill C J，Kennedy J F，Mistry J，et al. Alginate fibers modified with unhydrolyzed and hydrolyzed chitosans for wound dressings[J]. Carbohydrate Polymers，2004，55（1）: 65-76.

[23] Konwar A，Gogoi A，Chowdhury D. Magnetic alginate-Fe_3O_4 hydrogel fiber capable of ciprofloxacin hydrochloride adsorption/separation in aqueous solution[J]. RSC Adv，2015，5: 81573-81582.

[24] Lertsutthiwong P，Noomun K，Jongaroonngamsang N，et al. Preparation of alginate nanocapsules containing turmeric oil[J]. Carbohydr Polym，2008，74:

209-214.

[25] Lertsutthiwong P, Rojsitthisak P, Nimmannit U. Preparation of turmeric oil-loaded chitosan-alginate biopolymeric nanocapsules[J]. Mater Sci Eng C, 2009, 29: 856-862.

[26] Li Z, Hassna Ramay R, Hauch K D, et al. Chitosan-alginate hybrid scaffolds for bone tissue engineering[J]. Biomaterials, 2005, 26: 3919-3928.

[27] Liu X D, Bao D C, Xue W M, et al. Preparation of uniform calcium alginate gel beads by membrane emulsification coupled with internal gelation[J]. J Appl Polym Sci, 2003, 87: 848-854.

[28] Liu Y L, Chen D, Shang P, et al. A review of magnet systems for targeted drug delivery[J]. J Control Release, 2019, 302: 90-104.

[29] Majima T, Funakosi T, Iwasaki N et al. Alginate and chitosan polyion complex hybrid fibers for scaffolds in ligament and tendon tissue engineering[J]. J Orthop Sci , 2005, 10: 302–307.

[30] Mei E, Li S, Song J, et al. Self-assembling collagen/alginate hybrid hydrogels for combinatorial photothermal and immuno tumor therapy[J]. Colloids Surf A Physicochem Eng Asp, 2019, 577: 570-575.

[31] Meng X W, Ha W, Cheng C, et al. Hollow nanospheres based on the self-assembly of alginate-graft-poly (ethylene glycol) and α-cyclodextrin[J]. Langmuir, 2011, 27: 14401-14407.

[32] Merakchi A, Bettayeb S, Drouiche N, et al. Cross-linking and modification of sodium alginate biopolymer for dye removal in aqueous solution[J]. Polymer Bulletin, 2019, 76: 3535-3554.

[33] Miraftab M, Kennedy J F, Groocock R, et al. Wound management fibers[P]. US Patent, 2008/0097001 A1, 2008.

[34] Mirrahimi M, Beik J, Mirrahimi M, et al. Triple combination of heat, drug and radiation using alginate hydrogel co-loaded with gold nanoparticles and cisplatin for locally synergistic cancer therapy[J]. Int J Biol Macromol, 2020, 158: 617-626.

[35] Mishra A, Pandey V K, Shankar B S, et al. Spray drying as an efficient route for synthesis of silica nanoparticles-sodium alginate biohybrid drug carrier of doxorubicin[J]. Colloids Surf B, 2021, 197: 111445-111450.

[36] Murakami K, Aoki H, Nakamura S et al. Hydrogel blends of chitin/chitosan, fucoidan and alginate as healing-impaired wound dressings[J]. Biomaterials, 2010, 31: 83-90.

[37] Pan H, Wang W, Shen Q, et al. Fabrication of flame retardant coating on cotton fabric by alternate assembly of exfoliated layered double hydroxides and alginate[J]. RSC Adv, 2016, 6: 111950-111958.

[38] Paques J P, van der Linden E, van Rijn C J M, et al. Preparation methods of

alginate nanoparticles[J]. Adv Colloid Interface Sci，2014，209: 163-170.

[39] Paques J P，Sagis L M C，van Rijn C J M，et al. Nanospheres of alginate prepared through w/o emulsification and internal gelation with nanoparticles of $CaCO_3$[J]. Food Hydrocoll，2014，40: 182-188.

[40] Paul D R，Newman S. Polymer Blend[M]. New York: Academic Press，1978.

[41] Qin Y，Gillding D K. Dehydrated hydrogels[P]. US Patent，6，372，248，2002.

[42] Qin Y，Gilding D K. Fibers of cospun alginates[P]. US Patent，6080420，2000.

[43] Qin Y. The characterization of alginate wound dressings with different fiber and textile structures[J]. Journal of Applied Polymer Science，2006，100（3）: 2516-2520.

[44] Qin Y，Groocock M R. Polysaccharide fibers[P]. US Patent，20050101900，2005-5-12.

[45] Qin Y. Silver containing alginate fibers and dressings[J]. International Wound Journal，2005，2（2）: 172-176.

[46] Qin Y，Cai L，Feng D，et al. Combined use of chitosan and alginate in the treatment of waste water[J]. Journal of Applied Polymer Science，2007，104（6）: 3581-3587.

[47] Ribeiro C，Borges J，Costa A，et al. Preparation of well-dispersed chitosan/alginate hollow multilayered microcapsules for enhanced cellular internalization[J]. Molecules，2018，23: 625-630.

[48] Richardson J J，Cui J，Bjornmalm M，et al. Innovation in layer-by-layer assembly[J]. Chem Rev，2016，116: 14828-14867.

[49] Rutkowski S，Si T，Gai M，et al. Hydrodynamic electrospray ionization jetting of calcium alginate particles: Effect of spray-mode，spraying distance and concentration[J]. RSC Adv，2018，8: 24243-24249.

[50] Saarai A，Kasparkova V，Sedlacek T，et al. On the development and characterization of cross-linked sodium alginate/gelatin hydrogels[J]. Journal of the Mechanical Behavior of Biomedical Materials，2013，18: 152-166.

[51] Sarmento B，Ribeiro A，Veiga F，et al. Alginate/chitosan nanoparticles are effective for oral insulin delivery[J]. Pharm Res，2007，24: 2198-2203.

[52] Sarmento B，Ferreira D，Veiga F，et al. Characterization of insulin-loaded alginate nanoparticles produced by ionotropic pre-gelation through DSC and FTIR studies[J]. Carbohydr Polym，2006，66: 1-8.

[53] Sather H V，Holme H K，Maurstad G et al. Polyelectrolyte complex formation using alginate and chitosan[J]. Carbohydrate Polymers，2008，74: 813-821.

[54] Shao X，Hunter C J. Developing an alginate/chitosan hybrid fiber scaffold for annulus fibrosus cells[J]. J Biomed Mater Res，2007，82A: 701-710.

[55] Sonavane G S，Devarajan P V. Preparation of alginate nanoparticles using Eudragit E100 as a new complexing agent: development，in vitro，and in vivo evaluation[J]. J Biomed Nanotechnol，2007，3: 160-165.
[56] Song S H，Cho Y H，Park J. Microencapsulation of *Lactobacillus casei* YIT 9018 using a microporous glass membrane emulsification system[J]. J Food Sci，2003，68: 195-200.
[57] Sreeram K J，Nidhin M，Nair B U. Synthesis of aligned hematite nanoparticles on chitosan-alginate films[J]. Colloids Surf B，2009，71: 260-267.
[58] Strobel S A，Scher H B，Nitin N，et al. In situ cross-linking of alginate during spray-drying to microencapsulate lipids in powder[J]. Food Hydrocoll，2016，58: 141-149.
[59] Sui K，Li Y，Liu R，et al. Biocomposite fiber of calcium alginate multi-walled carbon nanotubes with enhanced adsorption properties for ionic dyes[J]. Carbohydrate Polymers，2012，90: 399-406.
[60] Tachaprutinun A，Pan-In P，Wanichwecharungruang S. Mucosa-plate for direct evaluation of mucoadhesion of drug carriers[J]. Int J Pharm，2013，441:: 801-806.
[61] Talbot D，Abramson S，Griffete N，et al. pH-sensitive magnetic alginate/ γ-Fe_2O_3 nano-particles for adsorption/desorption of a cationic dye from water[J]. J Water Process Eng，2018，25: 301-308.
[62] Tamura H，Tsuruta Y，Tokura S. Preparation of chitosan-coated alginate filament[J]. Materials Science and Engineering C，2002，20: 143-147.
[63] Tao X，Wu Y，Wu Y，et al. Facile synthesis of metal ion-cross-linked alginate electrode for efficient organic dye removal[J]. Ionics，2019，25: 1929-1941.
[64] Tavassoli-Kafrani E，Shekarchizadeh H，Masoudpour-Behabadi M. Development of edible films and coatings from alginates and carrageenans[J]. Carbohydr Polym，2016，137: 360-374.
[65] Uyen N T T，Hamid Z A A，Tram N X T，et al. Fabrication of alginate microspheres for drug delivery: a review[J]. Int J Biol Macromol，2020，153: 1035-1046.
[66] Wan A C A，Liao I C，Yim E K F，et al. Mechanism of fiber formation by interfacial polyelectrolyte complexation[J]. Macromolecules，2004，37: 7019-7025.
[67] Wang Z，Zhang X，Gu J. Electrodeposition of alginate/chitosan layer-by-layer composite coatings on titanium substrates[J]. Carbohydr Polym，2014，103: 38-45.
[68] Wang J，Li Z，Wang Y，et al. Controllable layer-by-layer assembly based on brucite and alginates with the assistance of spray drying and flame retardancy influenced by gradients of alginates[J]. J Appl Polym Sci，2019，136: 47570-

47575.

[69] Wang Y，Li Z，Li Y，et al. Spray-drying-assisted layer-by-layer assembly of alginate，3-aminopropyltriethoxysilane，and magnesium hydroxide flame retardant and its catalytic graphitization in ethylene–vinyl acetate resin[J]. ACS Appl Mater Interfaces，2018，10: 10490-10500.

[70] Watthanaphanit A，Supaphol P，Tamura H，et al. Wet-spun alginate/chitosan whiskers nanocomposite fibers: preparation，characterization and release characteristic of the whiskers[J]. Carbohydrate Polymers，2010，79: 738-746.

[71] Watthanaphanit A，Supaphol P，Furuike T et al. Novel chitosan-spotted alginate fibers from wet-spinning of alginate solutions containing emulsified chitosan-citrate complex and their characterization[J]. Biomacromolecules，2009，10（2）: 320-327.

[72] Yang H，Chen Y，Chen Z，et al. Chemo-photodynamic combined gene therapy and dual-modal cancer imaging achieved by pH-responsive alginate/chitosan multilayer-modified magnetic mesoporous silica nanocomposites[J]. Biomater Sci，2017，5: 1001-1006.

[73] You J O，Peng C A. Calcium-alginate nanoparticles formed by reverse microemulsionas gene carriers[J]. Macromol Symp，2005，219: 147-153.

[74] Yu C Y，Wei H，Zhang Q，et al. Effect of ions on the aggregation behavior of natural polymer alginate[J]. J Phys Chem B，2009，113: 14839-14843.

[75] Yu C Y，Jia L H，Yin B C，et al. Fabrication of nanospheres and vesicles as drug carriers by self-assembly of alginate[J]. J Phys Chem C，2008，112: 16774-16779.

[76] Zhang C，Shi G，Zhang J，et al. Redox- and light-responsive alginate nanoparticles as effective drug carriers for combinational anticancer therapy[J]. Nanoscale，2017，9: 3304-3314.

[77] Zhang W，Yun M，Yu Z，et al. A novel Cu（II）ion-imprinted alginate-chitosan complex adsorbent for selective separation of Cu（II）from aqueous solution[J]. Polymer Bulletin，2019，76: 1861-1876.

[78] 许夕峰，靳光秀，梁福根，等. 表面施胶剂的发展及其在现代造纸工业中的作用[J]. 纸和造纸，2007，26（5）：1-4.

[79] 李建文，詹怀宇，刘伟华. 表面施胶剂在造纸工业中的应用进展[J]. 纸和造纸，2007，26（2）：59-63.

[80] 秋增昌，王海毅. 采用新型表面施胶剂减少浆内施胶量[J]. 国际造纸，2005，24（2）：57-59.

[81] 樊李红，杜予民，张宝忠，等. 海藻酸盐/壳聚糖衍生物复合抗菌纤维[J]. 功能高分子学报，2005，18（3）：34-38.

[82] 胡先文，杜予民，李国祥，等. 甲壳素/海藻酸钠共混纤维的制备及性能[J]. 武汉大学学报（理学版），2008，54（6）：697-702.

[83] 林永波，邢佳，孙伟光. 海藻酸钠在重金属污染治理方面的研究[J]. 环境科学与管理，2007，32（9）：85-88.
[84] 秦益民. 利用甲壳胺和海藻酸钠处理染整废水[J]. 纺织学报，2005，26（5）：137-139.
[85] 秦益民. 联合使用甲壳胺和海藻酸钠处理废水的方法[P]. 中国专利ZL200410053318. 2，2007.
[86] 秦益民. 一种含锌海藻酸水凝胶医用敷料及其制备方法和应用[P]. 中国发明专利，CN201010039523. 9，2010.
[87] 秦益民. 甲壳胺和海藻酸钠共混材料及制备方法和应用[P]. 中国发明专利，200410053320. X，2004.
[88] 秦益民. 一种氧化海藻酸钠改性的甲壳胺纤维及其制备方法和应用[P]. 中国专利Zl201310127978. X，2014.
[89] 秦益民. 甲壳胺和藻酸丙二醇酯共混材料及其制备方法和应用[P]. 中国专利Zl201210553968. 8，2015.

附录 I　有关海藻酸和海藻酸盐的质量标准和法律法规

序号	标准类别	标准名称	标准编号	发布年份	发布单位
1	中国 / 食品添加剂	食品安全国家标准 食品添加剂 海藻酸钠（又名褐藻酸钠）	GB 1886.243	2016	原中华人民共和国国家卫生和计划生育委员会
2	中国 / 食品添加剂	食品安全国家标准 食品添加剂 海藻酸钾（褐藻酸钾）	GB 29988	2013	
3	中国 / 食品添加剂	食品安全国家标准 食品添加剂 海藻酸丙二醇酯	GB 1886.226	2016	
4	中国 / 食品添加剂	食品添加剂质量规格——公告标准 海藻酸钙	8 号公告	2016	
5	美国 / 食品化学法典	海藻酸（Alginic Acid）、海藻酸钠（Sodium Alginate）、海藻酸钾（Potassium Alginate）、海藻酸钙（Calcium Alginate）、海藻酸铵（Ammonium Alginate）、海藻酸丙二醇酯（Propylene Glycol Alginate）	FCC	2012	美国国家科学院药品研究院下属的食品与营养品委员会负责制订

续表

序号	标准类别	标准名称	标准编号	发布年份	发布单位
6	FAO—JECFA	海藻酸（Alginic Acid）	JECFA	——	FAO-JECFA（联合国粮农组织和世界卫生组织下的食品添加剂联合专家委员会）
7	FAO—JECFA	海藻酸钠（Sodium Alginate）			
8	FAO—JECFA	海藻酸钾（Potassium Alginate）			
9	FAO—JECFA	海藻酸钙（Calcium Alginate）			
10	FAO—JECFA	海藻酸铵（Ammonium Alginate）			
11	FAO—JECFA	海藻酸丙二醇酯（Propylene Glycol Alginate）			
12	日本 / 食品添加物	海藻酸（アルギン酸）	日本食品添加物公定书	2018	日本厚生劳动省
13	日本 / 食品添加物	海藻酸铵（アルギン酸アンモニウム）			
14	日本 / 食品添加物	海藻酸钾（アルギン酸カリウム）			
15	日本 / 食品添加物	海藻酸钙（アルギン酸カルシウム）			
16	日本 / 食品添加物	海藻酸钠（アルギン酸ナトリウム）			
17	日本 / 食品添加物	海藻酸丙二醇酯（アルギン酸プロピレングリコールエステル）			
18	中国 / 药典	海藻酸钠	中国药典（四部）	2020	中华人民共和国国家药典委员会
19	中国 / 药典	海藻酸			
20	中国	组织工程医疗器械产品 海藻酸钠	YY/T 1654	2019	国家食品药品监督管理总局

附录Ⅱ　青岛明月海藻集团有限公司简介

青岛明月海藻集团有限公司（下简称青岛明月海藻集团）位于国家级新区——青岛西海岸新区。公司是一家以大型褐藻为原料提取海藻生物制品的高新技术企业，注册资本1.26亿元，拥有员工2000余名。公司秉承“利用海洋资源 造福人类健康”的使命，坚持“经略海洋从一棵海藻做起，一棵海藻做成一个大健康产业”的发展主线，专注海藻活性物质的深度开发和应用，拓展出现代海洋基础原料产业、现代海洋健康终端产品产业以及海洋健康服务产业三大产业板块，是目前全球最大的海藻生物制品生产企业。

青岛明月海藻集团拥有海藻活性物质国家重点实验室、农业农村部海藻类肥料重点实验室、国家地方工程研究中心、国家众创空间、院士专家工作站、博士后科研工作站等一系列国家级科研平台和人才支撑平台，先后荣获国家“863”计划成果产业化基地、国家海洋科研中心产业化示范基地、国家创新型企业、国家技术创新示范企业、国家制造业单项冠军示范企业等荣誉称号，被誉为青岛市“新五朵金花”——“海洋之花”。“明月牌”商标被认定为“中国驰名商标”。

近年来，青岛明月海藻集团依托蓝色经济发展平台，以转方式、调结构为主线，充分发挥海洋科研优势，不断使公司发展迈向“深蓝”。公司先后承担国家重点研发计划、国家工信部强基工程、国家科技支撑计划、国家“863”计划等国家级科研项目30余项；发表论文200余篇，其中SCI论文60余篇；承办学术专刊1期；出版学术著作16部，其中5部英文著作；开发海洋药物、海洋功能食品、海藻酸盐纤维医用材料、海洋化妆品等200多个新产品；建成中试生产线13条；获原料药、药用辅料相关证书9项，获得医疗器械注册证书6项；制定产品技术标准200余项，参与制定国家标准5项、行业标准6项；获得国家科技进步二等奖1项、省部级科技奖10项；通过省部级科技成果鉴定40余项，其中30多项为国际领先；拥有国家发明专利180余项，PCT国际专利9项。公司培育、孵化海洋生物企业20家，其中高新技术企业5家，形成海藻生物产业集聚。

青岛明月海藻集团主导产品市场占有率稳步提升，国内、国际市场占有率分别达到 40%、30%，拉动了海藻养殖、加工、海藻生物制品研发、生产、销售全产业链的发展壮大。

2015 年由国家科技部批准成立的海藻活性物质国家重点实验室坐落于胶州湾畔的青岛明月海藻集团海藻科技中心。实验室拥有“制备技术研究室”“结构分析研究室”“生物改性研究室”“理化改性研究室”“功效分析研究室”“应用技术研究室”等 6 个专业研究室，拥有电感耦合等离子体质谱仪、高效液相色谱仪、原子吸收光谱仪、元素分析仪、差示扫描量热仪等原值达 8700 多万元的研发检测设备。实验室以提高我国海藻生物产业自主创新能力和产品附加值为总体目标，研究海藻活性物质的提取和分离、功能化改性以及功效和应用领域的共性关键科学技术和理论，整合基于海藻生物资源的海藻活性物质结构、性能和应用数据库，通过化学、物理、生物等改性技术的应用提高海藻活性物质的功效，拓宽其应用领域，为海藻活性物质在海洋功能食品、海藻生物医用材料、海洋源美容护肤品、海洋源生物刺激剂等高端领域的应用提供坚实的科学理论基础，储备了一批科技含量高、市场前景广阔的技术和产品，促进了我国海藻生物产业向高附加值、高端应用的转型升级。